水力机械流激振荡及振动分析技术

周凌九　王正伟　编著

清华大学出版社

北　京

内 容 简 介

本书围绕水力机械流激振荡和振动问题，系统介绍水力机械及水力系统中的水动力学理论、计算方法及应用技术，对水轮机、泵及管路系统内典型不稳定流动现象，如动静干涉、尾水管涡带、无叶区漩涡、间隙漩涡、泵的喘振、旋转失速、空化喘振、旋转空化、旋转阻塞、阻塞喘振以及水力系统中其他与空化及漩涡流动有关的不稳定流动的特点、产生原因和解决方案进行了详细的分析及介绍，同时还介绍了流固耦合及结构动力学响应分析方法及技术，特别介绍了空化对结构动力学特性的影响，最后本书还对水力机械不稳定流动及振动测量技术及数据分析技术进行了介绍。

本书可作为本科生、研究生专业选修教材，也可作为水力机械行业相关技术人员的参考书。

图书在版编目(CIP)数据

水力机械流激振荡及振动分析技术/周凌九，王正伟编著.—北京：清华大学出版社，2021.12
ISBN 978-7-302-58502-2

Ⅰ．①水… Ⅱ．①周… ②王… Ⅲ．①水力机械－振动分析 Ⅳ．①TV136

中国版本图书馆 CIP 数据核字(2021)第 121718 号

责任编辑：张占奎
封面设计：陈国熙
责任校对：赵丽敏
责任印制：丛怀宇

出版发行：清华大学出版社
   网 址：http://www.tup.com.cn，http://www.wqbook.com
   地 址：北京清华大学学研大厦 A 座   邮 编：100084
   社 总 机：010-62770175   邮 购：010-62786544
   投稿与读者服务：010-62776969，c-service@tup.tsinghua.edu.cn
   质量反馈：010-62772015，zhiliang@tup.tsinghua.edu.cn
印 装 者：北京博海升彩色印刷有限公司
经 销：全国新华书店
开 本：185mm×260mm 印 张：25   字 数：607 千字
版 次：2021 年 12 月第 1 版   印 次：2021 年 12 月第 1 次印刷
定 价：180.00 元

产品编号：085513-01

　　水力机械振动问题严重影响机组的运行安全性,用户和生产厂家对振动问题越来越重视,水力机械及系统内的非定常流动是引起水力机械振动的主要原因之一。各种非定常流动可能发生在恒定运行工况,即转速、流量、扬程(水头)等工作参数基本不变的工况,也可能发生在瞬变运行工况,如开停机、工况转换等过程中。

　　对水力机械而言,恒定工况下非定常流动主要来源于两类原因,一类是由于动静叶栅干涉导致的非定常效应,与转轮的旋转和叶片的周期性运动有关;另一类是由于流动失稳所导致的非定常效应,可分为水力系统失稳和局部流动失稳,其中水力系统失稳的影响是全局的,比如泵的喘振和空化喘振等会导致泵及管路系统压力与流量振荡等;而局部流动失稳,如转轮内的叶道涡、水轮机尾水管涡带、卡门涡以及泵的旋转失速等,大多与漩涡的演变过程等有关;有时,局部流动失稳与管路系统的水力响应共同作用也会导致系统的振荡或机组振动。

　　大量的试验研究和理论分析表明,一些非定常流动具有特定的频率和振荡模态。为了对流激振动问题有更全面的了解,需要对流体机械及其系统的各种非定常流特性及其激振模态有深入的分析。对局部非定常流动的分析可以将单个或几个有影响的元件作为对象进行分析;对全局的非定常流动分析还必须考虑管路系统的特性。从分析手段来说,全局非定常流动分析采用一维方法往往更加简便,可以采用比较成熟的小扰动稳定性分析理论,通过频域分析获得系统稳定性判据及激振模态,也为工程实际问题提供了很多有效的指导;对局部非定常流动的分析,虽然三维流动失稳机理的理论分析还不太完善,但随着计算流体力学的发展,三维非定常湍流流场分析技术已经越来越成熟,可以通过时域数值求解获得众多典型非定常流动的特征。由于一维流动分析不能考虑水力部件的流动细节,而全局的全三维分析计算规模巨大有时难以实现,一种新的趋势是将经典一维分析方法与三维湍流流动计算相结合,以揭示复杂工况下的流体机械内部非定常流动以及系统的响应,为解决机组及系统的振动问题提供依据。

　　空化的发生会使水力机械的流动稳定性变得更加复杂,一方面在流体机械内的空化本身往往和非定常湍流漩涡密切相关;另一方面,由于液体中出现一定体积的气相成分,会改变水力系统中的波速、流动阻尼等,导致系统的固有频率发生变化,甚至影响系统的稳定性,因此,无论是对瞬变工况还是恒定运行工况,当空化发生时,必须要考虑系统稳定性条件及频率特征可能发生的改变。

　　另外,当激励力频率及模态与机械部件固有频率和模态接近时可能引起共振,因此研究机械系统的动力特性(固有频率及模态)非常重要。由于水力机械的过流部件通常为充满液体的密闭流道,流道内的液体会引起附加质量、附加阻尼和附加刚度等效应,从而改变机械系统的固有频率及激振的响应特性;此外,流道的尺寸、固体边界的刚性、流动速度和叶轮的转速等都会影响这些附加效应的大小。当有空化发生时,流道部件周围的流体变为非均质流体,使得附加质量、附加阻尼和附加刚度发生更加复杂的变化,结构部件的固有频率乃至模态都会发生变化,从而改变结构的响应(振动频率及幅值)。

因此,本书围绕流激振动问题,主要介绍局部和全局的非定常流动及稳定性分析技术以及流固耦合分析技术。本书各章节安排如下:

第1章简单介绍工程中引起机组振动的水力机械内部非定常流动现象,通过对已有文献中试验及计算结果的总结,介绍各种非定常现象引发的压力脉动特征。

第2章主要介绍三维湍流分析技术,包括N-S方程的离散方法、主要湍流模型、空化模型、主要应用软件以及如何利用商用软件进行简单的模型改进等。

第3章主要介绍一维水力系统计算和分析方法,包括瞬变过程计算、系统稳定性分析以及水力系统模态分析等方法的介绍。

第4章主要介绍动静干涉理论及分析方法,以及与之相关的相振理论及分析方法。

第5章主要介绍水力稳定性分析方法的应用。利用第3章的频域法分析典型的一维水力系统不稳定现象,包括调压井稳定性和水泵水轮机S区稳定性和水轮机尾水管涡带对系统稳定性的影响;对泵的喘振和空化喘振等水力系统不稳定现象的产生原因及影响因素进行详细分析;同时介绍了基于小扰动假设的频域法在二维流动稳定性分析方面的应用,对旋转失速和旋转空化等流动不稳定现象的频域特性进行分析,对抑制或减轻其不利影响的方法进行简单介绍。

第6章主要介绍三维流动数值计算方法在水力机械内部非定常流动方面的应用,内容包括尾水管涡带、叶道涡、水泵水轮机S区漩涡流动、轴流式水轮机无叶区漩涡流动、轴流式机组间隙流动、泵进口回流及回流空化、泵的旋转失速和旋转空化等。

第7章主要介绍水力系统一维流动与机组内部三维流动的联合计算,包括基于三维流动计算结果的一维水动力学计算、一维水力学计算和三维CFD计算的耦合技术等。

第8章主要介绍流固耦合分析技术及其最新进展,旨在分析与流致振动有关结构动力学特性,包括壁面条件、流速及空化等因素对结构动力学特征的影响以及动应力分析技术。

第9章主要介绍流体机械振动测量及分析技术,包括传感器的选择、安装、测点布置及数据采集技术以及相关的信号分析技术。

最后,为了使读者对本学科的基础理论有系统性的了解,在附录中主要介绍流动分析的基本方程之间的联系,从三维黏性流体的连续性方程和动量方程出发,通过不同的简化及推导,可以获得用于一维瞬变流计算的控制方程、一维水力系统稳定性分析的振荡方程,以及流固耦合计算用的声压方程等,这些方程是本书的理论基础。

本书大部分内容由周凌九执笔,第1章由王正伟编写,黄先北博士参与了第2章的编写,第9章的内容来自西班牙加泰罗尼亚理工大学A. Presas博士应邀在清华大学给研究生讲授的"真机试验与数据分析"的讲稿并获得Presas博士的许可编入本书,博士生夏铭和康文喆参与了翻译工作。全书由周凌九统稿,王正伟审稿。除所参考的部分国内外算例外,书中的大部分算例来自课题组的相关科研课题成果,在此对所有对本书有贡献的研究生们表示衷心的感谢。同时感谢东方电气集团东方电机有限责任公司提供了大量试验图片。在编写本书的过程中,得到了中国农业大学研究生院、水利与土木工程学院的经费资助及各级领导的大力支持,此外,张占奎老师为此书的出版做了大量细致繁琐的编辑工作,在此表示衷心感谢!

　　笔者还要感谢国家自然科学基金委员会的支持,正是通过完成相关的基金项目(51479200,52079141),笔者对本学科的知识体系和国内外动态有了更系统的了解,才萌生了完成此书的想法,希望本书对本行业的年轻学生和科研人员有所帮助。

　　限于作者水平,不足之处恳请读者批评指正。

内容架构简介

为了便于阅读,将全书的内容及各章间的关系表示在下面几个图中。全书包含 4 大部分的内容,见图 1。

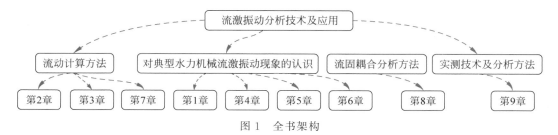

图 1　全书架构

其中流动计算方法的内容及组织见图 2。

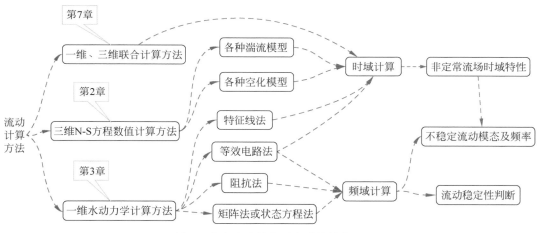

图 2　本书涉及的主要流动计算方法

典型非定常流动现象相关内容简介见图 3。

流固耦合方面的内容见图 4。

振动测量及分析方面的内容见图 5。

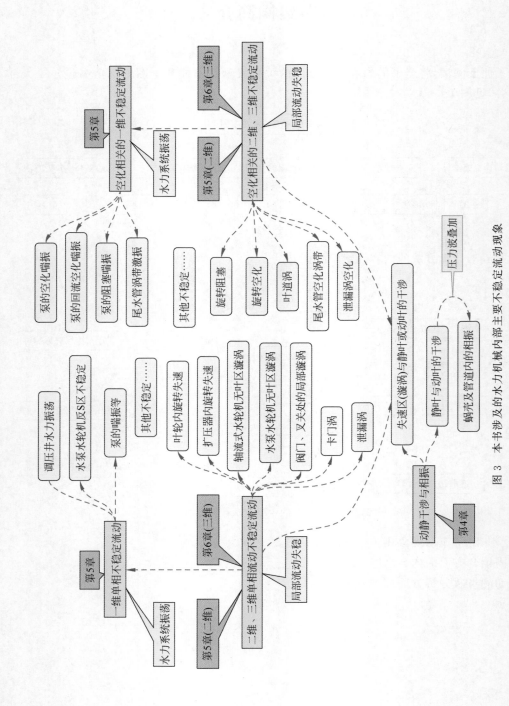

图 3　本书涉及的水力机械内部主要不稳定流动现象

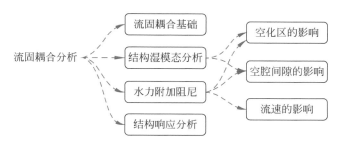

图 4　本书涉及的流固耦合的内容及组织

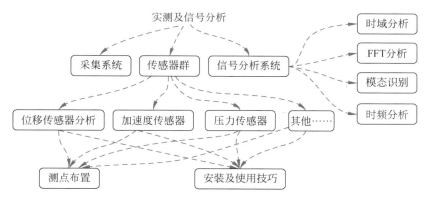

图 5　本书涉及的振动测量及分析技术的内容及组织

目　录

第1章

水力机械及系统内典型非定常流动

流激振动来源于非定常水力激励,严格来说,流体机械内部湍流运动本身就是非定常的。对叶轮机械,即使不考虑湍流的脉动,因为转轮旋转和动静干涉效应,其在任何工况下的流动都是非定常的。在一些工况下,一些非定常流动所引起的压力脉动或流量波动很大,并导致危害机组的振动。因此本章的内容主要介绍那些在工程上可能引起较大水力激振的典型非定常流动。这些非定常流动往往会表现出明显的特征,如转轮与导叶或其他静止部件的动静干涉、混流式水轮机在小流量条件下尾水管内的涡带运动,以及泵在小流量条件下的旋转失速、旋转空化、空化喘振等。

其中很多不稳定流动与空化有关。空化是水力机械运行中希望避免的现象,但是设计制造不当、安装高程选取不当或者水库水位的改变等都可能使机组在某些工况下出现空化。空泡生长和溃灭过程也会引起周围湍流微观过程的变化,其非定常流动特性往往非常明显。尤其在空泡溃灭过程中往往会伴随随机的高频压力脉动信号,因此在一些空化监测中往往会利用伴随的高频信号来识别空化是否发生。但本书将主要关注与空化有关的低频振动与振荡,这主要体现在:一方面,在流体机械及系统内,空化的发生往往和局部的漩涡流动密切相关,如果这种漩涡空化流动本身具有低频非定常流动的模态,这种流动会导致局部压力脉动或者可能引起全局的水力振荡,比如尾水管的漩涡空化以及泵的旋转空化等;另一方面,出现空化后,空穴的存在会改变系统的水力特性,从而可能引起自激振荡,如空化喘振等现象。对这些典型流动及其引发的压力脉动特征的简单介绍有助于对本书所涉及的不稳定流动问题有一个粗略但全局的了解。

1.1 混流式水轮机典型不稳定流动现象

工程上常用以单位参数(Q_{11},n_{11})为坐标的曲线来描述水轮机的性能,其中 $Q_{11}=Q/(D^2\sqrt{H})$,$n_{11}=nD/\sqrt{H}$,Q 为流量,D 为转轮名义直径,H 为水头,n 为转速。某混流式水轮机的模型特性曲线如图 1-1 所示。图中还以粗实线标出了尾水管压力脉动相对幅值($\Delta\overline{H}=\Delta H/H$)等值线。其中 ΔH 为压力脉动峰峰值,从图 1-1 可以看到,最优工况附近尾水管压力脉动幅值相对较小。这是因为在最优工况附近,进口冲角较小,转轮及尾水管内流动顺畅。当水轮机运行在偏离最优区的范围时,压力脉动幅值增加,这与水轮机转轮及尾水管内部明显的非定常流动有关。通过大量水轮机内部流动计算和试验观察,可将偏离最优工况的区域分为部分负荷涡带区、叶道涡区、极小负荷漩涡区、满负荷涡带区、进口边背面脱

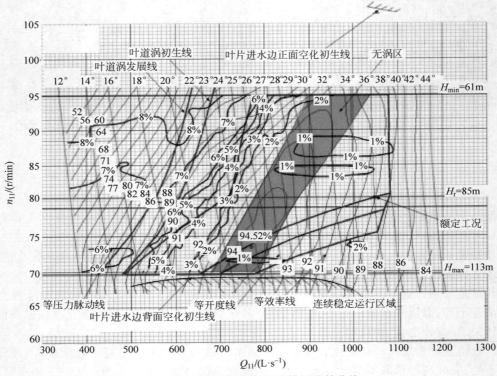

图 1-1　某混流式水轮机的模型特性曲线

流空化区、进口边正面脱流空化区等。有时在无涡区和部分负荷涡带区中间还可能出现高部分负荷涡带区。图 1-2 在相对坐标系（$\bar{Q}_{11} = Q_{11}/Q_{11o}$，$\bar{n}_{11} = n_{11}/n_{11o}$，下标"o"表示最优工

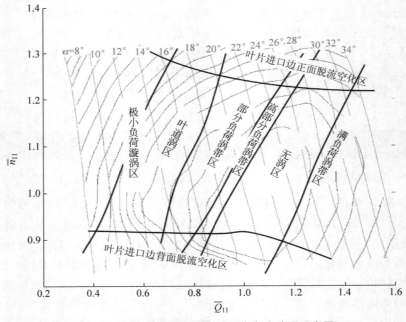

图 1-2　混流式水轮机的典型不稳定流动区示意图

况)下简单示意了以上区域出现的典型工况范围。图 1-3 以瀑布图的方式表示了在相同单位转速不同负荷下尾水管内压力脉动频率特征[1]，其中 X 坐标为频率 f 与转轮旋转频率 f_n 之比，Y 坐标为相对单位流量 $\overline{Q}_{11}$，Z 坐标为压力脉动相对幅值 $\Delta \overline{H}_{rms}$（下标 rms 表示均方根幅值）。表 1-1 总结了混流式水轮机典型不稳定流动及其压力脉动特征。下面将对图 1-2 中涉及的典型流动特征进行简单介绍。

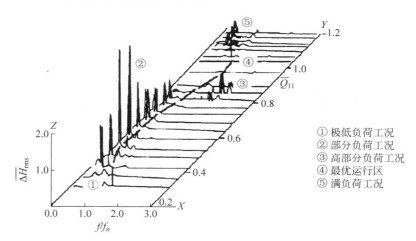

图 1-3　相同单位转速不同负荷下尾水管压力脉动频谱特征[1]

表 1-1　混流式水轮机典型不稳定流动及压力脉动特征

	工 况 范 围	压力脉动特征
极低负荷螺旋形涡带压力脉动	$(0.2 \sim 0.5)Q_o$	$(0.7 \sim 1)f_n$ 的宽频带
部分负荷尾水管涡带	$(0.5 \sim 0.85)Q_o$	主频$(0.2 \sim 0.4)f_n$
高部分负荷特殊压力脉动	$(0.8 \sim 0.9)Q_o$	与涡带频率有调制现象，主频$(2 \sim 4)f_n$
高负荷柱状涡带	$>1.0Q_o$	$<f_n$ 的低频，一般幅值较低，但水力系统共振时幅值剧增，还会引起功率波动
进口边正面脱流空化	低水头或高单位转速	空化的高频特征
进口边背面脱流空化	高水头或低单位转速	空化的高频特征
叶道涡	低负荷$(0.3 \sim 0.7)Q_o$	（转轮出口）$(0.7 \sim 1)f_n$ 宽频带

注：f_n 为转轮旋转频率，Q_o 为最优流量。

1.1.1　部分负荷时尾水管内的漩涡流动及压力脉动特征

1. 典型压力脉动特征

当混流式水轮机工作在$(0.5 \sim 0.85)Q_o$ 的范围内时，尾水管内会出现图 1-4 所示的螺旋形漩涡运动，常被称为尾水管螺旋形涡带（helix vortex rope）。螺旋形的漩涡区以频率 $f_v = (0.2 \sim 0.4)f_n$（f_n 为转轮旋转频率）与转轮同方向旋转，在尾水管壁面可以测到该频率的周期性压力脉动。尾水管压力脉动是反映水轮机内部非定常流动的重要指标之一，因此在大型水电站的模型验收试验中，都会对尾水管压力脉动幅值提出明确的规定。水轮机模型试验中,在一定的尾水管压力下,通过透明的尾水管可以观测到这种涡带的运动。之所以能观察到这类漩涡运动,是因为尾水管内螺旋形涡带中心处的压强低于饱和蒸汽压,涡带中心出现了可见的空化气泡。因此尾水管进口的压强对空化涡带的特性也有重要影响,为此需要引入空化参数 K

$$K = 2g\,\mathrm{NPSH}/[Q/(\pi R_\mathrm{w}^2)]^2 \tag{1-1}$$

或者空化系数

$$\sigma = \mathrm{NPSH}/H \tag{1-2}$$

式中,NPSH 为空化余量;R_w 为尾水管进口半径。当然,如果保持试验的工况(单位转速 n_{11} 和单位流量 Q_{11})不变,通过提高尾水管的压强水平使涡带中心的空化消失,肉眼虽不能在透明的尾水管中观察到涡带的运动,但在尾水管壁面仍能测到周期性的压力脉动,且频率受空化系数的影响不大,这说明,这种压力脉动是由螺旋形涡带的周期性摆动引起的。

2. 主要工作参数对涡带及压力脉动特征的影响

对一个特定的水轮机,涡带形态及压力脉动大小主要受开度 α 或相对流量及空化系数 σ 的影响。图 1-4 显示了某水轮机的流量对涡带形态的影响,具有一定的代表性。在特定空化系数下,当水轮机在略小于最优流量(小开度)的附近运行时,在尾水管内出现细小涡带,随着流量的降低,出现典型的螺旋形空化涡带。当开度进一步降低时,螺旋形空化涡带不再明显。开度进一步降低,流态会变得更加紊乱,进入极小流量的漩涡区(参见 1.1.4 节)。试验还表明,在空化系数及单位转速一定的条件下,在螺旋形涡带特征最明显的工况,螺旋形涡带的旋进频率所对应的压力脉动幅值较大,尾水管涡带压力脉动可能在某个特定的流量范围表现出比较高的幅值(图 1-4(b)),在 6.2 节中将利用三维数值计算结果对此现象进行详细分析。这通常与尾水管形状、泄水锥形状及转轮个体的几何形状,尤其是出水边的形状有关,在水轮机设计中通过对这些部件几何形状的修改可以一定程度降低压力脉动幅值。

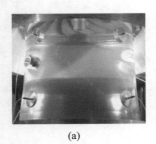 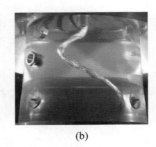 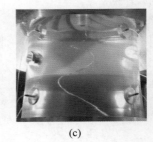

(a)   (b)   (c)

图 1-4　流量对尾水管内的典型螺旋空化涡带形态的影响

(最优开度 $20°$,$\sigma = 0.13$,$n_{11} = 62.5$)

(a) $\alpha = 16.8°$,$\sigma = 0.13$; (b) $\alpha = 18°$,$\sigma = 0.13$; (c) $\alpha = 19.2°$,$\sigma = 0.13$

图 1-5 显示了某水轮机在单位流量及单位转速一定时,空化系数对涡带形态及压力脉动的影响。在 $(0.5 \sim 0.85)Q_o$ 范围内,降低空化系数会使涡带变粗,因为空化系数降低使涡心低压区范围增加,空化区域增加,但是空化系数的变化对压力脉动的主频没有太大影响。

此外,一些模型试验还观察到尾水管涡带压力脉动可能在某个特定的空化系数下表现

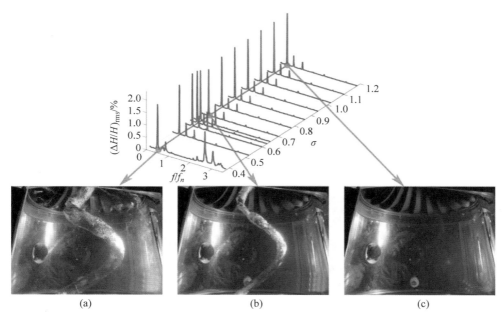

图 1-5　空化系数对尾水管内典型螺旋形涡带及压力脉动的影响[2]

(a) $\sigma = 0.38$；(b) $\sigma = 0.70$；(c) $\sigma = 1.18$

出比较高的幅值。比如，Nishi 等[3,4]通过试验研究了不同空化参数对尾水管流场及压力脉动相对幅值 $\Delta\varphi_{rms}$ 的影响，在空化参数较大时，压力脉动频率基本保持不变，空化参数小于某一值时，空化起到放大压力脉动的效果，见图 1-6。图中，m 为旋流强度（式(1-5)），St 为按涡带频率计算的斯托努哈数，L1 和 L2 为尾水管锥管断面上两个相隔 $90°$ 布置的测点，在空化参数 $K = 8.5$ 时表现出共振的特征，这与管路系统的响应有关。为了分析和预测这种共振，一方面需要考虑包括进出水管在内的整个水力系统，另一方面，需要把尾水管的压力脉动分为同步分量和旋转分量两个部分（见 1.1.3 节及 6.2.4 节），试验表明，只有压力脉动中的同步分量受空化系数影响很大[3]。考虑系统响应的尾水管螺旋形涡带共振分析详见7.1.1 节。

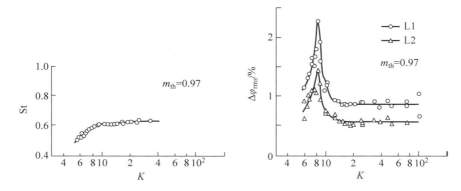

图 1-6　尾水管压力脉动频率及幅值随空化参数的变化（Nishi 等的试验[3]）

1.1.2 尾水管螺旋形涡带的早期模型及试验

对涡带的成因,早期 Cassidy 和 Falvey[5]对直管内空气旋流运动进行了测试和流态观测,文中引入了角动量通量的概念,

$$\Omega = \int_S \rho r C_u C_z \, \mathrm{d}s \tag{1-3}$$

式中,C_u、C_z 分别为径向位置 r 处的圆周速度和轴向速度。利用流量和直径等参数对其无量纲化

$$\bar{\Omega} = \frac{D\Omega}{\rho Q^2} \tag{1-4}$$

试验发现当无量纲进口角动量足够大时,将会出现螺旋形涡流,且高雷诺数时,螺旋形涡带频率与雷诺数无关,当 $\bar{\Omega}$ 高于某临界参数时,螺旋涡的频率及其引起的压力波动幅值随着 $\bar{\Omega}$ 的增加而增加。随着 $\bar{\Omega}$ 的增加,管中心区的回流范围增加。

日本学者 Nishi 等对尾水管内涡带进行了大量系统的试验和理论分析,其中文献[6]采用了仅有导叶没有转轮的装置对旋转水流进入弯肘形尾水管的运动进行了试验。与无量纲角动量 $\bar{\Omega}$ 类似,他们采用旋流强度(swirl rate)m 对不同工况下的尾水管涡带频率及压力脉动幅值进行分析

$$m = \int_0^{R_w} r^2 C_u C_z \, \mathrm{d}r / R_w \int_0^{R_w} C_z^2 r \, \mathrm{d}r \tag{1-5}$$

利用该试验研究了尾水管涡带形态与旋流强度及空化参数的关系,并且绘制了尾水管涡带图谱(图 1-7)。

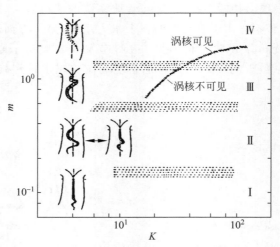

图 1-7 某混流式水轮机尾水管涡带图谱

在Ⅰ区,尾水管中心区出现几乎是直的涡带,随着 m 的增加,在Ⅱ区涡带形状不太稳定,处于Ⅰ区和Ⅱ区的过渡转捩区,当 m 进一步增加到Ⅲ区,尾水管内出现稳定的螺旋形涡带。当 m 增加到Ⅳ区时,尾水管内出现双涡带。

Nishi 等通过试验提出螺旋形涡带形成的机理为：随着旋流强度的增加,尾水管中心区流体压强减少,不足以克服下游背压而逐渐形成死水区乃至回流区,并且其影响范围随着旋流强度增加而增加,在死水区和旋转主流区之间被卷起的涡团很容易形成一个螺旋涡。Wang[7] 等由此建立了一个轴对称模型来分析锥管内的圆周平均速度分布,该模型由一个"死水区"(准停滞区)及其周围的旋转主流区构成,死水区内的压强测量值几乎保持不变(图 1-8(a)),并由此获得了涡带旋转频率的预测公式。为了考虑螺旋形涡带旋转引起的非轴对称性的影响,Wang[7] 等在此轴对称模型的基础上将这类流场考虑为轴对称流场与螺旋涡诱导流场的叠加(图 1-8(b)),获得了对螺旋涡流场的准三维流场的求解,进一步预测了涡带频率及流场内的速度分布。

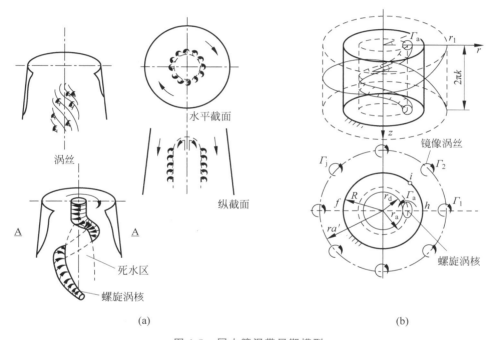

图 1-8 尾水管涡带早期模型

(a) Nishi 的尾水管涡带成因模型[4];(b) Wang 等的尾水管涡带解析模型[7]

随着流体试验设备的高速发展,国内外许多研究机构针对水轮机尾水涡流场进行了更加精确的测量,其中最具代表性的就是瑞士洛桑工学院水力机械试验室开展的 FLINDT(flow investigation in a francis draft tube)项目[8]。图 1-9 是典型的涡带工况下,通过 LDV 及 PIV 测量的尾水管不同断面的轴向速度及周向速度分布。可见在尾水管中心螺旋形涡带内存在回流区,这证明了 Nishi 等采用模型的合理性。

随着计算流体力学的发展,对尾水管涡带的三维数值模拟越来越精细,一些数值计算的结果表明,旋流强度 m 与螺旋形涡带的大小和压力脉动的大小并不是完全的正相关关系,比如程宦等[9]对不同转轮的尾水管涡带进行数值计算,发现转轮出口的速度梯度和压力梯度与涡带的大小和压力脉动大小有密切关系,将在 6.2.3 节中对此进行详细介绍。

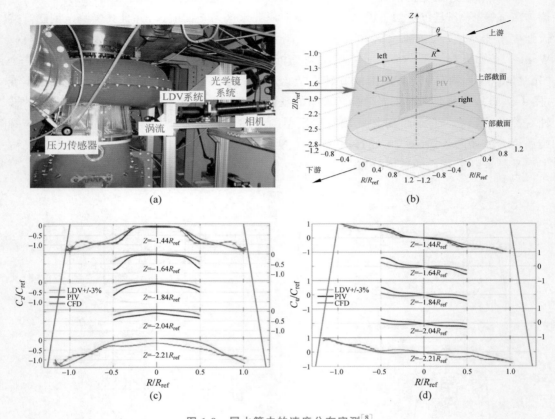

图 1-9　尾水管内的速度分布实测[8]

（a）试验装置；（b）PIV 测速区；（c）轴向速度；（d）周向速度

1.1.3　尾水管螺旋形涡带压力脉动的同步分量和旋转分量

一些模型试验数据表明，当单位流量及单位转速一定时，尾水管涡带压力脉动幅值可能在某个特定的空化系数下出现压力脉动相对幅值（$\Delta\psi_{PTP}$）激增的现象，这与涡带压力脉动的同步分量有关。Nishi[3] 发现弯肘形尾水管中的涡带压力脉动会在某个空化系数范围内剧增（共振）的现象，而直尾水管中却不会出现这种现象（图 1-10），分析发现弯肘形尾水管压力脉动中不仅有旋转分量而且存在同步分量，而在直尾水管中则只有旋转分量，由此认为同步分量来源于肘管，并将尾水管压力脉动分解为同步分量 $\tilde{p}_{sy}$ 和旋转分量 $\tilde{p}_{ro}$ 两个部分

$$\tilde{p} = \tilde{p}_{ro} + \tilde{p}_{sy} \tag{1-6}$$

如果试验信号中只包含旋转分量和同步分量，那么对相同频率的同步分量和旋转分量的分解过程很简单，在尾水管锥管段靠近肘管附近断面圆周方向每隔 90° 均匀布置 4 个压力脉动测点，提取涡带频率对应的压力脉动幅值与相位，由于相位角相差 180° 的两对点上旋转分量的相位相反，4 个点压力脉动的矢量和中将不包含旋转分量，对其求矢量平均，即可获得同步分量，旋转分量为各点压力脉动矢量与同步分量之差（矢量差）。如图 1-11 所示，

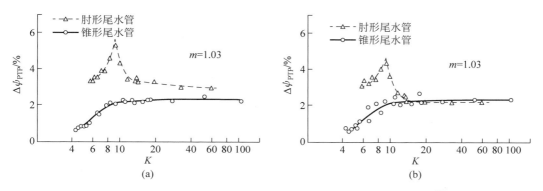

图 1-10 弯尾水管和直尾水管内的压力脉动随空化参数 K 的变化[3]

(a) 测点 L1；(b) 测点 L2

注：L1 和 L2 两测点呈 90°布置

其中彩色粗实线为各测点压力脉动矢量（P_1，P_2，P_3，P_4），黑色粗实线为同步分量（P_5），彩色细实线为各测点旋转分量。

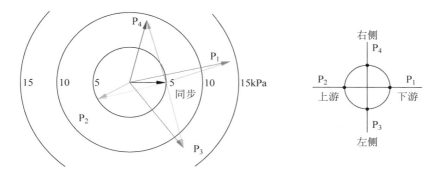

图 1-11 同步分量与旋转分量的分解（P_1、P_2、P_3、P_4 呈 90°分布）

一些尾水管压力脉动试验也表明，压力脉动中的同步分量受到空化系数的影响很大，而涡带旋转分量受空化系数的影响很小（图 1-12，图中压力脉动幅值通过叶轮旋转线速度 U 计算的动压无量纲化）。当空化系数小于某一值时，由于同步分量的脉动幅值剧增，尾水管压力脉动幅值增加，同时频率也会发生微小变化。

通过对不同锥管高度尾水管模型试验的观察和分析，Nishi[10] 还提出尾水管中的压力脉动同步分量包含尾水管涡带脉动分量和含空化的系统固有频率分量两部分，因此对尾水管内的压力脉动 $\tilde{p}$ 可进行如下分解

$$\tilde{p} = \tilde{p}_{ro}(2\pi f_{ro\text{-}i}t) + \tilde{p}_{sy}(2\pi f_{ro\text{-}b}t) + \tilde{p}_{sy}(2\pi f_s t) \tag{1-7}$$

式中，$\tilde{p}_{ro}(2\pi f_{ro\text{-}i}t)$ 为涡带旋转分量，频率为涡带旋转频率，$\tilde{p}_{sy}(2\pi f_{ro\text{-}b}t)$ 为由于涡带螺旋运动导致的压力脉动同步分量，在所试验的短尾水管中其频率与涡带旋转分量相同，在长尾水管中其频率低于涡带旋转频率，为涡带在肘管处的旋转频率，$\tilde{p}_{sy}(2\pi f_s t)$ 为与系统相关压力脉动，其频率为考虑空腔体积变化的系统固有频率。

考察空化参数对不同分量的影响发现，空化参数对涡带旋转分量和涡带同步分量的频率 $f_{ro\text{-}i}$ 和 $f_{ro\text{-}b}$ 影响很小，但与系统相关的同步分量频率 f_s 会随着空化参数的降低而降低

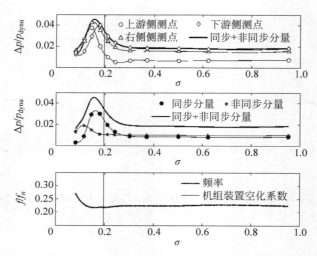

图 1-12　尾水管压力脉动同步分量、旋转分量及频率随空化系数的变化[11]

（图 1-13）。对短的尾水管，当同步分量 $f_{ro-b}(f_{ro-i})$ 和系统频率 f_s 相近时压力脉动幅值 $\Delta\psi$ 急剧增加（图 1-6），对长尾水管，压力脉动激增也发生在同步分量频率 f_{ro-b} 与系统频率 f_s 相近的空化参数范围内，而不是在 f_{ro-i} 曲线与 f_s 的交点处，这可能说明尾水管涡带共振现象是由于尾水管同步分量与系统固有频率相同引起的。

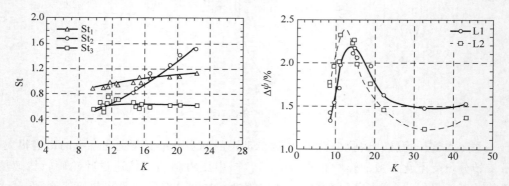

图 1-13　两种同步分量及旋转分量随空化参数的变化[10]

注：St_1 对应涡带旋转频率 f_{ro-i}，St_3 对应同步频率 f_{ro-b}；St_2 对应系统频率 f_s，L1 和 L2 两测点呈 90°布置

　　Fanelli[12] 利用简单的 90°弯管内的漩涡模型对同步分量的产生原因进行分析。如图 1-14 所示，暂不考虑二次流等影响，由于弯管内外侧的压力差，当漩涡在弯管内运动时，除非是在弯管内刚好包含了整数倍波长的情况，1 断面和 2 断面在不同时刻的平均压力相等（图 1-14（a），（b）），在其他情况（如图 1-14（c），（d）中包含 2.5 个波长的情况），在 1 断面和 2 断面的瞬时平均压力不相等且是周期性变化的，这就为弯管进出口断面间提供了周期性的压力差，且其周期与涡带旋转周期相同，这就是压力脉动中同步分量的来源之一。

　　此外，Fanelli[12] 还指出弯管内的二次流也对同步分量有重要贡献。在 90°弯管内垂直于主流方向的截面上存在对涡结构（图 1-15），当漩涡运动到具有同向涡的一侧时，其涡强增强，而运动到具有反向涡的一侧时，涡强减弱。这也使肘管出口段漩涡强度及位置有周期

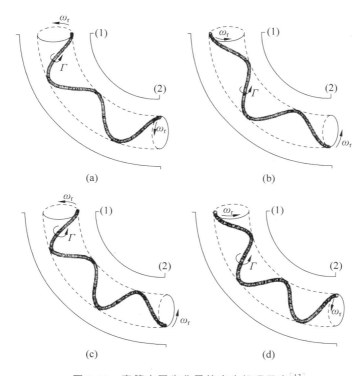

图 1-14　弯管中同步分量的产生机理示意[12]

（a）弯管内刚好有 2 个波长：t_0 时刻（1）（2）断面平均压力相同；

（b）波数与（a）相同，在 $t_0+\dfrac{T}{2}=t_0+\dfrac{\pi}{\omega}$ 时刻的平均压力虽然与（a）的 t_0 时刻不同，但（1）断面和（2）断面的平均压力相同；

（c）弯管内有 $\dfrac{5}{2}$ 个波长：t_0 时刻（1）断面和（2）断面平均压力不同；

（d）波数与（c）相同，在 $t_0+\dfrac{T}{2}=t_0+\dfrac{\pi}{\omega}$ 时刻的压力与 t_0 时刻不同，但（1）断面和（2）断面的平均压力互换了

性变化，从而使尾水管的进口处断面的压差出现周期性变化。而尾水管的扩散段内的二次流也会出现周期性的变化（图 1-15）。这些是同步分量产生的另一个原因。

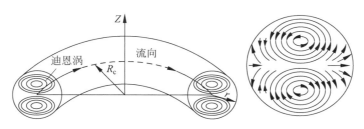

图 1-15　弯管中的迪恩涡示意

在空化条件下，以上原因所致的尾水管各断面平均压力的周期性变化还会导致涡带体积和回流区大小周期性地变化，从而使流量出现周期性波动，这可能会导致与系统响应有关的同步分量的出现。

从上面的试验分析可以看到，尾水管内压力脉动，不仅与尾水管内复杂的螺旋空化

流动有关,还可能与空化条件下系统的水力响应有关。图 1-6 及图 1-12 表示的是螺旋形空化涡带导致的共振现象,属于强迫振荡,对这类振荡的分析,不仅需要预测激振源(同步分量),还需要预测系统的固有频率,相关分析方法参见 3.3 节及 3.4 节,相关分析算例参见 7.1.1 节;另外,一些模型及现场试验还发现,在出现柱状涡带的满负荷工况条件下可能出现水力系统的自激振荡。无论对哪一类问题,都需要对流量增益系数、空腔体积、空化柔性等参数有比较准确的预测。现代三维 CFD 计算的发展不仅为进一步认识尾水管的螺旋形涡带不稳定流动提供了更加有效的工具,也为空化体积、流量增益系数、空化柔性等参数的计算提供了可能。相关内容在 7.1 节中将进行介绍。

1.1.4 极低负荷下尾水管内的漩涡流动

当水轮机工作在更低的负荷$((0.4\sim0.5)Q_o)$范围内时,在尾水管内不能观察到规则的周期性旋转涡带,而是表现出更混乱的流态,如图 1-16(a)所示,同时尾水管内的压力脉动也变得没有明显的规律,而是出现低频宽带特征,其中,$(0.7\sim1)f_n$ 的频率有一定代表性。图 1-16(b)是在这些工况下的典型压力脉动频率特征。

在更低的流量范围内,尾水管内的流态更加混乱,在一定的空化条件下可以看到尾水管内白茫茫的一片。尾水管内空腔体积较大,可能导致水力系统的频率降低,落在尾水管压力脉动的低频带宽内,从而导致系统强烈的振动,例如,曾经某电站在$(0.25\sim0.4)Q_o$ 的范围内,发生

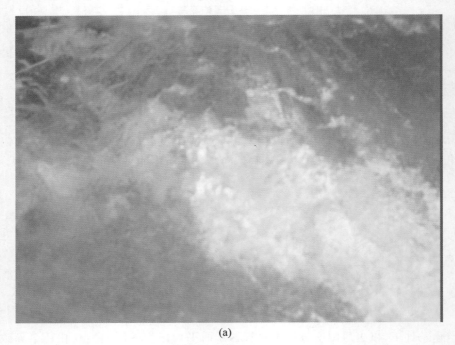

(a)

图 1-16 极低负荷下尾水管内的流动及压力脉动

(a)极低负荷下尾水管内流动;(b)极低负荷下尾水管内压力脉动

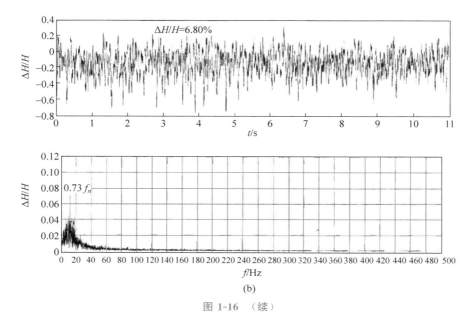

(b)

图 1-16 （续）

了$(0.7\sim1)f_n$ 频率的共振[11]。对这种类型的振动预测和分析,通常也要结合管路系统及水轮机尾水管的空化特性进行综合分析,其分析方法理论上与螺旋形涡带工况下的分析方法类似,参见 3.3 节及 3.4 节,但是目前并未见到这类空化的空化柔性的测量及预测方面的文献。

1.1.5 高部分负荷下尾水管内的特殊压力脉动

在一些高比转速混流式水轮机的模型试验中,发现在$(0.7\sim0.8)Q_o$范围内出现了一类特殊的压力脉动,除了尾水管低频压力脉动成分 f_v 外,还存在一个略高的频率成分 f_c,通常表现出调制的特征,即被调制信号(涡带压力脉动低频成分 f_v 或其倍频)位于载波信号(高频成分 f_c)的两侧,出现 $f_c\pm nf_v$ 的频率成分,如图 1-17 所示。

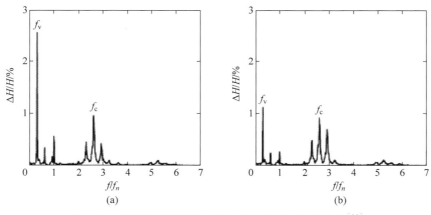

图 1-17 高部分负荷下尾水管内的特殊压力脉动特征[11]

（a）P_3；（b）P_4,为尾水管上 $90°$ 布置的 2 个测点

载波频率 f_c 一般在 $(1 \sim 5)f_n$ 范围内，以 $2.5f_n$ 左右比较常见。Arpe 等人[8] 的试验结果表明，频率成分为 $f_v = (0.3 \sim 0.4)f_n$ 的压力脉动与尾水管内空化涡带旋转相关，但该频率受空化系数的影响很小。频率为 $(2 \sim 4)f_n$ 的压力脉动受空化系数的影响很大，基本随空化系数增加而成比例增加，其幅值在一定空化系数范围内随空化系数降低而增加，之后所受影响也变小。虽然该频率 f_c 会随着空化系数的提高略有增加，但这个频率成分仅在尾水管涡带发生空化的条件下才会出现，且有时其对应幅值甚至会超过涡带压力脉动 f_v 的幅值，有时该频率在蜗壳进口的幅值甚至会高于其在尾水管内的幅值。

一些研究[13] 认为其中的高频成分可能与空化涡带椭圆表面的自转有关，一些尾水管涡带的高速摄影试验也证实了空化涡带椭圆表面的旋转运动。而 Arpe 等人[8] 认为这与试验系统的固有频率有关，空化涡带和肘管处的相互作用导致系统产生自激振动，振动源在尾水管肘管处，压力波自此处向上、下游传播，随着空化系数增加，空泡的体积减小。Iliescu 等人[14] 通过 PIV 测量得到尾水管内部的流场，并通过测量结果证实了空化涡带的体积和中心随空化系数的变化。基于以上认识，Alligné[15] 将三维 CFD 计算结果用于一维水声动力计算中，尝试分析了这类空化振动现象，详细参见 7.1.2 节。

1.1.6 高部分负荷转捩工况下尾水管内的压力脉动

从无涡区到规则的螺旋形涡带的转捩工况 $((0.8 \sim 0.9)Q_o)$，尾水管内也可能出现幅值很高的不规则压力波动（图 1-18(a)，图中压力脉动幅值通过转轮叶轮旋转线速度 U 计算的动压无量纲化，时间通过转轮旋转周期 T_n 无量纲化）。这种情况与前面的具有载波特征的情形不太一样，可能与转捩工况下空化涡带自身的不稳定性有关，当涡带或部分涡带断裂或碎灭时引起了极高且不规则的压力波动。图 1-18(a) 是在模型试验中测得的情况，通过改变泄水锥的形状可以有效消除这种极高的压力脉动[11]，如图 1-18(b)、(c) 所示。

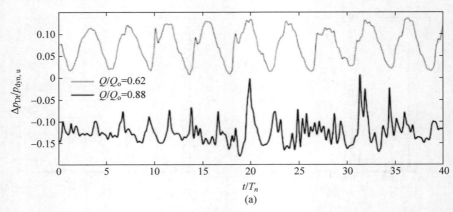

图 1-18　高部分负荷转捩工况下尾水管内的特殊压力脉动及泄水锥修型的影响[11]
(a) 压力脉动；(b) 泄水锥修型；(c) 泄水锥修型后效果

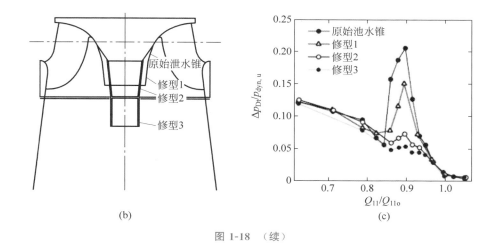

图 1-18　（续）

1.1.7　高负荷柱状涡带及压力脉动

在流量高于最优流量的高负荷区,尾水管内的涡带位于尾水管中心,且一般呈轴对称的形状,根据偏离工况点的不同,可能呈现不同的形态。图 1-19 是流量大于 Q_o 时柱状尾水涡随着单位转速及开度的形态。

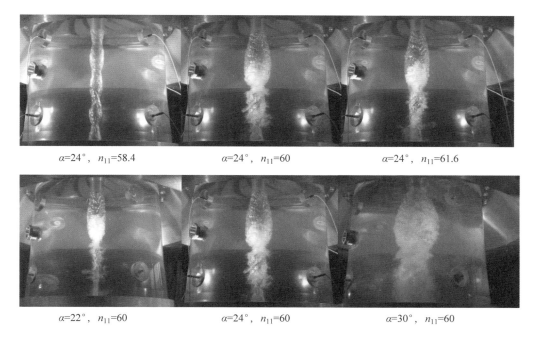

图 1-19　高负荷尾水管内柱状涡随单位转速及开度的变化

在单位转速逐渐向最优单位转速($n_{11}=62.5$)变化的过程中,在较小单位转速($n_{11}=58.4$)时的柱状涡带较明显,呈一节节的小纺锤体形态,从泄水锥一直延伸到肘管内,逐渐增加单位转速($n_{11}=60,n_{11}=61.6$)时呈较粗的纺锤体尾水涡带,下方还是可以看出有两节小纺锤体形态,涡带周围有明显的发散气泡存在。图 1-19 还显示尾水涡柱状形态随开度的增加,涡带由短变长,纺锤形特征逐渐明显,纺锤体逐渐变粗。

在相同单位参数时,空化系数不同,柱状涡带也表现出不同的特征,随着空化系数的减小,柱状涡带由细而直的涡带变成纺锤体形状,且随着空化系数降低,纺锤体涡带越来越粗(图1-20)。

$\sigma=0.3$ $\sigma=0.13$ $\sigma=0.065$

图1-20　高负荷尾水管内柱状涡带随空化系数的变化

柱状涡带在不同工况下表现出的不同形态与尾水管进口的速度分布有关。通过三维CFD分析可以对柱状涡带工况下的流场进行预测,详细介绍见6.3节。

与部分负荷下的情况相比,柱状涡带工况下,在尾水管内的压力脉动幅值一般较小,且波形一般没有明显的频率特征,但是在一些时候高负荷柱状空化涡带可能引起水力系统的自激振荡,甚至引发功率的波动,这种自激振荡与空化体积的流量增益系数为负值有关,具体分析涉及空化对一维水力系统稳定性的影响,将在5.4节及7.1.3节中详细介绍。

1.1.8　低部分负荷转捩工况下尾水管内的双涡带结构及压力脉动

在一定的单位转速条件下,在出现规则的尾水管涡带后,逐渐减小开度、降低单位流量,可以发现尾水管涡带变得不再规则,尾水管内充满了不规则的漩涡。有时在从规则涡带到不规则漩涡运动的转捩工况会出现特殊的双涡带情形,此时尾水管内的压力脉动频率表现出2倍单涡频率,图1-21显示了这个例子,通过数值计算,有时也能模拟这种双涡运动,详见6.2.2节。

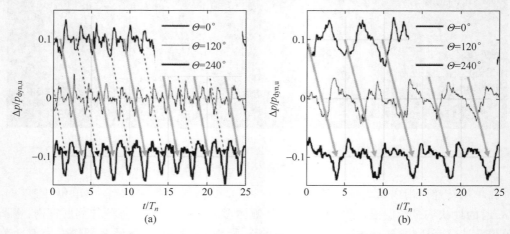

图1-21　低部分负荷转捩工况下尾水管内双涡带引起的特殊压力脉动[11]

(a)双涡带;(b)常规单个涡带

1.1.9　叶片翼形表面空化

对混流式水轮机,除了尾水管内的压力脉动外,转轮内部的一些漩涡及空化流动也可能引起结构的破坏和振动问题。下面几节对其进行简单介绍。

对混流式水轮机,翼形空化通常发生在叶片出水边背面(图 1-22),这类空化通常与翼形设计或者安装高程有关。在一些情况下,水轮机的下游淹没水位变小也可能使原先没有空化问题的机组出现空化。通过模型试验可以发现,空化区域的大小主要受含气量和空化装置系数的影响。这类空化主要导致能量性能的下降以及材料的破坏,因此,在国际 IEC 标准中,以这类空化导致的效率下降 1% 的点来确定临界空化系数的值,并以此为依据确定水轮机的安装高程。

图 1-22　翼形表面空化[16]

当叶片表面出现空化时,在尾水管和水轮机顶盖甚至轴端会监测到非常丰富的中、高频成分,一些在线监测利用这个特点,可以用来监测机组是否发生空化或者发生空化的程度,但是阈值的选取需要大量的试验数据的积累。

这类空化除了引起效率下降及材料的破坏外,还可能改变叶片在水中的固有频率和振动模态,使固体部件的振动特性发生一些改变。因此在叶片及转轮的强度校核及共振校核中应该特别注意,具体的分析技术及算例参见后面的 8.2.4 节。

1.1.10　低水头下叶片进口边正面脱流及空化

如果保持水轮机的开度不变,降低水头或增加速度(提高单位转速),在转轮的进口边容易形成过大的负冲角,导致进口边正面脱流,并可能导致空化,通过顶盖处的内窥镜可以观察到这类脱流形态,如图 1-23(a)所示。虽然进口边正面及背面脱流空化涡也发生在叶片流道之间,也是一种叶道间的漩涡空化,但为了与后面另一类叶道涡区分,通常称作脱流空化。

这种脱流和空化对转轮的安全稳定运行很不利,因此,在转轮的验收试验中,一般要求进口边正面脱流空化线位尽量位于运行区以外。由于脱流区位于叶片正面,一般压力较高,在装置空化系数较低时才会空化,因此在设计中临界线相对容易控制在运行区以外。

1.1.11　高水头下叶片进口边背面脱流及空化

与低水头工况相反,在较高的水头或较低的单位转速下,在转轮进口边容易形成过大的正冲角,导致叶片进口边背面的脱流以至空化,如图 1-23(b)所示。由于脱流漩涡位于叶片背面,压力较低,背面脱流比正面脱流更容易空化,因此在设计时要保证进口背面的脱流空化线在正常运行区以外就需要进行大量的优化工作,临界线也往往比较接近转轮的正常运行范围。所以如何调整进口边形状和安放角度,以满足上述要求是转轮设计中的重要挑战之一。

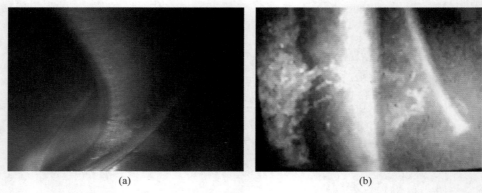

　　　　　　(a)　　　　　　　　　　　　　　　　(b)

图 1-23　转轮进口边正面和背面脱流空化

（a）正面；（b）背面

1.1.12　低负荷下转轮内的叶道涡

前述叶片进口边的脱流空化涡主要与工况偏离最优单位转速(水头)的程度有关,在叶片间的流道内除了上述空化涡外,模型试验中还发现,当水轮机偏离最优工况点运行时,在较低的部分负荷条件下,从尾水管内还可以观察到从转轮出口飘出的细长叶道涡,如图 1-24 所示。在水轮机行业,通常所说叶道涡特指这类空化涡。

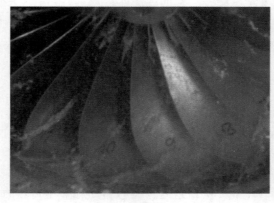

图 1-24　转轮内典型叶道涡

叶道涡出现时,在尾水管壁面及转轮出口测到的压力脉动主要表现为$(0.7\sim1)f_n$的宽带频率信号[17,18]。这也是尾水管在低负荷时压力脉动频率特征。叶道涡的强度与二次流的大小和稳定性,以及漩涡在转轮中的路径有关。从现有的各种叶道涡的试验观测图片看来,初生的叶道涡存在于各个叶道内,规模不大,离叶片表面有一定距离,能量有限,因此有研究者认为分散的叶道涡各自产生的力较小,不会影响机组的稳定运行。但是,随着叶道涡的发展,叶道涡的尺寸会增大,可能对机组平稳运行造成影响,一些观测试验发现,叶道涡的尺寸增大时,叶道涡的尾部稳定性差,噪声影响很大,也可能对机组平稳运行造成影响[16]。

笔者针对多台混流式水轮机进行了叶道涡试验。在叶道涡初生工况附近,可以发现单位转速、单位流量及空化系数等对叶道涡的出现位置以及形态都有明显影响。下面以其中的一台水轮机为例,说明单位流量、单位转速和空化系数对叶道涡的影响。在叶道涡初生线附近分别取 5 个点,如图 1-25(a)所示。图中 $\overline{Q}_{11}$ 和 $\overline{n}_{11}$ 是单位流量和单位转速分别除以最优工况下的单位转速和单位流量约化后的值。

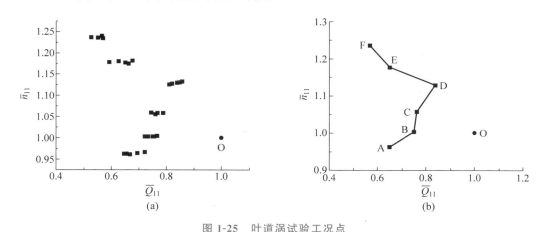

图 1-25　叶道涡试验工况点
（a）常规叶道涡试验；（b）试验中叶道涡初生线

1. 单位转速对叶道涡位置的影响

选取在常规叶道涡试验中叶道涡初生线（图 1-25(b)）上的几个工况,并截取高速摄像的图片,如图 1-26 所示,可以发现叶道涡的位置随 $\overline{n}_{11}$ 的增加由上冠向下环移动。

2. 单位流量对叶道涡的影响

试验还发现随着 $\overline{Q}_{11}$ 的减小,叶道涡出现位置从叶片中部向下环靠近（图 1-27）。同时,试验发现,随着开度的减少,叶道涡在少数叶道出现,当开度进一步减少时,叶道涡变粗、变多,出现的频率增加。图 1-27 给出了叶道涡的出现频率 f,可以发现随着 $\overline{Q}_{11}$ 减小,叶道涡的出现频率增加。

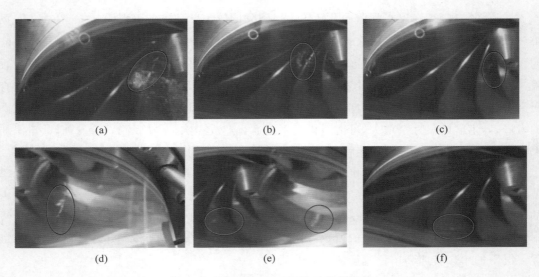

图 1-26　不同 $\overline{n}_{11}$ 工况下的叶道涡情况

(a) $\overline{n}_{11}=0.9628,\overline{Q}_{11}=0.6458,\sigma=0.1045$；(b) $\overline{n}_{11}=1.0029,\overline{Q}_{11}=0.7478,\sigma=0.1329$；

(c) $\overline{n}_{11}=1.0567,\overline{Q}_{11}=0.7598,\sigma=0.1610$；(d) $\overline{n}_{11}=1.1297,\overline{Q}_{11}=0.8374,\sigma=0.1803$；

(e) $\overline{n}_{11}=1.1768,\overline{Q}_{11}=0.6505,\sigma=0.2606$；(f) $\overline{n}_{11}=1.235,\overline{Q}_{11}=0.5673,\sigma=0.4581$

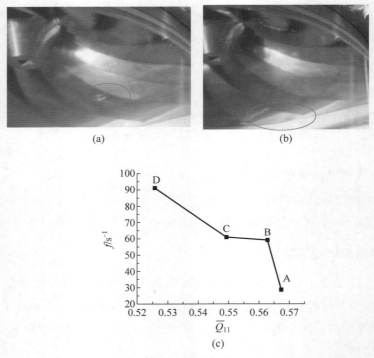

图 1-27　叶道涡位置及出现频率随单位流量的变化

(a) $\overline{Q}_{11}=0.6741,\overline{n}_{11}=1.182,\sigma=0.269$；(b) $\overline{Q}_{11}=0.5923,\overline{n}_{11}=1.179,\sigma=0.262$；

(c) 叶道涡出现频率与单位流量关系

3. 空化系数对叶道涡的影响

图 1-28 中试验工况具有相近的 $\bar{n}_{11}$ 和 $\bar{Q}_{11}$($\bar{n}_{11} \approx 1.24$,$\bar{Q}_{11} \approx 0.56$)和不同的空化系数,图 1-29 中各工况的叶道涡出现频率清晰表明,随着 σ 的减小,叶道涡出现频率增加。图 1-30 表明随着 σ 的减小,叶道涡有变粗的趋势。这是由于随着 σ 的减小,叶道中的压强减小,致使空化加剧,叶道涡的出现频率增加,叶道涡变粗。

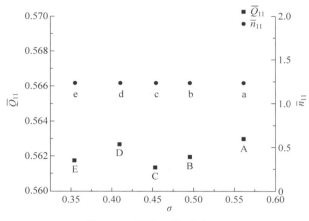

图 1-28　不同 σ 的试验工况

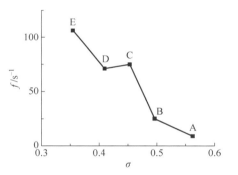

图 1-29　不同空化系数下叶道涡出现频率

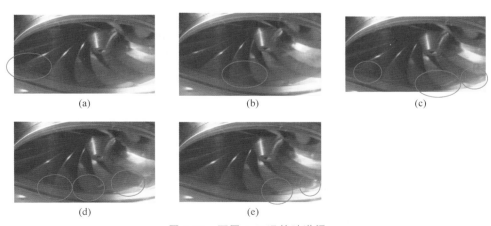

图 1-30　不同 σ 工况的叶道涡

(a)$\sigma=0.5609$;(b)$\sigma=0.4952$;(c)$\sigma=0.4529$;(d)$\sigma=0.4087$;(e)$\sigma=0.3541$

4. 压力脉动分析

图 1-31 是不同叶道涡工况下尾水管的压力脉动主频,可以看到叶道涡出现的大部分工况,尾水管的压力脉动主频为 $0.2\sim0.3f_n$,是典型的尾水涡带的频率,但在较高单位转速、较小单位流量下,出现了 $0.7\sim1f_n$ 的压力脉动频率。在视频中,在较小单位转速的一些工况下还可以看到尾水管空化涡带的出现,且叶道涡出现的位置随着尾水涡带的周期性旋进而发生相同周期的变化,这说明尾水管涡带对叶道涡有一定影响。

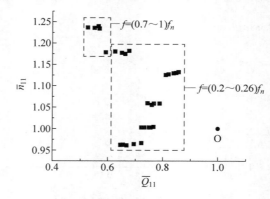

图 1-31　叶道涡初生工况附近转轮出口处的压力脉动主频

从目前的研究成果来看,叶道涡是一种局部的非定常流动。通过对数值计算和试验结果的对比研究发现,这类叶道涡产生原因与水轮机在低负荷下靠近上冠的出水边附近的回流有关[19],详细分析参见 6.4 节。

1.2　轴流式水轮机在偏工况下的典型流动

定桨轴流式水轮机的高效区范围较窄,对流量的变化很敏感,因此,大中型水电站都选用轴流转桨式水轮机以拓宽其高效运行区。电站运行时,转桨式水轮机桨叶和导叶协联调节,保证转轮进口液流角较小,转轮出口环量也较小,因此机组具有较宽的高效区。另外,轴流式水轮机流道宽,叶片扭曲较大,这也使转轮在偏离最优工况的小流量时,出现一些漩涡流动,可能导致振动等问题。同时,轴流式水力机械叶片与轮缘及轮毂间的间隙处也会出现间隙泄漏涡,并可能导致间隙空化,下面对轴流转桨式水轮机的典型流动特点进行简单介绍。

1.2.1　小流量下的漩涡流动

由于轴流式水轮机流量大,转轮轮毂和轮缘直径差别很大,为保证最优工况下不同半径处转换相同的能量,轮毂和轮缘处的翼形安放角变化较大,叶片扭曲较大,同时,轴流式水轮机流道较宽,从活动导叶出来后,在进入转轮前经过接近 90° 转弯的无叶区,在小流量条件下,转轮进口压力径向分布不均匀,导致主要流量集中在靠近轮缘附近,并在无叶区附近形成漩涡流动,如图 1-32 所示,这种漩涡流动会以一定的速度圆周方向旋转,并与旋转的转轮叶片形成类似动静干涉的效应,也会导致水轮机组的振动。具体实例分析见 6.7 节。

这种非定常的漩涡运动会使叶片受到较大的交变载荷,同时,与混流式水轮机相比,转

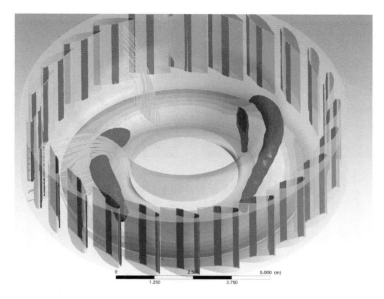

图 1-32   轴流式水轮机小流量下无叶区漩涡

桨机组还有复杂的桨叶调节机构,这种交变载荷还可能引起相关连接机构的振动或失效。针对这类问题,三维流动数值计算、流固耦合等技术正在应用于结构的强度校核和失效分析,详细算例见 8.5.3 节。

1.2.2   轴流式水轮机转轮内的空化流动

轴流式水轮机内部的空化形式主要有进口边脱流空化、翼形空化和间隙空化。与混流式水轮机类似,进口边脱流空化主要受到单位转速(或水头)的影响,图 1-33 在轴流转桨机组的模型特性曲线图上示意了出现叶片正面和背面脱流空化的临界线[16]。对装置空化系数非常敏感的空化区域一般出现在叶片背面及轮毂的位置,如图 1-34(a)所示。出现这类空化的临界线也示意在图 1-33 中。间隙空化主要指发生在轮缘与转轮室间隙处的空化,如图 1-34(b)所示,装置空化系数对这类空化也有影响,但相比之下,间隙的大小及运行工况对其影响更大。

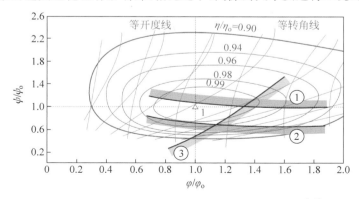

图 1-33   轴流转桨水轮机主要空化类型的发生工况[16]

横坐标为流量系数,纵坐标为水头系数;①为叶片进口边背面空化;
②为进口边正面空化;③为轮毂(间隙及叶片背面)处空化

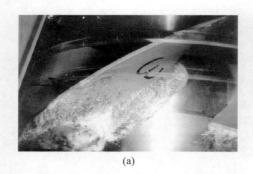 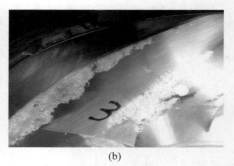

(a)　　　　　　　　　　　　　　　　(b)

图 1-34　轴流转桨水轮机的主要空化区形态[16]

(a) 叶片背面及轮毂处的空化；(b) 轮缘间隙空化

　　轴流转桨机组由于叶片可调，在运行中导叶和桨叶协联调节，因此，其功率限制主要取决于其空化性能，所以，合理预测其空化特性对水轮机的安全稳定运行非常重要。以上几种空化流动都不同程度地影响叶片的受力状况，可能导致桨叶或机组的振动等问题。

　　总的来说，由于轴流式机组叶片可调，且流道一般相对较短，与空化相关的水力系统稳定性方面的问题很少见到报道。通过模型试验可一定程度预测轴流机组空化性能，随着 CFD 技术的发展，三维空化流动计算也越来越多地应用于其内部空化及漩涡非定常流动的预测和分析。6.13 节介绍了轴流泵间隙空化计算方面的算例，对轴流式水轮机间隙空化也有参考价值。

1.3　泵的典型流动不稳定现象

　　与水轮机仅作为水力发电核心设备不同，泵广泛应用于能源、水利、环境、船舶、航空航天乃至生物医学等各个领域，与之相连的水力系统形式多变，可能非常复杂，泵输送的介质也多种多样，因此，影响泵内流动稳定性的因素更多，导致泵流动振荡和机组振动的原因复杂。由于泵在航空航天领域的重要应用，文献中报道较多、比较关注的典型的泵内不稳定流动包括：动静叶片干涉引起不稳定、回流涡空化、旋转失速、旋转空化、喘振、空化喘振、旋转阻塞、阻塞喘振、高阶模态旋转空化、高阶模态空化喘振等。

　　旋转失速和喘振是在没有发生空化时的两种不稳定流动，与空化无关；而另一些流动不稳定现象如旋转空化、空化喘振都与空化有密切关系，旋转阻塞、阻塞喘振以及在诱导轮内发现的一些高阶模态喘振以及高阶旋转空化等也与空化有关。Tsujimoto 等[20]对 LE-7 LOX 火箭推进泵的诱导轮的空化不稳定现象进行了系统的试验和理论研究，在图 1-35 中给出了诱导轮出现不同类型不稳定空化的工况区，其中 ψ_S 为扬程系数。本节将对这些不稳定工况进行简单综述。

　　一些流动不稳定如失速、旋转空化等与泵自身的几何参数决定的流动特性相关，虽然也可能导致系统共振，但本质上是一种局部不稳定流动，不考虑进出水管路，仅对叶轮进行三维流动分析，甚至二维叶栅分析也可以预测到这类不稳定现象；而喘振和空化喘振等还与整个水力系统水声特性有关，分析时还需要考虑与泵相连的管路系统，因此管路的水声特性分析对分析这类问题非常重要。同样，管路共鸣是进水或出水管路系统声学频率与泵内某种激励频率相同时产生的振荡，因此管路声学频率的计算对预测这类共振也非常重要。

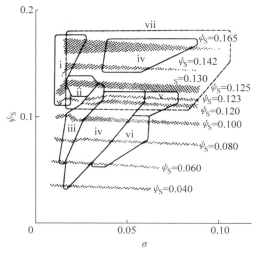

图 1-35　诱导轮内的主要不稳定空化区[20]

下面对泵及系统内比较典型的不稳定流动特点进行简单介绍。

1.3.1　喘振

在泵的流量扬程曲线出现正斜率的情况下,运行可能会出现所谓的喘振现象。这是一种系统不稳定现象,可以通过图 1-36 进行简单说明,图中泵的特性曲线具有驼峰,在小流量区域特性曲线具有正斜率。图中管路特性曲线与泵特性曲线的交点 B 是不稳定的运行工况点:如果有某种扰动使流量增大,此时泵提供的扬程高于管路系统需要的扬程,管路系统内的水流速度增加,工况点将继续向大流量方向移动,直到平衡点 A;反过来如果扰动使流量减小,那么泵提供的扬程不足以提供管路系统的能量损耗,系统内的流速将降低,使流量进一步向小流量方向发展。整个系统不能在 B 点稳定运行。当然,这是一个简单的定性分析,说明系统中存在正反馈机制,导致系统不稳定。发生喘振时,进口断面上周向各点的压力波动是同相位的,且流量也会出现振荡,整个管路系统内也出现同频率振荡,其振荡频率及幅值与系统的所有水力元件的动力学特性(流阻、流容及流感)有关。可以建立包含泵、连接的管路系统及上下游条件的一维水力系统稳定性分析模型,对泵及系统的稳定性进行分析,获得喘振的复频特性(振荡频率和模态),详细分析请参见 5.5 节。

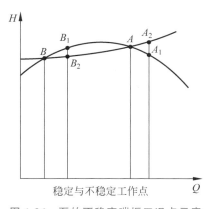

图 1-36　泵的不稳定喘振工况点示意

1.3.2　失速

1. 叶轮内的旋转失速与交替失速

失速的概念最早来源于翼形的空气动力学研究,即指翼形冲角增大到某临界值时,升力突然减小,该临界工况点为失速点。失速现象与大攻角时流动分离导致的漩涡有关,因此也广泛存在于叶片式旋转机械中。失速可能导致泵振动、性能下降并可能进一步发展成喘振,因而长期以来得到广泛关注[21,22]。但是不同文献对泵失速点的定义并不统一,一种定义认为当流量减小扬程不升反降的临界工况点为失速点;另一种则从叶轮的内部流动形态来定义,认为当流量减小时,泵的一个或几个叶片上出现明显的低压漩涡区,并引起明显的流动不稳定时的临界点为失速点。

通常泵内部流动可视为叶栅绕流,失速涡可能出现在几个不同的叶片上,由于旋转效应,失速涡以低于转频的某个频率沿圆周方向旋转,这就是旋转失速现象。图 1-37 显示了进口脱流漩涡形成的低压区在周向方向的旋转(数值计算结果)[23]。

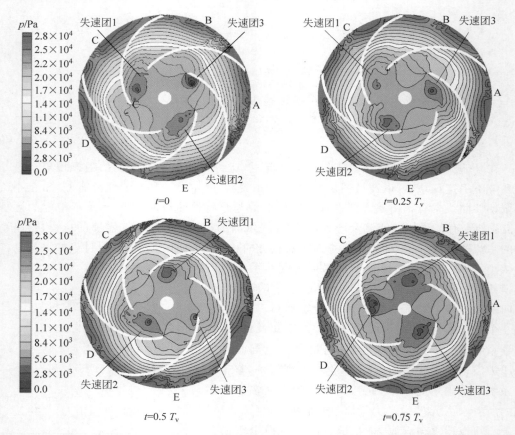

图 1-37　五叶片离心泵内的旋转失速(在旋转坐标系下观察)[23](T_v 为叶轮进口压力脉动的周期).

Emmons[24]定性解释了旋转失速产生的原因,在大冲角运行时,一个叶片背面发生了较大的流动分离时,漩涡流动对该叶片背面所在通道形成排挤(图 1-38 中 B 通道),使位于其前方相邻叶片的进口冲角增加(图 1-38 中 A 通道)而趋于失速,而后方相邻叶片的进口冲角减小,失速趋于消失。这样失速区沿周向方向移动,形成旋转失速。

对旋转失速,由于失速涡的周向旋转,在进口测点上会监测到周期性压力脉动,且不同周向位置测得的压力脉动会有一定的相位差,这个相位差与失速涡的数目有关,如图 1-39 所示,在周向均匀分布的各点 A～G 点测量压力脉动放在一起,可看到,转过一周(从 A—

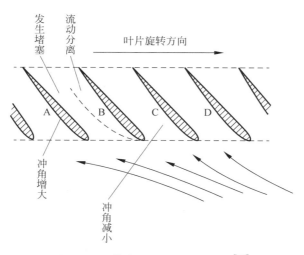

图 1-38　旋转失速形成机理示意图[24]

G—A）的时间内（$\Delta\theta = 360°$），A 点上的压力脉动出现了 5 个周期的脉动，$\Delta\varphi = 5 \times 360°$，说明有 5 个失速涡区（失速单元）。

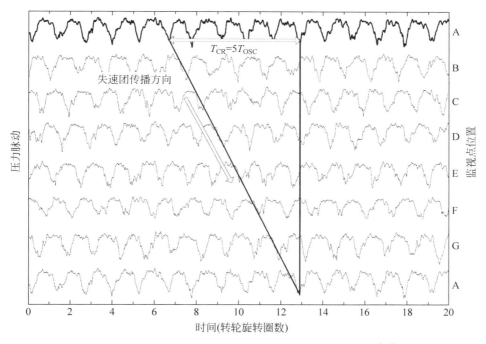

图 1-39　失速涡引起的不同周向位置上的压力脉动波形[23]

在有多个失速涡区的情况下，失速涡的旋转频率与其引起的压力脉动频率是不同的。因此在进口断面同时测量周向相位差为 $\Delta\theta$ 的两点上压力脉动后，可通过两点的压力脉动相位差 $\Delta\varphi$ 计算失速涡个数 N：

$$N = \frac{\Delta\varphi}{\Delta\theta} \tag{1-8}$$

注意如果 $\Delta\theta$ 较大，式（1-8）中的压力脉动相位差 $\Delta\varphi$ 可能超过 $360°$，所以应结合测点的压力脉动波形图来计算实际相位差。

如果在进口测得静止坐标系下的旋转失速引起的压力脉动频率为 f_{ORA}，在静止坐标系下失速涡的旋转频率为

$$f_{CRA} = \frac{f_{ORA}}{N} \tag{1-9}$$

考虑到叶轮的旋转，在旋转坐标系下失速涡的旋转频率为

$$f_{CR} = f_{CRA} - f_n \tag{1-10}$$

如果频率 f_{CR} 为正，失速涡的传播方向与旋转方向相同，频率 f_{CR} 为负，说明在旋转坐标系下失速涡的传播方向与旋转方向相反。已有的试验和计算表明在旋转坐标系下泵进口中失速涡的旋转频率 f_{CR} 一般为负，数值一般小于 $0.25f_n$，因此在绝对坐标系下，旋转频率小于转速，为 $(0.8\sim0.9)f_n$。由于失速涡的周向旋转速度与转轮转速不一致，因此失速涡与转轮叶片间也存在相对运动干涉现象，导致转轮内出现低于叶片通过频率的脉动成分，类似分析参见 6.6 节，6.7 节及 6.12 节。

在叶片数为偶数的情况下，还会出现交替失速的情形，即如果在叶轮上观察，失速涡总是固定在某些流道内，失速通道和非失速通道交替出现（图 1-40）。

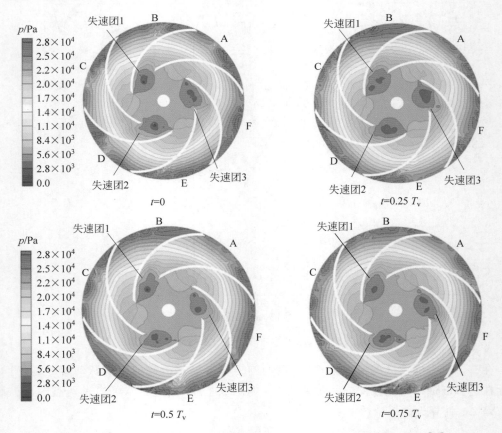

图 1-40　六叶片离心泵内交替失速（数值计算结果，旋转坐标系中观察）[23]

Tsujimoto 的团队[25]利用简单的二维叶栅模型,采用线性小扰动假设对绕叶栅流动进行了系统稳定性分析,得到了在奇数叶片数时旋转失速的不稳定模态以及偶数叶片数的交替失速稳定模态,认为失速不稳定性与泵特性曲线的正曲率有关,预测的旋转失速涡传播速度低于转速,且与转速成正比,大量试验及对一些泵的三维数值模拟结果也证实了这一点[23],详细分析参见 5.7 节。

二维分析和三维的数值模拟结果都表明,交替失速的原因与旋转失速相同,是一个流道内的失速涡区会在其所在流道内形成排挤,导致相邻流道的进口冲角发生变化,抑制了相邻流道的漩涡发展[23,26],但由于叶片数为偶数,在流道间的流动存在稳定的分布模态。对一些泵的三维数值模拟分析结果中发现的交替失速也可能发生在性能曲线斜率为负的工况[23]。交替失速时,在叶轮进口会监测到明显的 0.5 倍叶片通过频率。一些计算还表明,交替失速引起的压力脉动波形幅值小于旋转失速引起的压力脉动[23]。

失速涡是与局部的流动分离有关的不稳定流动现象,尽管目前大多数湍流模型对叶轮内大攻角分离流动细节的模拟精度还有待提高,但通过三维 CFD 计算已经可以在一定程度上预测失速涡的发生以及由此引起的压力脉动等现象。同时,试验和计算还表明进口的 J 型沟槽有利于减轻失速现象,详细内容将在 6.10 节中介绍。

2. 扩压器内的旋转失速

除了在旋转叶片的入口处发生旋转失速外,在导叶内也可能出现失速,同样也会导致机组振动、性能下降,并可能进一步发展成喘振。导叶内旋转失速与叶轮内的失速一样,也与过大冲角条件时的流动分离有关。同时蜗壳和导叶与旋转叶轮间的动静干涉也可能对失速产生影响。Yoshida 等[27]对一个 7 叶片离心叶轮的失速特性的研究表明,有导叶时,失速团的传播速度为 0.5～0.8 倍的叶轮转速;无导叶时,失速团的传播速度增大为 0.8～0.9倍的叶轮转速。Sano[28]在一个导叶式离心泵的导叶区发现了三种失速类型,失速类型与导叶与叶轮之间的间隙有关。当间隙较小时,动静干涉作用强烈,主要表现为交替叶片失速和向后传播的旋转失速;当间隙增加时,向前传播的旋转失速也会出现。Johnson 等[29]为该叶轮添加了蜗壳,并使用 LDV 对该泵进行测试,发现在小流量下叶轮中仍存在两两交替分布的失速团,与 Pedersen 等[30]在无蜗壳的情形下观察到的现象基本一致。一些计算文献表明,蜗壳的隔舌及导叶对失速工况的内部流动存在明显影响。

在泵的环形无叶扩压器内也可能出现旋转失速。图 1-41 是 Dazin[31]采用 PIV 试验获得的压缩机无叶扩压器内的失速涡。可以看到有三个失速涡团,在每个失速涡团附近,由于失速涡的影响,一部分径向速度指向出口,另一部分则指向进口。Ljevar[32]把离心压缩机的无叶扩压器内的旋转失速分为两类,对较窄的扩压器(扩压器轴向高度 B_3 与叶片出口半径 r_2 之比 $B_3/r_2<0.1$),旋转失速与三维边界层的不稳定性有关,当侧壁边界层出现分离,侧壁出现径向回流速度时,在流道中间与叶轮出口的射流-尾迹流动结构形成干涉,从而触发失速,因而失速临界条件与侧壁回流相关;而对于较宽的扩压器($B_3/r_2>0.1$),主流区将扩压器上、下壁面边界层分开,此时边界层对失速临界条件的影响较小,失速主要来源于主流区的二维干扰。目前对这种二维流动不稳定机理的解释是,较小的失速扰动始于扩压器进口处,随主流传播,可能与流道中已经存在的失速区相遇,并形成干涉,由此形成周期性的较大失速区[33]。因此,简单的分析可获得发生这种失速的条件。假设扩压器进口初始扰动的传播速度为主流速度,设其圆周速度为v_t,径向速度为v_r,流道中失速涡的圆周速度为v_p,数目为n,扩压器进口和出口直径分别为r_3和r_4,则扰动传播到出口所需的时间可由径向速度估计为

$$t_r = \frac{r_4 - r_3}{v_r} \tag{1-11}$$

而进口的初始扰动与流道中已有失速区相遇所需的时间可由周向速度估算为

$$t_t = \frac{2\pi}{n} \frac{r_3}{v_t - v_p} \tag{1-12}$$

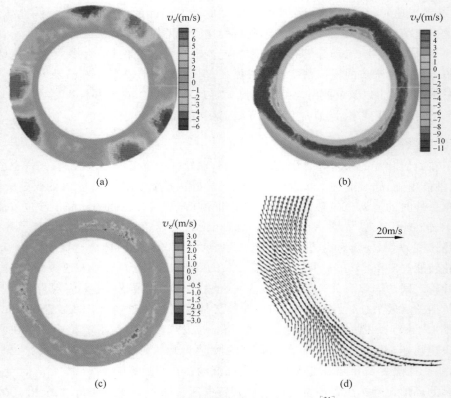

图 1-41 无叶扩压器内的旋转失速现象[31]

(a) 径向速度;(b) 周向速度;(c) 轴向速度;(d) 速度矢量

因此初始扰动在到达出口前与流道中已有失速区相遇并触发失速的条件为$t_t < t_r$,由此可得失速的临界液流角α。

$$\tan\alpha = \frac{v_t}{v_r} < \frac{n}{2\pi}\left(\frac{r_4}{r_3} - 1\right)\left(1 - \frac{v_p}{v_t}\right) \tag{1-13}$$

可见在扩压器内当进口液流角小于某个角度时就会触发这种二维不稳定失速。式(1-13)还表明,扩压器出口和进口半径比越大,流道中原有失速区数目越多,这种失速越容易发生,因为这时初始扰动与已有涡区相遇的可能性更大。

有时当离心泵或离心风机工作在较低流量时,在叶轮与径向导叶之间的无叶区内也会

存在旋转失速。一些试验表明在扩压器侧壁采用径向 J 型沟槽可比较有效地抑制无叶扩压器或扩压区内的旋转失速。

1.3.3 空化喘振

与无空化的喘振不同,空化喘振在流量扬程的负斜率区域甚至是设计工况也可能出现。空化喘振一般发生在空化系数接近临界空化系数的工况(即扬程系数 ψ 接近陡降的工况),图 1-42 给出了在一个诱导轮和一个离心泵的试验中观察到的空化喘振工况。发生空化喘振时,整个管路系统进口断面上周向各点的压力波动是同相位的,且流量也会出现振荡。由于航空火箭推进器的涡轮泵诱导轮可能在空化条件下工作,关于空化喘振与旋转空化等泵的不稳定空化流动的研究一直备受关注。Brennen[34],Tsujimoto[25,35]等在其著作和多篇论文中对空化喘振进行过系统分析。主要结论如下:

(1)空化喘振是一种自激振荡现象,与空穴具有正的空化流量增益系数(进口流量增加,空穴体积减小)有关,其中质量流量增益系数表示空化体积对进口冲角 α 的偏导数。旋转机械工作在小流量下时,如果因某种扰动流量增加,那么进口冲角 α 减小,空腔体积一般也减小,这样进口流量会进一步增加以填充这部分体积。这种正反馈引起了自激振荡。

(2)空化喘振的频率与转速成正比,但与进口管路的长度平方根成反比,同时还与空化系数 σ 有关。

(3)在很多诱导轮及离心泵的空化喘振试验中都观察到了进口回流的存在,进口回流对空化喘振的动态特性有重要影响[34,36]。因此在工程上通过改变进口管的形状或者采用沟槽等方式可以有效控制空化喘振的发生。空化喘振是空化引起的不稳定流动现象,同时与离心泵以及整个系统的特性密切相关,属于全域流动振荡,因此对空化喘振的分析需要考虑整个水力系统以及泵自身的空化性能。详细的理论分析见 5.6 节。

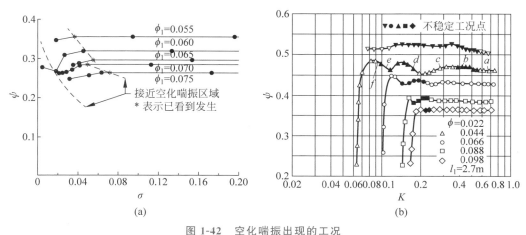

图 1-42 空化喘振出现的工况

(a) 低压氧泵诱导轮[34];(b) 离心泵[36]

1.3.4 旋转空化

旋转空化是一种发生在较低空化系数下,与旋转失速比较类似的不稳定流动。在同一个时刻下,一些叶片的空化区比其他叶片大,且这些区域会像旋转失速一样周向旋转,形成空化区的周期性变化,这种现象被称为旋转空化[37,38],见图1-43,此时在进口断面不同周向位置测得的压力脉动会有一定的相位差。与旋转失速类似,在进口断面同时测量周向相位差为$\Delta\theta$的两点上的压力脉动后,可利用式(1-8)通过两点的压力脉动相位差$\Delta\varphi$计算空化区的个数N。在旋转坐标系下,失速涡的旋转频率同样可由式(1-10)计算得到。

图 1-43　诱导轮内常见的旋转空化[38]

(a) 较小的空化区;(b) 较大的空化区

虽然和旋转失速类似,旋转空化实际上是与其不同的一种现象,旋转失速一般会发生在流量扬程曲线具有正斜率或接近正斜率的区域,但对一些无空化条件下不发生旋转失速的泵,在空化条件运行时也可能出现旋转空化。旋转空化也是航天发动机涡轮泵诱导轮内经常被观察到的现象,因此也备受关注。其中Tsujimoto[25,35]、Watanabe[39,40]、Horiguchi[41,42]等对这种空化不稳定现象和其他的不稳定模态进行了系统的理论分析。结果表明这种空化不稳定流动也与空穴具有正的空化流量增益系数(随着流量的增加,空化体积减小)有关,但是与全局的空化喘振不同,这是一类局部的不稳定空化模态。其中一种模态与叶轮旋转方向相同,传播速度大于转速,也与转速成正比,这也是试验中常见到的情形。另一种模态与叶轮旋转方向相反,在试验中比较少见。详细的分析参见5.8.3节及5.9节。

Tsujimoto等还指出在诱导轮内出现旋转空化区域的临界线与$\sigma/2\alpha$有关。在离心泵中,这种类型的空化也发生在接近临界空化系数附近的工况。Friedrichs和Kosyna等[43]对一个装有对称扩压器的离心泵所进行的旋转空化试验也表明,出现旋转空化的临界线位于$\sigma/2\alpha =2.33$的线上(参见图1-44)。Kang等[44]对旋转空化进行的三维CFD数值模拟,发现这种局部不稳定与空化流动导致的轴向扰动分量有关,这个轴向扰动指向下游,当$\sigma/2\alpha$达到某个程度,使叶片上的空化区域长度达到某个临界值

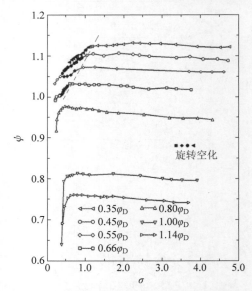

图 1-44　某离心泵发生旋转空化的工况[43]

时,该扰动会导致相邻叶片的进口冲角减小,从而使相邻叶片的空化区减小,同时由于叶轮的旋转,形成旋转空化。因此,在工程中可以通过在进口管开槽减小轴向扰动等方法对这类不稳定空化进行抑制。详细分析参见6.11节。

1.3.5 高阶旋转空化和高阶空化喘振

在一些诱导轮的试验中,在某些特殊的空化系数下还测到一些高阶模态的压力脉动。其中一个试验观察到是类似空化喘振的情况,在周向90°布置的两个测点上压力脉动相位相同,但是频率比普通空化喘振的频率高,且其频率与转频成正比,约为转频的4.7倍,被称为高阶空化喘振模态[45]。在另一篇文献中,报道了高阶旋转空化模态,频率约为转频的4.2倍,同断面上周向布置的各测点上压力脉动相位差显示有一个空化区与转轮同向旋转[38](图1-45及图1-46)。这些高阶的模态虽然只在一些特殊的工况下出现,但这些高阶模态的频率可能会接近叶片的某些低阶固有频率,所以也应该重视。Tsujimoto等还提到了进口旋转空化或进口失速区与转轮叶片间的动静干涉现象可能导致高频振动,这类高频压力脉动的发生机理与空化无关,而与进口的回流漩涡与叶轮的干涉有关,因此即使在没有发生空化的条件下也可能发生。详细介绍参见6.12节。

(a) (b)

图 1-45 诱导轮内的高阶旋转空化[38]

(a) 较小的空化区;(b) 较大的空化区

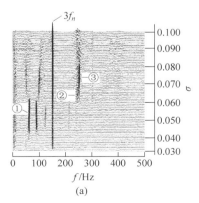
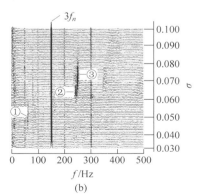

(a) (b)

图 1-46 高阶旋转空化引起的进出口压力脉动频谱图[38]

(a) 进口压力波动;(b) 出口压力波动

1.3.6 旋转阻塞

空化喘振和旋转空化一般发生在空化系数还没有降低到流量-扬程(ψ-ϕ)曲线陡降之前的工况。在一些诱导轮的试验中,当空化系数降到很低后还发现了另外一些旋转空化模态[46],被称为旋转阻塞。由于是一种旋转模态,此时在进口断面不同周向位置测得的压力脉动具有一定的相位差。Semenov 等应用具有空腔尾涡的空化模型[47],预测了不同空化系数下模型的性能曲线和出现旋转空化及旋转阻塞的工况点,如图 1-47 所示,旋转空化的发生点由空心圆圈表示,旋转阻塞则以实心圆圈表示。可见旋转空化主要发生在较高空化系数下,此时(ψ-ϕ)曲线具有负斜率,而旋转阻塞发生在较低空化系数下(ψ-ϕ)曲线为正斜率的区域,此时空穴延伸到叶片通道中并阻塞流动通道,扬程急剧降低。由于旋转阻塞与空化系数过低所导致能量性能的正斜率有关,因此旋转阻塞甚至可能在设计流量附近发生。与旋转空化不同,旋转阻塞的传播速度低于转速($\omega/\omega_n < 1$),见图 1-47。旋转阻塞分析详见 5.9.4 节。

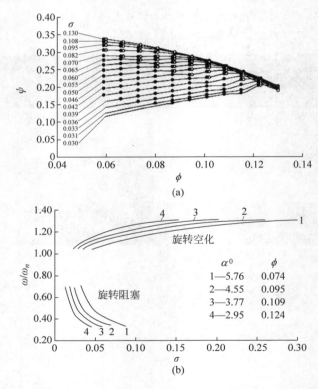

图 1-47　旋转阻塞发生的区域及传播速度[47]

1.3.7 阻塞喘振

当空化系数很低时,除了可能出现上面所说的旋转阻塞模态外,在一些诱导轮的试验中还发现了另一种喘振模态[48],由于发生在空化严重且扬程陡降的区域,被称为阻塞喘振(choked surge),与旋转阻塞模态不同,此时进口断面不同周向测点的压力波动是同相位的,且进口流量也是波动的。阻塞喘振发生在扬程出现下降的空化系数范围内,空化系数的波动可能使流量扬程曲线出现正斜率的情况,尽管在阻塞喘振中出现的性能曲线的正斜率并不像在旋转阻塞中那样明显,但分析认为这种现象也与性能曲线的负曲率减少引起的一维系统不稳定有关。

1.3.8 泵内各种典型不稳定流动特征比较

Brennen[34],Tsujimoto[25,49]等人对泵内的各种不稳定流动进行了系统的综述,为了使读者对上述泵内典型不稳定流动特征有清晰的了解,对文献中通过试验或理论分析得到的各类泵的不稳定流动特征总结如表 1-2,供读者参考。

表 1-2 泵内典型空化不稳定引起的压力脉动特征

	传播频率(静止坐标系下)或压力脉动频率	相位特征	发生工况
喘振	与系统有关,与管长平方根成反比	在同一圆周的不同测点上相位相同	正曲率区(驼峰区)
旋转失速	旋转频率小于转频,为$(0.8\sim 0.9)f_n$[21,22]	在同一圆周的不同测点上有明显相位差	正曲率区或附近
空化喘振或回流涡空化喘振	与转速成正比,与管长平方根成反比[34,35,36]	在同一圆周的不同测点上相位相同	略高于临界空化系数的工况。在诱导轮中甚至可能发生在设计流量下
旋转空化	正向旋转空化的频率为$(1.2\sim 1.5)f_n$,反向旋转空化的频率为$(-0.4\sim -1.9)f_n$[42,49]	在同一圆周的不同测点上有明显相位差	略高于临界空化系数的工况,与空化区长度有关。在诱导轮中甚至可能发生在设计流量下
高阶空化喘振	压力脉动频率为$(4\sim 8)f_n$[45]	在同一圆周的不同测点上相位相同	略高于临界空化系数的工况,在诱导轮中甚至可能发生在设计流量
高阶旋转空化	压力脉动频率$(4\sim 8)f_n$[38]	在同一圆周的不同测点上有明显相位差	略高于临界空化系数的工况,在诱导轮中甚至可能发生在设计流量
阻塞喘振	压力脉动频率$(0.1\sim 0.2)f_n$[48]	在同一圆周的不同测点上相位相同	在较低的空化系数下,空化导致扬程降低的工况
旋转阻塞	传播频率约为$0.5f_n$[47]	在同一圆周的不同测点上有明显相位差	在较低的空化系数下,空化导致扬程降低的工况

1.4 动静干涉

由于叶轮的旋转,叶轮和导叶(或其他过流部件)的相对位置周期性地发生变化,变化的周期与动静叶栅的叶片数和转速有关,下面对此进行简单介绍。

首先假设叶轮叶片数为 Z_r,导叶的叶片数为 Z_g,转轮的旋转频率为 f_n(Hz)。如果站在叶轮(旋转坐标系)的固定点来观察,这个点感受到的激励频率为 $Z_g f_n$ 及其谐频成分。

如果站在导叶(静止坐标系)内的某固定点,感受到的激励频率为 $Z_r f_n$ 及其谐频成分。众多三维流动计算的结果都能反应这种干涉压力脉动。

如果在转轮上观察特定时刻转轮整体所受到激励的型态,那么,由于叶片数和导叶数的组合不同,会出现不同的型态。首先以图 1-48($Z_g=20$ 和 $Z_r=6$)为例说明动静干涉的激励型。假设在某时刻,1 号转轮叶片和 1 号导叶正好对上(具有相同相位角),此时,4 号转轮叶片与 11 号叶片具有相同的相位角。当转轮转过 6° 后,2 号和 5 号转轮叶片会分别与 4 号和 14 号导叶同相,当转轮转过 12° 后,3 号和 6 号转轮叶片分别与 7 号、17 号两个导叶分别同相,转轮转过 18° 后,开始新的一个周期。

观察图 1-48 可以看到,在任意时刻转轮叶片总是在相对 180° 的两个位置上同时与对应导叶同相,因此转轮所受到的激励型具有 2 个径向节径。

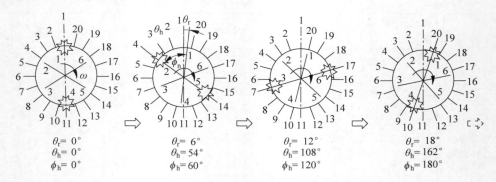

图 1-48 动静干涉模态的旋转示意

如果是其他叶片数的组合,则可能还会出现具有不同节径数目的激励型,如图 1-49 所示。

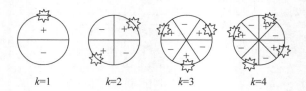

图 1-49 不同节径的动静干涉模态

同时从图 1-48 还可以看到,由于转轮的旋转,该激励型也以一定的频率在旋转,在图 1-48 所示的例子中,其旋转的方向与转轮旋转的方向相反。由于叶片数组合不同,激励型也可能出现正转的情形。当激励的型态和频率与转轮的固有模态和频率接近时,就会出现强烈的共振现象。

从上面的例子可以看到,叶片数的组合和叶轮的旋转频率都会影响激励型的节径数目 k 和旋转频率。Tanaka[50] 建立了具有普遍意义的分析模型,结果可用公式简单描述如下

$$nZ_g \pm k = mZ_r \tag{1-14}$$

式中,k 为激振模态的节径数;n、m 为整数。在旋转坐标系下观察 k 节径的模态旋转频率为 $nZ_g f_n/k$,当 k 为正时,与转轮的旋转方向一致,为负时,与转轮的旋转方向相反;在静止坐标系下观察,模态的旋转频率为 $mZ_r f_n/k$。

在实际工程中,经常会出现不同模态叠加的情况,特别是比转速较低的水力机械,一些

特定模态更容易被激励而引发共振问题,关于动静干涉模态的详细理论分析参见第4章,与之相关的共振分析实例详见8.5.1节。

不仅在静止部件与旋转部件间存在动静干涉现象,各种不稳流动中的漩涡结构(如失速涡等),由于其旋转速度与叶轮的旋转速度不同,同时与导叶之间存在相对运动,也会出现类似动静干涉的效应,这也应该在实际工程中予以注意,其中三个实例是6.6节介绍的无叶区压力脉动、6.7节中介绍的轴流转桨式水轮机在无叶区漩涡导致的压力脉动以及6.12节中提到的高阶旋转空化。

1.5 相振

在流体机械及系统中,除了以上一些不稳定流动引发的压力脉动外,还有一类压力脉动与压力波的传播有关。首先以水轮机蜗壳内的相振为例,对这类压力脉动的产生原因进行简单介绍。以图1-50为例,由于动静干涉等原因产生的压力波会从固定导叶每个出口在蜗壳内向两个相反的方向传播,其中一列向蜗壳进口传播,另一列向蜗壳尾端连接特殊固定导叶的位置传播。在蜗壳内,从不同导叶通道内出发的波因为叶轮旋转具有一定的相位差,经过不同的路径到达蜗壳进口处或鼻端时,如果相位正好相同(in phase)会导致压力波的叠加,在蜗壳进口或尾端处出现强烈的压力脉动,这种现象被称为相振(phase resonance)。这类压力脉动一方面与叶片数组合有关,另一方面,波速和蜗壳的当量长度也会对其产生影响。可以通过一维水动力学方程建立对这类问题的分析模型,预测蜗壳进口的压力脉动的放大倍数,粗略评估具体的影响。随着技术的进步,三维可压流动计算也可应用于以上问题的分析,详见4.2节。

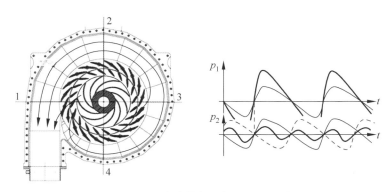

图 1-50　压力波叠加及相振原理示意

对高水头的混流式水轮机,常常更关心由于导叶动静干涉引起的压力波动在蜗壳内叠加可能导致的相振。对没有导叶的离心泵,考察频率为ω的任意压力脉动从泵进口到在泵内的传播,由于叶轮的旋转(转频为ω_n),并考虑到叶轮出口不同周向位置到蜗壳出口路径不同,不仅会引起$\omega_n \pm \omega$的调制分量,而且会在一些频率上出现旋转模态分量。稳定性分析还表明,略低于旋转频率的喘振频率ω,会引起水力系统中出现负的耦合阻抗,导致系统不稳定[51]。由于这种情形可能出现在没有空化的工况,而且原因比较隐蔽,因此,在工程中也应特别注意。

1.6　卡门涡引起的压力脉动

卡门涡是钝体绕流中常见的不稳定流动现象，在导叶或转轮叶片出口尾迹区，也可能出现卡门涡。漩涡交替地从叶片尾部两侧脱落，引起尾部流动振荡以及叶片升阻力的周期性变化，对特定的叶片，卡门涡的脱落频率 f 与来流速度 v 成正比，与叶片尾部厚度 δ 成反比

$$f = v\mathrm{St}/\delta \tag{1-15}$$

式中，斯托努哈数 St 是与叶片形状及雷诺数有关的常数。

如果卡门涡脱落频率与叶片的某阶固有频率一致，会引起强烈的共振现象，在电站中就发生过由于卡门涡引起的叶片裂纹等严重事故[52,53]及机组振动等不利现象。

对钝体扰流，在结构的固有频率附近（高于固有频率）的一小段范围内，有时还会出现所谓的锁频(lock-in)现象，此时漩涡脱落频率基本不变，不再与流速成正比关系。图 1-51 用相对频率 f^* 及相对幅值 A^* 与约化速度 U_r 的关系曲线描述了圆柱绕流横向振动的共振及锁频现象。这种锁频现象是典型的流固耦合现象，在锁频区域结构的振动幅值也往往大于线性区域。

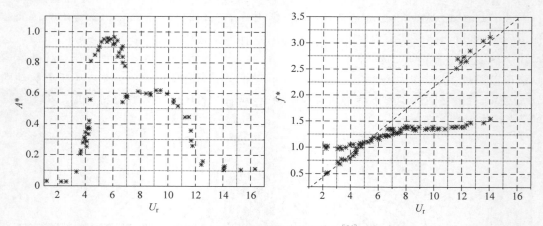

图 1-51　圆柱扰流的锁频现象[54]

对水力机械中由于卡门涡引起的振动，通常会采用切削叶片尾部改变漩涡脱落频率的方式来解决[55]。但是对于尾部切削的形状，则需要通过试验或计算进行评估。6.8 节介绍了相关算例。

1.7　叉管内漩涡引起的压力脉动

在水轮机水泵的管路系统中，阀门、叉管等是重要的控制和连通元件，在一些特殊的工况下，阀门或者叉管内的空化或漩涡流动也会引起水力系统的振荡。比如在一个一管三机的电站中就发生过由于分叉管内的漩涡流动引起机组的流量 Q 和出力 P 的大幅振荡[11,56]。其分叉管形式如图 1-52，三台机组同时运行时，中间的 2 号机组工作正常，但两侧的 1 号和 3 号机组的出力出现大幅波动（图 1-53 中红色虚线所夹区间）。对叉管或阀门的局部三维非定常流动的计算结果表明，在这种特殊的情况下，在一分三的分叉管内出现的漩

涡流动,两侧分叉管中的漩涡会交错地堵塞两侧的管路,而中间的管道则不受影响,因此造成装在两侧管路中机组的流量及压力的大幅波动而中间机组不受影响(图1-54)。通过在三叉管内部焊接一块钢板,将顶部抹平后明显可以改善这种漩涡引起的不稳定流动(图1-55)。

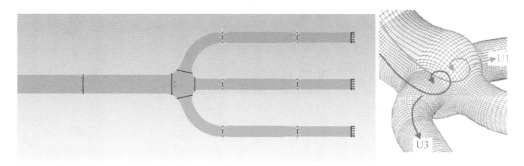

图1-52 一管三机管道布置及叉管形状

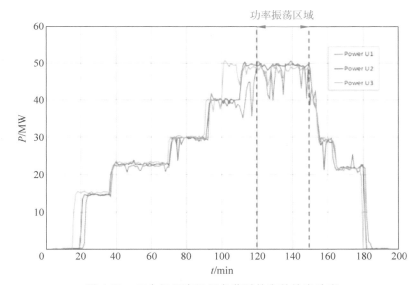

图1-53 三个机组在不同负荷时的有效输出功率

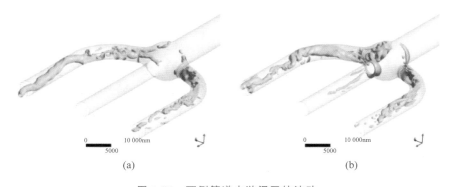

(a)　　　　　　　　　　(b)

图1-54 两侧管道内漩涡区的波动

(a) $t=0$;(b) $t=\dfrac{1}{4}T$;(c) $t=\dfrac{2}{4}T$;(d) $t=\dfrac{3}{4}T$

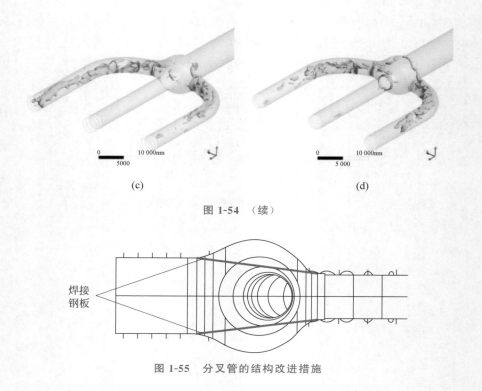

(c)   (d)

图 1-54 （续）

焊接钢板

图 1-55 分叉管的结构改进措施

1.8 水力机械过渡过程中的非定常流动

    前面主要介绍了恒定工况下的各种典型不稳定流动,在实际工程中,水轮机或泵系统的运行工况可能经常发生变化,比如水轮机增减负荷或者泵调节流量等,这类工况调节时机组的运行参数只是小幅度的变化,不会发生大幅度的,甚至参数符号的变化,这种调节泛称小波动过渡过程。其中,水轮机的调速器调节系统的稳定性是小波动过渡过程非常关心的问题,它涉及水力系统动力学方程、水轮机的力矩方程和流量方程、发电机及负载的运动方程、调速器各环节的运动方程等,但是对其稳定性的研究采用的状态方程等方法与 3.3.6 节所介绍的矩阵法原理是相同的,由于这类问题主要与水轮机调节系统有关,因此不在本书的讨论范围之内。

    在工程上对水力系统或机组可能产生重要影响的过渡过程主要指如开机、停机、水轮机甩负荷或水轮机与水泵间的工况转换等大波动过渡过程,在这些过程中,不仅工作参数数值发生大幅度的变化,其符号也可能发生改变,如从正向抽水变成反向发电等。这些瞬变工况可能导致管路系统中异常的压力升高或降低,引发管道爆裂等事故,同时也可能使结构部件承受很高的动应力,导致结构破坏,因此对过渡过程中水力系统压力及机组结构受力变化的预测非常重要。由于阀门开度等参数在短时间内急剧变化,计算中必须考虑流体压缩性,而一般涉及的水力管线都很长,因此,工程上主要采用一维水动力学方法解决这类问题,将水轮机和泵作为系统中的节点,通过机组静态特性曲线建立节点边界条件,对过渡过程中管路系统内的流量、压力及机组工作参数如转速、流量、力矩等变化情况进行预测,并对导叶或阀门启闭规律进行优化。由于计算依赖水力机械的特性曲线,而特性曲线的延拓又缺乏依据,随着计算流体力学技术的发展,一个新的趋势是进行一维水动力计算和三维 CFD 计算的耦合。相关的详细方法在 7.2 节中介绍。

在一些过渡过程中,机组可能经历一些不稳定的工况,比如抽水蓄能机组的反 S 区,或者经历某些共振区,比如转速变化时可能会激励某阶结构固有频率,这些情况也可能导致在瞬变工况下机组的异常振动和破坏。这时不仅要分析瞬变工况下的管路及机组内的流动特性,还应对结构部件的动应力进行分析和评估,相关的例子参见 8.5.1 节及 8.5.2 节。

参考文献

[1]　JACOB T,PRENAT J E. Francis turbine surge:discussion and data base[C]//Proceedings of 18th IAHR Symposium. Valencia,1996:855-864.

[2]　CIOCAN G D,ILIESCU M S,VU T,et al. Experimental Study and Unsteady Simulation of the FLINDT Draft Tube Rotating Vortex Rope. Journal of Fluids Engineering,2007,129:146-158.

[3]　NISHI M,KUBOTA T,MATSUNAGA S,et al. Surging characteristics of conical and elbow-type draft tubes[C]//Proceedings of the 12th IAHR Symposium on Hydraulic Machinery and Systems. Stirling,1984:272-283.

[4]　NISHI M,LIU S H. An outlook on the draft-tube-surge study[C]//Proceedings of the 26th IAHR Symposium on Hydraulic Machinery and Systems. Beijing,China,2012:33-48.

[5]　CASSIDY J J,FALVEY H T. Observations of unsteady flow arising after vortex breakdown[J]. Journal of Fluid Mechanics,1970,41(04):727-736.

[6]　NISHI M,MATSUNAGA S,OKAMOTO M,et al. Measurement of three-dimensional periodic flow in a conical draft tube at surging condition[C]//Flows in Non-Rotating Turbomachinery Components. FED,in Rohatgi,1988,69(06):81-88.

[7]　WANG X,NISHI M. Analysis of Swirling flow with Spiral vortex core in a pipe[J]. JSME International Journal,Series B. 1998,141(2):254-261.

[8]　ARPE J,AVELLAN F. Pressure wall measurements in the whole draft tube:steady and unsteady analysis[C]//Proceedings of the 21st IAHR Symposium on Hydraulic Machinery and Systems. Lausanne,Switzerland,2002:593-602.

[9]　程宦. 混流式水轮机漩涡空化流场特性研究[D]. 北京:中国农业大学,2019.

[10]　NISHI M,WANG X,OKAMOTO M,et al. Further investigation on the pressure fluctuations caused by cavitated vortex rope in an elbow draft tube cavitation and gas-liquid flow in fluid machinery and devices[C]//ASME. FED. 1994,190:63-70.

[11]　DÖRFLER P,SICK M,COUTU A. Flow-induced Pulsation and Vibration in hydroelectric Machinery[M]. Springer,2013:106-177.

[12]　FANELLI M. The vortex rope in the draft tube of francis turbines operating at partial load:a proposal for a mathematical model[J]. Journal of Hydraulic Research,1989,27(6):769-807.

[13]　RUDOLF P,POCHYLY F,HÁBÁN V,et al. Collapse of cylindrical cavitating region and conditions for existence of elliptical form on cavitating vortex rope[C]//IAHR WG (Cavitation and Dynamic Problems in Hydraulic Machinery and Systems) 2nd Meeting. Timisoara Romania,2007.

[14]　ILIESCU M S,CIOCAN G D,AVELLAN F. Analysis of the cavitating draft tube vortex in a Francis turbine using particle image velocimetry measurements in two-phase flow[J]. Journal of Fluids Engineering,2008,130(1):021105-1-10.

[15] ALLIGNÉ S. Forced and self oscillations of hydraulic systems induced by cavitation vortex rope of Francis Turbines[D]. École Polytechnique Fédérale de Lausanne, PHD thesis, 2011.

[16] AVELLAN F. Introduction to Cavitation in hydraulic machinery[C]//Proceedings of the 6th International Conference on Hydraulic Machinery and Hydrodynamics. Timisoara, Romania.

[17] YAMAMOTO K, MULLER A, FAVREL A, et al. Pressure measurements and high speed visualizations of the cavitation phenomena at deep part load condition in a Francis turbine[C]//Proceedings of the 27th IAHR Symposium on Hydraulic Machinery and Systems. Montreal, Canada, 2014.

[18] LIU M, ZHOU L J, WANG Z W, et al., Investigation of Channel Vortices in Francis Turbines[C]// 28th IAHR Symposium on Hydraulic Machinery and Systems. France, IOP Conf. Series: Earth and Environmental Science 49(2016)082003 doi: 10.1088/1755-1315/49/8/082003.

[19] ZHOU L J, LIU M, WANG Z W, et al. Numerical simulation of the blade channel vortices in a Francis turbine runner[J]. Engineering Computations, 2017, 34(2): 364-376.

[20] TSUJIMOTO Y, YOSHIDA Y, MAEKAWA M, et al. Observations of oscillating cavitations of an inducer[J]. Journal of Fluids Engineering, 1997, 119(4): 775-781.

[21] GREITZER E M. The stability of pumping systems—the 1980 Freeman Scholar Lecture[J]. Journal of Fluids Engineering, 1981, 103(2): 193-242.

[22] KRAUSE N, ZäHRINGER K, PAP E. Time-resolved particle imaging velocimetry for the investigation of rotating stall in a radial pump[J]. Experiments in Fluids, 2005, 39(2): 192-201.

[23] 周佩剑. 离心泵失速特性研究[D]. 北京: 中国农业大学, 2015.

[24] EMMONS H W, PEARSON C E, GRANT H P. Compressor surge and stall propagation[J]. Trans. ASME, 79: 455-469.

[25] TSUJIMOTO Y, KAMIJO K, BRENNEN C E. Unified treatment of flow instabilities of turbomachines[J]. Journal of Propulsionand Power, 2001: 636-643.

[26] 王薇. 离心泵失速流动数值模拟与控制研究[D]. 北京: 中国农业大学, 2017.

[27] YOSHIDA Y, MURAKAMI Y, TSURUSAKI T, et al. Rotating stall in centrifugal impeller/vaned diffuser systems[C]//Proceedings of the First ASME/JSME Joint Fluids Engineering Conference. FED-107, 1991: 125-130.

[28] SANO T, NAKAMURA Y, YOSHIDA Y, et al. Alternate blade stall and rotating stall in a vaned diffuser[J]. JSME International Journal Series B, 2002, 45(4): 810-819.

[29] JOHNSON D A, PEDERSEN N, JACOBSEN C B. Measurements of rotating stall inside a centrifugal pump impeller[C]//ASME 2005 Fluids Engineering Division Summer Meeting. 2005.

[30] PEDERSEN N, LARSEN P S, JACOBSEN C B. Flow in a centrifugal pump impeller at design andoff-design conditions: Part I: Particle image velocimetry (PIV) and laser Doppler velocimetry (LDV) measurements[J]. Journal of Fluids Engineering, 2003, 125(1): 61-72.

[31] DAZIN A, CAVAZZINI G, PAVESI G, et al. High-speed stereoscopic PIV study of rotating instabilities in a radial vaneless diffuser[J]. Experiments in Fluids, 2011, 51(1): 83-93.

[32] LJEVAR S. Rotating stall in wide vaneless diffusers[D]. Netherlands: Eindhoven University of Technology, 2007.

[33] HENG Y G. Rotating instability in a radial vaneless diffuser: stability analysis and effect on the performance [D]. ENSAM: Paris Institute of Technology, 2016.

[34] BRENNEN C E. Hydrodynamics of Pumps[M]. Cambridge: Cambridge University Press, 2011.

[35] TSUJIMOTO Y, KAMIJO K, YOSHIDA Y. A theoretical analysis of rotating cavitation inInducers [J]. Journal of Fluids Engineering, 1993, 115(1): 135-141.

[36] YAMAMOTO K. Instability in a cavitating centrifugal pump[J]. JSME International Journal Series 2, Fluids Engineering, Heat Transfer, Power, Combustion, Thermophysical Properties, 1991, 34(1): 9-17.

［37］ KAMIJO K，SHIMURA T，WATANABE M. An experimental investigation of cavitating inducer instability［R］. ASME Paper，1977：77-WA/FW-14.

［38］ FUJII A，AZUMA S，WATANABE S. Higher order rotating cavitation in an inducer［J］. International Journal of Rotating Machinery，2004，10(4)：241-251.

［39］ WATANABE S，TSUJIMOTO Y，FRANC J P，et al. Linear analysis of cavitation instabilities，3rd Int［J］. Symp. on Cavitation，Grenoble，France，1998：347-352.

［40］ WATANABE S，SATO K，TSUJIMOTO Y，et al. Analysis of rotating cavitation in a finite pitch cascade using a closed cavity model and a singularity method［J］. ASME Journal of Fluids Engineering，1999，121(4)：834-840.

［41］ HORIGUCHI H，WATANABE S，TSUJIMOTO Y，et al. Theoretical analysis of alternate blade cavitation in inducers［J］. Journal of Fluids Engineering，2000，122(1)：156-163.

［42］ HORIGUCHI H，WATANABE S，TSUJIMOTO Y，et al. A linear stability analysis of cavitation in a finite blade count impeller［J］. Journal of Fluids Engineering，2000，122(4)：798-805.

［43］ FRIEDRICHS J，KOSYNA G. Rotating cavitation in a centrifugal pump impeller of low specific speed［C］//Prceedings of Fluids Engineering Division Summer Meeting. 4th International Symposium of Pumping Machinery，New Orleans，Louisiana，2001.

［44］ KANG D，YONEZAWA K，HORIGUCHI H，et al. Cause of cavitation instabilities in three dimensional inducer［J］. International Journal of Fluid Machinery and Systems，2009，2(3).

［45］ MOTOI H，OGUCHI H，HASEGAWA K，et al. Higher order cavitation surge and stress fluctuation in an inducer［C］//45th Turbomachinery Society Meeting. 2000：118-123.

［46］ SHIMURA T，YOSHIDA M，KAMIJO K，et al. A rotating stall type phenomenon caused by cavitation in LE-7A LH2 turbopump［J］. JSME International Journal，Series B，2002，45(1)：41-46.

［47］ SEMENOV Y，FUJII A，TSUJIMOTO Y. Rotating choke in cavitating turbopump inducer［J］. ASME Journal of Fluids Engineering，2004，126(1)：87-93.

［48］ WATANABER T，KANG D，CERVONEL A，et al. Choked surge in a cavitating turbopump inducer ［J］. International Journal of Fluid Machinery and System，2008，1(1)：64-75.

［49］ ISUJIMOTO Y，WATANABE S，HORIGUCHI H. Cavitation instabilities of hydrofoils and cascades［J］. International Journal of Fluid Machinery and Systems，2008，1(1).

［50］ TANAKA H. Vibration behavior and dynamic stress of runners of very high head reversible pump-turbines［J］. International Journal of Fluid Machinery and Systems，2011，4(2)：289-306.

［51］ BRENNEN C E. Multifrequency instability of cavitating inducer［J］. ASME Journal of Fluid Engineering，2007，129：731-736.

［52］ SHI Q. Abnormal noise and runner cracks caused by Von Karman vortex shedding：a case study in dachaoshan H. E. P［C］//IAHR Section Hydraulic Machinery. Equipment，and Cavitation，22nd Symposium，Stockholm，2004.

［53］ FISHER R K，SEIDEL U，GROSSE G，et al. A case study in resonant hydroelastic vibration：The causes of runner cracks and the solutions implemented for the Xiaolangdi hydroelectric project［C］// 21th IAHR Symposium on Hydraulic Machinery and Systems. Lausanne，Switzerland，2002.

［54］ KHALAK A，WILLIAMSON C H K. Fluid forces and dynamics of a hydroelastic structure with very low mass and damping［J］. Journal of Fluids and Structures，1997，11(8)：973-982.

［55］ RUPRECHT A，HELMRICH Th，BUNTIC I. Very large eddy simulation for the prediction of unsteady vortex motion［C］//Conference on Modelling Fluid Flow (CMFF'03). 12th International Conference on Fluid Flow Technologies，Budapest，2003.

［56］ PAPILLON B，BROOKS J，DENIAU J L，et al. Solving the guide vanes vibration problem at shasta. Hydrovision，Portland，OR，2006.

水力激励力是水力机械主要振动源之一。计算流体力学(CFD)的发展大大提高了人们对水力激励力的预测能力,对其产生原因有了更深入和直观的了解。由于 CFD 计算商用软件和开源软件的使用说明非常完备且系统,与数值离散方法相关的计算流体力学教科书也很多,本书不涉及具体算法,重点对基本理论公式进行梳理。2.1 节简要介绍水力机械的单相流动分析计算方法和常用基本湍流模型,2.2 节介绍空化流动计算方法。2.3 节简单介绍 CFD 软件应用技术,介绍如何采用 Fluent 中的 UDF 及 CFX 的自定义函数对计算模型进行修改。

2.1　单相流动计算基础

2.1.1　流动控制方程

流体流动的控制方程来源于质量守恒、动量守恒和能量守恒三大定律。对水力机械流动问题我们仅关心机械能的转换,而机械能守恒方程可通过动量方程点乘速度矢量导出,因此水力机械内部流动控制方程只包含质量守恒方程和动量守恒方程。有限体积法是现代计算流体动力学主要的离散方法,为便于有限体积法的离散,通常将控制方程写为下面的守恒型积分形式

质量守恒方程
$$\oint_A \rho u_i n_i \, \mathrm{d}A = -\frac{\partial}{\partial t}\int_V \rho \, \mathrm{d}V \tag{2-1}$$

动量守恒方程
$$\frac{\partial}{\partial t}\int_V (\rho u_i)\, \mathrm{d}V + \oint_A \rho(u_j n_j) u_i \, \mathrm{d}s = \oint_A (\tau_{ij} n_j)\, \mathrm{d}s + \int_V \rho f_i \, \mathrm{d}V \tag{2-2}$$

式中,ρ、u_i 分别为流体的密度和速度分量;τ_{ij} 为表面力张量,下标 i 和 j 分别代表坐标方向;f_i 为质量力源项。以上方程具有明确的物理意义:式(2-1)表示在控制体 V 内没有质量源的条件下,单位时间内从控制体内流出的质量等于控制体内质量的减少。式(2-2)表示控制体内的动量变化率与单位时间从控制体表面流出的动量之和等于总表面力与总质量力之和。对牛顿流体,记压强为 p,表面力张量 τ_{ij} 可写为

$$\tau_{ij} = -\left(p + \frac{2}{3}\mu \frac{\partial u_j}{\partial x_j}\right)\delta_{ij} + \mu\left(\frac{\partial u_i}{\partial x_j} + \frac{\partial u_j}{\partial x_i}\right), \quad \delta_{ij} = \begin{cases} 1, & i=j \\ 0, & i \neq j \end{cases} \tag{2-3}$$

令控制体体积无穷小,利用格林公式将式(2-1)及式(2-2)中的面积分变换为体积分,可获得如下守恒型的微分方程,即常见守恒型的微分形式 N-S 方程

$$\frac{\partial \rho}{\partial t} + \frac{\partial}{\partial x_i}(\rho u_i) = 0 \tag{2-4}$$

$$\frac{\partial}{\partial t}(\rho u_i) + \frac{\partial}{\partial x_j}(\rho u_i u_j) = \frac{\partial \tau_{ij}}{\partial x_j} + \rho f_i \tag{2-5}$$

对式(2-4)、式(2-5)展开,并将式(2-4)代入动量方程(2-5)可得 N-S 方程的非守恒型微分方程

$$\frac{\mathrm{d}\rho}{\mathrm{d}t} + \rho \frac{\partial}{\partial x_i}(u_i) = 0 \tag{2-6}$$

$$\rho \frac{\partial u_i}{\partial t} + \rho u_j \frac{\partial u_i}{\partial x_j} = \frac{\partial \tau_{ij}}{\partial x_j} + \rho f_i \tag{2-7}$$

或

$$\rho \frac{\mathrm{d}u_i}{\mathrm{d}t} = \frac{\partial \tau_{ij}}{\partial x_j} + \rho f_i \tag{2-8}$$

对水力机械内部流动,可以认为流体是不可压的,上述方程写为

$$\frac{\partial}{\partial x_i}(u_i) = 0 \tag{2-9}$$

$$\frac{\partial}{\partial t}(u_i) + \frac{\partial}{\partial x_j}(u_j u_i) = -\frac{1}{\rho}\frac{\partial p}{\partial x_i} + \frac{\partial}{\partial x_j}\left[\nu\left(\frac{\partial u_i}{\partial x_j} + \frac{\partial u_j}{\partial x_i}\right)\right] + f_i \qquad {}^*(2\text{-}10)$$

式中,ν 为流体的运动黏度。

由于水力机械运行过程中,转轮在旋转,通常在旋转坐标系下求解转子内部流动的相对运动 N-S 方程

$$\frac{\partial}{\partial t}(w_i) + \frac{\partial}{\partial x_j}(w_j w_i) = -\frac{1}{\rho}\frac{\partial p}{\partial x_i} + \frac{\partial}{\partial x_j}\left[\nu\left(\frac{\partial w_i}{\partial x_j} + \frac{\partial w_j}{\partial x_i}\right)\right] + f_i$$
$$\underbrace{- 2\xi_{ikl}\Omega_k^{\mathrm{rot}}w_l}_{\text{科氏力}} + \underbrace{r_i(\Omega_k^{\mathrm{rot}}\Omega_k^{\mathrm{rot}}) - \Omega_i^{\mathrm{rot}}(\Omega_k^{\mathrm{rot}}r_k)}_{\text{离心力}} \tag{2-11}$$

注意,式中 w_i 为相对速度分量,r_i 为流场内一点到旋转轴的距离矢量,Ω_i^{rot} 为旋转角速度,ξ_{ikl} 为 Levi-Civita 算子,也称置换算子

$$\xi_{ikl} = \begin{cases} 1, & (i,k,l) \text{ 为顺序} \\ -1, & (i,k,l) \text{ 为逆序} \\ 0, & \text{其他} \end{cases} \tag{2-12}$$

工程上水力机械内部的流动雷诺数很高,其内部流动为湍流流动。湍流具有非线性、多尺度、非稳态等复杂特性,在数值上直接求解以上 N-S 方程(direct numerical simulation, DNS)在目前的计算机条件下是不现实的。同时在很多工程问题中,往往更关心主流信息及含能尺度涡等信息而不关心湍流的全部细节,因此,可以对湍流做适当近似和简化处理,使工程计算可行。常用的非直接数值模拟方法主要包括两类:雷诺平均(Reynolds averaged Navier-Stokes, RANS)方法和涡解析模拟(eddy-resolving simulation, ERS)方法。下面介绍的方法中,k-ε 系列模型,k-ω 系列模型,雷诺应力模型都属于雷诺平均方法,大涡

模拟(LES)为涡解析模型,除此之外,混合模型也采用了涡解析模拟的思想。

2.1.2　雷诺平均方法

将湍流速度、压强分解为平均量与脉动量之和

$$u_i(x,t) = \bar{u}_i(x,t) + u'_i(x,t) \tag{2-13}$$

$$p(x,t) = \bar{p}(x,t) + p'_i(x,t) \tag{2-14}$$

显然,所有脉动量的平均为 0。利用这一特点,对不可压 N-S 方程求平均,并利用求导与求和可交换的原则,考虑到 $\overline{u_i u_i} = \bar{u}_i \bar{u}_i + \overline{u'_i u'_i}$,可得到湍流平均流动控制方程

$$\frac{\partial}{\partial x_i}(\overline{u_i}) = 0 \tag{2-15}$$

$$\frac{\partial}{\partial t}(\overline{u_i}) + \frac{\partial}{\partial x_j}(\overline{u_i\,u_j}) = -\frac{1}{\rho}\frac{\partial \bar{p}}{\partial x_i} + \frac{\partial}{\partial x_j}\left[\nu\left(\frac{\partial u_i}{\partial x_j} + \frac{\partial u_j}{\partial x_i}\right)\right] - \frac{\partial \overline{u'_i u'_j}}{\partial x_i} + f_i \tag{2-16}$$

这种方法最早由雷诺提出并采用了时间平均法,因此方程(2-15)和方程(2-16)称为雷诺平均 N-S 方程(RANS)。RANS 方程和原 N-S 方程在形式上很相似,只是新增了未知的雷诺应力(或称湍流应力 $\overline{u'_i u'_j}$)。为封闭这个方程组,人们提出了各种湍流模型,将雷诺应力与平均量 $\bar{u}_i$、$\bar{p}$ 等联系起来。

2.1.3　雷诺应力输运方程及湍动能输运方程

用 N-S 方程减去 RANS 方程可得湍流脉动运动方程

$$\frac{\partial}{\partial x_i}(u'_i) = 0 \tag{2-17}$$

$$\frac{\partial u'_i}{\partial t_i} + \bar{u}_j\frac{\partial u'_i}{\partial x_j} + u'_j\frac{\partial \bar{u}_i}{\partial x_j} = -\frac{1}{\rho}\frac{\partial p'}{\partial x_i} + \frac{\partial}{\partial x_j}\left[\nu\left(\frac{\partial u_i}{\partial x_j} + \frac{\partial u_j}{\partial x_i}\right)\right] -$$
$$\frac{\partial}{\partial x_j}(u'_i u'_j - \overline{u'_i u'_j}) \tag{2-18}$$

然后从湍流脉动方程出发,在 u'_i 的脉动方程上乘以 u'_j,再在 u'_j 脉动方程上乘以 u'_i,两式相加后做平均运算,得到

$$\frac{\partial(\overline{u'_i u'_j})}{\partial t} + \bar{u}_k\frac{\partial(\overline{u'_i u'_j})}{\partial x_k} = -\overline{u'_i u'_k}\frac{\partial \bar{u}_j}{\partial x_k} - \overline{u'_j u'_k}\frac{\partial \bar{u}_i}{\partial x_k} - \frac{1}{\rho}\left(\overline{u'_j\frac{\partial p'}{\partial x_i}} + \overline{u'_i\frac{\partial p'}{\partial x_j}}\right) +$$
$$\nu\left(\overline{u'_j\frac{\partial^2 u'_i}{\partial x_k \partial x_k}} + \overline{u'_i\frac{\partial^2 u'_j}{\partial x_k \partial x_k}}\right) - \frac{\partial \overline{(u'_i u'_j u'_k)}}{\partial x_k} \tag{2-19}$$

对以上方程进行整理后得到

$$\frac{\partial(\overline{u'_i u'_j})}{\partial t} + \overline{u_k}\frac{\partial \overline{(u'_i u'_j)}}{\partial x_k} = \overbrace{-\overline{u'_i u'_k}\frac{\partial \bar{u}_j}{\partial x_k} - \overline{u'_j u'_k}\frac{\partial \bar{u}_i}{\partial x_k}}^{P_{ij}} + \overbrace{\frac{p'}{\rho}\left(\frac{\partial u'_i}{\partial x_j} + \frac{\partial u'_j}{\partial x_i}\right)}^{R_{ij}} -$$
$$\underbrace{\frac{1}{\rho}\left(\frac{\partial \overline{u'_j p'}}{\partial x_i} + \frac{\partial \overline{u'_i p'}}{\partial x_j}\right) - \nu\frac{\partial^2 \overline{(u'_i u'_j)}}{\partial x_k \partial x_k} + \frac{\partial \overline{(u'_i u'_j u'_k)}}{\partial x_k}}_{D_{ij}} - \underbrace{2\nu\left(\overline{\frac{\partial u'_i}{\partial x_k}\frac{\partial u'_j}{\partial x_k}}\right)}_{E_{ij}}$$
$$\tag{2-20}$$

这就是雷诺应力输运方程的原始形式,它也是不封闭的,由 N-S 方程还可推导出更高阶相关量的输运方程,但方程中必然出现更高阶相关量,因此由 N-S 方程导出的湍流统计方程总是不封闭的,湍流模型的任务是研究统计方程的封闭方法。

通过分析可以发现:雷诺应力生成项 P_{ij} 是平均运动变形率和雷诺应力联合作用的结果,因此,没有平均运动变形率就没有雷诺应力的生成。雷诺应力再分配项 R_{ij} 做张量收缩运算后为 0,说明它对湍动能没有贡献。雷诺应力扩散项 D_{ij} 包括由脉动速度和脉动压强的关联产生的扩散,由分子黏性产生的扩散以及由脉动速度 u'_k 携带的雷诺应力的平均输运,它具有散度形式,由于现在流动计算普遍采用有限体法,而在有限体积法中,具有散度形式的项在积分方程中的总贡献等于边界上的输运量,因此在模化方法中往往将其简化为扩散项。对雷诺应力耗散项 E_{ij} 做张量收缩运算后即为湍动能耗散率 ε,是使湍动能消失的项

$$\varepsilon = \nu \overline{\left(\frac{\partial u'_i}{\partial x_k}\frac{\partial u'_i}{\partial x_k}\right)} \tag{2-21}$$

定义单位质量脉动运动的动能平均量为湍动能

$$k = \frac{1}{2}\overline{u'_i u'_j} \tag{2-22}$$

对雷诺应力输运方程做张量收缩运算后即为湍动能输运方程

$$\frac{\partial(k)}{\partial t} + \overline{u}_k\frac{\partial(k)}{\partial x_k} = \underbrace{-\overline{u'_i u'_k}\frac{\partial \overline{u}_i}{\partial x_k}}_{P_k} \underbrace{-\frac{1}{\rho}\left(\frac{\partial \overline{(u'_k p')}}{\partial x_k}\right) - \nu\frac{\partial^2 k}{\partial x_k \partial x_k} + \frac{\partial \overline{(k'u')}}{\partial x_k}}_{D_k} \underbrace{-\nu\overline{\left(\frac{\partial u'_i}{\partial x_k}\frac{\partial u'_i}{\partial x_k}\right)}}_{\varepsilon} \tag{2-23}$$

式(2-23)右边分别为湍动能的生成项、扩散项及耗散项。

由湍流脉动方程可以导出湍动能耗散率的输运方程为

$$\frac{\partial \varepsilon}{\partial t} + u_k\frac{\partial \varepsilon}{\partial x_k} = \overbrace{-2\nu\frac{\partial \overline{u}_i}{\partial x_k}\overline{\left(\frac{\partial u'_i}{\partial x_j}\frac{\partial u'_k}{\partial x_j}\right)} - 2\nu\frac{\partial \overline{u}_i}{\partial x_k}\overline{\left(\frac{\partial u'_j}{\partial x_i}\frac{\partial u'_j}{\partial x_k}\right)} - 2\nu\frac{\partial^2 \overline{u}_i}{\partial x_k \partial x_j}\overline{\left(u'_k\frac{\partial u'_i}{\partial x_j}\right)} - 2\nu\overline{\left(\frac{\partial u'_i}{\partial x_k}\frac{\partial u'_i}{\partial x_j}\frac{\partial u'_k}{\partial x_j}\right)}}^{P_\varepsilon}$$

$$\underbrace{-\nu\frac{\partial}{\partial x_k}\overline{\left(u'_k\frac{\partial u'_i}{\partial x_j}\frac{\partial u'_i}{\partial x_j}\right)} - 2\nu\frac{\partial}{\partial x_k}\overline{\left(\frac{\partial p'}{\partial x_j}\frac{\partial u'_k}{\partial x_j}\right)}}_{D_\varepsilon} - \underbrace{2\nu^2\overline{\left(\frac{\partial^2 u'_i}{\partial x_j \partial x_k}\frac{\partial^2 u'_i}{\partial x_j \partial x_k}\right)}}_{E_\varepsilon} - \nu\nabla^2\varepsilon \tag{2-24}$$

湍动能、湍动能耗散率等湍流相关量的输运方程同样是不封闭的,但它们是建立大多数湍流模型的基础。在水力机械内部流动计算中,涡黏模型(eddy viscosity model,EVM)应用最为广泛。下面将做简单介绍。

2.1.4　典型的双方程湍流模型

1. 标准 k-ε 模型[1]及其改进模型

涡黏模型采用 Boussinesq 假设,将湍流雷诺应力类比于物理黏性应力,认为雷诺应力与平均速度梯度和涡黏系数相关

$$-\overline{u'_i u'_j} = \nu_t\left(\frac{\partial \overline{u}_i}{\partial x_j} + \frac{\partial \overline{u}_j}{\partial x_i}\right) - \frac{2}{3}k\delta_{ij} \tag{2-25}$$

式中,涡黏系数 ν_t 在工程中广泛采用两方程模型求解。将式(2-25)代入式(2-16)之后,求解平均流动的方程形式上仍然和式(2-10)一样,只是将 ν 替换成 $\nu+\nu_t$。值得注意的是,当 ν 为常数时,对不可压流体式(2-10)右侧中括号内第二项为 0,但由于 $\nu+\nu_t$ 不是常数,对湍流模拟,即使是不可压流体,该项也不为 0。

常用的两方程涡黏模型主要以湍动能 k 和湍动耗散率 ε 或湍动频率(湍动能比耗散率)ω 的相关方程为基础,形成 k-ε 模型、k-ω 模型以及相应的改进模型。以标准 k-ε 模型为例,假设涡黏系数 ν_t 应当正比于脉动速度和混合长度之积,由于含能涡脉动速度 $u'\propto\sqrt{k}$,而含能尺度涡向小尺度涡的能量传递率等于 ε,含能涡的长度尺度可由量纲分析得 $l=k^{3/2}/\varepsilon$,于是

$$\nu_t = C_\mu \frac{k^2}{\varepsilon} \tag{2-26}$$

式中,k 及 ε 通过求解各自的输运方程得到,为了封闭方程,对输运方程模化后得到

$$\frac{\partial k}{\partial t} + \bar{u}_i \frac{\partial k}{\partial x_i} = \frac{\partial}{\partial x_i}\left[\left(\nu + \frac{v_t}{\sigma_k}\right)\frac{\partial k}{\partial x_i}\right] + P_k - \varepsilon \tag{2-27}$$

$$\frac{\partial \varepsilon}{\partial t} + \bar{u}_i \frac{\partial \varepsilon}{\partial x_i} = \frac{\partial}{\partial x_i}\left[\left(\nu + \frac{\nu_t}{\sigma_\varepsilon}\right)\frac{\partial \varepsilon}{\partial x_i}\right] + c_{1\varepsilon}\frac{\varepsilon}{k}P_k - c_{2\varepsilon}\frac{\varepsilon^2}{k} \tag{2-28}$$

对不可压流体,由于速度散度为 0,湍动能生成项为

$$P_k = 2\nu_t S_{ij}\frac{\partial \bar{u}_i}{\partial x_j} \tag{2-29}$$

式中,$S_{ij}=(\partial \bar{u}_i/\partial x_j + \partial \bar{u}_j/\partial x_i)/2$ 为应变率。模型中各系数分别为 $\sigma_k=1,\sigma_\varepsilon=1.3,C_\mu=0.09,c_{1\varepsilon}=1.44,c_{2\varepsilon}=1.92$。

标准 k-ε 模型是典型的两方程模型,由于模型中未考虑湍动黏度的各向异性,导致对带有强旋流或弯曲壁面流动的预测效果不理想。在标准 k-ε 模型的基础之上,RNG k-ε 模型通过在 ε 方程中增加主流时均应变率的相关项,在一定程度上考虑了曲率影响[2]。realizable k-ε 模型[3] 在 C_μ 的定义中引入关于应变率与旋转率的速度尺度,从而提升了模型在旋转湍流及包含强烈逆压梯度流动中的预测效果。

2. 标准 k-ω 模型与 SST k-ω 模型

与 k-ε 模型不同的是,k-ω 模型通过湍动能 k 和湍动频率 ω 的输运方程使时均 N-S 方程封闭。标准 k-ω 模型中涡黏系数定义为

$$\nu_t = \frac{k}{\omega} \tag{2-30}$$

k 与 ω 的输运方程基本形式如下[4]

$$\frac{\partial k}{\partial t} + \frac{\partial}{\partial x_j}(\bar{u}_j k) = \frac{\partial}{\partial x_j}\left[\left(\nu + \frac{\nu_t}{\sigma_{k1}}\right)\frac{\partial k}{\partial x_j}\right] + P_k - \beta' k\omega \tag{2-31}$$

$$\frac{\partial \omega}{\partial t} + \frac{\partial}{\partial x_j}(\bar{u}_j \omega) = \frac{\partial}{\partial x_j}\left[\left(\nu + \frac{\nu_t}{\sigma_{\omega1}}\right)\frac{\partial \omega}{\partial x_j}\right] + \alpha_1 \frac{\omega}{k}P_k - \beta_1 \omega^2 \tag{2-32}$$

式中,常数 $\beta'=0.09,\alpha_1=5/9,\beta_1=0.075,\sigma_{k1}=2,\sigma_{\omega1}=2,\alpha_2=0.44$。

相比 k-ε 模型,标准 k-ω 模型改善了低雷诺数下近壁区流动的处理方式,但同样也带来新的问题:该模型对自由湍流过于敏感,而这一问题在 k-ε 模型中并不存在。为此,Menter 提出了一种耦合模型,称为 SST k-ω 模型(shear stress transport k-ω model),该模型在近壁区为标准 k-ω 模型,而在自由湍流(湍流核心区)则采用标准 k-ε 模型

$$\frac{\partial k}{\partial t} + \frac{\partial}{\partial x_j}(\bar{u}_j k) = \frac{\partial}{\partial x_j}\left[\left(\nu + \frac{\nu_t}{\sigma_{k2}}\right)\frac{\partial k}{\partial x_j}\right] + P_k - \beta' k\omega \tag{2-33}$$

$$\frac{\partial \omega}{\partial t} + \frac{\partial}{\partial x_j}(\bar{u}_j \omega) = \frac{\partial}{\partial x_j}\left[\left(\nu + \frac{\nu_t}{\sigma_{\omega2}}\right)\frac{\partial \omega}{\partial x_j}\right] + 2(1 - F_1)\frac{1}{\sigma_{\omega2}\omega}\frac{\partial k}{\partial x_j}\frac{\partial \omega}{\partial x_j} + \alpha_2 \frac{\omega}{k}P_k - \beta_2 \omega^2 \tag{2-34}$$

式中，$\beta' = 0.09$，其余系数可通过相关系数的线性组合求解：$\Phi_3 = F_1\Phi_1 + (1 - F_1)\Phi_2$，且 $\alpha_2 = 0.44$，$\beta_2 = 0.0828$，$\sigma_{k2} = 1$，$\sigma_{\omega2} = 1/0.856$。混合函数 F_1 为

$$F_1 = \tanh(\text{arg}_1^4) \tag{2-35}$$

$$\text{arg}_1 = \min\left[\max\left(\frac{\sqrt{k}}{\beta'\omega y}, \frac{500\nu}{y^2\omega}\right), \frac{4k}{\sigma_{\omega2}\text{CD}_{k\omega}y^2}\right] \tag{2-36}$$

$$\text{CD}_{k\omega} = \max\left(2\rho\frac{1}{\sigma_{\omega2}\omega}\frac{\partial k}{\partial x_i}\frac{\partial \omega}{\partial x_i}, 10^{-10}\right) \tag{2-37}$$

y 为流场中某点至壁面的最近距离。模型中涡黏系数定义如下

$$\nu_t = \frac{a_1 k}{\max(a_1\omega, SF_2)} \tag{2-38}$$

F_2 定义为

$$F_2 = \tanh(\text{arg}_2^2) \tag{2-39}$$

$$\text{arg}_2 = \max\left(\frac{2\sqrt{k}}{\beta'\omega y}, \frac{500\nu}{y^2\omega}\right) \tag{2-40}$$

由于耦合特性，SST 模型可以较好地预测逆压梯度区的流动分离，相比标准 k-ω 模型更稳健，因此得到广泛应用。

2.1.5 涡黏 RANS 模型的缺陷与旋转修正

涡黏 RANS 模型通常基于标量的输运方程以求解涡黏系数，然而此类方程往往无法体现水力机械内部流动的强旋转效应。为此，国内外学者对此进行了长期深入研究，提出了不同类型的改进方法，如基于旋转修正（curvature correction，CC）的涡黏模型和雷诺应力模型（Reynolds stress model，RSM）。

旋转修正是将流场中旋转率张量的信息通过一定的方法体现在湍流模型中，最具代表性的为 Spalart 与 Shur 基于 Spalart-Allmaras 模型提出的旋转修正[5]。后由 Smirnov 与 Menter 将其引入 SST 模型中，成为目前广泛使用的 SST-CC 模型[6]

$$\frac{\partial k}{\partial t} + \frac{\partial}{\partial x_j}(\bar{u}_j k) = \frac{\partial}{\partial x_j}\left[\left(\nu + \frac{\nu_t}{\sigma_{k2}}\right)\frac{\partial k}{\partial x_j}\right] + f_{r1}P_k - \beta' k\omega \tag{2-41}$$

$$\frac{\partial \omega}{\partial t} + \frac{\partial}{\partial x_j}(\bar{u}_j \omega) = \frac{\partial}{\partial x_j}\left[\left(\nu + \frac{\nu_t}{\sigma_\omega}\right)\frac{\partial \omega}{\partial x_j}\right] + 2(1 - F_1)\frac{1}{\sigma_\omega\omega}\frac{\partial k}{\partial x_j}\frac{\partial \omega}{\partial x_j} + \alpha f_{r1}\frac{\omega}{k}P_k - \beta\omega^2 \tag{2-42}$$

相比上文介绍的 SST 模型，SST-CC 模型的区别在于湍动能生成项 P_k 添加了旋转修正系数 f_{r1}，用于体现旋转效应。式中

$$f_{r1} = \max\{\min(f_r, 1.25), 0\} \tag{2-43}$$

$$f_r = (1 + c_{r1}) \frac{2r^*}{1+r^*} [1 - c_{r3} \arctan(c_{r2} \tilde{r})] - c_{r1} \tag{2-44}$$

式中，$c_{r1} = c_{r3} = 1$，$c_{r2} = 2$，$r^* = S / \Omega^a$，$S = \sqrt{2S_{ij}S_{ij}}$，$\Omega^a = \sqrt{2\Omega_{ij}^a \Omega_{ij}^a}$，绝对旋转率张量定义为

$$\Omega_{ij}^a = \frac{1}{2} \left(\frac{\partial \overline{u}_i}{\partial x_j} - \frac{\partial \overline{u}_j}{\partial x_i} \right) + 2\xi_{mji} \Omega_m^{\mathrm{rot}} = \Omega_{ij} + 2\xi_{mji} \Omega_m^{\mathrm{rot}} \tag{2-45}$$

其中，Ω_m^{rot} 是坐标系的旋转率；Ω_{ij} 是相对旋转率张量

$$\Omega_{ij} = \frac{1}{2} \left(\frac{\partial \overline{u}_i}{\partial x_j} - \frac{\partial \overline{u}_j}{\partial x_i} \right) \tag{2-46}$$

$\tilde{r}$ 定义为

$$\tilde{r} = 2\Omega_{ik}^a S_{jk} \left[\frac{DS_{ij}}{Dt} + (\xi_{imn} S_{jn} + \xi_{jmn} S_{in}) \Omega_m^{\mathrm{rot}} \right] \frac{1}{\Omega^a D^2} \tag{2-47}$$

式中，$D^2 = \max(S^2, 0.09\omega^2)$。分别利用 SST-CC 与 SST 模型在旋转槽道流中预测垂直壁面方向的速度分布，SST-CC 模型能很好地捕捉其中的速度分布规律。

2.1.6 雷诺应力模型

直接建立微分方程求解雷诺应力的方法称为雷诺应力模型。雷诺应力模型一般都通过雷诺应力输运方程模化获得，由于计算量较大，雷诺应力模型在水力机械计算领域并没有得到广泛的推广。在此基础上发展了代数雷诺应力方程模型（ARSM）、显式代数雷诺应力方程（EARSM）以及非线性涡黏模型（NLEVM），这些改进模型兼顾雷诺应力方法对湍流场各向异性的体现以及线性涡黏模型计算稳健性的特点，成为相对经济的算法。

下面以非线性涡黏模型为例简单介绍这类算法，其中较为典型的为 Craft 等提出的三阶非线性模型[7]

$$-\overline{u'_i u'_j} = -\frac{2}{3} k\delta_{ij} - \nu_t S_{ij} + \alpha_1 \frac{\nu_t k}{\varepsilon} (S_{ik} S_{jk})^d + \alpha_2 \frac{\nu_t k}{\varepsilon} (\Omega_{ik}^a S_{jk} + \Omega_{jk}^a S_{ik}) +$$

$$\alpha_3 \frac{\nu_t k}{\varepsilon} (\Omega_{ik}^a \Omega_{jk}^a)^d + \alpha_4 \frac{\nu_t k^2}{\varepsilon^2} (S_{ki} \Omega_{lj}^a + S_{kj} \Omega_{li}^a) S_{kl} + \alpha_5 \frac{\nu_t k^2}{\varepsilon^2} \Big(\Omega_{il}^a \Omega_{lm}^a S_{mj} +$$

$$S_{il} \Omega_{lm}^a \Omega_{mj}^a - \frac{2}{3} S_{lm} \Omega_{mn}^a \Omega_{ml}^a \delta_{ij} \Big) + \alpha_6 \frac{\nu_t k^2}{\varepsilon^2} S_{ij} S_{kl} S_{kl} + \alpha_7 \frac{\nu_t k^2}{\varepsilon^2} S_{ij} \Omega_{kl}^a \Omega_{kl}^a \tag{2-48}$$

式中，上标 d 表示张量的偏分量，应变率张量与旋转率张量定义与前文略有区别，为常规定义的两倍

$$S_{ij} = \left(\frac{\partial \overline{u}_i}{\partial x_j} + \frac{\partial \overline{u}_j}{\partial x_i} \right) \tag{2-49}$$

$$\Omega_{ij} = \left(\frac{\partial \overline{u}_i}{\partial x_j} - \frac{\partial \overline{u}_j}{\partial x_i} \right) - \xi_{ijk} \Omega_k \tag{2-50}$$

模型中涡黏系数定义为 $\nu_t = C_\mu f_\mu k^2 / \tilde{\varepsilon}$，$\tilde{\varepsilon} = \varepsilon - 2\nu (\partial k^{1/2} / \partial x_j)^2$ 为各向同性耗散率，各模型系数分别为 $\alpha_1 = -0.1$，$\alpha_2 = 0.1$，$\alpha_3 = 0.26$，$\alpha_4 = -10C_\mu^2$，$\alpha_5 = 0$，$\alpha_6 = -5C_\mu^2$，$\alpha_7 = 5C_\mu^2$。C_μ

与 f_μ 定义为

$$C_\mu = \frac{0.3}{1+0.35[\max(\widetilde{S},\widetilde{\Omega})]^{1.5}} \left\{ 1-\exp\left[\frac{-0.36}{\exp[-0.75\max(\widetilde{S},\widetilde{\Omega})]} \right] \right\} \tag{2-51}$$

$$f_\mu = 1-\exp[-\sqrt{k^2/(90\nu\widetilde{\varepsilon})} - k^4/(90\nu\widetilde{\varepsilon})^2] \tag{2-52}$$

式中，$\widetilde{S} = k\sqrt{0.5S_{ij}S_{ij}}/\widetilde{\varepsilon}$，$\widetilde{\Omega} = k\sqrt{0.5\Omega_{ij}\Omega_{ij}}/\widetilde{\varepsilon}$。

从以上公式可见，非线性模型与 SST-CC 模型的区别在于雷诺应力的表达式为关于应变率与旋转率张量的多项式形式，其中的 k 与 $\widetilde{\varepsilon}$ 仍需通过相应输运方程进行求解（k 方程与标准 k-ε 模型中一致，不再赘述）

$$\frac{\partial\widetilde{\varepsilon}}{\partial t} + \frac{\partial\langle u\rangle_j\widetilde{\varepsilon}}{\partial x_j} = C_{\varepsilon 1}\frac{P_k\widetilde{\varepsilon}}{k} + \frac{\partial}{\partial x_j}\left[\left(\nu+\frac{\nu_t}{\sigma_\varepsilon}\right)\frac{\partial\widetilde{\varepsilon}}{\partial x_j}\right] - C_{\varepsilon 2}\frac{\widetilde{\varepsilon}^2}{k} + E + Y_c \tag{2-53}$$

总体而言，非线性模型的预测效果优于 SST-CC 模型，且其计算资源的消耗与 SST-CC 模型相近[14]。

2.1.7　大涡模拟方法

涡解析模拟方法的初衷是对湍流涡进行求解，继而获得全流场的物理特性及发展变化。但是，求解全尺度的湍流涡需要巨大的计算消耗，这在解决实际问题中难以实现，因此，仅对部分涡结构进行求解，其余流场借助数学模型计算。求解区域可根据湍流尺度划分，也称为尺度解析模拟方法（scale-resolving simulation，SRS）。

典型的尺度解析模拟方法为大涡模拟（large eddy simulation，LES），基本思想是将流场的大、小尺度涡进行分离。大部分大涡模拟均通过滤波函数滤掉小尺度涡，得到控制大尺度涡的运动方程，再引入附加应力项来体现小尺度涡的影响。滤波是一种卷积运算，如式（2-54）所示：

$$\bar{\boldsymbol{u}}(\boldsymbol{x},t) = \int G(\boldsymbol{r},\boldsymbol{x})\boldsymbol{u}(\boldsymbol{x}-\boldsymbol{r},t)\mathrm{d}\boldsymbol{r} \tag{2-54}$$

式中，$\bar{\boldsymbol{u}}(\boldsymbol{x},t)$ 表示滤波后的速度；$\boldsymbol{x}$ 表示空间向量；t 为时间；$G(\boldsymbol{r},\boldsymbol{x})$ 为滤波算子。作为大涡模拟的滤波算子，满足以下条件

$$\int G(\boldsymbol{r},x)\mathrm{d}\boldsymbol{r} = 1 \tag{2-55}$$

因此速度场被分为两部分，一部分为滤波后的速度，称为可解速度（resolved velocity），另一部分为不可解速度，称为残余速度（residual velocity），定义为

$$\boldsymbol{u}'(\boldsymbol{x},t) = \boldsymbol{u}(\boldsymbol{x},t) - \bar{\boldsymbol{u}}(\boldsymbol{x},t) \tag{2-56}$$

大涡模拟中常用的滤波算子有 Box 滤波（也叫 top-hat 滤波）、高斯滤波、Sharp spectral 滤波。物理空间内的滤波算子的形式如下：

（1）Box 滤波

$$G(\boldsymbol{r},\boldsymbol{x}) = \begin{cases} \dfrac{1}{\bar{\Delta}}, & r \leqslant \dfrac{\bar{\Delta}}{2} \\ 0, & \text{其他} \end{cases} \tag{2-57}$$

式中，$\bar{\Delta}$ 表示滤波尺度，$\boldsymbol{r}$ 为实际流动区域中的空间坐标与滤波后大尺度空间上的空间坐标

之差。

（2）高斯滤波

$$G(r,x)=\left(\frac{6}{\pi\overline{\Delta}^2}\right)^{1/2}\exp\left(-\frac{6r^2}{\overline{\Delta}^2}\right) \tag{2-58}$$

（3）sharp spectral 滤波

$$G(r,x)=\frac{\sin(\pi r/\overline{\Delta})}{\pi r} \tag{2-59}$$

由于计算简单，目前在 CFD 软件中多数采用 Box 滤波。对 N-S 方程及连续性方程进行 Box 滤波后可得大涡模拟的控制方程

$$\frac{\partial(\rho\overline{u_i})}{\partial x_i}=0 \tag{2-60}$$

$$\frac{\partial\overline{u_i}}{\partial t}+\frac{\partial}{\partial x_j}(\overline{u_i}\overline{u_j})=-\frac{1}{\rho}\frac{\partial\overline{p}}{\partial x_i}+\frac{\partial}{\partial x_j}\left[\nu\left(\frac{\partial\overline{u_i}}{\partial x_j}+\frac{\partial\overline{u_j}}{\partial x_i}\right)\right]+\frac{\partial\tau_{ij}^d}{\partial x_j} \tag{2-61}$$

式中，$\overline{u_i}$，$\overline{p}$ 为滤波后的量，τ_{ij}^d 为亚格子应力（sub-grid scale stress）的偏分量。为使方程封闭，须对 τ_{ij}^d 进行模化，即 SGS 模型。与 RANS 一样，LES 同样有线性与非线性模型之分，其中线性模型采用的仍为 Boussinesq 假设，典型模型为 Smagorinsky 模型[8]，如下

$$-\tau_{ij}^d=2\nu_t\overline{S}_{ij} \tag{2-62}$$

$$\nu_t=(C_s\overline{\Delta})^2\overline{S} \tag{2-63}$$

式中，$\overline{S}_{ij}=(\partial\overline{u_i}/\partial x_j+\partial\overline{u_j}/\partial x_i)/2$；$\overline{S}=\sqrt{2\overline{S}_{ij}\overline{S}_{ij}}$。Lilly[9] 通过研究高雷诺数各向同性湍流得出 $C_s=0.17$。

Smagorinsky 模型的主要缺陷在于模型系数为常数，导致 SGS 应力在壁面及层流区不为 0。为此，Germano[10] 提出对流场进行二次滤波（检验滤波），将 SGS 应力写为检验滤波尺度下的形式

$$\nu_t=C_s\overline{\Delta}[1-\exp(-y^+/A^+)]^2\overline{S} \tag{2-64}$$

$$T_{ij}=(\widetilde{\overline{u}_i}\widetilde{\overline{u}_j}-\widetilde{\overline{u_iu_j}}) \tag{2-65}$$

$$L_{ij}=T_{ij}-\widetilde{\overline{\tau}_{ij}}=\widetilde{\overline{u}_i}\widetilde{\overline{u}_j}-\widetilde{\overline{u_i}\overline{u_i}} \tag{2-66}$$

式中，T_{ij} 为检验滤波尺度 $\widetilde{\overline{\Delta}}$（满足 $\widetilde{\overline{\Delta}}=2\overline{\Delta}$）下的 SGS 应力；"$\sim$"表示检验滤波；$L_{ij}$ 为可解应力。参考式（2-62），有

$$T_{ij}^d=-2C_s^2\widetilde{\overline{\Delta}}^2\mid\widetilde{\overline{S}}\mid\widetilde{\overline{S}}_{ij} \tag{2-67}$$

将式（2-62）与式（2-67）代入式（2-65）、式（2-66）中，可得

$$T_{ij}^d-\widetilde{\overline{\tau}_{ij}^d}=2C_s^2\overline{\Delta}^2\mid\overline{S}\mid\overline{S}_{ij}-2C_s^2\widetilde{\overline{\Delta}}^2\mid\widetilde{\overline{S}}\mid\widetilde{\overline{S}}_{ij}=C_s^2M_{ij}\approx L_{ij}^d \tag{2-68}$$

Lilly[11] 指出应该令 $C_s^2M_{ij}$ 与 L_{ij}^d 之间的误差均方根 $(C_s^2M_{ij}-L_{ij}^d)^2$ 最小，因此，将误差均方根对模型系数求偏导数，令其为 0，可得模型系数

$$C_s^2=\frac{M_{ij}L_{ij}}{M_{kl}M_{kl}} \tag{2-69}$$

此即为 Smagorinsky-Lilly 模型,也称动态 Smagorinsky 模型(dynamic Smagorinsky model)。

事实上,Tao 等[12] 与 Horiuti[13] 的结果都表明 SGS 应力与应变率张量的本征矢量之间存在一定角度。因此,涡黏假设在理论上并不成立,SGS 应力与应变率张量之间应为非线性关系。考虑到常用商业 CFD 软件中不包含非线性模型,相关研究与总结请感兴趣的读者阅读文献[14-16]。

2.1.8 典型混合模型

1. 基本思路

图 2-1 所示为不同数值模拟方法对湍流能量谱的解析度示意,其中横坐标中 k 表示波数,纵坐标中 E 表示能量密度,实线曲线包围的面积即为湍流的总能量。显然,DNS 所能解析的波数高于湍流的最高波数,可解析全部湍流能量;RANS 所能解析的波数低于湍流的最低波数,即无法解析湍流能量,只能通过 RANS 模型进行模化;LES 则位于 DNS 与RANS 之间。

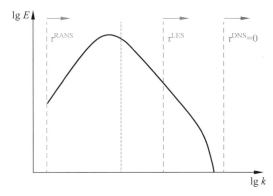

图 2-1 不同数值模拟方法对湍流能量谱的解析度

前文已介绍,LES 在工程中尚不实用,LES 方法本身对网格尺度和时间步长的精细度要求很高,对于旋转流场中普遍存在的有界流动,由于近壁区富含小尺度、高能量的涡结构,保证模拟精度将伴随巨大的计算资源消耗,这在解决工程问题中尚不实用。为在一定程度解析湍流场的同时保持较高的计算效率,可将解析的程度控制在 RANS 与 LES 之间。为此,一些混合模型得以发展,比如借助 RANS 方法求解近壁区流动,其余大涡结构采用 LES方法求解。比较典型的混合模型包括分离涡模拟(detached eddy simulation,DES)方法、部分平均 N-S 方法(partially-averaged Navier-Stokes,PANS)以及滤波模型(filter-based model,FBM)。为保证方程的统一性,控制方程须在粗网格尺度下转为纯 RANS,而在足够精细的网格尺度下变为纯 LES。下面对这些方法进行简单介绍。

2. PANS 方法

类似于 LES,PANS 同样是对流场进行滤波。但不同的是,PANS 采用的是隐式滤波,滤波后的控制方程如下

$$\frac{\partial(\rho\overline{u_i})}{\partial x_i} = 0 \tag{2-70}$$

$$\frac{\partial\overline{u}_i}{\partial t} + \frac{\partial}{\partial x_j}(\overline{u}_i\overline{u}_j) = -\frac{1}{\rho}\frac{\partial\overline{p}}{\partial x_i} + \frac{\partial}{\partial x_j}\left[\nu\left(\frac{\partial\overline{u}_i}{\partial x_j} + \frac{\partial\overline{u}_j}{\partial x_i}\right)\right] + \frac{\partial\tau_{ij}}{\partial x_j} \tag{2-71}$$

式中，$\tau_{ij} = 2/3k_u\delta_{ij} - \nu_u(\partial\overline{u}_i/\partial x_j + \partial\overline{u}_j/\partial x_i)$ 为亚滤波应力，k_u 为不可解湍动能（unresolved turbulent kinetic energy），ν_u 为不可解涡黏系数。Lakshmipathy 与 Girimaji[17] 提出基于 $k\text{-}\omega$ 的 PANS 模型

$$\frac{\partial k_u}{\partial t} + \frac{\partial}{\partial x_j}(\overline{u}_j k_u) = \frac{\partial}{\partial x_j}\left[\left(\nu + \frac{\nu_u}{\sigma_{ku}}\right)\frac{\partial k}{\partial x_j}\right] + P_u - \beta^* k_u\omega_u \tag{2-72}$$

$$\frac{\partial\omega_u}{\partial t} + \frac{\partial}{\partial x_j}(\overline{u}_j\omega_u) = \frac{\partial}{\partial x_j}\left[\left(\nu + \frac{\nu_u}{\sigma_{\omega u}}\right)\frac{\partial\omega_u}{\partial x_j}\right] + \alpha\frac{\omega_u}{k_u}P_u - \beta'\omega_u^2 \tag{2-73}$$

式中，带下标 u 的变量均为不可解变量，生成项 P_u 与 β' 定义如下

$$P_u = f_k\left(P_k - \beta^*\frac{k_u}{f_\omega}\frac{\omega_u}{f_k}\right) + \beta^* k_u\omega_u \tag{2-74}$$

$$\beta' = \alpha\beta^* - \alpha\frac{\beta^*}{f_\omega} + \frac{\beta}{f_\omega} \tag{2-75}$$

$f_k = k_u/k$，$f_\omega = \omega_u/\omega$，$\sigma_{ku} = \sigma_k f_k/f_\omega$，$\sigma_{\omega u} = \sigma_\omega f_k/f_\omega$，各常系数为 $\beta^* = 0.09$，$\alpha = 5/9$，$\beta = 0.075$，$\sigma_k = \sigma_\omega = 2$。从以上方程来看，PANS 的实质是通过隐式滤波将流场区分为可解与不可解，其中可解部分与 LES 一样，由滤波后的控制方程直接求解，而不可解部分，则通过亚滤波应力 τ_{ij} 进行模化，同时其模化需求解 k_u 与 ω_u 的控制方程。

PANS 通过参数 f_k 来控制模型的解析程度，f_k 的取值不仅与网格密度有关，也与流场特点有关。一般而言，f_k 越小，则越趋近于 LES。

3. DES 方法

DES 最早由 Spalart 等[18]基于 Spalart-Allmaras 模型（简称 S-A 模型）提出，该模型方程如下

$$\frac{\partial\tilde{\nu}}{\partial t} + \langle u\rangle_j\frac{\partial\tilde{\nu}}{\partial x_j} = f_r C_{b1}\tilde{S}\tilde{\nu} + \frac{1}{\sigma}\left\{\frac{\partial}{\partial x_j}\left[(\nu + \tilde{\nu})\frac{\partial\tilde{\nu}}{\partial x_j}\right] + C_{b2}\frac{\partial\tilde{\nu}}{\partial x_i}\frac{\partial\tilde{\nu}}{\partial x_i}\right\} - (C_{\omega1}f_\omega)\left(\frac{\tilde{\nu}}{d}\right)^2 \tag{2-76}$$

式中，d 为到壁面的最近距离，$f_r C_{b1}\tilde{S}\tilde{\nu}$ 为生成项，$(C_{\omega1}f_\omega)(\tilde{\nu}/d)^2$ 为耗散项。当生成与耗散平衡时，即 $f_r C_{b1}\tilde{S}\tilde{\nu} = (C_{\omega1}f_\omega)(\tilde{\nu}/d)^2$，忽略系数时可得 $\tilde{\nu} \propto \tilde{S}d^2$。根据 2.1.7 节所述，对于 Smagorinsky 模型，$\tilde{\nu} \propto \tilde{S}\Delta^2$。由此可见，当 S-A 模型中的 d 替换为 Δ 时，该模型可视为 Smagorinsky 模型。因此，Spalart 等[18]提出将 d 修正为如下形式

$$\tilde{d} = \min(d, C_{\text{DES}}\Delta) \tag{2-77}$$

式中，$\Delta = \max(\Delta_x, \Delta_y, \Delta_z)$，即取为网格在 3 个方向上的最大值。事实上，对于非结构网格，该参数难以计算，因此可将其替换为 $\Delta = (\Delta V)^{1/3}$，$\Delta V$ 为单元体积。

从理论上讲，DES 对湍流场的预测精度应高于 RANS 方法，但当网格处理不当时，也可能导致相反的效果，因此，一些改进的 DES 模型也不断发展，如 DDES（delayed detached eddy simulation)与 IDDES(improved delayed detached eddy simulation)。

4. FBM 方法

FBM 方法最早由 Johansen 等[19] 提出,与 PANS 不同,FBM 引入滤波尺度 Δ 进行滤波。可解场的控制方程与 PANS 的一致,而亚滤波场基于传统的双方程模型,如标准 k-ε 模型。对于标准 k-ε 模型,涡黏系数定义为 $\nu_t = C_\mu k^2/\varepsilon$,其尺度为 $l_{\mathrm{RANS}} = C_\mu \sqrt{3/2}\, k^{3/2}/\varepsilon$;对于 LES,其尺度根据 Kolmogorov 平衡能量谱可得 $l_{\mathrm{LES}} = 1/4\gamma\Delta$。为在模型中实现两种尺度的切换,应有如下形式

$$\tilde{d} = \min(d, C_{\mathrm{DES}}\Delta) \tag{2-78}$$

Johansen 等[19] 提出如下形式

$$\nu_t = \nu_{\mathrm{RANS}} \min\left[1, C_3 \frac{\varepsilon\Delta}{k^{3/2}}\right] = C_\mu \frac{k^2}{\varepsilon} \min\left[1, C_3 \frac{\varepsilon\Delta}{k^{3/2}}\right] \tag{2-79}$$

式中,$C_3 = 1$,$C_\mu = 0.09$。尽管 Δ 为用户设置的滤波尺度,值得注意的是,湍流结构的解析程度受限于网格尺度,当网格尺度较大时,Δ 设置到低于网格尺度时,滤波不应起作用。因此,Δ 应做如下限制

$$\Delta = \max(\Delta_{\mathrm{set}}, \Delta_{\mathrm{grid}}) \tag{2-80}$$

式中,Δ_{set} 表示设置的滤波尺度,Δ_{grid} 为网格尺度。Johansen 等[19] 指出,当采用式(2-80)定义后,滤波尺度在物理空间内并非处处相同,此时须考虑非均匀滤波产生的影响,k 方程变为

$$\frac{\partial k}{\partial t} + \bar{u}_i \frac{\partial k}{\partial x_i} = \frac{\partial}{\partial x_i}\left[\left(\nu + \frac{\nu_t}{\sigma_k}\right)\frac{\partial k}{\partial x_i}\right] + G_k - \varepsilon - \bar{u}_i \frac{\partial \Delta}{\partial x_i} 0.75\varepsilon^{2/3}\Delta^{-1/3} \tag{2-81}$$

事实上,在目前大部分应用中,均未考虑非均匀滤波的影响,而仅将滤波设为固定值,且仍取得了较好的预测效果,尤其是在水翼空化流场中[20-22]。对于此类应用,滤波尺度的选择至关重要。为便于用户快速确定滤波尺度,黄先北等[23] 提出了相应的公式可供参考。

5. VLES 方法

VLES 模型通过引入一个求解控制函数建立起亚格子尺度应力与雷诺应力之间的关系,从而达到对传统的 RANS 模型重整化[24]。VLES 方法解析的程度介于 RANS 与 LES 之间,与 PANS 类似,也属于隐式滤波,在数值计算时,采用这种方法可以很方便地在 k-ω 模型原有计算程序上略加修正。下面以 VLES k-ω 为例,对涡黏系数进行了如下修正[24-26]

$$\mu_t = F_r \rho \frac{k}{\omega} \tag{2-82}$$

可解尺度控制系数 F_r 为

$$F_r = \min\left(1.0, \left[\frac{1.0 - \exp\left(\frac{-\beta L_c}{L_k}\right)}{1.0 - \exp\left(\frac{-\beta L_i}{L_k}\right)}\right]^n\right) \tag{2-83}$$

式中的各尺度如下

$$L_c = C_x \Delta \tag{2-84}$$

$$L_i = \frac{k^{3/2}}{\beta' k\omega} \tag{2-85}$$

$$L_k = \frac{\nu^{3/4}}{(\beta' k\omega)^{1/4}} \tag{2-86}$$

Δ 表示网格尺度

$$\Delta = (\Delta V)^{1/3} \tag{2-87}$$

式中，ΔV 为单元体积。式(2-84)中的系数为

$$C_x = \sqrt{0.3}\,\frac{1}{\beta'}\sqrt{\frac{[(C_{s,0}^2 \Delta^2 \mid S \mid)^2 + \nu^2]^{1/2} - \nu}{\Delta^2 \mid S \mid}} \tag{2-88}$$

$C_{s,0}$ 是 Smagorinsky 模型常数。其中的模型系数如表 2-1 所示。

表 2-1   VLES 的模型常数[26]

β	n	β'	$C_{s,0}$
0.002	2	0.09	0.1

2.2   水力机械空化流动计算模型

空化流属于两相流动，虽然也有针对空化流动的欧拉-拉格朗日算法[27]，但计算量大，计算非常耗时，目前工程上应用广泛的空化流的数值计算方法主要有欧拉单流体方法和欧拉双流体方法。其中欧拉单流体方法将混合物视为单一流体，其密度与气相体积组分 α_v 有关

$$\rho_m = (1 - \alpha_v)\rho_l + \alpha_v \rho_v \tag{2-89}$$

混合流体动量可以按下式计算

$$\rho_m u_{mi} = (1 - \alpha_v)\rho_l u_{li} + \alpha_v \rho_v u_{vi} \tag{2-90}$$

两相具有相同的压力，可以在模型中通过附加源项考虑两相间的速度差，只求解混合流体的连续性方程和动量方程，其形式与方程(2-4)、方程(2-5)相同

$$\frac{\partial \rho_m}{\partial t} + \frac{\partial}{\partial x_i}(\rho_m u_{mi}) = 0 \tag{2-91}$$

$$\frac{\partial}{\partial t}(\rho_m u_{mi}) + \frac{\partial}{\partial x_j}(\rho u_{mi} u_{mj}) = \frac{\partial \tau_{ij}}{\partial x_j} + \rho f_i + S \tag{2-92}$$

式中，带 m 下标的表示混合流体的相关场量；S 表示考虑两相间的速度差的源项，如果不考虑速度差可取为 0。方程离散过程也与单相流类似，计算所需资源和耗时较少。

而双流体方程方法中，气相体积组分 α_v 与液相组分 α_l 的和为 1，密度为两相密度的线性组合

$$\alpha_v + \alpha_l = 1 \tag{2-93}$$

$$\rho_m = \alpha_l \rho_l + \alpha_v \rho_v \tag{2-94}$$

需要对气相和液相分别求解连续性方程和动量方程

$$\frac{\partial(\alpha_p \rho_p)}{\partial t} + \frac{\partial}{\partial x_i}(\alpha_p \rho_p u_{pi}) = \dot{m}_{qp} - \dot{m}_{pq} \tag{2-95}$$

$$\frac{\partial}{\partial t}(\alpha_{\mathrm{p}}\rho_{\mathrm{p}}u_{\mathrm{p}i}) + \frac{\partial}{\partial x_j}(\alpha_{\mathrm{p}}\rho_{\mathrm{p}}u_{\mathrm{p}i}u_{\mathrm{p}j}) = \frac{\partial \tau_{ij}}{\partial x_j} + \alpha_{\mathrm{p}}\rho_{\mathrm{p}}f_i + \underbrace{(\dot{m}_{\mathrm{pq}}u_{\mathrm{q}i} - \dot{m}_{\mathrm{qp}}u_{\mathrm{p}i})}_{S_{\mathrm{m1}}} + S_{\mathrm{m2}} \qquad (2\text{-}96)$$

式中,下标 p、q 分别表示两相中的一项和另一项,由于需要对气相和液相分别求解方程(2-95)和方程(2-96),且在动量方程中考虑因相变引起的两相间的动量交换 S_{m1} 以及相互作用力 S_{m2},计算所需资源和耗时更多。

无论单流体算法还是双流体算法,在连续性方程和动量方程中都引入了额外的未知量,即混合物密度 ρ_{m} 或者是气相体积组分 α_{v},因此,需要建立描述空化相变过程的空化模型来封闭方程。目前主要的空化模型主要有两类,一类是基于正压状态方程的模型,在计算中采用了单流体模型;另一类是基于质量输运方程的模型。采用这类模型,对两相流既可采用单流体算法,也可采用双流体算法。季斌等人对此进行了比较全面的综述[28]。下面对此分别进行简单介绍。

2.2.1　基于状态方程的空化模型

1. 正弦形式的状态方程

基于流体状态方程的模型最初由 Dellannoy 和 Kueny[29] 提出。该模型借鉴可压流动计算思想,将气液混合物的密度通过一个状态方程与压力建立联系:当压力较高于空化压力附近某个压力(比如 $p > p_{\mathrm{v}} + 0.5\Delta p_{\mathrm{v}}$)时,混合物被视为纯液态水,其密度与压力的关系服从 Tait 方程;当压力低于空化压力附近某个压力(比如 $p < p_{\mathrm{v}} - 0.5\Delta p_{\mathrm{v}}$)时,认为当地流动介质为纯水蒸气,流体密度与压力的关系满足理想气体状态方程;当压力位于空化压力附近一个小区间内(比如 $p_{\mathrm{v}} - 0.5\Delta p_{\mathrm{v}} \leqslant p \leqslant p_{\mathrm{v}} + 0.5\Delta p_{\mathrm{v}}$)时,混合物密度与压力的关系按反正弦函数变化(式(2-97),式中 p_{ref},ρ_{ref} 分别为参考压力及密度,p_0 为常数),并与两端的关系式平滑过渡,如图 2-2 所示。

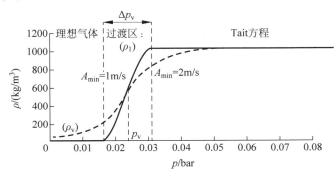

图 2-2　正压流体状态方程模型

$$\begin{cases} \rho = \rho_{\mathrm{v}} = \dfrac{p}{RT_0}, & p < p_{\mathrm{v}} - 0.5\Delta p_{\mathrm{v}} \\[3mm] \rho = \dfrac{\rho_1 + \rho_{\mathrm{v}}}{2} + \dfrac{\rho_1 - \rho_{\mathrm{v}}}{2}\sin\left(\dfrac{2}{\rho_1 - \rho_{\mathrm{v}}}\dfrac{p - p_{\mathrm{v}}}{C_{\min}^2}\right), & p_{\mathrm{v}} - 0.5\Delta p_{\mathrm{v}} \leqslant p \leqslant p_{\mathrm{v}} + 0.5\Delta p_{\mathrm{v}} \\[3mm] \rho = \rho_1 = \rho_{\mathrm{ref}}\sqrt[n]{\dfrac{p + p_0}{p_{\mathrm{ref}} + p_0}}, & p > p_{\mathrm{v}} + 0.5\Delta p_{\mathrm{v}} \end{cases}$$

$$(2\text{-}97)$$

这意味着,当 $\alpha_v = 0.5$ 时 C_{min} 为混合流体最小声速,因为在 $p_v - 0.5\Delta p_v \leqslant p \leqslant p_v + 0.5\Delta p_v$ 内

$$C^2 = \left(\frac{\partial p}{\partial \rho}\right)_{等熵} = \left(\frac{\partial p}{\partial \rho}\right)_{等温} = \frac{C_{min}^2}{2\alpha_v \sqrt{1 - \alpha_v}} \tag{2-98}$$

在计算中 C_{min} 是可调参数,调整 C_{min} 相当于调整在 $0 < \alpha < 1$ 区间状态方程曲线的最大斜率。由于 $\rho = (1 - \alpha_v)\rho_1 + \alpha_v \rho_v$,气相体积组分可由下式计算

$$\alpha_v = \frac{\rho - \rho_1}{\rho_v - \rho_1} \tag{2-99}$$

2. 混合状态方程

另一种采用状态方程的方法是直接利用方程(2-94),但其中水和气相的密度不再是常数,而是分别服从 Tait 方程和理想气体状态方程

$$\rho = (1 - \alpha_v)\rho_{ref}\sqrt{\frac{p + p_0}{p_{ref} + p_0}} + \alpha_v\frac{p}{RT_0} \tag{2-100}$$

与正弦形式的状态方程(2-97)不同,状态方程(2-100)中引入新的未知量 α_v,这需要求解关于 α_v 的输运方程才能封闭,关于 α_v 的输运方程的建立,可参见 2.2.2 节。

基于正压流体状态方程的空化模型可以借鉴可压流动数值计算方法,很自然地考虑流体的压缩性,但是由于该模型自身带来一些压力不平衡,并没有细致描述空化的相变过程,同时在空化流中,大部分不发生空化的区域为水体,在采用可压流动计算方法计算时,对当时压力而言引入了微小的不平衡因素,且在密度变化梯度较大的时候数值计算稳定性较差,因此在工程上不如基于质量输运方程的方法应用广泛。

2.2.2 基于质量输运方程的空化模型

气、液两相之间的质量转换可通过组分输运方程(transport based equation modeling,TEM)实现。按照质量守恒定律,气相输运方程可写为

$$\frac{\partial}{\partial t}(\alpha_v\rho_v) + \frac{\partial}{\partial x_j}(\alpha_v\rho_v u_{vj}) = \dot{m}_e - \dot{m}_c \tag{2-101}$$

式中,u_{vj} 表示气相速度; $\dot{m}_e$ 和 $\dot{m}_c$ 分别表示与气泡生长和溃灭相关的质量输运源项,也称为蒸发率和凝结率,$\dot{m}_e$ 和 $\dot{m}_c$ 的构建方式不同,形成不同的空化模型,大多数模型基于 Rayleigh-Plesset 方程(R-P 方程)。在静止、无穷大的液体中考虑液体黏性及空泡表面张力时,空泡在周围压强 $p_\infty(t)$ 变化时的平衡方程为

$$\rho\left[R\ddot{R} + \frac{3}{2}\dot{R}^2\right] = [p_v - p_\infty(t)] + p_{g0}\left(\frac{R_0}{R}\right)^{3k} - \frac{2S}{R} - 4\mu\frac{\dot{R}}{R} \tag{2-102}$$

这就是 Rayleigh-Plesset 方程。该方程最早由 Rayleigh 导出,并由 Plesset 等完善[30,31],在众多空泡动力学的教科书(如文献[32])中都有详细推导,假设液体不可压缩、不考虑液体黏性作用,并假设空泡为无限液体中的孤立球泡、空泡恒温涨缩,Rayleigh-Plesset 方程简化为

$$R_B\frac{d^2R_B}{dt^2} + \frac{3}{2}\left(\frac{dR_B}{dt}\right)^2 + \frac{2\sigma}{\rho_1 R_B} = \frac{p_v - p}{\rho_1} \tag{2-103}$$

式中,R_B 表示球形空泡的半径,σ 表示气、液两相间的表面张力系数,ρ_l 表示液相的密度,p_v 和 p 分别表示空泡内和无穷远非扰动处的压强。若忽略式中的二阶项和表面张力项,可获得空泡半径变化与压力之间的关系

$$\frac{\mathrm{d}R_B}{\mathrm{d}t} = \pm\sqrt{\frac{2}{3}\left|\frac{p_v - p}{\rho_l}\right|} \tag{2-104}$$

基于空泡半径的变化率公式,可获得空泡体积 V_B 的变化率与压强的关系

$$\frac{\mathrm{d}V_B}{\mathrm{d}t} = \frac{\mathrm{d}}{\mathrm{d}t}\left(\frac{4}{3}\pi R_B^3\right) = \pm 4\pi R_B^2\sqrt{\frac{2}{3}\left|\frac{p_v - p}{\rho_l}\right|} \tag{2-105}$$

进一步获得空泡质量的变化率与压强的关系

$$\frac{\mathrm{d}m_B}{\mathrm{d}t} = \rho_v\frac{\mathrm{d}V_B}{\mathrm{d}t} = \pm 4\pi R_B\rho_v\sqrt{\frac{2}{3}\left|\frac{p_v - p}{\rho_l}\right|} \tag{2-106}$$

式中,ρ_v 表示气相的密度。假设单位体积内存在 N_B 个空泡,则气、液相间总的质量变化率为

$$\dot{m} = N_B\frac{\mathrm{d}m_B}{\mathrm{d}t} = \pm\frac{3\alpha_v\rho_v}{R_B}\sqrt{\frac{2}{3}\left|\frac{p_v - p}{\rho_l}\right|} \tag{2-107}$$

式中,α_v 表示气相体积分数,$\alpha_v = V_B N_B$,即单位体积内的空泡数 N_B 及平均空泡体积 V_B 之积。式(2-107)建立了空泡涨缩变化过程中气、液相间质量传输速率与压强的关系,将空泡动力学的影响引入空化模型中,为基于质量输运方程的空化模型建立奠定基础。这类方法最早由日本学者 Kubota,Kato 等人提出[33],后来在工程中得到广泛应用。

空化表示液流中局部压力较低而出现汽化的现象。空化气泡的生长从液相中的气核点开始,并在流场压力变化等因素的作用下生长或溃灭,空泡的生长和溃灭还受到除压强外的其他因素的影响。基于简化的 Rayleigh-Plesset 方程(2-103),不同学者建立了不同的空化模型,主要区别在于方程(2-101)中等式右边的源项,大多数源项形如式(2-107),如 Schnerr-Sauer 模型、Singhal 模型和 Zwart 模型在商用软件 ANSYS Fluent、ANSYS CFX、PumpLinx 中应用,这些基于质量输运方程的空化模型,假设气、液两相共享相同的速度、压力、湍流、温度等流场,属于均相平衡流模型(homogeneous equilibrium flow model),在工程计算中被广泛应用。下面分别进行说明。

(1) Schnerr-Sauer 模型

Schnerr 和 Sauer[34] 提出空化模型

$$\begin{cases} \dot{m}_e = \alpha_v(1 - \alpha_v)\dfrac{3}{R_B}\dfrac{\rho_v\rho_l}{\rho_m}\sqrt{\dfrac{2}{3}\dfrac{p_v - p}{\rho_l}}, & p_v \geqslant p \\[3mm] \dot{m}_c = \alpha_v(1 - \alpha_v)\dfrac{3}{R_B}\dfrac{\rho_v\rho_l}{\rho_m}\sqrt{\dfrac{2}{3}\dfrac{p - p_v}{\rho_l}}, & p_v < p \end{cases} \tag{2-108}$$

式中,ρ_m 表示气、液混合相的密度,可分别由两相的体积分数和密度按式(2-89)计算。Schnerr-Sauer 空化模型不包含蒸发项和凝结项的经验系数。

(2) Singhal et al. 模型

Singhal 等[35] 提出的空化模型

$$\begin{cases} \dot{m}_e = F_{vap}\dfrac{\max(1.0,\sqrt{k})(1 - f_v - f_g)}{\sigma}\rho_v\rho_l\sqrt{\dfrac{2}{3}\dfrac{p_v - p}{\rho_l}}, & p_v \geqslant p \\[3mm] \dot{m}_c = F_{cond}\dfrac{\max(1.0,\sqrt{k})f_v}{\sigma}\rho_l\rho_l\sqrt{\dfrac{2}{3}\dfrac{p - p_v}{\rho_l}}, & p_v < p \end{cases} \tag{2-109}$$

式中，F 表示经验系数，下标 vap 和 cond 分别表示蒸发项和凝结项；f 表示各相质量分数，下标 g 表示非凝结气体，v 表示气相，l 表示液相；k 表示湍动能；σ 表示表面张力系数。该模型中将气、液混合相看作可压缩，同时考虑了湍流和非凝结气体的影响并对空化压力 p_v 进行了修正，考虑了湍动能的影响，也被称为"全空化模型"（full cavitation model）。

（3）Zwart-Gerber-Belamri 模型

Zwart 等[36] 提出的空化模型

$$
\begin{cases}
\dot{m}_e = F_{vap} \alpha_{nuc} (1 - \alpha_v) \dfrac{3}{R_B} \rho_v \sqrt{\dfrac{2}{3} \dfrac{p_v - p}{\rho_1}}, & p_v \geqslant p \\
\dot{m}_c = F_{cond} \alpha_v \dfrac{3}{R_B} \rho_v \sqrt{\dfrac{2}{3} \dfrac{p - p_v}{\rho_1}}, & p_v < p
\end{cases}
\tag{2-110}
$$

式中，α_{nuc} 表示气核体积分数。

（4）Merkle et al. 模型

基于经验得出的比例化空化模型，如 Merkle 模型、Kunz 模型，可在商用软件通过自定义函数或程序实现，或在开源软件 OpenFOAM 中实现。Merkle 等[37] 提出的空化模型为

$$
\begin{cases}
\dot{m}_e = \dfrac{F_{vap} (p_v - p) \alpha_1}{(0.5 \rho_1 U_\infty^2) t_\infty}, & p_v \geqslant p \\
\dot{m}_c = \dfrac{F_{cond} \rho_v (p - p_v)(1 - \alpha_1) \alpha_1}{(0.5 \rho_1 U_\infty^2) t_\infty}, & p_v < p
\end{cases}
\tag{2-111}
$$

式中，t_∞ 表示平均流的时间尺度，$t_\infty = d / U_\infty$。

（5）Kunz et al. 模型

Kunz 等[38] 提出的空化模型

$$
\begin{cases}
\dot{m}_e = \dfrac{F_{vap} \rho_v \alpha_1 (p_v - p)}{(0.5 \rho_1 U_\infty^2) t_\infty}, & p_v \geqslant p \\
\dot{m}_c = \dfrac{F_{cond} \rho_v (\alpha_1 - \alpha_g)^2 (1 - \alpha_1 - \alpha_g)}{t_\infty}, & p_v < p
\end{cases}
\tag{2-112}
$$

式中，α_g 表示非凝结气体的体积分数。

除以上模型外，还有一类模型是基于界面动力学的空化模型，下面对此做简单介绍。

2.2.3　基于界面动力学的 Senocak-Shyy 的模型

尽管基于 R-P 方程的空化模型能够对气、液两相间的质量输运进行较好的描述，但是其通常涉及蒸发与凝结源项的经验系数，且模型的经验系数取值并不相同，此类空化模型具有一定的局限性。为了消除经验系数带来的局限性，Senocak 和 Shyy[39] 不再从传统上的 R-P 方程着手来推导气、液相间的蒸发与凝结源项，转而从空泡界面动力学的运动机理着手，推导气、液相间的质量传输速率，提出基于界面动力学的质量传输模型（interfacial dynamic model，IDM）。在该模型中，源项的表达式定义为

$$
\begin{cases}
\dot{m}_e = \dfrac{\rho_1 \alpha_1 (p_v - p)}{\rho_v (V_{V,n} - V_{I,n})^2 (\rho_1 - \rho_v) t_\infty}, & p_v \geqslant p \\
\dot{m}_c = \dfrac{(1 - \alpha_1)(p - p_v)}{(V_{V,n} - V_{I,n})^2 (\rho_1 - \rho_v) t_\infty}, & p_v < p
\end{cases}
\tag{2-113}
$$

式中,V 表示速度,下标 V、I 分别表示气相和交界,n 表示气、液交界面的法向。该模型同样消除了蒸发项与凝结项经验系数的影响。

在不考虑热效应时,以上模型中的气泡内压强 p_v 可认为是饱和蒸汽压 p_{sat}。

2.2.4　考虑热效应影响的空化模型

通常情况下,水力机械运行过程中水体介质温度基本不变,且视为常温。但在一些情况下,比如涉及液氢、液氧等低温介质以及在锅炉给水泵中输送高温介质等情况,需要考虑温度和热力学效应对空化过程的影响。介质温度不同时,饱和蒸汽压强不同,比如液氮的饱和蒸汽压与温度的关系如图 2-3 所示。

对水和液氮所做的试验回归获得的饱和蒸汽压与温度关系可近似表示为[40]

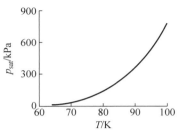

图 2-3　液氮的饱和蒸汽压与温度的关系

$$p_v(T) = p_0 \exp\left(1 - \frac{T_0}{T}\right)\left[a_1 + (a_2 + a_3 T)(T - a_4^2)\right]$$

$$(2\text{-}114)$$

式中,p_0、T_0 为水或液氮的临界压强和临界温度。对水,另一个常被采用的经验公式为[41,42]

$$p_v(T) = \sum_{n=0}^{6} p_n T^n \tag{2-115}$$

式中不同文献的系数略有差别,文献[41]的系数分别为 $p_0 = 611.28$, $p_1 = 45.92$, $p_2 = 1.2014$, $p_3 = 0.0374$, $p_4 = 6.853 \times 10^{-5}$, $p_5 = 4.57 \times 10^{-6}$, $p_6 = -5.891 \times 10^{-9}$。

热力学效应对空化过程的影响不仅体现在温度对临界空化压强的静态影响上,还体现在:液体汽化时,空泡在生成并长大的过程中吸热,导致周围局部流体温度降低,汽化压强下降会阻止气泡的生长。只有压强进一步下降时,空泡继续长大;而另一方面,压强高于汽化压强时,已形成的空泡凝缩放热会导致周围流体温度升高,汽化压强上升又会阻止气泡的凝缩。只有压强进一步上升时,空泡才继续凝缩。要考虑以上影响,理论上还需要求解能量方程,以考虑流场中的温度变化,但是在一些空化模型中,不求解能量方程,通过对空化模型的适当修正,也可以适当考虑热效应的影响。下面对这两类方法进行总结。

（1）不含能量方程的简单修正模型

由于热效应的影响,空泡内的局部温度 T_B 与周围流体参考温度 T_{ref} 有温度差,局部压强 $p_v(T_B)$ 不是参考温度下的饱和蒸汽压 $p_{sat} = p_v(T_{ref})$,而是随温度和空化过程动态变化的。为避免求整体流场的能量方程,引入蒸汽参数 B,为流体内形成的蒸汽体积与液体体积之比

$$B = \frac{\alpha_v}{1 - \alpha_v} \tag{2-116}$$

由于空泡形成吸热导致局部温度降低值 ΔT 可表示为

$$\Delta T = B \Delta T^* = B \frac{\rho_l L}{\rho_c C_{pL}} = \frac{\alpha_v}{1 - \alpha_v} \frac{\rho_l L}{\rho_c C_{pL}} \tag{2-117}$$

式中,L 为汽化潜热;C_{pL} 为液相的定压比热容。如果认为温度和压强是局部平衡的,则由于温度降低导致的气泡内局部压强降低量为

$$\Delta P^- = p_v(T_{ref}) - p_v(T_B) = G_{sat}\Delta T = G_{sat}\frac{a_v}{1-a_v}\frac{\rho_l L}{\rho_c C_{pL}} \tag{2-118}$$

式中,$G_{sat} = \mathrm{d}p_v/\mathrm{d}T$,可由不同温度下饱和蒸汽压曲线获得,同样可获得在空泡凝缩过程中的升温导致空泡内局部压强升高值为

$$\Delta P^+ = p_v(T_B) - p_v(T_{ref}) = G_{sat}\Delta T = G_{sat}\frac{a_v}{1-a_v}\frac{\rho_l L}{\rho_c C_{pL}} \tag{2-119}$$

由式(2-118)、式(2-119)得,考虑热效应时气泡内局部压强为

$$p_v(T_B) = \begin{cases} p_v(T_{ref}) - G_{sat}\dfrac{a_v}{1-a_v}\dfrac{\rho_l L}{\rho_c C_{pL}}, & \text{生长} \\[3mm] p_v(T_{ref}) + G_{sat}\dfrac{a_v}{1-a_v}\dfrac{\rho_l L}{\rho_c C_{pL}}, & \text{凝缩} \end{cases} \tag{2-120}$$

因此,在考虑热效应的空化计算中,如果认为空泡内外压强局部平衡,在利用简化的 R-P 方程推导空泡半径的生长率时,应进行修正,可将式(2-104)中的 p_v 用式(2-120)中的 $p_v(T_B)$ 代替

$$\frac{\mathrm{d}R_B}{\mathrm{d}t} = \pm\sqrt{\frac{2}{3}\left|\frac{p_v(T_B) - p}{\rho_l}\right|} \tag{2-121}$$

Tani 等[43]用该方法进行了叶片绕流、钝体绕流、喷嘴以及涡轮泵诱导轮等多种情形下考虑热效应的空化流计算。

(2) 包含能量方程的修正模型

Iga 等[40]也采用类似的思路考虑了相变潜热对空化过程的影响,与式(2-120)不同,在计算相变潜热引起的温度和压力变化时,引入了局部平衡的能量守恒方程

$$\frac{\partial e_{nel}}{\partial t} + \frac{\partial((e_{nel} + p)u_j)}{\partial x_j} - \frac{\partial(\tau_{jk}u_k)}{\partial x_j} - \frac{\partial}{\partial x_j}\left(k_L\frac{\partial T_{nel}}{\partial x_j}\right) = -(\dot{m}_e - \dot{m}_c)L \tag{2-122}$$

在该方程的能量 e_{nel} 中所关心的并非液体的总能量,而是发生相变时对应相变潜热的那部分能量,因此可按下式计算出考虑热效应的温度

$$T_{nel} = \frac{1}{C_{pL}}\left(\frac{e_{nel} + p}{\rho} - h_{01} - \frac{u^2}{2}\right) \tag{2-123}$$

最后用 $p_v(T_{nel})$ 代替原空化模型中的 p_v,对空化模型进行修正。Iga 采用这个模型对叶栅空化流场进行了计算。

还有一些修正模型,如文献[42,44,45]等直接采用了关于温度 T 或焓 h 的能量方程:

$$\frac{\partial(\rho_m C_p T)}{\partial t} + \frac{\partial((\rho_m C_p T)u_j)}{\partial x_j} - \frac{\partial}{\partial x_j}\left(\left(\frac{\mu}{Pr_L} + \frac{\mu_t}{Pr_t}\right)\frac{\partial h}{\partial x_j}\right)$$
$$= -\left\{\frac{\partial(\rho_m f_v L)}{\partial t} + \frac{\partial((\rho_m f_v L)u_j)}{\partial x_j}\right\} \tag{2-124}$$

通过求解该能量方程获得温度场后,考虑到温度变化对空泡生长速度的影响,对原空化模型的空泡半径变化率 $\mathrm{d}R_B/\mathrm{d}t$ 分为两个部分,一部分是由压力差 $|p_v - p|$ 驱动,另一部分由当地温度与参考温度的差 $T - T_{ref}$ 驱动,其中一种修正方法[42]为

$$\frac{\mathrm{d}R_{\mathrm{B}}}{\mathrm{d}t} = \begin{cases} \sqrt{\dfrac{2}{3}\left[\dfrac{p_{\mathrm{v}}-p}{\rho_1}+G_{\mathrm{sat}}\left(\dfrac{T-T_{\mathrm{ref}}}{\rho_1}\right)\right]}, & \text{生长} \\[3mm] -\sqrt{\dfrac{2}{3}\left[\dfrac{p-p_{\mathrm{v}}}{\rho_1}+G_{\mathrm{sat}}\left(\dfrac{T_{\mathrm{ref}}-T}{\rho_1}\right)\right]}, & \text{凝缩} \end{cases} \tag{2-125}$$

式中，$G_{\mathrm{sat}}=\mathrm{d}p_{\mathrm{v}}/\mathrm{d}T$，可由不同温度下饱和蒸汽压曲线获得，对水或液氮有的文献通过对式(2-114)或式(2-115)求导获得，有的采用 Clausius-Clapeyron 方程获得

$$G_{\mathrm{sat}} = \frac{\mathrm{d}p_{\mathrm{v}}}{\mathrm{d}T} = \frac{L}{T\Delta V} = \frac{\rho_1\rho_{\mathrm{v}}L}{(\rho_1-\rho_{\mathrm{v}})T} \tag{2-126}$$

考虑温度差 $T-T_{\mathrm{ref}}$ 影响的另一种修正方法[44,45]为

$$\frac{\mathrm{d}R_{\mathrm{B}}}{\mathrm{d}t} = \begin{cases} \sqrt{\dfrac{2}{3}\,\dfrac{p_{\mathrm{v}}-p}{\rho_1}}+C_{\mathrm{T}}\,\dfrac{\rho_1 c_{\mathrm{p}}(T-T_{\mathrm{ref}})}{\rho_{\mathrm{v}}L}, & \text{生长} \\[3mm] -\sqrt{\dfrac{2}{3}\,\dfrac{p-p_{\mathrm{v}}}{\rho_1}}-C_{\mathrm{T}}\,\dfrac{\rho_1 c_{\mathrm{p}}(T-T_{\mathrm{ref}})}{\rho_{\mathrm{v}}L}, & \text{凝缩} \end{cases} \tag{2-127}$$

其中系数 C_{T} 的取法不同文献略有不同。

2.3　控制方程离散过程简介

连续性方程、动量方程以及各湍流量和其他标量的输运方程都可写成如下通用输运方程形式

$$\underbrace{\frac{\partial}{\partial t}\int_{\Omega}(\rho\phi)\mathrm{d}\Omega}_{\text{时间的偏导数项}} + \underbrace{\oint_A \rho(u_j n_j)\phi\,\mathrm{d}s}_{\text{对流项}} = \underbrace{\oint_A \Gamma\frac{\partial\phi}{\partial x_j}n_j\,\mathrm{d}s}_{\text{扩散项}} + \underbrace{\int_{\Omega}S\,\mathrm{d}\Omega}_{\text{源项}} \tag{2-128}$$

采用有限体法对以上方程的空间离散过程中，主要涉及对流项及扩散项的面积分的离散近似以及时间偏导数项及源项的体积分的离散近似，如果都采用中值定理(对均匀网格理论上有二阶精度)进行离散，并对时间项采用二阶精度，对中心点为 P，控制体体积为 V 的任意控制体(图 2-4)，方程(2-128)可离散为

$$\underbrace{\frac{1.5(\rho\phi)_P - 2(\rho\phi)_P^0 + 0.5(\rho\phi)_P^{00}}{\Delta t}V}_{\text{时间的偏导数项}} + \underbrace{\sum_f \boldsymbol{A}_f \cdot (\rho\boldsymbol{u})_f\phi_f}_{\text{对流项}} = \underbrace{\sum_f \Gamma_f \boldsymbol{A}_f \cdot (\nabla\phi)_f}_{\text{扩散项}} + \underbrace{S_u V + S_p V\phi}_{\text{源项}}$$

$$\tag{2-129}$$

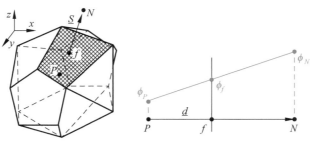

图 2-4　控制体的示意

式中，f 为控制面中心点；$\boldsymbol{A}_f$ 为控制面面积，是一个矢量，其方向为控制面外法矢 $\boldsymbol{n}$ 方向。一般对同位网格，待求变量（速度、压力等）位于控制点中心，因此在对方程的对流项离散中，还需要采取一定的方式对通过控制面上的变量 ϕ_f 进行插值，将其表示为控制体中心位置变量的函数。比如 f 点为 P 控制体和 N 控制体之间的交界面中心，如果采用线性插值（对均匀网格理论上有二阶精度，相当于中心差分），则有

$$(\rho u \phi)_f = (\rho u)_f \phi_f = (\rho u)_f \left(\frac{Pf}{NP} \phi_N + \frac{fN}{NP} \phi_P \right) \tag{2-130}$$

而对扩散项的离散，则需要将控制面上变量的梯度 $\nabla \phi_f$ 用控制体中心位置变量来离散，如果网格正交，同样采用线性插值的方式进行离散

$$\boldsymbol{A}_f \cdot (\nabla \phi)_f = |\boldsymbol{A}_f| \frac{\phi_N - \phi_P}{|PN|} \tag{2-131}$$

对复杂网格，常用格林公式求控制体中心节点的导数，然后在控制面上进行线性插值

$$(\nabla \phi)_P \approx \frac{1}{V_P} \sum_f S \phi_f \tag{2-132}$$

$$(\nabla \phi)_f \approx \frac{fN}{NP} (\nabla \phi)_P + \frac{Pf}{NP} (\nabla \phi)_N \tag{2-133}$$

除以上线性插值方法以外，对对流项的离散还有迎风格式、Quick 格式以及采用形函数等多种插值格式，同时对复杂的网格，f 点可能并不正好位于相邻控制体的控制面中心的连线上，NP 连线可能与控制面并不正交，这时需要进行非正交修正以及斜网格修正，为保持格式稳定性一般采用延时修正。具体方法参见文献[46]。经过以上离散过程后，偏微分方程变成关于节点待求量的代数方程。

对动量方程，压力梯度项包含在扩散项内，离散方法与扩散项一样。但是，对不可压流动，由于连续性方程中没有显式出现压力项，因此除非对连续性方程进行特殊处理（如拟压缩性方法），否则很难采用可压流动中常用的显式时间推进耦合算法，常用的算法如 SIMPLE 系列的算法，其相关离散过程在多本教科书中均有详细介绍，读者可参阅文献[46-48]，CFX 采用了隐式耦合算法，详细参见文献[49]。

2.4 常用计算软件及自定义函数（程序）简介

2.4.1 常用计算软件及开源软件介绍

1) ANSYS CFX

CFX 是全球第一个通过 ISO 9001 质量认证的大型商业 CFD 软件，由英国 AEA Technology 开发。2003 年，CFX 被 ANSYS 收购并更名为 ANSYS CFX。ANSYS CFX 是基于有限体积法的 CFD 软件，其主要特点如下：

(1) 在湍流模型方面发展较为迅速，如 SST 模型以及转捩模型；

(2) 耦合式求解器，兼具可靠性与稳健性；

(3) 集成了前处理、分析、后处理的功能，且用户界面友好，易于使用；

(4) 开发了专门的旋转机械模块 Turbo-grid，可快速生成高质量的旋转机械内流场

网格。

ANSYS CFX 可满足大多数流动问题的数值模拟,包括稳态、瞬态流动、层流、亚声速、跨声速、超声速流动,热传递,浮力,非牛顿流体,多相流,燃烧等。

2)ANSYS Fluent

1983 年,美国的流体技术服务公司 Creature 推出 Fluent 软件,随后在 1988 年,Fluent Inc.成立。2006 年,Fluent 被 ANSYS 收购并更名为 ANSYS Fluent。ANSYS Fluent 是基于 C 语言编写的软件包,与 CFX 相比,其特点为:

(1)引入较多种类的尺度解析模型,在湍流模型的丰富性上优于 ANSYS CFX;

(2)自身的 C 语言环境使用户自定义函数或模型更易于植入;

(3)优越的动网格技术;

(4)支持纯二维计算;

(5)计算的稳健性比 CFX 更差,且不支持旋转机械模块 Turbo-grid 生成的网格。

与 ANSYS CFX 一样,ANSYS Fluent 的应用范围也较广,可模拟各种流动。

3)OpenFOAM

OpenFOAM 是一套开源的 CFD 计算程序,它基于 C++语言设计,采用有限体积法进行方程的离散,并采用非结构化网格对计算域进行离散。目前该程序具备非常齐全的 CFD 计算能力,包括多参考系、动网格、多相流等,可对绝大部分复杂流动进行计算。OpenFOAM 凭借其开源的特点以及较快的更新速度在全世界范围内拥有越来越多的用户,基于 OpenFOAM 的 CFD 研究也越来越多。值得一提的是,OpenFOAM 已针对 Windows 平台开发了相应版本,降低了用户入手的难度。

与商业 CFD 软件相比,OpenFOAM 的主要优势在于完全可控性,用户对于计算的整个过程都可进行监控与调整,并能对其中涉及的所有技术、模型等进行修改,满足用户对于特定流动模拟的需求。但相应的,由于所有因素能调整,导致流动问题中边界条件、初始条件、数值格式等通用性不足,针对某一具体问题,往往需进行长时间调试方可获得预期的结果。

2.4.2　商用软件中自定义函数及程序的应用

对于各种软件的使用方法,读者可以查阅软件的相关帮助文档。对水力机械及相关的流动计算及结构分析,可能会遇到不同的计算需求,软件自身的算法或边界条件不能满足用户的需求,大型商用软件都具有一定的扩展接口,可以在软件的架构下对边界条件或计算方法进行一定程度的修改。比如 Fluent 具有 UDF(user defined function)的接口,可用于自定义边界条件、流体密度黏性系数等属性、输运方程的源项、增加标量输运方程等;在 ANSYS CFX 中,CEL(CFX expression language)也可以实现类似的功能。使用方法可参见软件使用手册及相关教程。

在 ANSYS CFX 或 Fluent 中已经有很多可选的湍流模型,但有时也需要通过 UDF 或自定义函数等方式对湍流模型进行某些改进,比如采用一些混合模型等。在 ANSYS CFX 中利用 CEL(CFX expression language)可方便地实现湍流模型的修正。CEL 的基础知识请读者自行阅读帮助文档,此处仅以 FBM 模型为例,介绍修正模型在 ANSYS CFX 中的实现。由于 FBM 形式简单,只需将其涡黏系数表达式准确定义即可。

步骤 1:创建 4 个 Expression,如图 2-5 所示。其中 C3 与 Cmu 分别对应 FBM 中的系

数 C_3 与 C_μ，delta 为 Δ，该参数需根据流动特征进行调整，此处预设为 0.1m 仅作示意，mut 表示 $\rho \nu_t = \mu_t$，这是因为在 ANSYS CFX 中默认的涡黏系数为 μ_t。

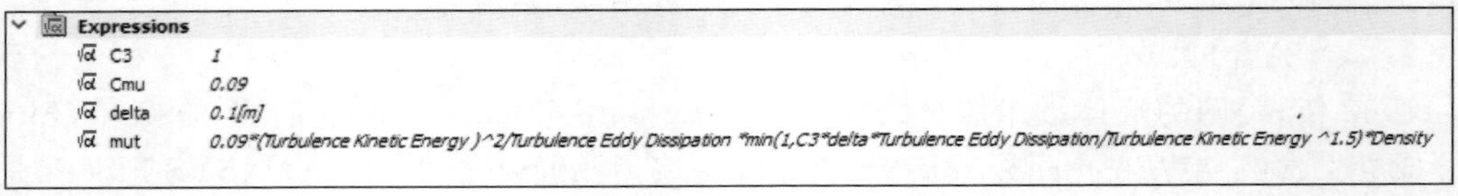

	Expressions	
√x	C3	1
√x	Cmu	0.09
√x	delta	0.1[m]
√x	mut	0.09*(Turbulence Kinetic Energy)^2/Turbulence Eddy Dissipation *min(1,C3*delta*Turbulence Eddy Dissipation/Turbulence Kinetic Energy ^1.5)*Density

图 2-5　创建 Expression

步骤 2：双击计算域，在 Fluid Models 中勾选 Advanced Turbulence Control 中的 Eddy Viscosity，并将 Value 设置为上一步中定义的 mut，如图 2-6 所示。

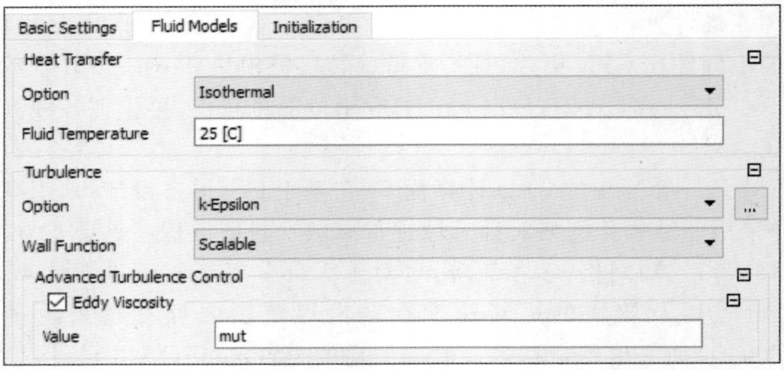

图 2-6　使用定义好的修正

步骤 3：进行其余常规设置，并开始计算。

2.5　水力机械三维 CFD 分析中的一般性问题

在最近的 30 多年间，CFD 计算的发展给水力机械的设计和分析领域带来了全新的改变。就流动数值计算而言，水力机械内的流动涉及剪切、漩涡流动等复杂的流态，计算域、网格尺度、湍流模型、空化模型等都对数值计算结果的准确性有较大影响。

理论上大涡模拟似乎可以算作一种普适的湍流模型，但是即使对于水力机械的模型机组，严格采用大涡模拟所需要的计算网格规模和计算量也是非常惊人的。如果要准确模拟湍流边界层，要求网格尺度能够解析近壁涡结构，近壁涡结构一般位于黏性子层 $y^+ = 5 \sim 30$ 内。Pacot 和 Kato 等[50]对一个泵轮进口（内侧）直径为 250mm 的抽水蓄能模型转轮在模拟试验条件下估计了其网格规模及计算量，估计网格单元量达到 600×10^9，即使用具有 82944 核的超算计算机，计算一个旋转周期也需要约 100 小时，如果要分辨一些低频不稳定流动如尾水管涡带、低频旋转失速等，这样的计算规模对于工程计算是很难做到的。因此在工程上采用一些替代的方法，比如采用介于 RANS 和 LES 的混合模型，或者采用非定常的 RANS 计算等；在一些商用软件中，在大涡模拟中如果近壁面网格分辨率不够，y^+ 较大时也采用壁面函数来近似处理壁面。采用不同的湍流模型处理方法时，对应的网格要与之相适应，总的来说，从双方程的湍流模型到混合模型再到 LES 方法，对小尺度涡结构解析程度的提高是以增加网格量和计算时长为代价的。

对水力机械而言,在最优工况及附近流动分离等现象不太显著的工况,采用 RANS 计算结果预测能量性能基本能满足工程的需要。但是即使对于这些工况,如果关注的问题是卡门涡等与流动分离密切相关的不稳定流动现象时,非定常 RANS 加双方程湍流模型的预测能力是不够的。同样对于偏离最优工况后出现的一些非定常流动现象,如尾水管内涡带、叶道涡以及叶轮或导叶内的失速涡等,对这些现象的精细描述理论上需要解析度更高的湍流模型才能获得与试验结果一致的结果。但是目前文献中对水力机械全流道内精细的 LES 流动计算并不多见,Pacot 和 Kato 等采用 LES 方法对抽水蓄能机组在小流量泵工况的旋转失速涡进行了模拟,而该模拟也将流速降低为原速度的 1/5 和 1/25,通过降低流动雷诺数以减少网格尺度和计算时长。鉴于精细的 LES 计算在实际工程中的难度,目前文献中对水力机械内部非定常流动计算算例还是以双方程湍流模型或者混合模型比较常见,从与试验数据的对比来看,虽然存在一些误差,但是非定常 RANS 加双方程湍流模型或者混合模型也能在一定程度上反映大尺度涡引起的不稳定现象,有助于理解、分析并解决一些实际工程问题。具体的算例和讨论参见第 6 章。

在实际工程计算中,判断数值计算的合理性首先需要进行网格无关性检查。可以通过逐渐加密网格,比较网格加密后目标参数的收敛性来检查。推荐采用基于理查德森外推法(Richardson extrapolation method)的 GCI 准则[51]进行判定。该方法中仅需按比例绘制三套网格,在最精细的网格方案基础上,推算继续增加网格数目对某项流场参数的预测结果,若满足 GCI 收敛准则,则判定三套网格中数目最多的一套方案已满足计算需求;若不满足GCI 收敛准则,则需进一步加密网格或重新调整三套网格的整体数目。

GCI 方法的具体实施过程如下,首先,定义网格尺度 h

$$h = \left[\frac{1}{N}\sum_{i=1}^{N}(\Delta V_i)\right]^{1/3} \tag{2-134}$$

式中,ΔV_i 是第 i 个网格单元的体积;N 是网格单元总数。根据 $h_1 < h_2 < h_3$ 的要求,分别设置精细、中等和粗糙三组网格,可根据整体计算域确定流场的平均 h 值。网格细化比例 $r_{21} = h_2/h_1$ 和 $r_{32} = h_3/h_2$,一般满足大于 1.3 的经验值,全流场的网格尺度按比例统一缩放。

其次,采用定点迭代法求解以下 3 个公式

$$p = \frac{1}{\ln(r_{21})}\mid \ln\mid \varepsilon_{32}/\varepsilon_{22}\mid + q(p)\mid \tag{2-135}$$

$$q(p) = \ln\left(\frac{r_{21}^p - s}{r_{32}^p - s}\right) \tag{2-136}$$

$$s = 1 \cdot \mathrm{sign}(\varepsilon_{32}/\varepsilon_{21}) \tag{2-137}$$

式中,$\varepsilon_{32} = \phi_3 - \phi_2$,$\varepsilon_{21} = \phi_2 - \phi_1$,$\phi$ 是网格误差评定中关注的物理量。迭代收敛后,计算 ϕ 的外推值

$$\phi_{\mathrm{ext}}^{21} = (r_{21}^p \phi_1 - \phi_2)/(r_{21}^p - 1) \tag{2-138}$$

最后,根据三套网格计算得到的近似相对误差 e_a^{21}、外推值的相对误差 e_{ext}^{21} 和最优网格收敛指标 $\mathrm{GCI}_{\mathrm{fine}}^{21}$,其分别定义为

$$e_{\mathrm{a}}^{21} = \left| \frac{\phi_1 - \phi_2}{\phi_1} \right| \qquad\qquad (2\text{-}139)$$

$$e_{\mathrm{ext}}^{21} = \left| \frac{\phi_{\mathrm{ext}}^{12} - \phi_1}{\phi_{\mathrm{ext}}^{12}} \right| \qquad\qquad (2\text{-}140)$$

$$\mathrm{GCI}_{\mathrm{fine}}^{21} = \frac{1.25 e_{\mathrm{a}}^{21}}{r_{21}^{p} - 1} \qquad\qquad (2\text{-}141)$$

当计算得到 C_P 的外推相对误差 e_{ext}^{21} 和最优网格收敛指标 $\mathrm{GCI}_{\mathrm{fine}}^{21}$ 小于收敛指标（如 5%）时，则可认为最密的网格满足 GCI 收敛准则。

在网格收敛性判断中，所关注的物理量 ϕ 在不同网格收敛指标下差别很大，或者说，计算目的不同，所取的网格差别很大。比如在水力机械流动计算中，对叶轮上的总力矩，中等网格尺度可能就能满足网格收敛条件，但如果关注的是螺旋形涡带涡心的压力，由于对漩涡的解析需要更小的尺度，只有更细的网格才能满足收敛性条件。

参考文献

[1] LAUNDER B E，SHARMA B I. Application of the energy-dissipation model of turbulence to the calculation of flow near a spinning disc[J]. Letters in Heat and Mass Transfer，1974，1(2)：131.

[2] YAKHOT V，ORSZAG S A，THANGAM S，et al. Development of turbulence models for shear flows by a double expansion technique[J]. Physics of Fluids A：Fluid Dynamics，1992，4(7)：1510-1520.

[3] SHIH T H，LIOU W W，SHABBIR A，et al. A new $k\text{-}\varepsilon$ eddy viscosity model for high reynolds number turbulent flows[J]. Computers & Fluids，1995，24(3)：227-238.

[4] WILCOX D C. Reassessment of the scale-determining equation for advanced turbulence models[J]. AIAAJournal，1988，26(11)：1299-1310.

[5] SPALART P R，SHUR M. On the sensitization of turbulence models to rotation and curvature[J]. Aerospace Science and Technology，1997，1(5)：297-302.

[6] SMIRNOV P E，MENTER F R. Sensitization of the SST turbulence model to rotation and curvature by applying the Spalart-Shur correction term[J]. Journal of Turbomachinery，2009，131(4)：041010.

[7] CRAFT T J，LAUNDER B E，SUGA K. Development and application of a cubic eddy-viscosity model of turbulence[J]. International Journal of Heat and Fluid Flow，1996，17(2)：108-115.

[8] SMAGORINSKY J. General circulation experiments with the primitive equations：I. The basic experiment[J]. Monthly Weather Review，1963，91(3)：99-164.

[9] LILLY D K. The representation of small-scale turbulence in numerical simulation experiments[C] // Proceedings of the IBM Scientific Computing Symposium on Environmental Sciences. USA，1967：195-210.

[10] GERMANO M. Turbulence：the filtering approach[J]. Journal of Fluid Mechanics，1992，238：325-336.

[11] LILLY D K. A proposed modification of the Germano subgrid-scale closure method[J]. Physics of Fluids A：Fluid Dynamics，1992，4(3)：633-635.

[12] TAO B，KATZ J，MENEVEAU C. Statistical geometry of subgrid-scale stresses determined from holographic particle image velocimetry measurements[J]. Journal of Fluid Mechanics，2002，457：35-78.

[13] HORIUTI K. Roles of non-aligned eigenvectors of strain-rate and subgrid-scale stress tensors in

turbulence generation[J]. Journal of Fluid Mechanics,2003,491：65-100.

[14] HUANG X B,YANG W,LI Y J,et al. Review on the sensitization of turbulence models to rotation/curvature and the application to rotating machinery[J]. Applied Mathematics and Computation,2019,341：46-69.

[15] 黄先北.动态三阶非线性 SGS 模型及其在离心泵流动模拟中的应用[D].北京：中国农业大学,2017.

[16] HUANG X B,LIU Z Q,YANG W,et al. A cubic nonlinear subgrid-scale model for large eddy simulation[J]. Journal of Fluids Engineering,2017,139(4)：041101.

[17] LAKSHMIPATHY S,GIRIMAJI S. Partially-averaged Navier-Stokes method for turbulent flows：k-ω model implementation[C]//44th AIAA Aerospace Sciences Meeting and Exhibit. 2006：119.

[18] SPALART P R,JOU W H,STRELETS M,et al. Comments on the feasibility of LES for wings and on a hybrid RANS/LES approach[C]//Proceedings of 1st AFOSR International Conference on DNS/LES,Columbus：Greyden Press,1997：137-147.

[19] JOHANSEN S T,WU J,SHYY W. Filter-based unsteady RANS computations[J]. International Journal of Heat and Fluid Flow,2004,25(1)：10-21.

[20] 王国玉,霍毅,张博,等.湍流模型在轴流泵性能预测中的应用与评价[J].北京理工大学学报,2009,29(4)：309-313.

[21] LIU H L,WANG Y,LIU D X,et al. Assessment of a turbulence model for numerical predictions of sheet-cavitating flows in centrifugal pumps[J]. Journal of Mechanical Science and Technology,2013,27(9)：2743-2750.

[22] HUANG B,WANG G Y,ZHAO Y. Numerical simulation unsteady cloud cavitating flow with a filter-based density correction model[J]. Journal of Hydrodynamics,2014,26(1)：26-36.

[23] 黄先北,郭嫱,仇宝云.FBM 模型在典型分离流动预测中的应用[J].华中科技大学学报：自然科学版,2018,46(7)：52-56,62.

[24] SPEZIALE C G. Turbulence modeling for time-dependent RANS and VLES：a review[J]. AIAA Journal,1998,36(2)：173-184.

[25] HSIEH K J,LIEN F S,YEE E. Towards a unified turbulence simulation approach for wall-bounded flows[J]. Flow,Turbulence and Combustion,2010,84(2)：193-218.

[26] HAN X S,KRAJNOVIĆ S. An efficient very large eddy simulation model for simulation of turbulent flow[J]. International Journal for Numerical Methods in Fluids,2013,71(11)：1341-1360.

[27] MA J,HSIAO C T,CHAHINE G L. Modelling cavitating flows using an eulerian-lagrangian approach and a nucleation model[C]//Journal of Physics：Conference Series. IOP Publishing,2015,656(1)：012160.

[28] 季斌,程怀玉,黄彪,等.空化水动力学非定常特性研究进展及展望[J].力学进展,2019,49(1)：428-429.

[29] DELLANOY Y,KUENY J L. Two phase flow approach in unsteady cavitation modeling[C]//Cavitation and Multiphase Flow Forum,1990,98：153-158.

[30] RAYLEIGH. The pressure developed in a liquid during the collapse of a spherical cavity[J]. Phil. Mag. 1917,34 94-98.

[31] PLESSET,M. S. (1949). The dynamics of cavitation bubbles. ASME J. Appl. Mech. ,16,228-231.

[32] BRENNEN C. E. (1995)Cavitation and bubble dynamics. Oxford University Press.

[33] KUBOTA A,KATO H,YAMAGUTI H,"A New Modeling of Cavitating Flows：A Numerical Study of Unsteady Cavitation on a Hydrofoil Section,"J.Fluid Mech. ,1992,240,59-96.

[34] SCHNERR G H,SAUER J. Physical and numerical modeling of unsteady cavitation dynamics[C]//Proceedings of the 4th International Conference on Multiphase Flow,New Orleans,USA,2001.

[35] SINGHAL A K, ATHAVALE M M, LI H, et al, Mathematical basis and validation of the full cavitation model[J]. Journal of Fluids Engineering,2002,124(3): 617-624.

[36] ZWART P J, GERBER A G, BELAMRI T. A two-phase flow model for predicting cavitation dynamics[C]//Fifth International Conference on Multiphase Flow. Yokohama,2004.

[37] MERKLE C L,FENG J,PEO B. Computational modelling of the dynamics of sheet cavitation[C]// Proceedings of the 3rd International Symposium on Cavitation. Grenoble,1998: 307-311.

[38] KUNZ R F, BOGER D A, STINEBRING D R, et al. A preconditioned Navier-Stokes method for two-phase flows with application to cavitation prediction[J]. Computers & Fluids,2000,29(8): 849-875.

[39] SENOCAK I,SHYY W. Interfacial dynamics-based modelling of turbulent cavitating flows,Part-1: model development and steady-state computations[J]. International Journal for Numerical Methods in Fuids,2004,44(9): 975-995.

[40] IGA Y, OCHIAI N, YOSHIDA Y, et al. Numerical investigation of thermodynamic effect on unsteady cavitation in cascade[C]//Proceedings of the 7th International Symposium on Cavitation. Ann Arbor,2009.

[41] PANG K W,LI Y J,YANG W,et al. A cavitation model considering thermodynamic and viscosity effects[J]. Engineering Computations,2018,35(6): 2308-2326.

[42] LI W,YANG Y F,SHI W D,et al. The correction and evaluation of cavitation model considering the thermodynamic effect [J]. Mathematical Problems in Engineering, 2018, Article ID 7217513, https://doi. org/10. 1155/2018/7217513.

[43] TANI N, TSUDA S I, YAMANISHI N, et al. Development and validation of new cryogenic cavitation model for rocket turbopump inducer[C]//Proceedings of the 7th International Symposium on Cavitation,Ann Arbor,USA,2009.

[44] CHEN T R,HUANG B,WANG G Y,et al. Numerical study of cavitating flows in a wide range of water temperatures with special emphasis on two typical cavitation dynamics[J]. International Journal of Heat and Mass Transfer,2016,101: 886-900.

[45] JI B,LUO X W,WU Y L,et al. Cavitating flow simulation for high temperature water based on thermodynamic effects[J]. Journal of Tsinghua University Science and Technology,2010,50(2): 262-265.

[46] FERZIGER J H,PERIĆ M. Computational methods for fluid dynamics[M]. Berlin: Springer,3rd Edition,Springer,2002.

[47] VERSTEEG H K, MALALASEKERA W. An introduction to computational fluid dynamics: the finite volume method[M]. Pearson Education,2007.

[48] 王福军. 计算流体动力学分析:CFD 软件原理与应用[M]. 北京:清华大学出版社,2004.

[49] Help Navigator ANSYS CFX,Release 17.0.

[50] PACOT O,KATO C,GUO Y,et al. Large eddy simulation of the rotating stall in a pump-turbine operated in pumping mode at a part-load condition[J]. Journal of Fluids Engineering,2016,138(11): 111102-01-11.

[51] CELIK I B,GHIA U,ROACHE P J,et al. Procedure for estimation and reporting of uncertainty due to discretization in CFD applications[J]. Journal of Fluids Engineering,2008,130(7): 078001-01-13.

第3章

管路系统一维水动力学方法

无论是瞬变工况下水力系统动态响应还是自激振荡导致的水力波动,在计算中一般都需要考虑流体压缩性,由于很多情况下涉及的水力管线都很长,因此对这类问题工程上主要采用一维水动力学分析方法,后面将会看到,这两类问题都涉及一维水动力学基本方程的求解。瞬变工况的过渡过程计算所解决的问题主要是水力系统对某种激励(如导叶突然关闭)的响应,关心的是方程的时域解;而振荡流动则更关注在恒定工况下(如导叶或阀门在特定开度)整个水力系统的稳定性及水力振荡的固有频率及振型(模态),是管路系统在特定条件下的固有水动力学特性,关心的是方程的频域解。因此本章首先介绍一维水动力学基本方程及其解特征,然后分别介绍过渡过程计算和水力系统稳定性分析方法。

3.1 一维水动力学基本方程及其解特征

对刚性管道,将三维 N-S 方程(2-4)、方程(2-5)简化到一维坐标系,并利用关系式$\partial \rho / \partial p = 1/a^2$,同时考虑到水体的密度变化较小,可直接导出一维水动力学基本方程(参见附录 A)

$$\frac{1}{\rho}\frac{\partial p}{\partial x} + \frac{\partial u}{\partial t} + u\frac{\partial u}{\partial x} + g\sin\alpha + \frac{\lambda u \mid u \mid}{2D} = 0 \tag{3-1}$$

$$\rho a^2 \frac{\partial u}{\partial x} + \frac{\partial p}{\partial t} + u\frac{\partial p}{\partial x} = 0 \tag{3-2}$$

式中,u 和 p 为管道内的横截面上平均流速和压强;λ 为管道摩擦系数;D 为管道内径;α 为管道的坡度;a 为水中压力波传播速度(声速);g 为重力加速度,在这个推导中,声速没有考虑管壁的弹性影响。如果考虑管壁的弹性,直接针对一段一元控制体分别列出质量守恒和动量守恒方程,也可导出基本方程(3-1)和方程(3-2),并可在声速中计入管道的材料特性及支撑方式[1,2]。

在工程上,一般用流量 Q 和测压管水头 H(后面简称压头),而不是流速 u 和压强 p 作为水力系统的状态变量,它们之间的关系为

$$H = Z + \frac{p}{\rho g} \tag{3-3}$$

$$Q = uA \tag{3-4}$$

式中,A、Z 分别为管道横截面过流面积和高程,是沿管长坐标 x 的函数。

用 Q、H 代替 u、p,由于$\partial Z/\partial x = \sin\alpha$,并认为管道没有竖向位移,即$\partial Z/\partial t \cong 0$,式(3-1)

和式(3-2)变为

$$\frac{\partial H}{\partial x} + \frac{1}{gA}\left[\frac{\partial Q}{\partial t} + u\frac{\partial Q}{\partial x}\right] + \frac{\lambda Q|Q|}{2gDA^2} = 0 \tag{3-5}$$

$$\left[\frac{\partial H}{\partial t} + u\frac{\partial H}{\partial x}\right] + \frac{a^2}{gA}\frac{\partial Q}{\partial x} - u\sin\alpha = 0 \tag{3-6}$$

在工程上,考虑到一般声速($a = 1100\sim1400\text{m/s}$)远大于流速($u < 20\text{m/s}$),因此可以不考虑对流项$u(\partial/\partial x)$及$-u\sin\alpha$的影响,于是简化的一维水动力学方程组如下

$$\begin{cases} \dfrac{\partial H}{\partial x} + \dfrac{1}{gA}\dfrac{\partial Q}{\partial t} + \dfrac{\lambda Q|Q|}{2gDA^2} = 0 \\[3mm] \dfrac{\partial H}{\partial t} + \dfrac{a^2}{gA}\dfrac{\partial Q}{\partial x} = 0 \end{cases} \tag{3-7}$$

将其写为矩阵形式

$$\begin{bmatrix} \dfrac{\partial Q}{\partial t} \\[3mm] \dfrac{\partial H}{\partial t} \end{bmatrix} + \underbrace{\begin{bmatrix} 0 & gA \\[3mm] \dfrac{a^2}{gA} & 0 \end{bmatrix}}_{B} \begin{bmatrix} \dfrac{\partial Q}{\partial x} \\[3mm] \dfrac{\partial H}{\partial x} \end{bmatrix} = \begin{bmatrix} -\dfrac{\lambda Q|Q|}{2DA} \\[3mm] 0 \end{bmatrix} \tag{3-8}$$

矩阵 B 具有两个实特征值,方程(3-7)为典型的双曲型方程

$$\delta = \pm a \tag{3-9}$$

这意味着方程组(3-7)有两簇特征线

$$\frac{\mathrm{d}x}{\mathrm{d}t} = \pm a \tag{3-10}$$

偏微分方程(3-7)的解沿特征线传播,因此,以上方程的解为方向相反的两列波的叠加。瞬变工况的过渡过程计算和管路系统水力稳定性分析都涉及对上述双曲型方程的求解。其中,过渡过程计算所关心的是瞬变工况下管路不同位置(节点)处的压强、流量随时间的变化过程,是在时域上对方程(3-7)进行求解,工程上常用的方法是特征线法,将在 3.2 节中介绍;而水力稳定性分析关注的是恒定工况下整个水力系统振荡固有频率和模态,以及系统的稳定性,是在频域上对方程(3-7)进行分析,主要有阻抗法和矩阵法,将在 3.3 节中介绍。

另外,由于方程(3-7)和 RLC 电路的振荡方程类似,因此,可以将方程(3-7)中的系数类比为电路中的电容、电感、电阻。定义单位管长上的流容 C'、流感 L'、流阻 R' 分别为

$$C' = \frac{gA}{a^2} \tag{3-11}$$

$$L' = \frac{1}{gA} \tag{3-12}$$

$$R' = \frac{\lambda|\bar{Q}|}{2gDA^2} \tag{3-13}$$

注意,C'、L'、R' 的量纲分别为 m、s^2/m^3、s/m^3,将式(3-11)~式(3-13)代入方程(3-7),管路中的一维水动力方程也可写为

$$\begin{cases} \dfrac{\partial H}{\partial x} + L'\dfrac{\partial Q}{\partial t} + R'Q = 0 \\[3mm] \dfrac{\partial H}{\partial t} + \dfrac{1}{C'}\dfrac{\partial Q}{\partial x} = 0 \end{cases} \tag{3-14}$$

这样,将管路及水轮机、泵、阀等元件用电路中电容、电感、电阻及其组合来等效,可以利用等效电路方法非常直观地对一维管网水力系统进行时域和频域的分析。具体方法在 3.4 节中介绍。

3.2 一维瞬变流动特征线法——时域分析

瞬变工况下可能出现管路系统内压力的急剧上升或突然下降,这对管路系统的承压是极大的考验,另一方面,机组在瞬变工况运行时,机组的转速、流量等也在急剧变化,对机组的安全运行也可能造成危害。如何有效预测和控制这些不利影响,是进行瞬变过程计算和分析的主要目的。比如在水电站中,机组甩负荷时导叶如果关闭太快,可能引起蜗壳和进水管内的水压急剧上升,引发爆管等重大事故;如果导叶关闭速度过慢,关闭总时间过长,又可能导致机组转速上升过快而影响机组和辅助设备安全运行。因此通过过渡过程计算优化导叶的关闭规律就非常重要。在一些情况下,仅仅通过优化导叶或阀门的关闭规律可能也无法将压力变化控制在合理范围内,这时,需要通过过渡过程计算确定增设调压井、调压阀等设施的位置、形式及调压效果,同时还要分析其对整个系统稳定性的影响等。

除了管路中的压力升高外,瞬变过程中压力的突然降低也可能非常危险,压力降低导致的空化可能引起弥合水锤等,对水力系统是非常不利的。同时,空穴的出现也会使系统增加额外的容性,影响系统的固有频率及响应特性等。因此在瞬变过程中考虑空化的影响非常重要。

解决以上问题需要在时域上求解方程(3-7),工程上常用的计算方法为特征线法,这种方法利用了方程(3-7)的解为方向相反的两列波(沿特征线传播)叠加的基本特征,将偏微分方程(3-7)转化为特征线上全微分方程组,然后在特征线上进行有限差分计算,获得管路系统每个节点在每个时步下的结果。下面对这种方法进行简单介绍。

3.2.1 特征线法基本思路

对方程(3-7)直接求得解析解需要进行复杂的傅里叶逆变换以及积分,且对复杂系统的求解也非常困难。离散的数值计算方法在解决工程问题时更加方便,对方程(3-7)的离散计算方法很多,工程上应用最为广泛的是特征线法。为了将偏微分方程(3-7)转化为特征线上的全微分方程组,将方程(3-7)写成

$$L_1 = \frac{\partial H}{\partial x} + \frac{1}{gA}\frac{\partial Q}{\partial t} + \frac{\lambda Q \mid Q \mid}{2gDA^2} = 0 \tag{3-15}$$

$$L_2 = \frac{\partial H}{\partial t} + \frac{a^2}{gA}\frac{\partial Q}{\partial x} = 0 \tag{3-16}$$

将方程(3-16)乘以系数 ξ 并加上方程(3-15)得

$$L_1 + \xi L_2 = \xi\left[\left(\frac{1}{\xi}\right)\frac{\partial H}{\partial x} + \frac{\partial H}{\partial t}\right] + \frac{1}{gA}\left[\frac{\partial Q}{\partial t} + (\xi a^2)\frac{\partial Q}{\partial x}\right] + \frac{\xi Q \mid Q \mid}{2gDA^2} = 0 \tag{3-17}$$

若令

$$\frac{\mathrm{d}x}{\mathrm{d}t} = \frac{1}{\xi} = \xi a^2 \tag{3-18}$$

即

$$\xi = \pm \frac{1}{a} \tag{3-19}$$

$$\frac{\mathrm{d}x}{\mathrm{d}t} = \pm a \tag{3-20}$$

将式(3-18)代入式(3-17),方括号内的项是关于时间 t 的全导数,式(3-17)变成全微分方程

$$\pm \frac{1}{a}\left[\frac{\mathrm{d}H}{\mathrm{d}t}\right] + \frac{1}{gA}\left[\frac{\mathrm{d}Q}{\mathrm{d}t}\right] + \frac{\lambda Q \mid Q \mid}{2gDA^2} = 0 \tag{3-21}$$

也就是说,在两组特征线 $\mathrm{d}x/\mathrm{d}t = \pm a$ 上,原来的偏微分方程可以化为常系数微分方程,该方程就是特征线上的相容性方程。因此可以将原偏微分方程的求解转化为特征线上的差分方程进行离散。具体过程如下,两组特征线及其相容性方程分别为

$$C^+: \begin{cases} \dfrac{1}{a}\dfrac{\mathrm{d}H}{\mathrm{d}t} + \dfrac{1}{gA}\dfrac{\mathrm{d}Q}{\mathrm{d}t} + \dfrac{\lambda Q \mid Q \mid}{2gDA^2} = 0 \\[2mm] \dfrac{\mathrm{d}x}{\mathrm{d}t} = +a \end{cases} \tag{3-22}$$

$$C^-: \begin{cases} -\dfrac{1}{a}\dfrac{\mathrm{d}H}{\mathrm{d}t} + \dfrac{1}{gA}\dfrac{\mathrm{d}Q}{\mathrm{d}t} + \dfrac{\lambda Q \mid Q \mid}{2gDA^2} = 0 \\[2mm] \dfrac{\mathrm{d}x}{\mathrm{d}t} = -a \end{cases} \tag{3-23}$$

选取固定的时间步长 Δt,根据波速将管道分成间隔为 $\Delta x = a\Delta t$ 的若干段,则可以得到 x-t 平面上的特征线网格,如图 3-1 所示,AP、BP 分别是沿着 C^+ 和 C^- 方向的特征线。沿着 AP 和 BP 分别列出方程(3-22)及方程(3-23)的差分方程,如果 t 时刻(比如 j 层 A、B 两点)的 Q 及 H 已知,可得到含有 $t+\Delta t$ 时刻 $j+1$ 层 P 点两个未知量(Q 和 H)的代数方程组。为简单起见,本章公式中 $t+\Delta t$ 时刻的上标 $j+1$ 被省去。

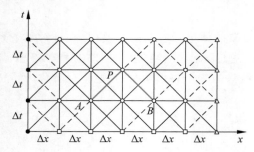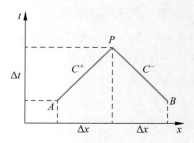

图 3-1 x-t 平面上的特征线

$$C^+: H_P - H_A^j = -B(Q_P - Q_A^j) - RQ_A^j \mid Q_A^j \mid \tag{3-24}$$

$$C^-: H_P - H_B^j = +B(Q_P - Q_B^j) + RQ_B^j \mid Q_B^j \mid \tag{3-25}$$

令

$$C_A = H_A^j + BQ_A^j - RQ_A^j \mid Q_A^j \mid \tag{3-26}$$

$$C_B = H_B^j - BQ_B^j + RQ_B^j \mid Q_B^j \mid \tag{3-27}$$

式中,B 为特性常数,由管道特性决定,R 是管道阻尼系数,分别为

$$B = \frac{a}{gA} \tag{3-28}$$

$$R = \frac{\lambda \Delta x}{2gDA^2} \tag{3-29}$$

联立方程(3-24)和方程(3-25)可求得 $j+1$ 层 P 节点未知量 Q 和 H 分别为

$$Q_P = (C_A - C_B)/(2B) \tag{3-30}$$

$$H_P = (C_A + C_B)/2 \tag{3-31}$$

在具体的计算中,需要将每一段管道按时间步长和波速划分成空间步长为 $\Delta x = a\Delta t$ 的计算单元,为保证对每个内部计算单元在每次推进中的时间步长 Δt 一致,可能出现一些管道不能划分成整数段数的情况,这时,需要在小范围内调整波速(<20%),以保证时间步长的统一。

从方程(3-30)和方程(3-31)也可以看到,在 $j+1$ 层任意点的待求量取决于特征线上前一时刻(j 时刻)A 点和 B 点的 Q 和 H 信息,反映了方程(3-7)的解是由沿特征线传播的方向相反的两列波叠加而成。从整段管道来看,在管道的左边界,只有沿着 C^- 的特征线及相容方程,而在管道右侧边界,只有沿着 C^+ 的特征线及相容方程,因此在管道的两端需各给一个边界条件。管道的第一个节点和最后一个节点通常与其他元件连接,如上下游水库、泵、水库、阀门、空气阀、调压井等,称为边界节点,计算中需要根据各个元件工作特性确定边界条件,才能构成封闭方程组。下面对典型水力元件上的节点边界条件进行说明。

3.2.2　基本边界条件

基本边界条件包括上下游水库、阀门、串联及叉管连接节点等。在文献[1-3]中有详细介绍和推导,这些边界条件相对简单和直观,将这些边界条件汇总在表 3-1 中。表 3-1 中的下标 $P1, P2, P3, Pi, Pj$ 等表示管道编号,下标 1 表示管道的上游端节点,下标 NS 表示管道的下游端节点。在计算中如果边界节点在管道的下游,将对应边界条件与方程(3-24)联立求解,如果边界节点在管道的上游,则将对应边界条件与方程(3-25)联立。

表 3-1　基本边界条件

边 界 类 型	边界条件描述	备注
上游水库	上游水位 H_s 一定,边界点上压头 H 为定值 $H_1 = H_s$	(3-32)
下游水库	下游水位 H_s 一定,边界点上压头 H 为定值 $H_{NS} = H_s$	(3-33)
盲端	没有流量流出,边界点上流量 Q 为 0 $Q_{NS} = 0$	(3-34)
阀门及孔口	满足连续性方程,且流量与两侧压差平方根成正比 $Q_{P1,NS} = Q_{P2,1} = \begin{cases} \dfrac{\tau Q_0}{\sqrt{\Delta H_0}}\sqrt{H_{P1,NS} - H_{P2,1}}, & \text{正向流动} \\[3mm] -\dfrac{\tau Q_0}{\sqrt{\Delta H_0}}\sqrt{H_{P2,1} - H_{P1,NS}}, & \text{反向流动} \end{cases}$	(3-35)

续表

边 界 类 型	边 界 条 件 描 述	备注
串联节点	不考虑局部变径损失,满足连续性方程 $$\begin{cases} Q_{P1,NS} = Q_{P2,1} \\ H_{P1,NS} = H_{P2,1} \end{cases}$$	(3-36)
分叉管节点	不考虑局部损失,满足连续性方程 $$H_{Pi,NS} = H_{Pj,1}$$ $$\sum_{i=1}^{N} Q_{Pi,NS} = \sum_{j=1}^{M} Q_{Pj,1}$$ $(j=1,2,\cdots,M,$ 流出节点的管道编号$)$ $(i=1,2,\cdots,N,$ 流入节点的管道编号$)$	(3-37) (3-38)
集中惯性元件 面积,A_2 $l_2 \leqslant 0.04a/f$,局部阻尼系数为f_s	不考虑流体容性,仅流体考虑运动方程 $$H_{P1,NS} - H_{P3,1} = C_1 + C_2 Q_{P2}$$ $$Q_{P2} = Q_{P1} = Q_{P3}$$ $$\begin{cases} C_1 = H_{P3,1}^j - H_{P1,NS}^j + \left(\dfrac{\lambda_2 l_2}{2gD_2 A_2^2} + f_s\right) Q_{P2}^j |Q_{P2}^j| - C_2 Q_{P2}^j \\ C_2 = \dfrac{2l_2}{gA_2 \Delta t} \end{cases}$$	(3-39) (3-40) (3-41)

3.2.3　调压井或调压塔

具有较长压力引水系统的水电站或者泵站在工况变化时,管道内可能发生水击现象。这种现象会导致水力系统内压力的急剧变化,不利于机组的稳定性,必要时需要设置各种调压装置,以降低管道中的水击值,改善机组的运行条件及调节系统的稳定性。如图 3-2 所示,一般常规水电站上游调压室是指设置在压力引水道和高压管道连接处的建筑物,按照习惯,设置在地面以下的叫做调压井。

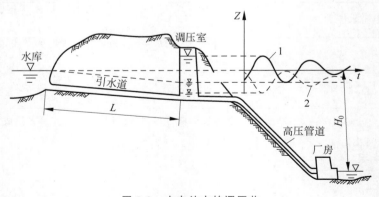

图 3-2　水电站中的调压井

根据实际应用的情况不同,有各种不同类型的调压井、调压塔等。调压元件的边界条件推导过程中,主要利用了以下几类条件:①节点处的连续性方程;②调压井内的连续性方程,即调压井内液位高度与流入或流出调压井的流量间的关系;③对有气室的调压元件还会用到调压井内液位高度及气体体积与孔口处压强的关系以及气体的多变关系式;④调压井入口处的流体的运动方程或能量平衡方程等。

下面以阻抗式调压井和气垫式调压室为例,说明建立这类边界条件的一般过程。其他类型的调压井边界条件可进行类似推导或参考文献[1~3]。

1. 阻抗式调压塔

如图 3-3 所示,阻抗式调压塔将圆筒的室身用较小断面的孔口,或较小孔口尺寸的隔板与主管道相连。这种孔口或者隔板相当于局部阻力,故取名为阻抗式。

由节点处的连续性方程可得进出调压塔流量与左右两侧主管道内流量的关系

$$Q_{P1,NS} = Q_3 + Q_{P2,1} \tag{3-42}$$

由调压塔内流体的连续性方程,可得进出调压塔流量与调压塔液位的关系

$$A_3 \frac{\mathrm{d}L_3}{\mathrm{d}t} = Q_3 \tag{3-43}$$

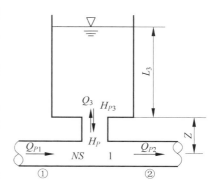

图 3-3 阻抗式调压塔

式中 L_3 为调压塔内水位高度,A_3 为调压塔截面积。离散后可得

$$A_3 \frac{L_3 - L_3^j}{\Delta t} = \frac{Q_3^j + Q_3}{2} \tag{3-44}$$

由调压塔入口节点的能量平衡方程可得进出调压塔流量与孔口两侧的压差间满足以下方程:

$$Q_3 = \begin{cases} c_F \sqrt{2g(H_P - H_{P3})} = c_F \sqrt{2g(H_P - L_3 - Z)}, & \text{流入调压塔} \\ -c_R \sqrt{2g(H_{P3} - H_P)} = -c_R \sqrt{2g(L_3 + Z - H_P)}, & \text{流出调压塔} \end{cases} \tag{3-45}$$

式中,c_F、c_R 分别为流入和流出时的流量系数。这里忽略调压塔内的惯性力及摩擦损失压头,H_{P3} 通过调压室内的水位高度来计算:$H_{P3} = L_3 + Z$。

$Q_{P1,NS}$、$Q_{P2,1}$、H_P、Q_3、L_3 为孔口两侧主管路的流量、节点压头、流进或流出调压井的流量以及调压塔液位高度,共 5 个待求未知量,这样方程(3-42)、方程(3-44)、方程(3-45)与左右两侧特征线方程(3-24)和方程(3-25)联立构成封闭代数方程组,获得下一时刻待求量。

2. 气垫式调压室

对于有气室的调压元件,除了用到上述连续性方程、运动方程或能量方程外,对气室内的气体,还会假定气体满足可逆的多变关系

$$H_A V^n = C \tag{3-46}$$

式中,H_A、V 为气室内气体压强和体积;n 为多变常数,取决于气体的热力学过程,等温过程中 $n=1$,等熵过程 $n=1.4$。以图 3-4 中的气垫式调压室为例,$H_A = H_0 + H_{P4} - Z$,H_0 为大气压。利用这一关系以及气室的连续性方程 $\mathrm{d}V/\mathrm{d}t = -Q_{P3}$,对式(3-46)在每个时间步内进行离散

$$(H_0 + H_{P4} - Z) \left(V^j - \frac{(Q_{P3} + Q_{P3}^j)}{2} \Delta t \right)^n = C \tag{3-47}$$

Z 为气室内液面高度,它与调压室流量间的关系为

$$A_4 \frac{\mathrm{d}Z}{\mathrm{d}t} = Q_{P3} \qquad (3\text{-}48)$$

其中 A_4 为调压室截面积。主管道与调压室节点连接处的连续性方程为

$$Q_{P1,NS} = Q_{P3} + Q_{P2,1} \qquad (3\text{-}49)$$

由于调压室与主管道间用短管相连,可将短管处理为集中惯量,其内运动方程为

$$H_P - H_{P4} = C_1 + C_2 Q_{P3} \qquad (3\text{-}50)$$

式中,C_1 与短管两端的上一时刻压头 H_P^j、H_{P4}^j 有关;C_2 与短管长度有关,按表 3-1 中的式(3-41)计算。联立方程(3-47)～方程(3-50)以及调压室两侧主管路的特征线上相容方程(3-24)、方程(3-25)可获得下一时刻的未知量 $Q_{P1,NS}$、$Q_{P2,1}$、H_P、Q_{P3}、Z、H_{P4}。

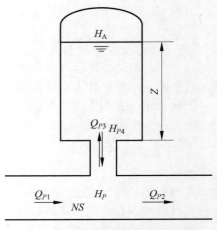

图 3-4　气垫式调压室

3.2.4　空气阀

管线上另一类调压元件是各种类型的空气阀,可以在出现真空时补入空气,而在高于限定压力时放出空气,这种阀通常不允许液体漏出大气。在停电或者停泵过程中输水管线高处或较长输水管线局部常因压力降低而出现真空,这时需要加装空气阀以保护管线。空气阀原理详见图 3-5,节点示意见图 3-6。图 3-5 为一个双口空气阀,其动作原理为:当底部压力大于一个大气压时,将液流通过阀门 7 压入阀体 5 的腔内,使浮球 6 上浮,直至气体排出而将排气嘴 4 堵住,使液体不外泄。当压力小于一个大气压时,腔体液面下降,浮球 6 也下移,排气嘴 4 打开进气,从而控制该阀附近管内压力在一个大气压左右。其作用是避免管路由于真空而遭到破坏。

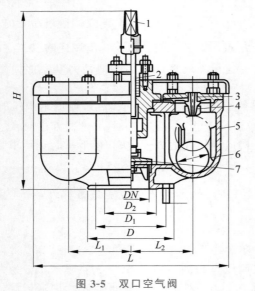

图 3-5　双口空气阀

1—阀帽;2—阀杆;3—上盖;4—排气嘴;

5—阀体;6—浮球;7—阀门

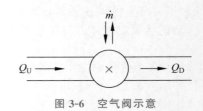

图 3-6　空气阀示意

计算中为了简化边界条件,通常引入一些假设:①气体等熵地进出阀门;②空气质量遵守等温规律;③进到管里的空气留在排出阀附近而不会被液体带走;④液体表面的高度基本保持不变。这样如果空气阀处压强降低到大气压以下,流入空气后,在每个计算时刻都满足恒温的一般气体定律

$$pV^n = mRT \tag{3-51}$$

由于 $dV/dt = -(Q_U - Q_D)$ 对方程(3-51)利用泰勒展开进行二阶精度的离散,可得

$$p[V^j + 0.5\Delta t(Q_D^j - Q_U^j + Q_D - Q_U)] = [m^j + 0.5\Delta t(\dot{m}^j + \dot{m})]RT \tag{3-52}$$

式中,V 是气体体积;Q_U、Q_D 分别为节点上下游的流量;m、$\dot{m}$ 为空腔内气体的质量和质量流量。带上标 j 的量为上一时刻的相应值。流入或流出空穴的质量流量 $\dot{m}$ 与管内外的温度及压力等都有关系,可按表 3-2 中的四种情况处理。

表 3-2 不同情况下空气阀质量流量与压力的关系

以亚声速流入 $p_0 > p > 0.528 p_0$	$\dot{m} = C_{in} A_{in} \sqrt{7 p_0 \rho_0 \left[\left(\dfrac{p}{p_0}\right)^{1.4286} - \left(\dfrac{p}{p_0}\right)^{1.714}\right]}$	(3-53)
以临界速度流入 $p < 0.528 p_0$	$\dot{m} = C_{in} A_{in} \dfrac{0.686}{\sqrt{RT_0}} p_0$	(3-54)
以临界速度流出 $\dfrac{p_0}{0.528} > p > p_0$	$\dot{m} = -C_{out} A_{out} p \sqrt{\dfrac{7}{RT} \left[\left(\dfrac{p_0}{p}\right)^{1.4286} - \left(\dfrac{p_0}{p}\right)^{1.714}\right]}$	(3-55)
以临界速度流出 $p > \dfrac{p_0}{0.528}$	$\dot{m} = -C_{out} A_{out} \dfrac{0.686 p}{\sqrt{RT_0}}$	(3-56)

注:C_{in},C_{out} 为阀的流量系数;A_{in},A_{out} 为阀的开启面积;$\rho_0 = P_0/RT$ 为大气密度;R 为气体常数;p 为管内压力。

方程(3-52)加上空气阀上下游管道节点的特征线上的相容方程(3-24)和方程(3-25),再根据具体压力条件加表 3-2 中的一个方程,就可联立求出当前时刻($j+1$)层的 Q_U、Q_D、$\dot{m}$ 及 p 等未知量。

3.2.5 水轮机与泵边界

水轮机或泵节点示意见图 3-7,其动水头与上下游节点总压之间的关系为

$$H_{dy} = \begin{cases} H_{P1,NS} - H_{P2,1}, & 水轮机 \\ -H_{P1,NS} + H_{P2,1}, & 泵 \end{cases} \tag{3-57}*$$

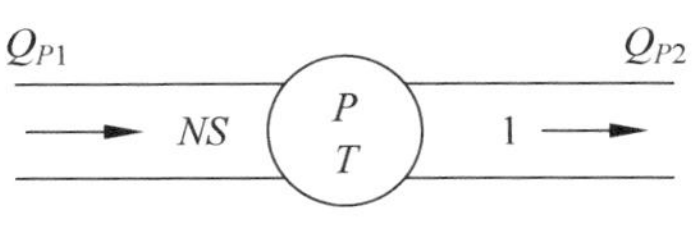

图 3-7 泵或水轮机示意

同时根据连续性方程,通过机组的流量 Q 与两管道的流量相等

$$Q = Q_{P1,NS} = Q_{P2,1} \tag{3-58}$$

所以,水轮机和泵的边界条件处理过程中的核心问题是要补充水轮机或泵的动水头或动扬程与瞬时流量的关系,以便与管道上的特征相容方程联立求解。由于机组的流量扬程

---

* 式(3-57)中的节点上的总压不仅包含测压管水头,也包含动水头部分,在计算测压管水头时应减去动水头。

（水头）还与转速 n 有关，而转速变化则与机组的转矩有关，转矩又与流量及转速有关，因此，对有转速变化的瞬变过程，需要的边界条件包括

$$H_{dy} = f_H(Q, n) \tag{3-59}$$

$$T_{dy} = f_M(Q, n) \tag{3-60}$$

$$T_{dy} \mp T_g - T_f = \frac{2\pi J}{60} \frac{dn}{dt} \tag{3-61}$$

其中，T_{dy} 为叶轮动水力矩，对水轮机为正，对泵为负，T_g 为发电机或电机力矩，对水轮机其前为"$-$"号，对泵为"$+$"号，水轮机和泵在过渡过程中其工作参数的符号都可能发生变化，因此在计算中要注意规定参数的正值对应的工况。注意力矩平衡方程（3-61）中的转速方向及力矩方向，在水泵水轮机中一般规定水轮机方向为正向。

有两种方法处理这类边界条件，一类是常近时所提的内特性法[4]，这类方程根据水力机械内的广义基本方程以及速度平均流动速度矢量间的关系，建立描述水力机械动态特性的解析方程组。这种方法考虑机组的动态特性，且不需要像 Suter 曲线法那样进行机组特性曲线的处理，但是需要根据不同比转速输入描述平均流动的几何参数以及效率等经验参数，比如转轮进口平均液流角、转轮出口平均安放角、出口过流面积、水力效率等。另一类是常用的 Suter 曲线法，Suter 曲线法通过水力机械的静态全特性曲线来近似描述其动态特性，令 $H_{dy} = H$，$T_{dy} = T$。以泵为例，泵的全特性曲线描述了泵的流量、扬程、扭矩和转速之间的关系。为了方便对不同比转速泵的计算，采用无量纲参数更加方便，这样对同样或相近比转速的机组可以采用同一套曲线，大大方便了工程计算。

定义无量纲扬程（水头）为 $h = H/H_r$，无量纲转速 $\alpha = n/n_r$，无量纲流量 $v = Q/Q_r$，无量纲功率或力矩 $\beta = T/T_r$，其中下标 r 表示额定值，有的文献采用最优工况点，计算无量纲参数，则下标用 o 表示。根据相似定律，比转速相同的泵在相似工况下有

$$\frac{v}{\alpha} = \text{const} \tag{3-62}$$

$$\frac{h}{\alpha^2} = \text{const} \tag{3-63}$$

$$\frac{\beta}{\alpha^2} = \text{const} \tag{3-64}$$

因此，$h/v^2 = f_h(\alpha/v)$ 和 $\beta/v^2 = f_\beta(\alpha/v)$ 可以描述同一比转速泵的流量扬程和流量功率曲线，但是由于瞬变过程中，各工作参数都可能经过零点，计算中会出现困难，因此 Suter 等对特性曲线进行了变换。将式（3-62）和式（3-63）、式（3-64）组合变化，再定义 $\theta = \arctan(v/\alpha)$ 就可以把泵全特性曲线中 H-Q 曲线和 T-Q 曲线绘制成以下两组曲线

$$\text{wh}(\theta) = \frac{h}{\alpha^2 + v^2} \tag{3-65}$$

$$\text{wb}(\theta) = \frac{\beta}{\alpha^2 + v^2} \tag{3-66}$$

将 $\text{wh}(\theta)$-θ 曲线和 $\text{wb}(\theta)$-θ 曲线称为泵的无量纲全特性曲线。利用这两条曲线即可获得方程（3-59）和方程（3-60）所需要的扬程及转矩与流量的关系。图 3-8 为不同比转速（n_s）泵的 Suter 曲线。

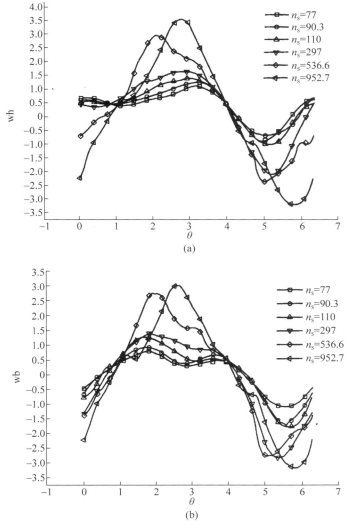

图 3-8 不同比转速泵的 Suter 曲线[3]

（a）wh-θ；（b）wb-θ

对水轮机和一些带活动导叶的大泵而言，由于导叶参与调节流量，因此每一个相对导叶开度 y 对应一组 wh(θ)-θ 和 wb(θ)-θ 曲线，因此典型的水轮机的 Suter 曲线表示为

$$\mathrm{wh}(\theta, y) = \frac{h}{\alpha^2 + v^2} \tag{3-67}$$

$$\mathrm{wb}(\theta, y) = \frac{\beta}{\alpha^2 + v^2} \tag{3-68}$$

水轮机的模型特性曲线通常在以单位转速、单位流量以及单位力矩等为坐标，通过等开度线表示，如图 3-9 所示。对水轮机和水泵水轮机，瞬变过程计算中在小开度曲线会遇到多值现象（图 3-9），同时在小开度下，曲线的插值误差也变得很大，给计算带来困难，需要进行特殊处理。处理的方法主要有开度线等长法和特性曲线的对数投影法，详细计算参见文献[3]。

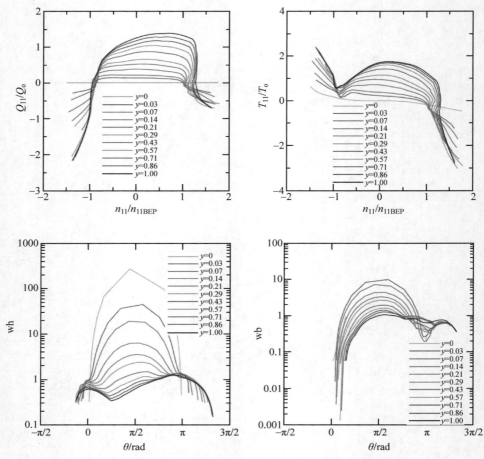

图 3-9　水轮机的模型特性曲线及转化后的 Suter 曲线[4]

3.2.6　管路上的空化和气液两相流边界条件的处理

目前工程上对瞬变流中节点处空化问题的处理主要有两种方法,即离散蒸汽空腔模型(discrete vapor cavity model,DVCM)和离散气体空腔模型(discrete gas cavity model,DGCM)。这两种方法中隐含的假设是空化形成的空腔区域集中在节点位置,这种假设有其合理性,如在管路的某个高点,其压强会低于空化压强,因此往往在管路的高点可能形成气穴。因此,可以通过节点处的连续性方程建立空化体积与两侧流量的关系,根据空腔体积的形成过程建立节点压力与空腔体积间的关系,并与两侧特性线相容方程联立。

1. 离散蒸汽空腔模型

DVCM 模型如图 3-10 所示,假设空化在某节点(比如最高点)发生,计算过程中,假设当计算节点处 $p < p_v$ 出现时,该处将出现蒸汽空腔,且空腔消失之前,在节点处压力为饱和蒸汽压,节点外的流体为连续液体。这样空化过程中的一个边界条件是

$$p_p = p_v \tag{3-69}$$

出现气穴后,根据节点的连续性方程

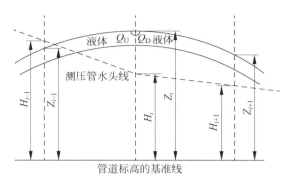

图 3-10　DVCM 模型简图

$$\frac{dV_v}{dt} = Q_D - Q_U \tag{3-70}$$

式中，V_v 表示空泡体积，Q_U 和 Q_D 分别代表空穴节点上游和下游的流量。对方程(3-70)进行离散可得

$$V_v = V_v^{j-1} + (\varsigma(Q_D - Q_U) + (1-\varsigma)(Q_D^{j-1} - Q_U^{j-1}))2\Delta t \tag{3-71}$$

式中，Δt 表示特征线法计算中的一个时步；ς 是数值计算的权重因子，该离散格式在时间上具有二阶精度，因为待求的是 $j+1$ 时间层上的值，采用的是上上时刻($j-1$ 层)的值而不是上一时刻(j 层)的值。

计算过程中当节点 $p < p_v$ 时，联立方程(3-69)和两侧的相容性方程(3-24)和方程(3-25)，可获得空穴两侧的流量，进而通过方程(3-71)计算空穴的体积，若空穴体积为正，以上计算过程继续，若空穴体积变为负值，则节点视为管道内节点，直接采用方程(3-24)和方程(3-25)求解。

2. 离散气体空腔模型

DVCM 模型可能会预测到由于相邻节点同时出现蒸汽空腔而引起的虚假压力波峰，因此 Simpson 和 Bergant[6] 在 DVCM 模型的基础上提出了离散气体空腔模型(DGCM)，该模型也被用于气液混合流的计算。即使在单相流中，液体中也可能存在未完全溶解的微小自由气泡，因此，该模型假设每个计算节点处存在微小气泡(图 3-11)，其体积按照理想气体状态方程计算。

$$m_g RT = p_g V_g = p_0 \alpha_0 V \tag{3-72}$$

式中，p_g 为气体的绝对压力；V 为计算点所代表的管道内流体总体积；V_g 为节点处待求空穴总体积；α_0 为参考压力 p_0 下的气体体积组分；R 是气体常数；T 是气体温度；m_g 为摩尔质量。

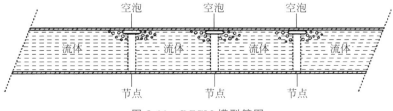

图 3-11　DGCM 模型简图

节点上气体压力与流体压力间的压力平衡方程为

$$p_g = \rho_1 g(H - z - p_v/\rho_1 g + p_a/\rho_1 g) \tag{3-73}$$

式中，H、z 是节点处液体的压头和高程；p_v 为饱和蒸汽压；p_a 为大气压；ρ_1 为液体密度。将式（3-73）代入式（3-72），可得

$$V_g = \frac{p_0 \alpha_0 V}{\rho_1 g(H - z - p_v/\rho_1 g + p_a/\rho_1 g)} \tag{3-74}$$

节点的连续性方程（3-71）依然适用，用 V_g 代替 V_v

$$V_g = V_g^{j-1} + [\varsigma(Q_D - Q_U) + (1-\varsigma)(Q_D^{j-1} - Q_U^{j-1})]2\Delta t \tag{3-75}$$

因此，通过联立方程（3-24）和方程（3-25）及式（3-74）、式（3-75）即可求出上下游流量 Q_U 和 Q_D、空穴体积 V_g 及节点压头 H。

3.2.7　发生空化的泵或水轮机等元件

在机组的过渡过程中，比如水轮机甩负荷时可能导致转轮出口的压力低于空化压力，或者在泵启动过程中，泵进口的压力低于空化压力，这都可能导致转轮内空化发生，而空化的发生会导致机组性能的改变以及管道容性的变化，在 3.2.5 节中关于泵或水轮机边界条件中，泵或水轮机往往被当作一个边界节点处理，不便直接利用前面的两种空化模型，因此，对发生空化的泵或水轮机，处理其边界条件时可采用图 3-12 的简单模型。

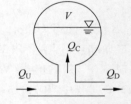

图 3-12　水力元件中的空化
空腔模型简图

将空化区简化为一个体积为 V 的空腔，认为空化体积是低压侧压强 H_L 和进出口流量（Q_U，Q_D）的函数，空化体积变化率可写为

$$\frac{dV}{dt} = \frac{\partial V}{\partial H_L}\frac{dH_L}{dt} + \frac{\partial V}{\partial Q_U}\frac{dQ_U}{dt} + \frac{\partial V}{\partial Q_D}\frac{dQ_D}{dt} \tag{3-76}$$

引入 Brennen 于 1973 年[7] 提出的空化参数：空化柔性 C 及质量流量增益系数 χ，令

$$C = -\frac{\partial V}{\partial H_L} \tag{3-77}$$

$$\chi_U = -\frac{\partial V}{\partial Q_U} \tag{3-78}$$

$$\chi_D = -\frac{\partial V}{\partial Q_D} \tag{3-79}$$

空化体积变化率可写为

$$-\frac{dV}{dt} = C\frac{dH_L}{dt} + \chi_U\frac{dQ_U}{dt} + \chi_D\frac{dQ_D}{dt} \tag{3-80}$$

流量的连续性方程可写为

$$-\frac{dV}{dt} = Q_U - Q_D = Q_C \tag{3-81}$$

利用泵或水轮机的边界条件以及上游或下游管道上的特征线方程，通过联立离散方程（3-80）和方程（3-81），可以获得封闭的代数方程。需要注意的是，在发生空化时，扬程（水

头)及力矩也与低压侧的空化系数有关,即与低压侧压头 H_L 有关,因此,边界条件式(3-59)、式(3-60)变为

$$H_{dy} = f_H(Q, n, H_L) \tag{3-82}$$

$$T_{dy} = f_M(Q, n, H_L) \tag{3-83}$$

方程(3-80)和方程(3-81)的空化参数 C 及 χ 等与泵或水轮机的空化特性有关,需要通过试验或空化流数值计算获得,计算方法参见 7.1 节。

3.3　水力系统振荡特性及稳定性分析方法——频域解析

在机组运行过程中一些振动可能与水力系统的振荡相关,如一些混流式水轮机在高负荷柱状涡带工况下可能出现的水力振荡乃至发电量的振荡、泵的喘振和空化喘振等现象,以及在一些情况下的管路系统的共鸣等都与水力系统有关。与水力系统相关的振动一般涉及两类,自激振动(荡)或共振。其中,自激振动具有正反馈特征,通常都是非线性的过程,因此,对自激振动的分析首先是涉及系统稳定性的判断和频率预测,而对其幅值的预测则涉及非常复杂的非线性阻尼分析和预测,常常是非常困难的。分析水力系统共振时,系统的振荡频率、模态的预测和分析就显得非常重要。这两类问题的分析方法是相通的,下面首先对水力系统自由振荡方程进行介绍,并介绍水力系统固有频率及模态计算方法,在此基础上对水力系统稳定性分析方法进行介绍。

3.3.1　一维管流水力振荡方程

水力系统稳定性及自激振荡特性分析建立在水力系统(含管路,泵和水轮机及阀门、调压设备及上下游水库等)振荡方程的基础上,它针对特定工况进行。振荡方程的建立一般通过动量方程(或描述能量平衡的控制方程,如非定常流动伯努利方程等)以及连续性方程,列出关于系统中压头和流量的控制方程组,采用小扰动理论,将其中压头和流量分为静态值(恒定工况参数)和振荡两部分,并对方程组线性化后,获得振荡流动的控制方程。以简单管路内的一维水动力学方程组为例,不考虑对流项,简化的一维流动方程组为

$$\begin{cases} \dfrac{\partial H}{\partial x} + \dfrac{1}{gA}\dfrac{\partial Q}{\partial t} + \dfrac{\lambda Q|Q|}{2gDA^2} = 0 \\ \dfrac{\partial H}{\partial t} + \dfrac{a^2}{gA}\dfrac{\partial Q}{\partial x} = 0 \end{cases} \tag{3-84}$$

由小扰动理论的思路,令

$$H = \overline{H} + \tilde{h} \tag{3-85}$$

$$Q = \overline{Q} + \tilde{q} \tag{3-86}$$

然后将方程(3-85)和方程(3-86)代入式(3-84)后减去静态参数所满足的连续性方程及动量守恒方程,略去高阶小量后可得

$$\frac{\partial \tilde{h}}{\partial x} + \frac{1}{gA}\frac{\partial \tilde{q}}{\partial t} + \frac{\lambda|\overline{Q}|\tilde{q}}{gDA^2} = 0 \tag{3-87}$$

$$\frac{\partial \tilde{h}}{\partial t} + \frac{a^2}{gA}\frac{\partial \tilde{q}}{\partial x} = 0 \tag{3-88}$$

可以看到该方程与一维水动力运动方程（3-7）或方程（3-84）具有相同的形式。但方程（3-87）和方程（3-88）是关于扰动量的方程，我们关心的是其周期振荡解。如果定义单位长度的流容、流感、流阻分别为

$$C' = \frac{gA}{a^2} \tag{3-89}$$

$$L' = \frac{1}{gA} \tag{3-90}$$

$$R' = \frac{\lambda \, |\, \overline{Q}\, |}{gDA^2} \tag{3-91}$$

振荡方程也可以等价为如下 RCL 电路方程：

$$\frac{\partial \tilde{h}}{\partial x} + L' \frac{\partial \tilde{q}}{\partial t} + R'\tilde{q} = 0 \tag{3-92}$$

$$\frac{\partial \tilde{h}}{\partial t} + \frac{1}{C'} \frac{\partial \tilde{q}}{\partial x} = 0 \tag{3-93}$$

注意，非线性的水力损失项在线性化后，在式（3-87）中的系数与式（3-84）中的系数略有不同，一般来说，非线性损失项都可表示成 $H_\varsigma = kQ^2$，在一维瞬变流的控制方程中，式（3-84）中的 $R' = H_\varsigma/Q = k|Q|$，但在线性化过程后，振荡方程（3-87）中的 $R' = \mathrm{d}H_\varsigma/\mathrm{d}Q = 2k|\overline{Q}|$。在后面的振荡分析和稳定性分析中，这种由小扰动理论获得线性化振荡微分方程的方法经常被采用。

对方程（3-92）和方程（3-93）分别求 x 和 t 的偏导数，经过简单的代数运算后可得

$$\frac{\partial^2 \tilde{q}}{\partial x^2} = C'L' \frac{\partial^2 \tilde{q}}{\partial t^2} + R'C' \frac{\partial \tilde{q}}{\partial t} \tag{3-94}$$

$$\frac{\partial^2 \tilde{h}}{\partial x^2} = C'L' \frac{\partial^2 \tilde{h}}{\partial t^2} + R'C' \frac{\partial \tilde{h}}{\partial t} \tag{3-95}$$

可以看到，两个方程是典型的波动方程，属于双曲型方程。在前面已经证明，方程（3-94）和方程（3-95）具有两组特征线。为方便介绍在频域上求解以上方程的方法，首先在 3.3.2 节介绍一些基本概念，然后在 3.3.3 节介绍其在频域上的求解过程。

3.3.2 一维振荡方程解特征及一些基本概念

1. 特征阻抗

对方程（3-87）和方程（3-88），主要关心其周期解，可利用分离变量法求解上述方程，由于双曲型方程的解为方向相反的两列波的叠加，令振荡压头的解为

$$\tilde{h}(x,t) = \underbrace{(C_1 e^{-\gamma x} + C_2 e^{\gamma x})}_{h(x)} e^{st} \tag{3-96}$$

其中系数 C_1、C_2 由边界条件确定，将式（3-96）代入式（3-87）、式（3-88）后积分，可得振荡流量的解为

$$\tilde{q}(x,t) = -\underbrace{\frac{1}{Z_c}(-C_1 e^{-\gamma x} + C_2 e^{\gamma x})}_{q(x)} e^{st} \tag{3-97}$$

式中 $h(x)$ 和 $q(x)$ 分别被称为复压头和复流量，只与 x 有关，表征振荡的模态。Z_c 为特征阻抗。

$$Z_c = \frac{\gamma}{C's} \tag{3-98}$$

常数 s 为不依赖 x、t 的复值，可表示为 $s = \sigma + j\omega$，s 常被称为复频率或拉普拉斯变量。将 $\tilde{h}(x)$ 及 $\tilde{q}(x)$ 展开可以发现，σ 代表振荡幅值随时间的指数变化率，ω 是振荡角速度（rad/s），或称振荡角频率。在 3.3.3 节中将介绍如何通过边界条件获得 σ 及 ω 的解。γ 为传播常数，取决于复频率以及流体和管道的物理性质。将式（3-96）代入方程（3-95）得

$$\gamma^2 = C's(L's + R') \tag{3-99}$$

由此可得

$$Z_c = \sqrt{\frac{(L's + R')}{C's}} \tag{3-100}$$

从式（3-100）可以看到，Z_c 是不依赖 x、t 的复值，在上述单管系统中，仅取决于流阻、流容及流感，是一个与流体和管路参数有关的特征量，因此被称为特征阻抗。其定义来源于 RCL 电路中阻抗的定义。在后面 3.4 节的分析中可以看到，如果采用 RCL 电路模拟管路系统，式（3-100）的定义与 RCL 电路的阻抗的定义一致。后面的分析还可以看到，其他水力元件（如阀门、调压室等）都具有其自身的特征阻抗。

显然，对无阻尼的单管系统，特征阻抗可写为

$$Z_c = \sqrt{\frac{L'}{C'}} = \frac{a}{gA} \tag{3-101}$$

2. 前行波和反射波

方程（3-96）和方程（3-97）表明振荡方程的解为方向相反的两列波的叠加，因此也可以将复压头 $h(x)$ 和复流量 $q(x)$ 分解为

$$h(x) = h_p(x) + h_r(x) \tag{3-102}$$
$$q(x) = q_p(x) + q_r(x) \tag{3-103}$$

式中，下标为 p 的为前行波（progressive wave），下标为 r 的为反射波（retrograde wave），由方程（3-96）和方程（3-97）可知，它们分别为

$$h_p(x) = C_1 e^{-\gamma x} \tag{3-104}$$

$$h_r(x) = C_2 e^{\gamma x} \tag{3-105}$$

$$q_p(x) = \frac{h_p(x)}{Z_c} = \frac{C_1 e^{-\gamma x}}{Z_c} \tag{3-106}$$

$$q_r(x) = -\frac{h_r(x)}{Z_c} = -\frac{C_2 e^{\gamma x}}{Z_c} \tag{3-107}$$

3. 反射系数

定义任意点正向压力波与反向压力波之比为反射系数

$$\Gamma = \frac{h_p(x)}{h_r(x)} \tag{3-108}$$

在不考虑壁面的能量吸收时，管道的盲端是全反射条件，反射系数为 1，即压力波全部反射，反射波与前行波大小相等、相位相同，式(3-104)、式(3-105)中的系数 $C_1 = C_2$，且流量波动为 0；而对开口端或者水库，没有反射，反射系数为 -1，表示反向波与正向波大小相同而方向相反，系数 $C_1 = -C_2$，总的压力振荡为 0。

4. 传递矩阵

式(3-104)～式(3-107)中系数 C_1、C_2 为依赖于边界条件的常数，假设 $x = 0$ 处的复压头 $h(0)$ 及复流量 $q(0)$ 已知，可根据方程(3-102)和方程(3-103)求出系数 C_1 和 C_2：

$$C_1 = \frac{h(0) + Z_c q(0)}{2} \tag{3-109}$$

$$C_2 = \frac{h(0) - Z_c q(0)}{2} \tag{3-110}$$

将以上系数代入式(3-96)、式(3-97)，可得到单管上任意点的复压头 $h(x)$ 和复流量 $q(x)$：

$$\begin{cases} h(x) = \dfrac{h(0) + Z_c q(0)}{2} e^{-\gamma x} + \dfrac{h(0) - Z_c q(0)}{2} e^{\gamma x} \\ q(x) = \dfrac{h(0) + Z_c q(0)}{2 Z_c} e^{-\gamma x} - \dfrac{h(0) - Z_c q(0)}{2 Z_c} e^{\gamma x} \end{cases} \tag{3-111}$$

引入双曲函数，式(3-111)还可写为

$$\begin{cases} h(x) = h(0)\cosh(\gamma x) - Z_c q(0)\sinh(\gamma x) \\ q(x) = -\dfrac{h(0)}{Z_c}\sinh(\gamma x) + q(0)\cosh(\gamma x) \end{cases} \tag{3-112}$$

也就是说，通过上游端 $x = 0$ 处的脉动条件可以获得下游任意位置 x 的脉动情况。特别是可以由上游端的复压头 $h(0)$ 和复流量 $q(0)$，获得在下游端 $x = l$ 处的 $h(l)$ 和 $q(l)$，将其写为如下矩阵形式：

$$\begin{bmatrix} h(l) \\ q(l) \end{bmatrix} = \underbrace{\begin{bmatrix} \cosh(\gamma l) & -Z_c \sinh(\gamma l) \\ -\dfrac{1}{Z_c}\sinh(\gamma l) & \cosh(\gamma l) \end{bmatrix}}_{M} \begin{bmatrix} h(0) \\ q(0) \end{bmatrix} \tag{3-113}$$

矩阵 M 称为管路的传递矩阵。利用式(3-96)、式(3-97)，传递矩阵也可以用于表示管道上游端点脉动参数和下游端点脉动参数的关系

$$\begin{bmatrix} \tilde{h}(l) \\ \tilde{q}(l) \end{bmatrix} = \underbrace{\begin{bmatrix} \cosh(\gamma l) & -Z_c \sinh(\gamma l) \\ -\dfrac{1}{Z_c}\sinh(\gamma l) & \cosh(\gamma l) \end{bmatrix}}_{M} \begin{bmatrix} \tilde{h}(0) \\ \tilde{q}(0) \end{bmatrix} \tag{3-114}$$

传递矩阵的概念非常有用，如对泵或水轮机、阀门的元件，同样可以通过基本方程建立进出流流量及水压波动间的关系，得到其传递矩阵，由其进口的振荡计算出口的振荡情况（具体传递矩阵将在 3.3.6 节中进行介绍）。对复杂的串并联的管路系统，可以通过传递矩阵求积等方式获得总体传递矩阵，由首端边界条件计算末端复压头及复流量。

在 3.3.6 节中将会利用传递矩阵求解一维水动力学方程的复频率，这就是所谓的矩阵法。

5. 阻抗

定义任意节点的复压头与复流量之比为阻抗

$$Z(x) = \frac{h(x)}{q(x)} \tag{3-115}$$

它是管路中某一断面或水力系统中某个节点上的参数,如果利用式(3-112),还可以通过管道一端的阻抗获得另一端的阻抗。

$$Z(l) = \frac{Z(0) - Z_c \tanh(\gamma l)}{1 - (Z(0)/Z_c) \tanh(\gamma l)} \tag{3-116}$$

或

$$Z(0) = \frac{Z(l) + Z_c \tanh(\gamma l)}{1 + (Z(l)/Z_c) \tanh(\gamma l)} \tag{3-117}$$

对其他水力元件,也可以类似地通过基本方程建立进口端和出口端阻抗间的关系,详细参见3.3.5 节阻抗法。对复杂的系统也可以类比于 RCL 电路建立阻抗传递方程,详细参见3.3.6 节。

通常边界点的阻抗值非常有用,比如在盲端,由于复流量为 0,其阻抗为无穷大;而在上、下游水库端,如果认为水库的复压头(或脉动分量)为 0,则其阻抗为 0。

对于更常见的固定孔口,出口的流量与压头间一般有如下关系

$$H_\xi = kQ^2 \tag{3-118}$$

在流动参数有周期性脉动的情况下,假设 $H_\xi = \overline{H}_\xi + \tilde{h}$,$Q = \overline{Q} + \tilde{q}$,其中 $\overline{Q}$ 和 $\overline{H}_\xi$ 表示固定开度下的平均流量与平均压头,分别代入式(3-118)并线性化后,脉动压头和脉动流量间存在如下关系

$$\tilde{h} = 2k\overline{Q}\tilde{q} \tag{3-119}$$

无波动($\tilde{h}=0$,$\tilde{q}=0$)的平衡状态下的流量与压头分别为 $\overline{Q}$ 和 $\overline{H}_\xi$,利用式(3-118)可计算出系数 k 为

$$k = \frac{\overline{H}_\xi}{\overline{Q}^2} \tag{3-120}$$

将其代入式(3-118),可得对应开度下阻抗为

$$Z_v = \frac{h}{q}\bigg|_{Q=\overline{Q}} = 2k\overline{Q} = \frac{2\overline{H}_\xi}{\overline{Q}} \tag{3-121}$$

正是利用边界点上已知的阻抗特性,可以建立用于求解水动力学方程(3-87)和方程(3-88)复频特性的方程,获得其频域上的解,这就是阻抗法,将在 3.3.3 节中详细介绍。

3.3.3　振荡方程在频域上的解析解与系统复频特性

前面两节介绍了与一维管路系统分析相关的方程及一些基本概念,根据式(3-116)或式(3-117)可以通过一端的阻抗获得另一端的阻抗。
当一个特定的水力系统在特定工况下工作时,端点的阻抗特性是已知,因此,可以在频域上对方程(3-116)或方程(3-117)进行求解,从而确定系统的复频特性及模态。下面以图 3-13 所示的上游水库、单管、孔口(或阀门)的系统为例,介绍系统的复频率、模态、稳定性等基本概念。

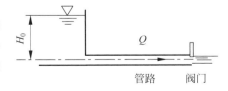

图 3-13　上游水库、单管、单阀
组成的水力系统

方程(3-116)表示单管下游端点的阻抗可通过上游端点阻抗求得。在图 3-13 所示的系统中,孔口的阻抗为 $Z(l) = Z_v = 2\overline{H}_\xi / \overline{Q}$,而上游阻抗为 $Z(0) = 0$,将其代入方程(3-116)有

$$-Z_c \tan(\gamma l) = \frac{2\overline{H}_\xi}{\overline{Q}} \tag{3-122}$$

即

$$Z_v \cosh(\gamma l) + Z_c \sinh(\gamma l) = 0 \tag{3-123}$$

或者用指数函数表示为

$$e^{2\gamma l}(Z_c + Z_v) + (Z_c - Z_v) = 0 \tag{3-124}$$

根据式(3-99)及式(3-100),对无摩擦的单管单阀系统($R' = 0$)有

$$\gamma = s/a = \sigma/a + i\omega/a \tag{3-125}$$

$$Z_c = a/gA \tag{3-126}$$

将式(3-125)、式(3-126)代入式(3-124)并令等式左侧虚部为 0 得

$$\omega = \frac{n\pi}{2}\frac{a}{l}, \quad n = 1, 2, 3, \cdots \tag{3-127}$$

即各阶模态振荡的波长为 $4l/n$,令等式(3-124)左侧实部分别为 0 得

$$\sigma = \frac{a}{2l}\ln\left[(-1)^n \frac{Z_c - Z_v}{Z_c + Z_v}\right], \quad n = 1, 2, 3, \cdots \tag{3-128}$$

为保证式(3-128)有意义,式(3-128)中方括号内的数必须为正值,由于 Z_c 为正实数,且一般情况下 Z_v 也是正实数,因此,有两种情况:

(1) 若阀门阻抗大于管路特征阻抗 $Z_v > Z_c$,则

$$\sigma = \frac{a}{2l}\ln\left[\frac{Z_v - Z_c}{Z_c + Z_v}\right], \quad \omega = \frac{n\pi}{2}\frac{a}{l}, \quad n = 1, 3, 5, \cdots \tag{3-129}$$

(2) 若阀门阻抗小于管路特征阻抗 $Z_v < Z_c$,则

$$\sigma = \frac{a}{2l}\ln\left[\frac{Z_c - Z_v}{Z_c + Z_v}\right], \quad \omega = \frac{n\pi}{2}\frac{a}{l}, \quad n = 2, 4, 6, \cdots \tag{3-130}$$

对任意角频率 ω,将式(3-125)代入式(3-111),可得对应的振荡模态为

$$\begin{cases} h(x) = \dfrac{h(0) + Z_c q(0)}{2}e^{-(\sigma+i\omega)\frac{x}{a}} + \dfrac{h(0) - Z_c q(0)}{2}e^{(\sigma+i\omega)\frac{x}{a}} \\[3mm] q(x) = \dfrac{h(0) + Z_c q(0)}{2Z_c}e^{-(\sigma+i\omega)\frac{x}{a}} - \dfrac{h(0) - Z_c q(0)}{2Z_c}e^{(\sigma+i\omega)\frac{x}{a}} \end{cases} \tag{3-131}$$

它表示压头或流量的振荡分量 $\tilde{h}(x, t) = h(x)e^{(\sigma+i\omega)t}$ 和 $\tilde{q}(x, t) = q(x)e^{(\sigma+i\omega)t}$ 中与位置相关的部分,即系统压头或流量以角频率 ω 自由振荡时,管路中不同位置处压头或流量的相对幅值。由式(3-127)、式(3-128)和式(3-131)共同构成了振荡流方程在频域内解析解的形式。总之,阻抗法的基本思路就是通过端点间的阻抗关系式(如式(3-116)或式(3-117))求得满足端点阻抗条件的角频率 ω,阻尼率 σ 及对应模态的振型。从式(3-131)可以看出,一维振荡流方程在频域内有无穷多阶特征解,这是因为所求的是连续(x 坐标是连续的)水力系统的频域解析解。在特定系统中任意水力振荡一定是满足边界条件的以上特征解的线性组合。

3.3.4 水力系统复频特性及稳定性

通过对振荡方程频域解的分析,不仅可以确定水力系统的固有频率(式(3-129)和式(3-130))和模态(式(3-131)),还可以分析不同频率下系统的稳定性。

图 3-14 给出了对上述上库、单管、孔口系统的两种振荡模态,可以看出,对阀门阻抗大于管路特征阻抗的奇数模态,下游端流量位于波谷,而压头位于波峰,这类似于盲端的响应(流量振荡很小,而压力振荡很大);而对 n 为偶数的模态,下游端流量位于波峰,而压头位于波谷,这类似于水库的响应(压力振荡很小,而流量振荡很大)。

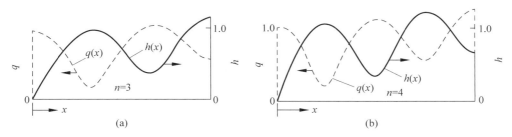

图 3-14 单管水力系统的两种振荡模态

任意模态的压头或流量的振荡分量为 $\bar{h}(x,t)=h(x)\mathrm{e}^{(\sigma+\mathrm{i}\omega)t}$ 和 $\bar{q}(x,t)=q(x)\cdot\mathrm{e}^{(\sigma+\mathrm{i}\omega)t}$,其中实部 σ 代表幅值的指数变化率,虚部 ω 代表角频率。由式(3-129)、式(3-130)可以看到,系统的特征阻抗和端点的阻抗决定了其振荡幅值随时间的变化指数 σ,在图 3-13所示的例子中,Z_{c} 和 Z_{v} 都为正值,式(3-129)、式(3-130)中方括号内的值恒小于 1,$\sigma<0$,这意味着系统的振荡幅值 $h(x)\mathrm{e}^{\sigma t}$ 或 $q(x)\mathrm{e}^{\sigma t}$ 随着时间增加而减小,也就是说系统是稳定的。

在一些特殊的情况下,可能出现系统不稳定的情况。简单起见,假设上述系统管路内无摩阻损失,Z_{c} 为正实数,如果 Z_{v} 为负值,则式(3-129)、式(3-130)中方括号内的值大于 1,可能出现 σ 为正的情况,$\sigma>0$ 意味着系统的振荡幅值 $h(x)\mathrm{e}^{\sigma t}$ 或 $q(x)\mathrm{e}^{\sigma t}$ 随着时间增加而增加,幅值会无限增长,也就是说系统是不稳定的。比如一些特殊情况下的阀门泄漏就可能导致系统不稳定。一般情况下,阀门出口的流量随着阀前压力的增加而增加,则 Z_{v} 为正值;但密封结构在阀门下游而阀门没有完全关闭时,对柔性阀门,阀轴由于阀前压力会有微小弯曲变形。如果由于某种扰动使阀前压力增加,则会使阀轴的弯曲变形增加,导致密封间隙变小,密封处泄漏流量减小,因此 $Z_{\mathrm{v}}=\mathrm{d}H_\zeta/\mathrm{d}Q<0$(参见图 3-15),$Z_{\mathrm{v}}$ 为负值。泄流量减小会导致阀前压力进一步增加,这种正反馈引起系统不稳定,在物理上很好理解,在理论上也可以通过 Z_{v} 为负值获得证明。当然,实际水力系统中存在水力摩阻等损失且是非线性的,因此振荡幅值不会无限增长,但是这种不稳定性可能会引起系统自激振荡。

通过以上简单系统的分析可以看到,通过简化的一维流体流动基本方程(连续性方程和动量方程)在频域上的解,不仅可以对水力系统在特定工况下的稳定性进行判断,还可以对水力系统的固有频率和模态进行预测:微分方程特征解的实部决定了其稳定性,而虚部则对应的是振荡频率,同时还可求出对应振荡模态,这为水力系统自激振荡以及共振问题提供分析依据。但是实际工程往往涉及更加复杂的水力管网系统和水力元件,在频域上求解流动方程会变得更加复杂。在一些情况下,可以通过解析的方法求解,主要方法有阻抗法(见 3.3.5 节)和状态方程法(见 3.3.6 节);但更多情况下,需要采用离散的状态方程法求解(见 3.4 节)。另外,由于一维振荡方程与 *RCL* 电路方程相同,借用电路中成熟的频域分析方法和技术也可使水力分析更加便捷,因此在 3.4 节还将介绍等效电路法。

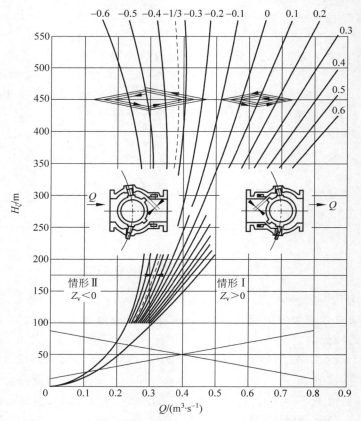

图 3-15　阀门流阻特性曲线(在虚线左侧阀门阻抗为负)[5]

3.3.5　阻抗法

在 3.3.3 节中求解简单管阀系统的复频率及模态时所采用的方法就是阻抗法,其具体过程可以是从系统的一端边界点(如上游水库 $Z(0)=0$)出发,通过式(3-116)或式(3-117)的关系式,求得另一端(下游孔口)的阻抗,它应该与该端(孔口)实际阻抗相等,即

$$Z(l) = \frac{Z(0) - Z_c \tanh(\gamma l)}{1 - (Z(0)/Z_c)\tanh(\gamma l)} = 2\overline{H}_\zeta / \overline{Q}$$

由于 Z_c 及 γ 是复频率 s 的函数,因此通过以上方程就可以求出 s 的实部和虚部式(3-127)和式(3-128),在此不再赘述。

对以上简单的系统,列一个方程就可以求解,但实际工程中,往往要面对复杂的系统,这涉及元件上下游节点的传递关系,比如对有串联、并联、分叉的管道、水轮机或泵机组、调压元件等,则需要建立节点间的阻抗传递关系。下面首先对简单水力元件阻抗进行分析,然后说明复杂水力系统阻抗传递关系的计算方法。

1. 末端孔口或阀门

前面已经给出了固定开口的阀门端点的阻抗为

$$Z_v = \frac{2\overline{H}\xi}{\overline{Q}} \tag{3-132}$$

2. 串联管路

对于图 3-16 所示的串联节点,如果不考虑局部损失,上游管段的下游节点(下标 D)和下游管道上游节点(下标 U)的瞬时压头相同,根据连续性方程,其瞬时流量也相同,因此,在串联节点上有

$$Z_{D_1} = Z_{U_2} \tag{3-133}$$

3. 分叉管路

对于图 3-17 所示的分叉管路节点,如果不考虑局部损失,可认为 3 段管在叉点处瞬时压头相等,$\tilde{h}_{D_1} = \tilde{h}_{U_2} = \tilde{h}_{U_3}$。而根据连续性方程 $\tilde{q}_{U_3} = \tilde{q}_{D_1} - \tilde{q}_{U_2}$,可得

$$\frac{1}{Z_{U_3}} = \frac{1}{Z_{D_1}} - \frac{1}{Z_{U_2}} \tag{3-134}$$

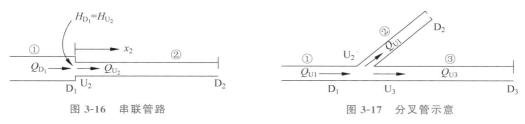

图 3-16　串联管路　　　　　　　　　　图 3-17　分叉管示意

4. 并联管路

将并联管路的两端节点看作叉管(图 3-18),同样利用连续性方程和节点上压力相等的条件,也可在两个节点上获得两个类似式(3-134)的方程

$$\frac{1}{Z_{D_1}} = \frac{1}{Z_{U_3}} + \frac{1}{Z_{U_2}} \tag{3-135}$$

$$\frac{1}{Z_{U_4}} = \frac{1}{Z_{D_3}} + \frac{1}{Z_{D_2}} \tag{3-136}$$

5. 泵、水轮机和阀门

在无空化且不考虑泵或水轮机内流体压缩性的情况下,在恒定工况可认为泵和水轮机进出口瞬时流量相等(图 3-19),同时通过特性曲线获得扬程或水头与流量间的准静态近似关系。如在流量 $\overline{Q}$ 时流量扬程曲线 $H(Q)$ 的斜率为 $K_{\overline{Q}}$,则在此工况下进出口压头振荡分量间的关系为 $\tilde{h}_U = \tilde{h}_D \pm K_{\overline{Q}}\tilde{q}$(对泵取负,对水轮机取正),于是,阻抗传递关系为

$$Z_U = Z_D \pm K_{\overline{Q}} \tag{3-137}$$

在有空化脉动工况情况下,泵或水轮机进出口瞬时流量不再相等,此时的阻抗关系更加复杂。利用传递矩阵(参见 3.3.6 节),可以比较方便地获得有空化条件下泵或水轮机的阻抗。

对管路中间的阀门,如果已知阀门的压损曲线 $H_{\xi}(Q)$ 可按与水轮机类似的方法进行处理。

式(3-137)没有考虑泵和水轮机内流体的惯性,如果考虑惯性影响,阻抗传递关系变为 $Z_U = Z_D \pm K_{\overline{Q}} + sL_T$,$L_T$ 为机组流道的等效流感。

图 3-18　并联管示意

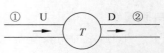

图 3-19　泵或水轮机示意

6. 空气罐

空气罐可以看作是主管路上有一个支叉管的节点,见图 3-20,在叉管节点上各节点阻抗满足式(3-134)所表示的关系

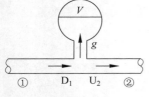

图 3-20　空气罐示意

$$\frac{1}{Z_{U_2}} = \frac{1}{Z_{D_1}} - \frac{1}{Z_g} \tag{3-138}$$

式中,空气罐节点的阻抗 Z_g 可按如下分析确定。设空气罐内的气体体积 V 的振荡量可表示为 $\tilde{V} = V_a e^{st}$,假设空气罐内的气体满足多变指数关系,即

$$HV^n = \overline{H}\,\overline{V}^n = \text{const} \tag{3-139}$$

则空气罐内的压力振荡量 $\tilde{h}$ 与气体振荡量间的关系为

$$\frac{\tilde{h}}{\tilde{V}} = \frac{\mathrm{d}H}{\mathrm{d}V} = -\frac{n\overline{H}}{\overline{V}} \tag{3-140}$$

即

$$\tilde{h} = -\frac{n\overline{H}}{\overline{V}} V_a e^{st} \tag{3-141}$$

不考虑水的压缩性,流入空气罐的流量为 $\tilde{q} = -\mathrm{d}\tilde{V}/\mathrm{d}t = -sV_a e^{st}$,于是空气罐节点的阻抗为

$$Z_g = \frac{\tilde{h}}{\tilde{q}} = \frac{n\overline{H}}{s\overline{V}} \tag{3-142}$$

将这个式子代入方程(3-138)就可获得空气罐节点处的上下游阻抗关系

$$\frac{1}{Z_{U_2}} = \frac{1}{Z_{D_1}} - \frac{s\overline{V}}{n\overline{H}} \tag{3-143}$$

7. 调压井或调压塔

调压井或调压塔也可以看作是主管路上有一个支叉管的节点(图 3-21),在叉管节点上各节点阻抗满足式(3-138)。但调压井或调压塔上方与大气连通,因此节点上压力波动 $\tilde{h}$ 会引起调压井内水位波动。暂不考虑调压井内的水力损失,设水位波动也为 $\tilde{h}$,设 $\tilde{h} = H_s e^{st}$,则由于水位波动引起的调压井支路上的流量变化为 $\tilde{q} = A\,\mathrm{d}\tilde{h}/\mathrm{d}t = sAH_s e^{st}$,其中 A 为调压井截面面积。于是,调压井阻抗为

$$Z_g = \frac{\tilde{h}}{\tilde{q}} = \frac{1}{sA} \tag{3-144}$$

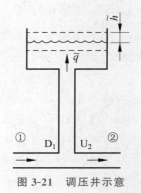

图 3-21　调压井示意

将式(3-144)代入式(3-138)就可获得调压井节点处的上下游阻抗关系。

除了上述水力元件外,有些阀门及调压元件可能具有更复杂的结构,但理论上都可以同通过连续性方程和动量方程建立振荡流量与振荡压头间的关系,从而获得元件节点的阻抗特性,用于系统的频域分析。但是当管网非常复杂时,推导和计算会变得非常复杂而繁琐。下面介绍的矩阵法,在处理复杂管网时有一定优势,有时将阻抗法与矩阵法结合起来使用可能更加方便。

3.3.6　矩阵法

1. 矩阵法基本思路

直接利用系统传递矩阵以及边界条件,也可以进行频域分析。仍以图 3-13 所示的上库、单管、孔口(或阀门)的系统为例,管道的传递矩阵在式(3-113)已经给出,在此写出下游节点 D($x=l$)到上游节点 U($x=0$)的传递关系式,注意由于传递方向改变,式(3-145)中矩阵为式(3-113)中矩阵的逆矩阵。

$$\begin{bmatrix} h_U \\ q_U \end{bmatrix} = \underbrace{\begin{bmatrix} \cosh(\gamma l) & Z_c \sinh(\gamma l) \\ \dfrac{1}{Z_c}\sinh(\gamma l) & \cosh(\gamma l) \end{bmatrix}}_{M^{-1}} \begin{bmatrix} h_D \\ q_D \end{bmatrix} \tag{3-145}$$

加上管路上游节点和下游节点的边界条件,可以得到以两个节点上的复压头及复流量为未知量的方程组,写成矩阵形式

$$\begin{bmatrix} 1 & 0 & -\cosh\gamma l & -Z_c\sinh\gamma l \\ 0 & 1 & -\dfrac{1}{Z_c}\sinh\gamma l & -\cosh\gamma l \\ 1 & 0 & 0 & 0 \\ 0 & 0 & 1 & -\dfrac{2\overline{H}_0}{\overline{Q}} \end{bmatrix} \begin{Bmatrix} h_U \\ q_U \\ h_D \\ q_D \end{Bmatrix} = 0 \tag{3-146}$$

在以上方程中矩阵的第一、二行由传递矩阵 M^{-1} 得到,参见式(3-145),第三行为上游边界条件,表示上游节点压力波动为 0,第四行为下游孔口的边界条件,可由孔口阻抗得到。定义状态矩阵为

$$G = \begin{bmatrix} 1 & 0 & -\cosh\gamma l & -Z_c\sinh\gamma l \\ 0 & 1 & -\dfrac{1}{Z_c}\sinh\gamma l & -\cosh\gamma l \\ 1 & 0 & 0 & 0 \\ 0 & 0 & 1 & -\dfrac{2\overline{H}_0}{\overline{Q}} \end{bmatrix} \tag{3-147}$$

系统的状态向量为

$$x = \begin{Bmatrix} h_U \\ q_U \\ h_D \\ q_D \end{Bmatrix} = \begin{Bmatrix} h(0) \\ Q(0) \\ h(l) \\ Q(l) \end{Bmatrix} \tag{3-148}$$

显然对自由振动,状态向量不全为 0,要得到满足方程(3-146)的非零解,必有

$$\det \boldsymbol{G} = \boldsymbol{0} \tag{3-149}$$

该方程即系统的特征方程,其复特征根决定了系统固有频率。对以上单管单阀系统,由式(3-149)可得

$$\frac{2\overline{H}_0}{\overline{Q}}\cosh\gamma l + Z_c\sinh\gamma l = 0 \tag{3-150}$$

可以看到对状态矩阵求特征值的方程(3-150)与阻抗法所得方程(3-123)一致。求解此方程可获得系统的复频率 $\gamma = \sigma/a + \mathrm{i}\omega/a$。式中

$$\omega = \frac{n\pi}{2}\frac{a}{l}, \quad n = 1, 2, 3, \cdots \tag{3-151}$$

$$\sigma = \frac{a}{2l}\ln\left[(-1)^n\frac{Z_c - Z_v}{Z_c + Z_v}\right], \quad n = 1, 2, 3, \cdots \tag{3-152}$$

所得结果与 3.3.3 节一致。对矩阵 $\boldsymbol{G}$ 求特征向量即可得到复频率对应的模态。

因此矩阵法的基础思路是,对状态矩阵求特征值,获得系统的复频率,而该特征值所对应的特征向量即为该频率下系统的振荡模态。

对复杂系统建立状态方程,常常需要利用水力元件的传递矩阵。下面对常见的水力元件的传递矩阵进行简单分析。

2. 常见两节点元件的传递矩阵

规定水力元件的上游节点下标为 U,下游节点下标为 D,下面对常见二节点的水力元件的传递矩阵进行简单分析。

(1) 管道

管道的传递矩阵在式(3-113)已经给出

$$\begin{bmatrix} h_D \\ q_D \end{bmatrix} = \underbrace{\begin{bmatrix} \cosh(\gamma l) & -Z_c\sinh(\gamma l) \\ -\dfrac{1}{Z_c}\sinh(\gamma l) & \cosh(\gamma l) \end{bmatrix}}_{\boldsymbol{M}} \begin{bmatrix} h_U \\ q_U \end{bmatrix} \tag{3-153}$$

(2) 恒定开度的阀门

阀门节点示意见图 3-22,根据 3.3.3 节的分析,设阀门上游瞬时压头和流量分别为

$$H_U = \overline{H}_U + \tilde{h}_U \tag{3-154}$$

$$Q_U = Q = \overline{Q} + \tilde{q}_U \tag{3-155}$$

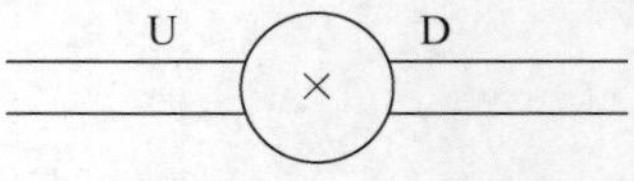

图 3-22　阀门节点示意

阀门下游瞬时流量和压头分别为

$$H_D = \overline{H}_D + \tilde{h}_D \tag{3-156}$$

$$Q_D = Q = \overline{Q} + \tilde{q}_D \tag{3-157}$$

这里已经利用了连续性方程,上下游平均流量和瞬时流量都分别相等,令流量波动为 $\tilde{q}_U = q_U e^{st}$,$\tilde{q}_D = q_D e^{st}$,则

$$q_U = q_D = q \tag{3-158}$$

设上下游压头脉动量分别为 $\bar{h}_U = h_U e^{st}, \bar{h}_D = h_D e^{st}$,由于阀门处的压降与流量的平方成正比,即

$$H_U - H_D = K_V Q^2 \tag{3-159}$$

由静态流量和压头间的关系

$$\overline{H}_U - \overline{H}_D = \overline{H}_\zeta = K_V \overline{Q}^2 \tag{3-160}$$

可得

$$K_V = \overline{H}_\zeta / \overline{Q}^2$$

将方程(3-159)线性化,即将式(3-154)、式(3-156)代入式(3-159)后减去式(3-160),并略去高阶小量后有

$$\bar{h}_U - \bar{h}_D = \frac{2\overline{H}_\zeta}{\overline{Q}} \bar{q} \tag{3-161}$$

将式(3-158)、式(3-161)写成矩阵形式,可得阀门的传递矩阵 **V**

$$\begin{bmatrix} h_D \\ q_D \end{bmatrix} = \underbrace{\begin{bmatrix} 1 & -2\overline{H}_\zeta/\overline{Q} \\ 0 & 1 \end{bmatrix}}_{V} \begin{bmatrix} h_U \\ q_U \end{bmatrix} \tag{3-162}$$

（3）泵和水轮机（无空化的情况）

如图 3-19 所示,与阻抗法类似,在无空化且不考虑泵或水轮机内流体的压缩性时,可认为泵和水轮机进出口瞬时流量相等,得到 $\bar{q}_D = \bar{q}_U = q e^{st}$,通过特性曲线可获得扬程或水头与流量间的准静态关系,在静态流量时流量扬程曲线的斜率为 $K_{\overline{Q}}$,则在此工况下进出口压头振荡分量间的关系为 $\bar{h}_U = \bar{h}_D \pm K_{\overline{Q}} \bar{q}$（对泵取负值,对水轮机取正）,令 $\bar{h}_U = h_U e^{st}, \bar{h}_D = h_D e^{st}$,于是,传递矩阵为

$$\begin{bmatrix} h_D \\ q_D \end{bmatrix} = \underbrace{\begin{bmatrix} 1 & \mp K_{\overline{Q}} \\ 0 & 1 \end{bmatrix}}_{T} \begin{bmatrix} h_U \\ q_U \end{bmatrix} \tag{3-163}$$

式(3-163)也没有考虑机组流道内流体惯性,如果考虑则要将 $\mp K_{\overline{Q}}$ 变为 $\mp K_{\overline{Q}} + sL_T$,其中 L_T 为机组内流道的等效流感。

（4）泵和水轮机＋空泡模型（有空化的情况）

流体机械或阀门等部件发生空化后,空穴的存在会改变系统内流体的压缩性,因而改变系统的固有频率和振型,同时也可能影响系统的稳定性。采用集总模型,可将含空化的水轮机和泵节点简化为图 3-23、图 3-24 的形式,将空化体积集中在泵（图 3-23）或水轮机（图 3-24）低压侧。Brennen 于 1973 年[7]提出分析水泵空化稳定性的两个参数:空化柔性 C 及质量流量增益系数 χ,参见式(3-76),将式(3-76)线性化后可将空化体积波动 $\widetilde{V}$ 表示为低压侧压力波动 $\bar{h}_L$ 和进出口流量波动($\bar{q}_U, \bar{q}_D$)的函数,空化体积变化率可写为

$$\frac{d\widetilde{V}}{dt} = \frac{\partial V}{\partial H_L} \frac{d\bar{h}_L}{dt} + \frac{\partial V}{\partial Q_U} \frac{d\bar{q}_U}{dt} + \frac{\partial V}{\partial Q_D} \frac{d\bar{q}_D}{dt} \tag{3-164}$$

假如出口流量波动较小,可只考虑进口流量波动的影响,则 $\widetilde{V} = V(\bar{q}_U, \bar{h}_L)$,式(3-164)中右侧第三项不予考虑;假如进口流量波动较小,可只考虑出口流量波动的影响,则 $\widetilde{V} = V(\bar{q}_D, \bar{h}_L)$,式(3-164)中右侧第二项不予考虑。

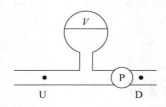

图 3-23　带空化的泵节点示意

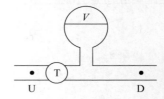

图 3-24　有尾水管空化的
水轮机节点示意

以泵为例，H_L 为上游侧压头 H_U，如果出口流量波动较小，可定义空化柔性 C 及质量流量增益系数 χ

$$C = -\frac{\partial V}{\partial H_U} \tag{3-165}$$

$$\chi = -\frac{\partial V}{\partial Q_U} \tag{3-166}$$

根据一维连续性方程

$$-\frac{\mathrm{d}\tilde{V}}{\mathrm{d}t} = C\frac{\mathrm{d}\tilde{h}_U}{\mathrm{d}t} + \chi\frac{\mathrm{d}\tilde{q}_U}{\mathrm{d}t} = \tilde{q}_U - \tilde{q}_D \tag{3-167}$$

在静态流量 $\bar{Q}$ 时流量扬程曲线的斜率为 $K_{\bar{Q}}$，如果不考虑泵进口空化对扬程的影响，则此工况下进出口压头振荡分量间的关系为

$$\tilde{h}_D - \tilde{h}_U = K_{\bar{Q}}\tilde{q}_U \tag{3-168}$$

设 $\tilde{q}_U = q_U e^{st}$，$\tilde{q}_D = q_D e^{st}$，$\tilde{h}_U = h_U e^{st}$，$\tilde{h}_D = h_D e^{st}$，代入方程(3-167)、方程(3-168)中可得如下传递关系

$$\begin{bmatrix} h_D \\ q_D \end{bmatrix} = \underbrace{\begin{bmatrix} 1 & K_{\bar{Q}} \\ -sC & 1-s\chi \end{bmatrix}}_{\boldsymbol{T}'} \begin{bmatrix} h_U \\ q_U \end{bmatrix} \tag{3-169}$$

如果需要考虑进口空化导致的泵扬程降低等影响，则此工况下进出口压头振荡分量间的关系为

$$\tilde{h}_D - \tilde{h}_U = K_h\tilde{h}_U + K_{\bar{Q}}\tilde{q}_U \tag{3-170}$$

那么传递关系为

$$\begin{bmatrix} h_D \\ q_D \end{bmatrix} = \underbrace{\begin{bmatrix} 1+K_{\bar{H}} & K_{\bar{Q}} \\ -sC & 1-s\chi \end{bmatrix}}_{\boldsymbol{T}'} \begin{bmatrix} h_U \\ q_U \end{bmatrix} \tag{3-171}$$

式中，$K_{\bar{H}} = \mathrm{d}H/\mathrm{d}H_U$ 是静态工况下扬程对进口压力的变化率。

对水轮机尾水管空化，其空化体积主要取决于下游压力，如果进口流量波动较小，不考虑进口流量变化的影响，连续性方程将为

$$-\frac{\mathrm{d}\tilde{V}}{\mathrm{d}t} = C\frac{\mathrm{d}\tilde{h}_D}{\mathrm{d}t} + \chi\frac{\mathrm{d}\tilde{q}_D}{\mathrm{d}t} = \tilde{q}_U - \tilde{q}_D \tag{3-172}$$

在静态流量 $\bar{Q}$ 时流量水头曲线的斜率为 $K_{\bar{Q}}$，并假设出口压力及进口流量波动对水头

影响很小,则此工况下进出口压头振荡分量间的关系为

$$\tilde{h}_{\mathrm{D}} = \tilde{h}_{\mathrm{U}} - K_{\bar{Q}}\tilde{q}_{\mathrm{D}}$$

(3-173)

那么传递关系为

$$\begin{bmatrix} h_{\mathrm{U}} \\ q_{\mathrm{U}} \end{bmatrix} = \underbrace{\begin{bmatrix} 1 & K_{\bar{Q}} \\ sC & 1+s\chi \end{bmatrix}}_{T'} \begin{bmatrix} h_{\mathrm{D}} \\ q_{\mathrm{D}} \end{bmatrix}$$

(3-174)

式(3-171)及式(3-174)也未考虑机组内流道的惯性,如考虑,则矩阵的 $K_{\bar{Q}}$ 项变为 $K_{\bar{Q}} + sL_{\mathrm{T}}$,其中 L_{T} 为机组流道等效流感。

(5)空气罐及调压井等单节点元件及分叉点的传递矩阵

对空气罐和调压井一般可处理为单节点,可将其处理为管路上的分叉支管,将其阻抗特性包含在主管路上游节点和下游节点的传递矩阵中去。以图 3-25 为例,忽略局部损失等次要因素,认为 $\tilde{h}_{\mathrm{U}} = \tilde{h}_{\mathrm{D}} = \tilde{h}_{\mathrm{g}} = h_{\mathrm{g}}\mathrm{e}^{st}$,而 $\tilde{q}_{\mathrm{D}} = \tilde{q}_{\mathrm{U}} - \tilde{q}_{\mathrm{g}}$,令 $\tilde{q}_{\mathrm{D}} = q_{\mathrm{D}}\mathrm{e}^{st}$,$\tilde{q}_{\mathrm{U}} = q_{\mathrm{U}}\mathrm{e}^{st}$,由于对空气罐或调压井,$\tilde{q}_{\mathrm{g}} = \tilde{h}_{\mathrm{g}}/Z_{\mathrm{g}}$,$Z_{\mathrm{g}}$ 为空气罐或调压井阻抗,于是对主管路上下游节点可写出以下传递矩阵

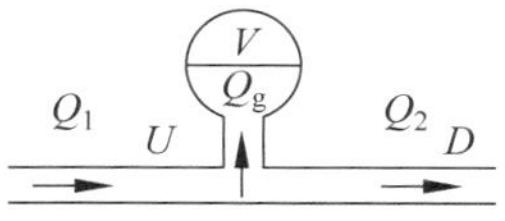

图 3-25　空气罐或调压井节点示意

$$\begin{bmatrix} h_{\mathrm{D}} \\ q_{\mathrm{D}} \end{bmatrix} = \underbrace{\begin{bmatrix} 1 & 0 \\ -\dfrac{1}{Z_{\mathrm{g}}} & 1 \end{bmatrix}}_{T} \begin{bmatrix} h_{\mathrm{U}} \\ q_{\mathrm{U}} \end{bmatrix}$$

(3-175)

这样传递矩阵与阻抗法相结合的处理方式在整体状态方程中消去了与调压井或空气罐有关的参数 $\tilde{h}_{\mathrm{g}}$、$\tilde{q}_{\mathrm{g}}$,即状态向量中将不出现这两个量。对于其他的分叉管,也可以用类似的方法,将分叉管节点上的阻抗包含在主管路上下游节点间的传递矩阵中去。这种矩阵法与阻抗法结合的方法在水力振荡分析中也十分有用。

3. 串并联元件的传递矩阵运算

对复杂的管网系统,有时可能包含串联和并联的水力元件,需要通过计算串并联元件的合成传递矩阵得到系统的整体传递矩阵。

对于串联元件,在串联节点 P 上由于连续性方程 $\tilde{q}_{\mathrm{D}} = \tilde{q}_{\mathrm{U}} = \tilde{q}_{\mathrm{P}}$,同时在串联节点处由于 $\tilde{h}_{\mathrm{U}} = \tilde{h}_{\mathrm{D}} = \tilde{h}_{\mathrm{P}}$,因此传递矩阵分别为 $\boldsymbol{A}$ 和 $\boldsymbol{B}$ 的两个元件串联后消去串联节点的状态量($\tilde{h}_{\mathrm{P}}$,$\tilde{q}_{\mathrm{P}}$),总体传递矩阵为两个矩阵的积

$$\boldsymbol{T} = \boldsymbol{A} \cdot \boldsymbol{B}$$

(3-176)

对传递矩阵分别为 $\boldsymbol{A}$ 和 $\boldsymbol{B}$ 的两个元件并联的情况,利用并联节点处压头波动相等,两个并联元件的流量波动之和等于进出口管路上的流量波动量,也可以得出并联后的总体传递矩阵为

$$\boldsymbol{T} = \begin{bmatrix} \dfrac{\boldsymbol{A}_{11}\boldsymbol{B}_{12} + \boldsymbol{B}_{11}\boldsymbol{A}_{12}}{\boldsymbol{A}_{12} + \boldsymbol{B}_{12}} & \dfrac{\boldsymbol{A}_{12}\boldsymbol{B}_{12}}{\boldsymbol{A}_{12} + \boldsymbol{B}_{12}} \\ \boldsymbol{A}_{21} + \boldsymbol{B}_{21} - \dfrac{(\boldsymbol{A}_{11} - \boldsymbol{B}_{11})(\boldsymbol{A}_{22} - \boldsymbol{B}_{22})}{\boldsymbol{A}_{12} + \boldsymbol{B}_{12}} & \dfrac{\boldsymbol{A}_{22}\boldsymbol{B}_{12} + \boldsymbol{B}_{22}\boldsymbol{A}_{12}}{\boldsymbol{A}_{12} + \boldsymbol{B}_{12}} \end{bmatrix}$$

(3-177)

对于包含多个元件的串并联系统,可以利用以上传递矩阵的串并联运算公式组合运算,获得系统的总体传递矩阵。

4. 利用阻抗法和传递矩阵法合成状态方程

对于管路段数及节点元件较少的分布式系统,可以如同式(3-175)的推导一样,选择其中一根支线为主管线,对叉管其他支线采用阻抗法计算叉管节点上的阻抗,同时利用串并联元件的传递矩阵运算公式组合运算,最终可以获得包含支线节点阻抗信息的主管总体传递函数。利用建立方程(3-146)的思路,在总体传递关系的基础上加上边界条件,建立状态方程,此时状态向量一般为主管路的最上游和下游两个节点的压头和流量脉动量,为 4 个未知量。状态矩阵也为 4×4 的矩阵,对状态矩阵求特征值和特征向量,即可获得系统的复频率和振荡模态。

5. 复杂分布式系统状态矩阵的合成

对于管道段数、元件很多的水力系统,采用以上方法计算总体传递矩阵是非常繁琐的,这时可直接利用每个管段或每个元件的传递关系,合成为总体状态方程,此时,状态向量是每个节点上的压头及流量脉动量,或者包括调压井水位波动等。以图 3-26 具有 n 个分支的一个叉管节点为例,说明传递矩阵合成状态方程的方法。每个分支元件或每段管道上游节点流量和压力脉动以及下游节点上流量和压力脉动的关系可以通过传递函数写出

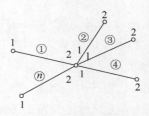

图 3-26　复杂分布式系统节点示意

$$\begin{bmatrix} h_2^i \\ q_2^i \end{bmatrix} = \begin{bmatrix} M_{11}^i & M_{12}^i \\ M_{21}^i & M_{22}^i \end{bmatrix} \begin{bmatrix} h_1^i \\ q_1^i \end{bmatrix} \tag{3-178}$$

将其写成状态方程

$$\begin{bmatrix} 1 & 0 & -M_{11}^i & -M_{12}^i \\ 0 & 1 & -M_{21}^i & -M_{22}^i \end{bmatrix} \begin{bmatrix} h_2^i \\ q_2^i \\ h_1^i \\ q_2^i \end{bmatrix} = 0 \tag{3-179}$$

式中,i 表示管道编号,下标 1 表示上游节点、2 表示下游节点。由于有 n 个支段,因此共有 $2n$ 个方程,同时在分叉节点上,根据分叉点上压力相等、质量守恒的原则,有 $n-1$ 个压力相等的方程以及 1 个质量守恒方程,再加上 n 个支线的端点条件,共有 $4n$ 个方程,$4n$ 个状态向量(每个支段的上下游流量和压力脉动),这样可以得到 $4n \times 4n$ 的状态矩阵。对状态矩阵求特征值和特征向量,即可获得系统的复频率和振荡模态。

对分支很多的水力系统,以上方法将每个支段在分叉点上的压力脉动量都定义为独立的量,虽然构建状态矩阵比较简单,但增加了未知量的个数和矩阵的规模,所以也可以在分叉点上只定义一个共同的压力,这样可以减少 $n-1$ 个压力相等的方程及 $n-1$ 个未知量,如图 3-26 所示系统有 $3n+1$ 个未知量,$3n$ 个方程,再补充一个质量守恒方程,也可以使方程封闭。在实际工程中采用一定的管路和节点编号规则,可以方便总体状态矩阵的合成。

6. 直接由基本方程建立广义状态矩阵

特别值得强调的是,由于传递矩阵实际从流动控制基本方程推导而来,因此对于复杂元

件的水力学问题,可以直接通过连续性方程和动量方程(或能量方程)建立各节点的脉动量关系,进而建立状态方程,具体过程与本节中对阀门传递矩阵的分析相同。首先根据基本方程建立瞬时流动参数的基本方程,将瞬时流动参数 X 分解为平均量 $\bar{x}$ 和脉动量 $\tilde{x}=x\cdot e^{st}$,即令 $X=\bar{x}+\tilde{x}$,将基本方程线性化,即将上式代入瞬时流动参数所满足的方程后减去平均流动所满足的方程,并略去高阶小量,就可得到流动的脉动分量之间的关系,由此建立脉动分量的状态方程。

而状态向量也不局限于节点压头和流量脉动值,也可能是体积波动量(如对空气罐内气体体积或者空化形成的空腔体积)或者其他表征流动的参数,如奇点分布法中奇点的涡强或者源强的脉动等。具体分析例子见第 5 章。

3.4　基于等效电路的水力系统计算和分析方法

前面介绍的方法主要用于求解一维水力学方程在频域内的解析解,如式(3-127)、式(3-128)所示,对连续的水力系统理论上可以获得无穷阶复频率,因为对它所针对的是连续的水力系统(对每个管段 x 坐标是连续的),这对相对简单的管路系统的理论分析非常有用。对复杂的系统,虽然矩阵法比阻抗法更具优势,但是,求状态矩阵特征值的解析解也不是一件轻松的事,因此,在工程上,利用离散的方法(如有限差分法)进行水力系统的时域计算、频域求解和稳定性分析更加便捷有效。

另外,由于一维水力振荡方程与 RCL 电路振荡方程在数学上是相同的偏微分方程,因此利用电学的相关概念建立分布式系统的离散方程往往非常直观并便于编程,同时还可以利用一些成熟的电路分析软件,这就是等效电路法的基本思想。虽然等效电路法也可以用于连续系统的水力分析,但工程应用方面离散的等效电路法更有优势。将水力元件等效为电感、电阻、电容等电路元件后,其优点是可以利用电路分析及自动控制领域的成熟技术和分析软件,非常直观地建立管网模型,同时方便与水力机械的控制系统,如调速器控制、电网调节等实现无缝衔接。Nicolet C 等[5]在水力系统的等效电路法方面进行了系统的研究和成功的工程应用。

下面将主要对离散等效电路法进行介绍。求解瞬变过程中一维管路内的压力和流量变化相当于计算电路对特定激励的响应问题,具体计算过程同样涉及微分方程的离散与差分格式的选取,将在下面的几节中详细讨论。另外,利用等效电路分析复杂水力系统的复频特性及稳定性等也非常有优势。这方面的内容也将在本节介绍。

3.4.1　基于离散振荡方程的等效电路法

在 3.1 节中已经介绍了等效电路法的基本思想。将一维水动力学方程中的水头 H 和流量 Q 分别等效为电压 U 和电流 i,并引入三个等效参数:单位长度上的线性水声电容 C'、线性水声电感 L'、线性水声电阻 R',可将压力管道中一元瞬变流方程组(3-7)的求解转化以下方程的求解:

$$\begin{cases} \dfrac{\partial H}{\partial x} + L'\dfrac{\partial Q}{\partial t} + R'Q = 0 \\[3mm] \dfrac{\partial H}{\partial t} + \dfrac{1}{C'}\dfrac{\partial Q}{\partial x} = 0 \end{cases} \tag{3-180}$$

为了进行数值计算,首先,对偏微分方程(3-180)在空间上进行有限差分离散近似,以中心差分为例,将控制体中心放在两个节点中间,压头 H 与流量 Q 对 x 的偏导数可近似为

$$\begin{cases} \left.\dfrac{\partial H}{\partial x}\right|_{i+1/2} = \dfrac{H_{i+1} - H_i}{\mathrm{d}x} \\[3mm] \left.\dfrac{\partial Q}{\partial x}\right|_{i+1/2} = \dfrac{Q_{i+1} - Q_i}{\mathrm{d}x} \end{cases} \tag{3-181}$$

将离散近似方程代入式(3-180),得离散后的瞬变方程

$$\begin{cases} \dfrac{\mathrm{d}H_{i+1/2}}{\mathrm{d}t} + \dfrac{1}{C'} \dfrac{Q_{i+1} - Q_i}{\mathrm{d}x} = 0 \\[3mm] \dfrac{H_{i+1} - H_i}{\mathrm{d}x} + L' \dfrac{\mathrm{d}Q_{i+1/2}}{\mathrm{d}t} + R'Q_{i+1/2} = 0 \end{cases} \tag{3-182}$$

以基于流量均值的 Lax 格式数值方案为例(在保证数值计算稳定的前提下也可以采用其他插值格式)

$$Q_{i+1/2} = \frac{Q_{i+1} + Q_i}{2} \tag{3-183}$$

将式(3-183)代入式(3-182)后得到

$$\begin{cases} C'\mathrm{d}x\,\dfrac{\mathrm{d}H_{i+1/2}}{\mathrm{d}t} = Q_i - Q_{i+1} \\[3mm] H_{i+1} + \dfrac{L'\mathrm{d}x}{2} \dfrac{\mathrm{d}Q_{i+1}}{\mathrm{d}t} + \dfrac{R'\mathrm{d}x}{2}Q_{i+1} = H_i - \left(\dfrac{L'\mathrm{d}x}{2} \dfrac{\mathrm{d}Q_i}{\mathrm{d}t} + \dfrac{R'\mathrm{d}x}{2}Q_i\right) \end{cases} \tag{3-184}$$

令

$$\begin{cases} C = C'\mathrm{d}x = \dfrac{\mathrm{d}x\,gA}{a^2} \\[3mm] L = L'\mathrm{d}x = \dfrac{\mathrm{d}x}{gA} \\[3mm] R = R'\mathrm{d}x = \dfrac{\lambda\,\mathrm{d}x\,|Q|}{2gDA^2} \end{cases} \tag{3-185}$$

可将方程(3-184)写为

$$\begin{cases} C\,\dfrac{\mathrm{d}H_{i+1/2}}{\mathrm{d}t} = Q_i - Q_{i+1} \\[3mm] H_{i+1} + \dfrac{L}{2} \dfrac{\mathrm{d}Q_{i+1}}{\mathrm{d}t} + \dfrac{R}{2}Q_{i+1} = H_i - \left(\dfrac{L}{2} \dfrac{\mathrm{d}Q_i}{\mathrm{d}t} + \dfrac{R}{2}Q_i\right) = H_{i+1/2} \end{cases} \tag{3-186}$$

该方程组等价于图 3-27 所示的"T 型"电路。相当于长为 $\mathrm{d}x$ 的管道等效为由电阻、电感、电容组成的电路。其中电容表示流体的容性 C,电感表示水的惯性 L,电阻表示水力元件中的水头损失 R。基于基尔霍夫定律,对于离散为 n 段的管道相当于串联 n 个如图 3-27 所示的等效电路(见图 3-28)。

这种离散的等效电路可以用于稳态过程(或瞬态过程初始条件)的计算。在稳态过程中,不考虑流体压缩性,同时惯性力为 0,因此电感和电容为 0,只有电阻(水头损失)随管道的长度增加而增加;也可以用于瞬态分析,比如将阀门损失系数与流量的关系等效为非线

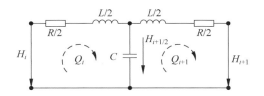

图 3-27　长为 dx 的弹性管道中心差分等效电路

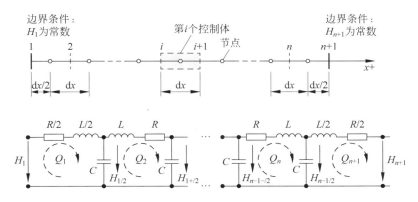

图 3-28　离散的弹性管道中心差分等效电路

性的可变电阻(电阻随流量改变),可以模拟阀门关闭过程中的水压力及流量变化等。将水轮机、泵、调压设备等其他水力部件也等价为电压源、电感、电容和电阻等电路元件后,可以处理更加复杂的水力系统,详细等效过程参见 3.4.2 节。

同时,等效电路法可以用于系统的固有频率和模态计算并进行定性的稳定性分析。

值得注意的是,离散的等效电路法来源于原偏微分方程的离散,因此在数值计算中需要注意计算稳定性和离散精度。为了满足计算稳定性,时间步长应满足 CFL 条件,即

$$\Delta t < \frac{\Delta x}{a} \tag{3-187}$$

而对空间步长的选取,则根据所关心问题的特征波长 λ 来选取,一般要求在一个波长内至少有 20 个点,即

$$\Delta x < \frac{\lambda}{20} \tag{3-188}$$

式中

$$\lambda = \frac{2\pi a}{\omega} \tag{3-189}$$

因此,所关心的角频率 ω 越高,波长越短,空间步长应该越小,相应的时间步长也小。

3.4.2　典型水力元件的等效电路

完整的水力系统包含管道、上下游水库(容器)、泵或水轮机组以及阀门等其他调节设备。在 3.4.1 节介绍了利用等效电路法对管道的等效过程,下面将介绍其他水力元件的常用等效电路模型。

1. 阀门模型

在一维水力系统分析中,一般仅考虑阀门的水力损失,且不同开度水力损失不同,水力损失系数与流量有关,故该阀门可等效为可变电阻,见图 3-29。可将水流流经阀门的水头损失 H_v 表示为

$$H_v = H_i - H_{i+1} = \frac{k_v}{2gA_v^2}Q^2 \tag{3-190}$$

式中,H_v 为流经阀门的水头损失;k_v 为阀门处的阻力损失系数,与阀门开度有关;A_v 为阀门前后管道的横截面面积。故该可变电阻的阻值 R_v 为

$$R_v = \frac{k_v}{2gA_v^2}\,|\,Q\,| \tag{3-191}$$

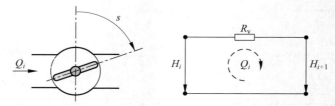

图 3-29　阀门的等效电路

2. 调压室模型

调压室可以对水力系统起到保护作用,如图 3-30 所示。简单起见,不考虑调压室内流体的压缩性,调压室与主管路连接的节点处压头由调压室的水位 H_s、水体流进或流出调压室时发生的损失 H_R、非定常流动所产生的惯性水头 H_L 计算。

调压室的水位 H_s 变化率取决于随流入调压室的流量 Q_s

$$Q_s = \frac{dV}{dt} = A(z)\frac{dH_s}{dt} \tag{3-192}$$

与阀门模型类似,在调压室处产生的损失 H_R 为

$$H_R = \frac{K_s}{2gA_s^2}Q_s^2 \tag{3-193}$$

式中,A_s 为调压室与管道接口处的横截面面积,K_s 为调压室的损失系数。

非定常流动所产生的惯性水头 H_L 与调压室内的水体速度变化有关

$$H_L = \int_{Z_{min}}^{H_s} \frac{1}{g}\frac{d}{dt}\left[\frac{Q_s}{A(z)}\right]dz \tag{3-194}$$

如果调压井截面面积 $A(z)$ 随高度变化而变化,在式(3-194)的计算中可简单采用平均值计算

$$H_L = \frac{H_s - Z_{min}}{g\overline{A}}\frac{dQ_s}{dt} \tag{3-195}$$

因此,调压室节点处的压头 H_{ss} 为

$$H_{ss} = H_s + R_s Q_s + L_s\frac{dQ_s}{dt} \tag{3-196}$$

式中,

$$R_s = \frac{K_s}{2gA_s^2} \mid Q_s \mid \tag{3-197}$$

$$L_s = \frac{H_s - Z_{\min}}{g\overline{A}} \tag{3-198}$$

在式(3-192)中定义调压室流容为 $C_s = A(z)$,式(3-192)可写为

$$Q_s = C_s \frac{\mathrm{d}H_s}{\mathrm{d}t} \tag{3-199}$$

联立方程(3-196)和方程(3-199)即为调压井内的流动控制方程,故在等效电路中,调压室的蓄水作用、水力损失及水流的惯性可分别等效为电容、电阻及电感串联接在整个系统的支路,起到分流的作用,其等效电路图如图 3-30 所示。

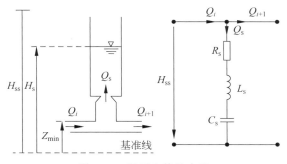

图 3-30　调压室等效电路

由于调压室中水的惯性与调压室横截面面积成反比,当横截面面积较大时,流速变化较小,流感较小,可以忽略不计,故大截面的调压室模型可仅由电容和电阻组成。

3. 压力罐模型

压力罐与调压室有类似的调压作用,有时在闭式试验台中可起到压力源的作用。压力罐与调压室的区别在于调压室顶端开放而压力罐封闭,故压力罐需考虑上部空气的压缩性,即气体的容性。另外,空气罐中水位变化缓慢,惯性及损失较小,故可仅考虑水位变化引起的流容。因此,压力罐与主管路连接的节点处仅考虑压力罐的水位 H_s 及压力罐内气体的压头 H_g。参照调压井的等效过程,空气罐可等效为两个电容串联在系统支路。其等效电路图如图 3-31 所示。

由公式(3-192)可知罐中水的流容 $C_l = A(z)$,与压力罐横截面面积有关,而空气的流容 C_a 可根据理想气体的状态方程及多变方程求得。由

$$H_g V_g^n = \text{const} \tag{3-200}$$

式中,H_g 为空气的压头,V_g 为空气体积,n 为多变指数,一般取 1.2。

将式(3-200)对时间求导得

$$nH_g V_g^{n-1} \frac{\mathrm{d}V_g}{\mathrm{d}t} + V_g^n \frac{\mathrm{d}H_g}{\mathrm{d}t} = 0 \tag{3-201}$$

简化后可得

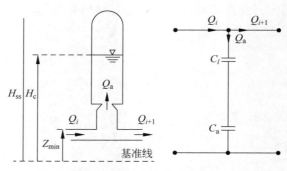

图 3-31　压力罐等效电路

$$\frac{V_g}{H_g n}\frac{dH_g}{dt}=-\frac{dV_g}{dt}=Q_a \tag{3-202}$$

故空气流容 C_a 为

$$C_a=\frac{V_g}{H_g n} \tag{3-203}$$

4. 水泵和水轮机模型

下面以混流式水泵水轮机为例介绍水泵和水轮机的等效过程。水泵水轮机转轮反向旋转时为水泵工况,在系统中提供能量,正向旋转时为水轮机工况,在系统中吸收能量,且机组的扬程或水头与流量和转速等运行参数有关,在不考虑机组内部流体的压缩性时,可简单将机组等效为一个可变电压源

$$H_i-H_{i+1}=\pm H_{dy} \tag{3-204}$$

其中水轮机取正、泵取负。如果机组内流速变化率较大,还需要考虑机组内流体非定常流动惯性力,可将蜗壳及尾水管(或进水管)视为具有等效长度的管道,在电路中串联相应的电感元件如图 3-32 所示。

令 l_{equ} 为流道的等效长度,$\overline{A}$ 为该等效流道平均横截面面积,则参照管路的流感计算公式

$$L_t=\frac{l_{equ}}{g\overline{A}} \tag{3-205}$$

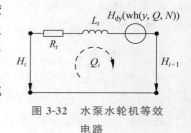

图 3-32　水泵水轮机等效电路

当水泵水轮机导叶关闭时必须保证水轮机中流量接近于 0,在流量很小($Q<0.05Q_r$)时,为保证计算的稳定性还需要引入一个较大的流阻 R_t,但当流量较大时该流阻为 0。

压力源(动水头或动扬程)通过水泵水轮机的全特性曲线获得,由于一些水泵水轮机全特性曲线具有"S 特性",直接插值时可能出现多值情况,故将全特性曲线转换为 Suter 曲线来计算扬程或水头,详见 3.2.5 节。经过 Suter 变换后,可由下式进行水头(扬程)H 及扭矩 T 的插值运算:

$$H_{dy}=\left[\left(\frac{Q}{Q_r}\right)^2+\left(\frac{n}{n_r}\right)^2\right]\mathrm{wh}(\theta)H_r \tag{3-206}$$

$$T_{dy} = \left[\left(\frac{Q}{Q_r}\right)^2 + \left(\frac{n}{n_r}\right)^2\right] wb(\theta) T_r \tag{3-207}$$

水轮机的流量主要由导叶开度控制,不同开度下机组具有不同的特性,因此 Suter 曲线为一组曲线(图 3-9),而普通离心泵没有导叶,故 Suter 曲线只有一条。

5. 空泡模型

参照 3.3.6 节中带空化的水泵或水轮机传递矩阵的推导,引入空化柔性 C 及质量流量增益系数 χ,根据连续性方程,空穴的体积变化率可写为

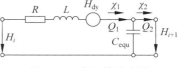

$$-\frac{dV}{dt} = C\frac{dH}{dt} + \chi_1\frac{dQ_1}{dt} + \chi_2\frac{dQ_2}{dt} = Q_1 - Q_2 \tag{3-208}$$

图 3-33 空泡等效电路

按照公式(3-208),空化柔性用电容模拟,流量增益系数用互感元件或者受控电流源模拟,其等效电路如图 3-33 所示。

如果同时考虑流体的压缩性,可用等效流容 C_{equ} 来代替上述 C

$$C_{equ} = (1 - f_{vapor})C_{liquid} + C_{vapor} \tag{3-209}$$

$$f_{vapor} = \frac{V_{vapor}}{V} \tag{3-210}$$

$$C_{liquid} = \frac{gAl}{a^2} \tag{3-211}$$

$$C_{vapor} = -\frac{\partial V_{vapor}}{\partial H_s} \tag{3-212}$$

式中,f_{vapor} 表示气体体积分数;C_{liquid} 表示液相流容,由机组流道等效面积 A,等效长度 l 及波速 a 计算;C_{vapor} 表示气相流容,即空化柔性;H_s 为低压侧压头。

6. 其他水力元件

水力系统中的水力元件还有很多,但是都可按照以上分析方法,通过流动基本方程来建立进出口参数间的关系,对照振荡电路的偏微分方程,利用电容、电阻及电感等元件分别模拟流动中流体压缩性等引起的前后节点流量差(流容)、非定常流动惯性项(流感)及流动过程中的水力损失(流阻)等,对有能量输出和输入的情况(水轮机或水泵)采用电压源等效。对水库,可采用具有恒定电压的电压源代替。通过这些等效过程,可以建立水力系统的等效电路。

3.4.3 基于等效电路法的瞬变过程分析

以图 3-13 中的简单管路为例说明基于等效电路法计算瞬变过程的基本原理。该系统管道上游连接水库,下游连接阀门,阀门以一定的规律关闭。按照 3.4.2 节中对水库、管道及阀门分别进行电路等效,将管路分为 n 段,在每一段对方程(3-180)离散获得方程(3-186),写成矩阵形式

$$\begin{bmatrix} C & 0 & 0 \\ 0 & L/2 & 0 \\ 0 & 0 & L/2 \end{bmatrix} \cdot \frac{d}{dt}\begin{bmatrix} H_{i+1/2} \\ Q_i \\ Q_{i+1} \end{bmatrix} + \begin{bmatrix} 0 & -1 & 1 \\ 1 & R/2 & 0 \\ -1 & 0 & R/2 \end{bmatrix} \cdot \begin{bmatrix} H_{i+1/2} \\ Q_i \\ Q_{i+1} \end{bmatrix} = \begin{bmatrix} 0 \\ H_i \\ -H_{i+1} \end{bmatrix} \tag{3-213}$$

考虑到边界条件

$$H_1 = H_U \tag{3-214}$$

$$H_{n+1} = R_v \mid Q_{n+1} \mid \tag{3-215}$$

将所有 n 段管道的方程合成并整理后，代入边界条件，可得

$$\boldsymbol{A} \cdot \frac{\mathrm{d}}{\mathrm{d}t}\boldsymbol{X} + \boldsymbol{B} \cdot \boldsymbol{X} = \boldsymbol{C} \tag{3-216}$$

式中

$$\boldsymbol{A} = \begin{bmatrix} C & & & & & & & & \\ & C & & & & & & & \\ & & \ddots & & & & & & \\ & & & C & & & & & \\ & & & & C & & & & \\ & & & & & L/2 & & & \\ & & & & & & L & & \\ & & & & & & & \ddots & \\ & & & & & & & & L \\ & & & & & & & & & L/2 \end{bmatrix} \tag{3-217}$$

$$\boldsymbol{B} = \begin{bmatrix} 0 & & & & -1 & 1 & & & \\ & 0 & & & & -1 & 1 & & \\ & & \ddots & & & & \ddots & & \\ & & & 0 & & & -1 & 1 & \\ & & & & 0 & & & -1 & 1 \\ 1 & & & & R/2 & & & & \\ -1 & 1 & & & & R & & & \\ & \ddots & & & & & \ddots & & \\ & & -1 & 1 & & & & R & \\ & & & -1 & & & & & R/2+R_v \end{bmatrix} \tag{3-218}$$

$$\boldsymbol{X} = \{H_{1+1/2} \quad \cdots \quad H_{n+1/2} \quad Q_1 \quad Q_2 \quad \cdots \quad Q_n \quad Q_{n+1}\}^T \tag{3-219}$$

$$\boldsymbol{C} = \{0 \quad \cdots \quad 0 \quad H_U \quad 0 \quad \cdots \quad 0 \quad 0\}^T \tag{3-220}$$

以上方程是一组非线性的微分方程，矩阵 $\boldsymbol{B}$ 中的 R 和 R_v 需要用到各管段的流量，可采用上一个时间步的流量代入计算，通过龙格-库塔法或其他求解微分方程的数值解法，可以获得以上方程的数值解。在一些电路分析平台软件中，式(3-216)的求解可以直接将管路、阀门等元件等效为相应的电路元件，进行可视化建模，并利用其自带龙格-库塔法等高精度的数值计算方法，进行计算使用起来非常方便(参见 3.4.7 节)。图 3-34 是采用等效电路法通过 Simulink 编程计算的算例，与特征线法计算结果一致。

3.4.4　基于集总参数等效电路法的水力稳定性分析

在 3.3.1 节中以单管为例建立了水力振荡方程，其方程形式上与 RCL 电路的振荡方程相同，参照 3.3.1 节的思路，水力系统的一维水动力学振荡问题同样也可以采用等效电路的

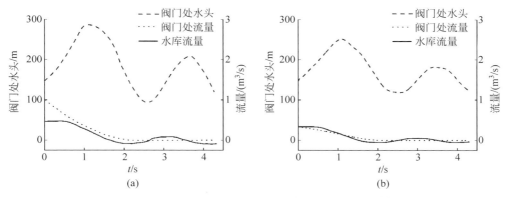

图 3-34　阀门关闭引起简单管道系统振荡计算结果[8]

（a）特征线法计算结果；（b）等效电路法计算结果

方法进行分析。仍然以图 3-13 中的简单管路为例说明基于等效电路法定性分析水力系统稳定性的基本原理。管道上游连接水库，下游连接阀门，阀门以一定的规律关闭。按照 3.4.2 节中介绍对水库、管道及阀门分别进行电路等效，水库等效为电压源，作为定性的分析，对管路不进行离散，而将其作为集总元件处理，同时不考虑管路的摩阻，根据流动基本方程，将管路等效为电感和电容，如图 3-35 所示。

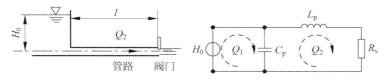

图 3-35　单管单阀系统及其等效电路

根据基尔霍夫定律，以上电路 Q_2 的回路满足以下方程

$$L_{\mathrm{p}}\frac{\mathrm{d}Q_2}{\mathrm{d}t}+\overbrace{\mid K_{\mathrm{v}}Q_2\mid}^{R_{\mathrm{v}}}Q_2+H_{\mathrm{c}}=0 \tag{3-221}$$

$$C_{\mathrm{p}}\frac{\mathrm{d}H_{\mathrm{c}}}{\mathrm{d}t}=Q_1-Q_2 \tag{3-222}$$

其中 $L_{\mathrm{p}}=l/(gA)$，$C_{\mathrm{p}}=lgA/a^2$，$K_{\mathrm{v}}=k_{\mathrm{v}}/(2gA_{\mathrm{v}}^2)$，将方程(3-221)代入方程(3-222)并进行线性化，得

$$\frac{\mathrm{d}^2Q_2}{\mathrm{d}t^2}+\frac{2K_{\mathrm{v}}\bar{Q}_2}{L_{\mathrm{p}}}\frac{\mathrm{d}Q_2}{\mathrm{d}t}+\frac{1}{C_{\mathrm{p}}L_{\mathrm{p}}}(Q_2-Q_1)=0 \tag{3-223}$$

忽略管道进口流量波动的影响，管道内的流量波动 $\tilde{q}_2$ 满足

$$\frac{\mathrm{d}^2\tilde{q}_2}{\mathrm{d}t^2}+\underbrace{\frac{2K_{\mathrm{v}}\bar{Q}_2}{L_{\mathrm{p}}}}_{2\mu}\frac{\mathrm{d}\tilde{q}_2}{\mathrm{d}t}+\underbrace{\frac{\tilde{q}_2}{C_{\mathrm{p}}L_{\mathrm{p}}}}_{\omega_0^2}=0 \tag{3-224}$$

这是一个关于 t 的常微分方程，描述的是具有阻尼的自由振荡现象，其解形如 $\tilde{q}_2=\mathrm{e}^{st}$，将其代入式(3-224)得

$$s^2+2\mu s+\omega_0^2=0 \tag{3-225}$$

方程（3-225）对小阻尼（$\mu < \omega$）的情况有两个共轭根

$$s = -\mu \pm \mathrm{i}\sqrt{\omega_0^2 - \mu^2} \tag{3-226}$$

这就是方程（3-224）的特征值，对应的流量振荡为

$$\tilde{q}_2 = \mathrm{e}^{(-\mu + \mathrm{i}\sqrt{\omega_0^2 - \mu^2})t} \tag{3-227}$$

可见，当 μ 为正值时，方程具有正阻尼，自由振荡幅值会随着时间增加而衰减，系统稳定。一般情况下由于阀门的流量随着压差的增加而增加，$K_\mathrm{v} > 0$，因此系统是稳定的。但正如 3.3.4 节中的分析，当阀门具有在图 3-15 左侧所示流量特性时，通过阀门的流量随着压差的减小而增加，$K_\mathrm{v} < 0$，系统阻尼出现负值，振荡幅值会随时间增加而增加，系统不稳定。

将水力系统中的各种元件如水轮机、泵、调压井、空气罐等设备采用 3.4.1 节中的方法等价为电路元件后，利用基尔霍夫定律可以较方便地列出所关心回路的微分方程，很多情况下可以很便捷地获得定性的稳定性条件，这种方法的具体应用在 5.1 节～5.3 节中介绍。当系统更加复杂的时候，采用离散的方法更加方便，下面对此进行介绍。

3.4.5　基于离散等效电路法的系统固有频率和模态分析

传递矩阵法和阻抗法在电路及电网研究中被广泛采用，因此，在应用传递矩阵法或阻抗法时，结合等效电路的思路，会使分析过程更加直观易懂，且运算也易于操作，下面将对这两种方法进行介绍。

1. 基于离散等效电路的矩阵法

首先介绍基于等效电路的传递矩阵法。仍以简单管道为例，令 $\boldsymbol{X} = \bar{\boldsymbol{X}} + \tilde{\boldsymbol{x}}$，将方程（3-216）线性化后

$$\boldsymbol{A}\frac{\mathrm{d}}{\mathrm{d}t}\tilde{\boldsymbol{x}} + \boldsymbol{B}'\tilde{\boldsymbol{x}} = 0 \tag{3-228}$$

式中，矩阵 $\boldsymbol{B}'$ 形式与式（3-218）中的矩阵 $\boldsymbol{B}$ 相同，但其中的阻值 R 和 R_v 需要用 $R' = 2R$ 以及 $R_\mathrm{v}' = 2R_\mathrm{v}$ 代替。令其解为 $\tilde{\boldsymbol{x}} = \boldsymbol{x}\mathrm{e}^{st}$，其中 $s = \sigma + \mathrm{i}\omega$，代入式（3-228）得

$$\boldsymbol{A}s\boldsymbol{x} + \boldsymbol{B}'\boldsymbol{x} = 0 \tag{3-229}$$

如果方程有 $\boldsymbol{x}$ 的非零解，则以下行列式必须为 0，即

$$\det(\boldsymbol{I}s + \boldsymbol{A}^{-1}\boldsymbol{B}') = 0 \tag{3-230}$$

该方程有 $2n+1$ 个根（1 个零解，n 个共轭解）。系统 k 阶特征值是 $s_k = \sigma_k + \mathrm{i}\omega_k$，其虚部表示系统的自由振荡固有频率，实部表示系统自由振荡的幅值变化指数，代表阻尼。每个特征值对应的特征向量是 $\boldsymbol{x}_k$，就是对应的振荡模态。系统的振动都可表示为振荡模态的线性组合

$$\boldsymbol{x} = \sum_{k=1}^{n} c_k \boldsymbol{x}_k \mathrm{e}^{s_k t} \tag{3-231}$$

如 3.3.4 节中的分析，还可以看出特征值 $s_k = \sigma_k + \mathrm{i}\omega_k$ 的实部为负时系统是稳定的，而实部为正值时系统不稳定。

2. 基于离散等效电路的阻抗法

利用电路分析中的阻抗法，可以比较方便地求出离散等效电路的等效阻抗，继而求得系统的振荡频率及模态。如图 3-36 是带有负载的等效电路，可将电路振荡方程在复频域经过

拉普拉斯变换,使整个电路中的阻抗等效于一个阻抗。

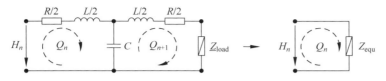

图 3-36　有负载的等效电路

对图 3-36 中的电路,经过拉普拉斯变换可将欧姆定律表示为相量形式,如对电阻,方程 $u(t) = Ri(t)$ 变换为 $U(s) = RI(s)$,对电感,方程 $u_L(t) = L \mathrm{d} i_L / \mathrm{d}t$ 变换为 $U_L(s) = sLI_L(s) - LI_L(0)$,对电容,方程 $i_C(t) = C \mathrm{d} u_C(t) / \mathrm{d}t$ 变换为 $U_C(t) = (1/sC)I_C(s) + U_C(0)/s$。忽略电感元件及电容元件产生的等效电源 $LI_L(0_-)$ 及 $U_C(0)/s$,电路图 3-36 变为图 3-37 所示的相量模型。

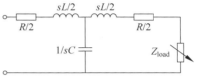

图 3-37　变换后的等效电路

通过简单的串并联阻抗运算可得

$$Z_{\mathrm{equ}} = (Ls/2 + R/2) + \cfrac{(Ls/2 + R/2 + Z_{\mathrm{load}})\dfrac{1}{sC}}{(Ls/2 + R/2 + Z_{\mathrm{load}}) + \dfrac{1}{sC}} \qquad (3\text{-}232)$$

式中,s 为拉普拉斯变换系数。在水力管网系统中,如果上游端阻抗(Z_n)和下游端阻抗(Z_{load})已知,利用其等效电路的相量模型可以方便地由一端的阻抗获得另一端的阻抗,比如由图 3-37,就可以由下游端阻抗 Z_{load} 计算出上游端阻抗 $Z_n = Z_{\mathrm{equ}}$,从而求得固有频率 $s_k = \sigma_k + \mathrm{i}\omega_k$。将 s_k 代入计算点的阻抗计算式,则可得到该点电阻抗值,从而获得第 k 阶振型。

3.4.6　基于等效电路的响应计算

对于复杂的水力系统,无论是利用矩阵法还是阻抗法,计算都比较繁琐。利用等效电路,还可以通过激励响应法来获得系统的固有频率和模态,即给系统输入一定的激励(如随机信号或者脉动信号),采用类似瞬态计算的方法计算系统的响应,由系统的响应信号获得系统的固有频率及模态。

图 3-38 给出了图 3-13 的上库、单管、单阀的水力系统对应的等效电路在随机信号激励下获得的压头及流量瀑布图,可以看出压力和流量模态的反相,且随着频率的增大,振荡周期变小、振幅变小,与图 3-14 所描述的复频特性一致。

3.4.7　水力计算模块库的建立及仿真平台搭建

用于电路模拟的仿真平台软件很多,下面以应用广泛的 Simulink 仿真平台为例,介绍搭建一维水力系统仿真软件的简单过程。

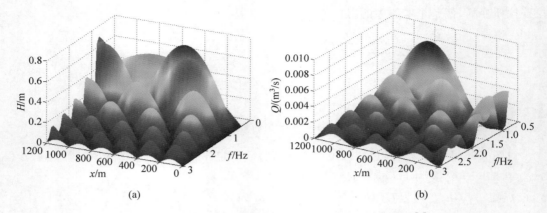

图 3-38　图 3-13 简单管道系统对随机型号的响应瀑布图[8]

（a）压力瀑布图；（b）流量瀑布图

大多数平台都具有比较完备的基本模块库如电源、电阻、电感、电容等，此外，用户还可以设计自定义模块并进行封装，根据 3.4.1 节中所述方法对各个水力元件如水轮机、水泵、调压井、阀门等进行等效，建立相应的自定义模块，添进模块库中，如图 3-39 所示[8]。

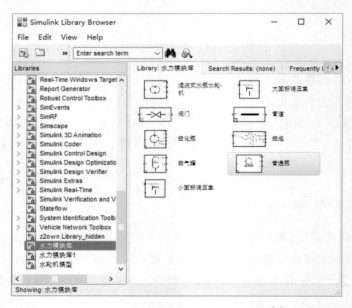

图 3-39　Simulink 中的自定义模块示例[8]

在基本元件的模块封装完成后，利用平台的可视化建模界面，可以非常直观便捷地建立水力管网，只需在元件库中选择合适的模块并拖放到建模窗口，并采用相应的方式进行连接就可以建立起复杂的水力管网系统图，如图 3-40 所示。

对离散微分方程的求解，平台提供了欧拉、龙格-库塔等多种数值计算方法，同时还具有精度较高积分算法，可以对线性及非线性系统进行仿真；其交互式仿真示波器可以在仿真运算时实时绘图显示所关心的计算结果。

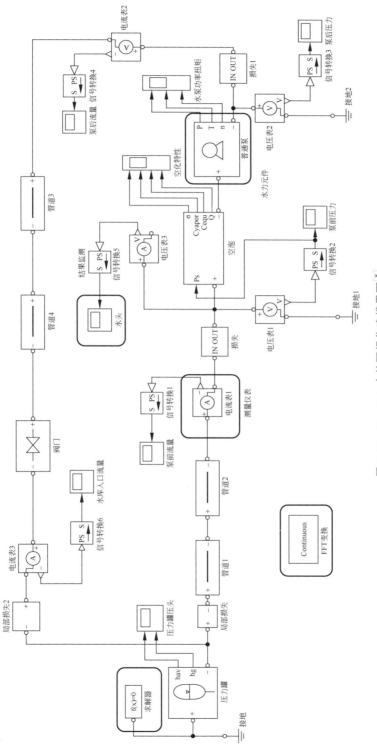

图 3-40 Simulink 中的可视化建模界面[8]

参考文献

［1］ 怀利 E B，斯特里特 V L. 瞬变流［M］.清华大学流体传动与控制教研组，译.北京：水利水电出版社，1983.

［2］ WYLIE E B，STREETER V L. Fluid Transients［M］. New York：McGraw-Hill International Book Company，1978.

［3］ 陈乃祥.水利水电工程的水力瞬变仿真与控制［M］.北京：中国水利水电出版社，2005.

［4］ 常近时.水力机械装置过渡过程［M］.北京：高等教育出版社，2005.

［5］ NICOLET C. Hydroacoustic modelling and numerical simulation of unsteady operation of hydroelectric systems［D］. École Polytechnique Fédérale de Lausanne，2007.

［6］ SIMPSON A R，BERGANT A. Numerical comparison of pipe-column-separation models［J］. Journal of Hydraulic Engineering，1994，120(3)：361-377.

［7］ BRENNEN C，ACOSTA A J. Theoretical，quasi-static analysis of cavitation compliance in turbopumps［J］. Journal of Spacecraft and Rockets，1973，10(3)：175-180.

［8］ 马艳梅.基于等效电路的水力瞬变和振荡分析［D］.北京：中国农业大学，2017.

4.1 动静干涉

4.1.1 动静干涉的概念

由于叶轮的旋转,叶轮和导叶的相对位置周期性地发生变化,该变化的周期与动静叶栅的叶片数和转速有关。下面对此进行分析。

首先假设叶轮叶片数为 Z_r,导叶的叶片数为 Z_g,转轮的转频为 f_n(Hz)。如果站在叶轮(旋转坐标系)的固定点来观察,这个点感受到的激励频率为 $Z_g f_n$ 及其谐频成分。如果站在导叶(静止坐标系)内的某固定点,它感受到的激励频率为 $Z_r f_n$ 及其谐频成分。

如果在转轮上观察特定时刻转轮整体所受到的激励型,那么,由于叶片数和导叶数的组合不同,干涉导致的激励型不同,对此,Tanaka[1]进行了深入分析,现简述如下。

首先以图 4-1($Z_g = 20$ 和 $Z_r = 6$)为例说明动静干涉的激励型。假设在某时刻,1 号转轮叶片和 1 号导叶相位正好对上,此时,4 号转轮叶片与 11 号叶片也具有相同的相位角。当转轮转过 6°后,2 号和 5 号转轮叶片也会与对应导叶同相,当转轮转过 12°后,3 号和 6 号转轮叶片与两个导叶分别同相,转轮转过 18°后,开始新的一个周期。

观察图 4-1 不同振型时相邻叶片的相位差示意图,可以看到在任意时刻,转轮总是在相对 180°的两个位置上同时同相,因此转轮所受到的激励型具有 2 个径向节径。

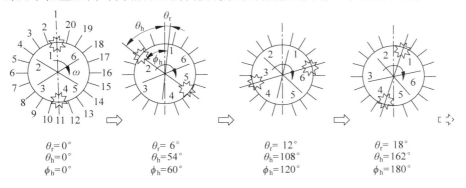

$\theta_r = 0°$
$\theta_h = 0°$
$\phi_h = 0°$

$\theta_r = 6°$
$\theta_h = 54°$
$\phi_h = 60°$

$\theta_r = 12°$
$\theta_h = 108°$
$\phi_h = 120°$

$\theta_r = 18°$
$\theta_h = 162°$
$\phi_h = 180°$

图 4-1 导叶数 20 与叶片数 6 的动静干涉振动模态示意

如果是其他叶片数的组合,则可能还会出现具有不同节径数目的激励型,如图 4-2 所示。

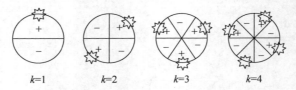

$k=1$ $k=2$ $k=3$ $k=4$

图 4-2 不同节径数的动静干涉振动模态示意

同时从图 4-1 还可以看到,由于转轮的旋转,该激励型也在旋转,在图 4-1 所示的例子中,其旋转的方向与转轮旋转的方向相反。由于叶片数组合不同,激励型也可能出现正转的情形。

从上面的例子可以看到,叶片数的组合和叶轮的旋转频率都会影响激励型的节径数目和旋转频率。为此,Tanaka[1]建立了具有普遍意义的模型。

4.1.2 动静干涉激励型

转轮任意形式的振动可以看作转轮不同固有模态(对应不同频率)的线性组合。如果只考虑具有节径的模态,将具有 k 个节径模态的振动记为 X_k,由于转轮整体振动可以看作所有转轮叶片所受到的导叶激振之和,因此

$$X_k = \sum_{i=1}^{Z_r} X_{ki} \tag{4-1}$$

式中,X_{ki} 表示第 i 个叶片所受导叶激振。令 ϕ 为转轮旋转坐标系下的角坐标,1 号叶片的相位角为 0,且激振可表示为正弦函数,则 1 号叶片受到的含有 k 阶模态的激励为

$$X_{k1} = A(\cos k\phi)[\sin 2\pi(nZ_g f_n)t] \tag{4-2}$$

式中,$A(\cos k\phi)$ 表示 k 阶模态的激励在转轮不同相位角上的幅值,$\sin 2\pi(nZ_g f_n)t$ 表示由于转轮旋转带来的导叶通过频率 n 倍频成分的激励。参考图 4-3,对第 i 个叶片,考虑到该叶片与 1 号叶片的相位差为 ϕ_i,以及该叶片转动到第 j 个导叶(位于静止坐标系的相位角 θ_j 的位置)所需的时间延迟,X_{ki} 可写为

$$X_{ki} = A\left[\cos k(\phi - \phi_i)\right]\left[\sin\left(2\pi(nZ_g f_n)\left(t - \frac{\theta_j - \phi_i}{2\pi f_n}\right)\right)\right] \tag{4-3}$$

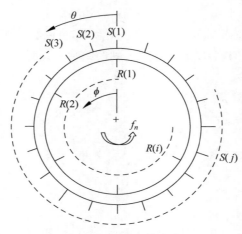

图 4-3 相位角的定义

式中，ϕ_i 为旋转坐标系下第 i 个叶片的圆周角（图 4-3）

$$\phi_i = \frac{(i-1)2\pi}{Z_r} \tag{4-4}$$

θ_j 为静止坐标系下第 j 个导叶的圆周角（图 4-3）

$$\theta_j = \frac{(j-1)2\pi}{Z_g} \tag{4-5}$$

将式(4-5)代入式(4-3)，并考虑三角函数的周期性得

$$X_{ki} = A\left[\cos k(\phi - \phi_i)\right]\left[\sin\left(2\pi(nZ_g f_n)\left(t + \frac{\phi_i}{2\pi f_n}\right)\right)\right] \tag{4-6}$$

将式(4-4)、式(4-6)代入式(4-1)，得

$$X_k = \frac{A}{2}\sum_{i=1}^{Z_r}\left\{\sin\left[(2\pi nZ_g f_n t - k\phi) + 2\pi(i-1)(nZ_g + k)/Z_r\right] + \right.$$
$$\left.\sin\left[(2\pi nZ_g f_n t + k\phi) + 2\pi(i-1)(nZ_g - k)/Z_r\right]\right\}$$

求和后

$$X_k = \frac{A}{2}\left\{C_1\sin\left[(2\pi nZ_g f_n t - k\phi) + \pi(Z_r - 1)(nZ_g + k)/Z_r\right] + \right.$$
$$\left.C_2\sin\left[(2\pi nZ_g f_n t + k\phi) + \pi(Z_r - 1)(nZ_g - k)/Z_r\right]\right\} \tag{4-7}$$

式中

$$C_1 = \sin\left[\pi(nZ_g + k)\right]/\sin\left[\pi(nZ_g + k)/Z_r\right]$$
$$C_2 = \sin\left[\pi(nZ_g - k)\right]/\sin\left[\pi(nZ_g - k)/Z_r\right] \tag{4-8}$$

由于 n、Z_g、k 都为正整数，式(4-8)的分子为 0，因此，只有式(4-8)的分母也为 0 时，C_1、C_2 才可能不为 0，并表示式(4-7)所代表的 k 节径模态的激励振动幅值不为 0，这意味着

$$nZ_g \pm k = mZ_r \tag{4-9}$$

也就是说，只有满足上述等式的叶片数组合才能激励出 k 节径的模态。在这种条件下，系数 C_1 或 C_2 为不定式，为此可对式(4-8)求极限。如果 $m(Z_r - 1)$ 为偶数时，当 $nZ_g + k = mZ_r$ 时 $C_1 = Z_r$，$C_2 = 0$，当 $nZ_g - k = mZ_r$ 时，$C_1 = 0$，$C_2 = Z_r$；如果 $m(Z_r - 1)$ 为奇数时，当 $nZ_g + k = mZ_r$ 时，$C_1 = -Z_r$，$C_2 = 0$，当 $nZ_g - k = mZ_r$ 时 $C_1 = 0$，$C_2 = -Z_r$。

将式(4-9)代入式(4-7)可得 k 节径的激励型为

$$X_k = \frac{A}{2}Z_r\left[\sin(2\pi nZ_g f_n t \mp k\phi)\right] \tag{4-10}*$$

式(4-10)为在转轮上（旋转坐标系下）观察到的振动振型（激励型），其振动频率为 $nZ_g f_n$，由于其具有 k 个节径，所以，其模态旋转频率为 $nZ_g f_n/k$，当式(4-9)的 k 前符号为正时，与转轮的旋转方向相同；式(4-9)的 k 前符号为负时，与转轮的旋转方向相反。

考虑到静止坐标系与旋转坐标系圆周角的关系：$\phi = \theta - 2\pi f_n t$，将其代入式(4-10)，在静止坐标系下观察到的 k 节径激励型为

$$X_k = \frac{A}{2}Z_r\left[\sin(2\pi mZ_r f_n t \mp k\theta)\right] \tag{4-11}$$

---

* 原文献中式(4-10)为：$X_k = \frac{A}{2}Z_r\left[\sin(2\pi nZ_g f_n t + k\phi) + \sin(2\pi nZ_g f_n t - k\phi)\right]$，但是同一组 m、n、k 只可能满足式(4-9)中的一种情况，此时 C_1 或 C_2 中必有一项为 0，式(4-7)中只有一项被保留。

由于其具有 k 个节径,所以,如果在静止坐标系观察,其振动频率为 mZ_rf_n,模态旋转频率为 mZ_rf_n/k,当式(4-9)的 k 前符号为正时,与转轮的旋转方向相同;为负时,与转轮的旋转方向相反。

4.1.3　转轮的典型振型

对结构部件而言,当激励的形态和频率与结构的某阶固有模态和频率相同时就会产生共振。为了更好地理解动静干涉引起的振动问题,在此先对典型的转轮模态进行介绍。转轮模态可通过有限元法计算或实测获得,具体计算方法见8.2节,实测方法及分析方法见9.4.4节。

图4-4为转轮的典型低阶振型,分为节径(ND)振型、节圆(NC)振型、以叶片振动为主的振型及一些复合振型。对节径振型,根据上冠和下环的模态相位,还可将转轮振型分为同相位(in-phase,IP)振型和反相位(counter-phase,CP)振型。同相位振型指转轮上冠和下环振动方向一致,而反相位振型转轮的上冠和下环的振动方向相反。此外,还有一些振型,如上冠占优(crown-dominant,CD)振型和下环占优(band-dominant,BD)振型,则指变形主要出现在上冠或者下环。

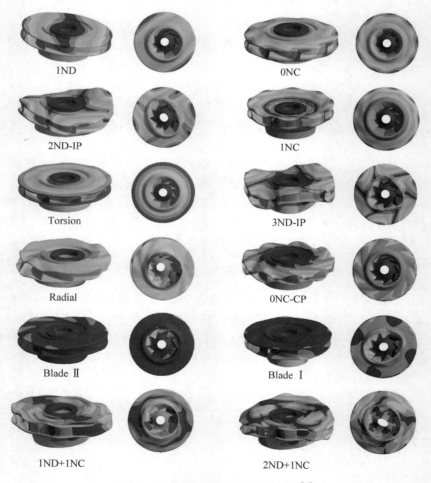

图4-4　抽水蓄能机组典型模态振型[2]

4.1.4 叶片数组合对叶片根部动应力水平的影响

注意到式(4-10)仅表示具有 k 节径的激励型,在实际工程中,可能出现的振动形式可能是不同模态振型的组合,比如,对于 k_1 和 k_2 节径的组合,其振动频率都为 $nZ_\mathrm{g}f_n$,暂不考虑其幅值的差别,可得

$$
\begin{aligned}
X_{k_1+k_2} &= A_0\sin(2\pi nZ_\mathrm{g}f_n t + k_1\phi) + \\
&\quad A_0\sin(2\pi nZ_\mathrm{g}f_n t + k_2\phi)
\end{aligned}
\tag{4-12}
$$

简单三角运算可得

$$
X_{k_1+k_2} = 2A_0\cos\left[\left(\frac{k_2-k_1}{2}\right)\phi\right]\sin\left[2\pi nZ_\mathrm{g}f_n t + \frac{k_1+k_2}{2}\phi\right]
\tag{4-13}
$$

如果 k_1 和 k_2 的组合满足 $k_2-k_1=Z_\mathrm{r}$ 那么式(4-13)表示幅值的余弦函数在一个圆周内会有 Z_r 个为 0 的值,即表示激励型为与叶片的约束方式一致的型态,当这样的转轮模态(在叶片处位移接近 0)对应的固有频率正好与 $nZ_\mathrm{g}f_n$ 相同时,则会引起共振,而这种模态容易在叶片根部产生较大动应力。

由式(4-9)可以看到,两个具有最小绝对值的 k 组合将使 $k_2-k_1=Z_\mathrm{r}$。比如表 4-1,对导叶数为 20,叶片数为 6 的情况,反向旋转的 2ND($k_1=-2$)与正向旋转的 4ND($k_2=4$)的组合为具有 6 个节径且振动频率为 $20f_n$ 激励型;对导叶数为 20,叶片数为 7 的情况,反向旋转的 6ND($k_2=-6$)和正向旋转的 1ND($k_1=1$)的组合为具有 7 个节径且振动频率为 $20f_n$ 激励型。

表 4-1 典型叶片数组合及其振型节径数

$Z_\mathrm{g}=20, Z_\mathrm{r}=6$			$Z_\mathrm{g}=20, Z_\mathrm{r}=7$		
$f_\mathrm{r}=Z_\mathrm{g}f_n$	$f_\mathrm{s}=mZ_\mathrm{r}f_n$	k	$f_\mathrm{r}=Z_\mathrm{g}f_n$	$f_\mathrm{s}=mZ_\mathrm{r}f_n$	k
$20f_n$	$6f_n$	-14	$20f_n$	$7f_n$	-13
	$12f_n$	-8		$14f_n$	-6
	$18f_n$	-2		$21f_n$	$+1$
	$24f_n$	$+4$		$28f_n$	$+8$
	$30f_n$	$+10$		$35f_n$	$+15$

从以上分析可以看到,任何导叶数和叶片数的组合下,k 的绝对值较小的模态组合会形成与转轮叶片约束形式相同的模态振型,由于 k 的绝对值较小,因而常常更容易被激励。但是同样是与转轮叶片约束形式相同的模态振型,有些叶片数组合下,共振时叶片根部所受动应力总比其他叶片数组合的共振动应力大,这与相邻叶片所受激励的相位差有关。

图 4-5 表示叶片处位移为 0 的两种振动激励型态,其中图 4-5(a)中相邻叶片所受的激励反相(相位差 180°),图 4-5(b)中相邻叶片所受的激励同相(相差 0°),显然,反相的情形所致转轮的变形最大,根部动应力较大。下面分析不同叶片数组合时的情形。

图 4-5 不同振型时相邻叶片的相位差示意

(a) $F_{i+1}=-F_i$(相位差为 180°);(b) $F_{i+1}=F_i$(相位差为 0°)

假设导叶对第 i 个叶片的激励为

$$F_i = F_0 \sin\{Z_g[2\pi f_n t + 2\pi(i-1)/Z_r]\} \tag{4-14}$$

则相邻叶片所受激励之差为

$$\Delta F_i = \mid F_{i+1} - F_i \mid = F_0 \mid \sin[Z_g(2\pi f_n t + 2\pi i/Z_r)] -$$
$$\sin\{Z_g[2\pi f_n t + 2\pi(i-1)/Z_r]\} \mid$$
$$\Delta F_i = 2F_0 \mid \sin(\pi Z_g/Z_r) \mid\mid \cos\{2\pi Z_g[2\pi f_n t + \pi(2i-1)/Z_r]\} \mid \tag{4-15}$$

显然式(4-15)表明,当导叶数是叶片数整数倍时($Z_g = mZ_r$),表示幅值的部分为 0,即相邻叶片所受激励相同,转轮的变形最小。但在这种情况下,可能会出现具有 0 节径模态的振动(参照式(4-9)),因此,较好的选择是 $Z_g = mZ_r \pm 1$ 或接近的情况。而按式(4-15),最不利的情况就是 $Z_g = (2m+1)Z_r$ 或接近的情况,此时 ΔF_i 的幅值最大。表 4-2 中 $Z_g = 18$,$Z_r = 7$ 和 $Z_g = 20$,$Z_r = 6$ 对应的 $\mid \sin(\pi Z_g/Z_r) \mid$ 分别为 0.97 和 0.87,而在 $Z_g = 20$,$Z_r = 7$ 和 $Z_g = 18$,$Z_r = 6$ 时,$\mid \sin(\pi Z_g/Z_r) \mid$ 分别为 0.43 和 0。图 4-6 的实测数据中,前两种组合在共振工况下转轮叶片根部的动应力幅值 $A\sigma$ 高于后两种情况。与表 4-2 中 $\mid \sin(\pi Z_g/Z_r) \mid$ 的值对应。

表 4-2 典型叶片数组合及 $\mid \sin(\pi Z_g/Z_r) \mid$ 的值

		Z_g					
		14	16	18	20	22	24
Z_r	4	1.00	0	1.00	0	1.00	0
	5	0.59	0.59	0.95	0	0.95	0.59
	6	0.87	0.87	0	0.87	0.87	0
	7	0	0.78	0.97	0.43	0.43	0.97
	8	0.71	0	0.71	1.00	0.71	0
	9	0.98	0.64	0	0.64	0.98	0.87
	10	0.95	0.95	0.59	0	0.59	0.95

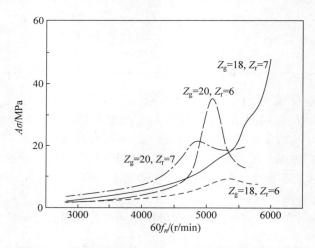

图 4-6 不同叶片数组合下动静干涉所致的共振曲线[1]

当然,导叶数与叶片数的组合还要考虑到其他因素,在一些特定的条件下,某些导叶数和叶片数的组合可能导致相振,这将在 4.2 节中讲述。

4.1.5 动静干涉引起的共振分析实例

某抽水蓄能电站的转轮叶片数 6 个,导叶数 20 个,额定转速为 4929r/min。根据以上公式分析获得水力激励力频率及振型,如表 4-3 所示。前面的分析表明,$k=-2$ 和 $+4$ 的振型即 2ND 和 4ND 的叠加振型,是其中一个风险较高的振型,刚好使 $k_2-k_1=6$,这种激励型与叶片的约束方式一致,且激励的频率为 $20f_n$。图 4-7(a)给出了通过 CFD 计算获得的转轮上的主要激励振型。从转轮流体域和结构表面的压力分布云图可以看出,这正是一个 2ND 和 4ND 的叠加振型,其对应频率为 $20f_n$。

通过流固耦合的模态分析(参见 8.3 节),可获得转轮在流道中的各阶模态振型及频率,其中转轮固有模态 2ND 和 4ND 的叠加振型如图 4-7(b)所示,其对应固有频率为 1380Hz,且为上冠下环反相振型,相邻叶片的位移方向相反。虽然在额定转速 4929r/min 时 2ND 和 4ND 的叠加振型的激振频率 $f_r=20f_n=1643$Hz,离对应固有频率较远,但在转轮启动过程中,在 80%～90% 额定转速的区间,2ND 和 4ND 的激振频率会与对应模态的固有频率 1380Hz 比较接近[2]。该转轮在实际运行中的确出现启动过程中转轮的强烈共振现象,并导致叶片根部裂纹。

表 4-3　组合 $Z_r=6$, $Z_g=20$ 时低阶激励力频率及振型

k	$f_r=Z_g f_n$	$f_s=mZ_r f_n$	$f_r=Z_g×0.8f_n$	$f_r=Z_g×0.9f_n$	$f_r=Z_g f_n$
-14	$20f_n$	$6f_n$	1314.4Hz	1478.7Hz	1643Hz
-8	$20f_n$	$12f_n$	1314.4Hz	1478.7Hz	1643Hz
-2	$20f_n$	$18f_n$	1314.4Hz	1478.7Hz	1643Hz
$+4$	$20f_n$	$24f_n$	1314.4Hz	1478.7Hz	1643Hz
$+10$	$20f_n$	$30f_n$	1314.4Hz	1478.7Hz	1643Hz

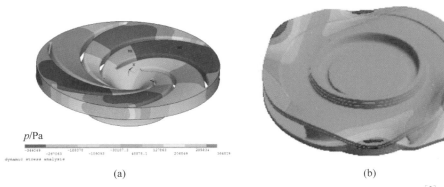

(a) (b)

图 4-7　动静干涉的(2+4)ND 振型激励型与转轮(2+4)ND 固有模态振型[2]

(a) 转轮流体域压力分布((2+4)ND 激励型);(b) 转轮固有模态((2+4)ND 振型)

4.2　相振

由于转轮旋转和动静干涉产生的扰动会旋转并在蜗壳等流道内传播,由此产生复杂的压力波叠加,如 1.5 节所述,在一些情况下由不同通道通过不同路径传播到水轮机蜗壳进口

（或泵蜗壳出口）或尾端的压力波正好相位相同而形成叠加,就可能导致水轮机蜗壳进口(或泵蜗壳出口)或尾端处出现剧烈压力脉动的情形,这被称为相振(phase resonance)。如上所述,在静止坐标下动静干涉产生的压力脉动频率为 $f = mZ_r f_n$,如果动静干涉的激振模态具有 k 节径,由于转轮的旋转,该模态的旋转频率为

$$f_k = \frac{mZ_r f_n}{|k|} \tag{4-16}$$

如图 4-8 所示,动静干涉所产生的压力脉动在固定导叶和蜗壳内向蜗壳进口和蜗壳尾端两个相反的方向以一定的波速 a 传播;同时,模态的旋转会使不同周向位置的压力脉动具有相位差,如果激励的一个波峰按波速 a 传播到蜗壳某处时($O_1 \rightarrow A \rightarrow B$)正好与激励旋转后的波峰($O_2 \rightarrow B$)同时到达,则可形成峰值叠加,导致振动幅值增加,出现相振,因此,当激振模态在蜗壳内周向速度与波速相等时就可能出现峰值叠加。设 D 为蜗壳流道的平均直径,频率为 $f = mZ_r f_n$ 的 k 阶激振模态在蜗壳内周向传播速度为

$$U = \pi D f_k = \frac{\pi D m Z_r f_n}{|k|} \tag{4-17}$$

若

$$U = \pi D m Z_r f_n / |k| = a \tag{4-18}$$

则会出现相振,这也是 Chen[3] 等早期得出的简单的相振条件。

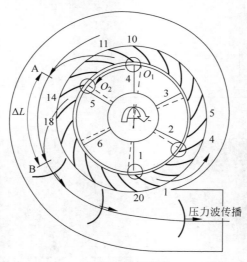

图 4-8　相振示意

由于激振频率为 $f = mZ_r f_n$,在蜗壳以波速 a 传播时其波长为 $\lambda = \dfrac{a}{mZ_r f_n}$,如果蜗壳的平均周长为 πD,在蜗壳内的波数为

$$k' = \frac{\pi D}{\lambda} = \frac{\pi D m Z_r f_n}{a} = |k| \frac{U}{a} \tag{4-19}$$

如果定义马赫数

$$M = U/a \tag{4-20}$$

蜗壳内振动模态的节径数与无叶区动静干涉模态节径数间的关系为 $k' = |k|M$,即蜗壳内

的振动模态节径数与无叶区动静干涉模态节径数可能是不同的。

　　以上是对相振可能性的一个简单分析，显然，压力波的叠加过程还受到蜗壳尾端（隔舌）和进（出）水管的反射等条件的影响，需要更加系统地考虑这些影响。为了分析相振条件及幅值放大系数，早期的分析模型采用离散的模型，并据此提出了相振发生的条件[3,4]。以后Tsujimoto[5]、Nishiyama[6]等采用连续的解析模型，从理论上证明，这种现象与动静干涉旋转模态的旋转速度与声速之比有关，同时也与进口管蜗壳尾端的反射有关。下面对此分别进行介绍。

4.2.1　相振问题的离散模型

　　以上条件是对相振问题的一个简单推理，但是压力波的叠加过程还受到蜗壳尾端（隔舌）和进（出）水管的反射等条件的影响，因此 Chen[3] 和 Den[4] 等进一步考虑了流速 w 的影响，采用以下假设来分析蜗壳内的压力波叠加：

　　（1）每个导叶流道内的压力波幅值相同；

　　（2）在蜗壳内压力波类似平面波传播；

　　（3）不考虑蜗壳断面的渐变影响；

　　（4）不考虑蜗壳尾端及进口的反射；

　　（5）不考虑固定导叶流道对球面波的传播及衰减的影响。

　　按照以上假设，并考虑蜗壳内的流速，Chen[3] 得出动静干涉在不同位置的叶片处引起的压力波在蜗壳内传播过程中，在蜗壳入口或尾端产生相振的条件为

$$\frac{Z_g - Z_r}{Z_g}\left(1 \pm \frac{D\pi f_n}{a \pm w}\frac{Z_r}{Z_g - Z_r}\right) = \frac{k}{m} \tag{4-21}$$

式中，Z_g、Z_r 分别为导叶和转轮叶片数；D 为蜗壳流道的平均直径；a 为波速；w 为流速；k、m 为整数，分别为模态节径数和叶片通过频率的倍数，满足式（4-9），f_n 为旋转频率（Hz），式中正号表示压力波的传播方向与旋转方向相反，负号表示相同。

　　以上准则在实际工程中应用时过于严苛，对于接近满足以上等式的情况并不太好判断，可以用以下公式来估计蜗壳尾端或进口处压力波的放大系数[7]。

$$\frac{p_{k\,\mathrm{end}}}{p_k} = \frac{\sin[m\pi(1 \pm D\pi f_n/a)Z_r]}{\sin[m\pi(1 \pm D\pi f_n/a)Z_r/Z_g]} \tag{4-22}$$

式中，$p_{k\,\mathrm{end}}$ 代表蜗壳尾端或进口处压力，p_k 代表固定导叶外圆处的原始压力脉动幅值。此式中忽略了蜗壳内流速的影响。定义放大率为

$$\mathrm{RF} = \frac{p_{k\,\mathrm{end}}}{Z_s p_k} = \frac{\sin[m\pi(1 \pm D\pi f_n/a)Z_r]}{Z_s\sin[m\pi(1 \pm D\pi f_n/a)Z_r/Z_g]} \tag{4-23}$$

　　Doerfler[7] 利用以上放大率的计算公式，验算了多个电站中与叶片通过频率相关的压力脉动的情况，发现对大多数蜗壳进口出现较大压力脉动的情况，RF 值都比较高，说明以上判据在实际工程中是很有指导意义的。

　　公式（4-23）在推导过程中没有考虑蜗壳尺寸的渐变、蜗壳两端的反射以及导叶内压波的衰减等因素，Doerfler[7] 在此基础上，利用等效电路的思想，建立了图 4-9 的分析模型以考虑以上因素的影响。

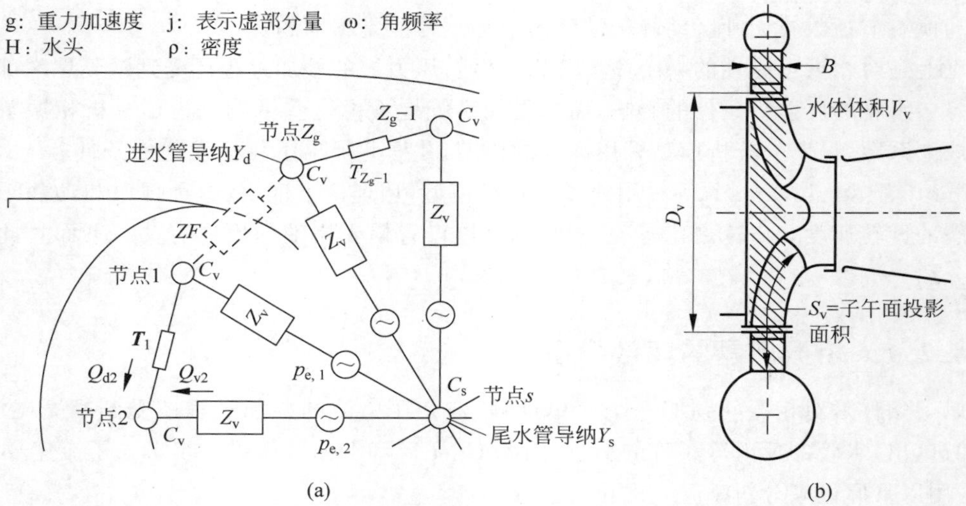

g：重力加速度　　j：表示虚部分量　ω：角频率
H：水头　　　　　ρ：密度

(a)　　　　　　　　　　　　　　(b)

图 4-9　相振分析等效电路图[7]

用传递矩阵为 T_i 的分段管道模拟蜗壳内的流道并考虑断面直径的渐变，用惯性元件 L_v、阻性元件 R_v 和两端的容性元件 C_v 来模拟每个导叶内的流道，并将转轮内的流体惯性及流阻也计入 L_v 及 R_v 中。这样，每个固定导叶通道的复阻抗为

$$Z_v = R_v + j\omega L_v \tag{4-24}$$

式中

$$L_v = \rho l_v / A_v \tag{4-25}$$

$$l_v = S_v / \sin\alpha_m \tag{4-26}$$

$$R_v = Z_g \rho g\, dH / dQ \tag{4-27}$$

l_v 是导叶流道当量长度；A_v 为导叶流道当量面积；S_v 是转轮到固定导叶出口间平均轴面流线的长度；α_m 是流道内的平均液流角。

每个流道流容分为两个部分，一部分来源于每个固定导叶流道内流体的弹性，对应流容为

$$C_v = V_v / (2Z_g E_f) \tag{4-28}$$

式中，V_v 为流体通道内水体的体积，如图 4-9 阴影部分水体体积；E_f 为水体弹性模量。由于导叶内侧水体相连，另一部分来源于所有导叶通道内水体的弹性，对应流容为

$$C_s = Z_g C_v \tag{4-29}$$

考虑到动静干涉模态的旋转，k 阶动静干涉模态在第 i 个导叶通道内产生的压力脉动 $p_{e,i}$ 与第一个固定导叶通道内的压力脉动 $p_{e,1}$ 间存在相位差，它们之间的关系为

$$p_{e,i} = p_{e,1} e^{\pm j2\pi m f_n Z_r(i-1)/Z_g} \tag{4-30}$$

式中，正号对应叶轮的旋转方向，负号对应相反的方向。如图 4-9 所示，此系统在 k 阶模态激励下的响应可按如下方法求解：以蜗壳内每个节点上的压力 p_i，每个径向导叶内的流量 Q_{vi}，每小段蜗壳内的流量 Q_{di} 以及 p_s 为未知量，共 $3Z_g + 1$ 个未知量，对蜗壳内的每个节点列出以下方程。

每个导叶通道进出口的压力关系（以图 4-9 所示的流动方向为正）

$$p_i - p_s + Q_{vi} Z_v = p_{e,i} \tag{4-31}$$

第 i 段蜗壳两端节点上压头的关系

$$p_i(\boldsymbol{T}_i(1,1) - \mathrm{j}\omega C_v \boldsymbol{T}_i(1,2)) - p_{i+1} + (Q_{di} + Q_{vi})\boldsymbol{T}_i(1,2) = 0 \tag{4-32}$$

第 i 段蜗壳两端节点上流量的关系

$$p_i(\boldsymbol{T}_i(2,1) - \mathrm{j}\omega C_v \boldsymbol{T}_i(2,2)) - Q_{vi+1} + (Q_{di} + Q_{vi})\boldsymbol{T}_i(2,2) = 0 \tag{4-33}$$

在节点 Z_g 上,传递矩阵 $\boldsymbol{T}_{Z_g}$ 需要考虑蜗壳尾端是否连通,如果没有,首尾两端的边界条件为

$$p_{Z_g}(Y_d + \mathrm{j}\omega C_v) - Q_{dZ_g} - Q_{vZ_g} = 0 \tag{4-34}$$

和

$$Q_{d1} = 0 \tag{4-35}$$

同时在节点 S 的连续性方程可写为

$$p_s(\mathrm{j}\omega C_s - Y_s) + \sum_i Q_{v_i} = 0 \tag{4-36}$$

如果不考虑蜗壳两端的反射,式(4-34)和式(4-36)中的导纳可写为

$$Y_s = -A_s/\rho a_s \tag{4-37}$$

$$Y_d = A_d/\rho a_d \tag{4-38}$$

其中 A_s、A_d 分别为尾水管及进口管截面积,a_s,a_d 为尾水管和进水管内的波速。

考虑到 $i=1 \sim Z_g$,方程(4-31)共 Z_g 个,方程(4-32)和方程(4-33)分别有 $Z_g - 1$ 个,再加上方程(4-34)~方程(4-36),共 $3Z_g + 1$ 个方程,包含 $3Z_g + 1$ 个未知量。求解过程中,可令激励幅值 $p_{e,1} = 1$。这样获得的压力幅值实际为激励源的放大系数,而不是真实的压力脉动幅值,但通过放大系数的大小,可以评价蜗壳进口或尾端发生相振的风险。

利用以上等效电路模型,还可以用与 3.4.6 节及 3.4.7 节类似的方法计算蜗壳两端的响应,进而估计放大系数。

4.2.2　相振的连续解析模型

1. 相振分析的一维波动方程

以上分析都采用了离散的激励源,即在每个固定导叶流道输入激励源。Tsujimoto[5],Nishiyama[6] 等在蜗壳内侧采用连续的激励源,利用简单一维波动方程对相振问题进行了分析。模型的简图见图 4-10。将蜗壳流道简化为宽度为 b 的直管,$x=0$ 处为蜗壳尾端隔舌的位置。$x=L$ 处为泵蜗壳出口(水轮机进口)断面,$x=L_p$ 处管道在远处连接水库或水箱断面。由于转轮旋转及与导叶的动静干涉现象,蜗壳内侧流入的流量及动量都会波动(流量和压力激励源),将流量波动的影响用流入蜗壳的波动速度 $v(x,t)$ 表示,动量波动影响用波动质量力 $f(x,t)$ 表示。仅考虑流动的振荡分量,列出管道内关于波动速度 $u(x,t)$ 的一维波动方程为

$$\frac{\partial^2 u}{\partial x^2} - \frac{1}{a^2}\frac{\partial^2 u}{\partial t^2} = \frac{1}{b}\frac{\partial v(x,t)}{\partial x} - \frac{1}{a^2}\frac{\partial f(x,t)}{\partial t} \tag{4-39}$$

动静干涉引起的波动都是周期性的,因此,可以将以上激励源用简单正弦函数表示,令

$$v(x,t) = \begin{cases} v_0 \cos\left[\dfrac{2\pi k}{L}(x - Ut)\right], & 0 < x < L \\ 0, & L \leqslant x < L_p \end{cases} \tag{4-40}$$

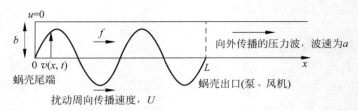

图 4-10 相振分析的连续解析模型

$$f(x,t)=\begin{cases}f_0\cos\left[\dfrac{2\pi k}{L}(x-Ut)\right], & 0<x<L\\[2mm]0, & L\leqslant x<L_{\mathrm p}\end{cases}\tag{4-41}$$

式中，k 为动静干涉模态节径数，也即扰动在长度为 L 的管道内的波数，U 为扰动在蜗壳内的传播速度，也就是第 k 阶模态的周向旋转速度，即相位移动速度，与转轮的旋转速度及动静干涉模态有关，为

$$U=\frac{\pi Dm Z_{\mathrm r}f_n}{k}\tag{4-42}$$

式中，m 为 k 阶干涉模态对应的转轮叶片数的整数倍数，满足式(4-9)。将式(4-40)、式(4-41)代入式(4-39)后，可得

$$\frac{\partial^2 u}{\partial x^2}-\frac{1}{a^2}\frac{\partial^2 u}{\partial t^2}=\begin{cases}-F\sin\left[\dfrac{2\pi k}{L}(x-Ut)\right], & 0<x<L\\[2mm]0, & L\leqslant x<L_{\mathrm p}\end{cases}\tag{4-43}$$

式中

$$F=\frac{2\pi k v_0}{bL}-\frac{2\pi k U f_0}{a^2 L}\tag{4-44}$$

假设水库或水箱($x=L_{\mathrm p}$)处压力波动为 0，以上方程的解可写成

$$u=\begin{cases}\left(\dfrac{L}{2\pi k}\right)^2\dfrac{F}{1-M^2}\left[-\mathrm{e}^{\mathrm{i}\frac{2\pi k}{L}U\left(t-\frac{x}{U}\right)}+A\mathrm{e}^{\mathrm{i}\frac{2\pi k}{L}U\left(t-\frac{x}{a}\right)}+B\mathrm{e}^{\mathrm{i}\frac{2\pi k}{L}U\left(t+\frac{x}{a}\right)}\right], & 0<x<L\\[3mm]\left(\dfrac{L}{2\pi k}\right)^2\dfrac{F}{1-M^2}\left[C\mathrm{e}^{\mathrm{i}\frac{2\pi k}{L}U\left(t-\frac{x}{a}\right)}+C\mathrm{e}^{-2\mathrm{i}\frac{2\pi k}{L}UL_{\mathrm p}/a}\,\mathrm{e}^{\mathrm{i}\frac{2\pi k}{L}U\left(t+\frac{x}{a}\right)}\right], & L\leqslant x<L_{\mathrm p}\end{cases}\tag{4-45}$$

同时，可计算出压力波动 p 为

$$p=\begin{cases}\left(\dfrac{L}{2\pi k}\right)\dfrac{\rho a F}{1-M^2}\left[-M\mathrm{e}^{\mathrm{i}\frac{2\pi k}{L}U\left(t-\frac{x}{U}\right)}+A\mathrm{e}^{\mathrm{i}\frac{2\pi k}{L}U\left(t-\frac{x}{a}\right)}-B\mathrm{e}^{\mathrm{i}\frac{2\pi k}{L}U\left(t+\frac{x}{a}\right)}\right], & 0<x<L\\[3mm]\left(\dfrac{L}{2\pi k}\right)^2\dfrac{\rho a F}{1-M^2}\left[C\mathrm{e}^{\mathrm{i}\frac{2\pi k}{L}U\left(t-\frac{x}{a}\right)}-C\mathrm{e}^{-2\mathrm{i}\frac{2\pi k}{L}UL_{\mathrm p}/a}\,\mathrm{e}^{\mathrm{i}\frac{2\pi k}{L}U\left(t+\frac{x}{a}\right)}\right], & L\leqslant x<L_{\mathrm p}\end{cases}\tag{4-46}$$

式中

$$M=U/a\tag{4-47}$$

是以动静干涉模态的圆周速度计算的马赫数。式(4-46)的解中，方括号中第一项是来源于 $0<x<L$ 区间引入动静干涉模态(流量或动量输入)引起的扰动，相位移动速度与 U 有关，

第二项和第三项为波动方程的一般解,相位移动速度与波速 a 有关。在 $U>0$ 时分别为前行波和后行波。利用 $x=L$ 两端速度及压力波动连续的条件以及蜗壳尾端速度波动的条件为 $0(x=0, u=0,$ 即压力全反射条件)可获得系数 A、B、C 的值。

当只有流量激励时($f=0$),三个系数分别为

$$A = \frac{1 + (M-1)e^{i2\pi Mk}/2 + (M+1)e^{i2\pi Mk(1-2L_p/L)}/2}{1 + e^{i2\pi Mk(-2L_p/L)}} \tag{4-48}$$

$$B = \frac{e^{i2\pi Mk(-2L_p/L)} + (1-M)e^{-i2\pi Mk}/2 - (1+M)e^{i2\pi Mk(1-2L_p/L)}/2}{1 + e^{i2\pi Mk(-2L_p/L)}} \tag{4-49}$$

$$C = \frac{1 + (M-1)e^{-i2\pi Mk}/2 - (M+1)e^{i2\pi Mk}/2}{1 + e^{i2\pi Mk(-2L_p/L)}} \tag{4-50}$$

2. 声学共振发生条件

当 A、B、C 三个系数的分母都为 0 时,速度和流量波动理论幅值为无限大(实际由于阻尼耗散,幅值为较大的有限值),此时

$$1 + e^{i2\pi Mk(-2L_p/L)} = 0 \tag{4-51}$$

由此可得

$$L_p = -(l/2 + 1/4)L/(Mk) = -(l/2 + 1/4)\lambda = (l'/2 - 1/4)\lambda \tag{4-52}$$

式中 l、l' 为任意整数,$\lambda = a/(kU/L) = L/(Mk)$ 为动静干涉模态旋转频率对应的波长,式(4-52)表明当管道的长度等于其半波长(波长)整数倍减去 1/4 波长时可能发生声学共振,即整个水力系统的共振。

3. 相振发生条件

当 $|M| = |U|/a = 1$ 时,式(4-46)的分子分母都为 0,但是分子分母上为 0 的项可以消去,这时压力和速度脉动幅值有限,但是会达到最大值。所以相振发生条件为

$$\frac{\pi Dm Z_r f_n}{|k|} = a \tag{4-53}$$

由此得出的结论与式(4-18)一致。

如果在 $x=L_p$ 处管道连接水库或水箱,可假设为无反射边界,即压力脉动为 0,这意味着在以上系数中 $e^{i2\pi Mk(-2L_p/L)}$ 为 0,在这种条件下,以上系数 A、B、C 分别为

$$A = 1 - (1-M)e^{-i2\pi Mk}/2 \tag{4-54}$$

$$B = (1-M)e^{-i2\pi Mk}/2 \tag{4-55}$$

$$C = 1 - e^{i2\pi Mk} + (1-M)(e^{i2\pi Mk} - e^{-i2\pi Mk})/2 \tag{4-56}$$

将式(4-54)~式(4-56)代入式(4-45),如果画出 $x=L$ 处的速度扰动幅值,可以看到当马赫数 $|M|=1$ 时,扰动速度的幅值最大(图 4-11)。

同理,当 $x=L_p$ 处假设为无反射边界且只有动量激励时($v=0$),三个系数分别为

$$A = 1 + (1-M)e^{-i2\pi Mk}/(2M) \tag{4-57}$$

$$B = -(1-M)e^{-i2\pi Mk}/(2M) \tag{4-58}$$

$$C = 1 - e^{i2\pi Mk} + (1-M)(e^{i2\pi Mk} - e^{-i2\pi Mk})/2M \tag{4-59}$$

同样可以看到当马赫数 $M=1$ 时,扰动速度的幅值最大(图 4-11)。这意味着当动静干涉模

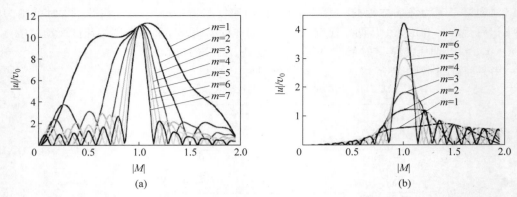

图 4-11　不同动静干涉振动模态时的蜗壳出口（进口）处的压力脉动与 M 的关系[7]

（a）$L/b=22$ 时仅有流量激励时蜗壳出口 $X=L$ 处速度波动；

（b）仅有动量激励时蜗壳出口 $X=L$ 处速度波动

态在蜗壳内旋转周向速度与声速相同时，在蜗壳内会出现压力脉动幅值最大的情况，对于正向旋转（$M=1$）和反向旋转（$M=-1$）模态都是如此。Nishiyama[6]等认为这是发生相振的原因。他们对一个叶片数为 6、导叶数为 16、蜗壳平均直径为 0.14m 的离心风机在不同转速下对蜗壳出口处的压力脉动进行测量，发现在转速为 5000r/min 时出口压力脉动相对幅值 ψ_e 最大（图 4-12），频率为 $3Z_r f_n$，即 3 倍叶片通过频率。

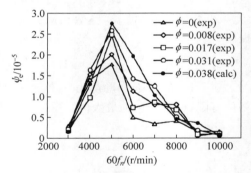

图 4-12　导叶数 16 与叶片数 6 的风机在不同转速时
蜗壳出口压力脉动幅值[7]

由动静干涉模态分析可知，叶片数 6，导叶数 16 会形成 2ND 的模态（$1\times16+2=3\times6$），在静止坐标系下，该模态在静止坐标系下旋转频率为 $3\times6f_n/2$，即其旋转频率为 9 倍转频，由于是 2ND 模态，其压力脉动频率为 $3\times6f_n$，这也是试验中测到的频率，在转速为 5000r/min 时其在蜗壳平均半径上的圆周速度为 $U=(0.07\times9\times2\pi\times5000/60)\text{m/s}=330\text{m/s}$，接近空气中的声速 340m/s，根据上面的推导，在蜗壳内的脉动幅值将会接近最大值，这与试验测量的结果（图 4-12）是吻合的。

4. 相振发生时的振荡模态

（1）正向旋转模态（从蜗壳尾端向蜗壳出口方向）

对水轮机和泵，都规定从蜗壳尾端（隔舌）到进（出）水管道的方向为正向旋转模态，与转轮的旋转方向无关。

当 $M \to 1$ 时，在蜗壳尾端全反射条件下对式（4-45）和式（4-46）求极限，并只考虑流量激励时在 $0 < x < L$ 内

$$\frac{u}{v_0} = \frac{-\mathrm{i}L}{2b}\left[\underbrace{-\frac{x}{L}\mathrm{e}^{\mathrm{i}\frac{2\pi k}{L}U\left(t-\frac{x}{U}\right)}}_{\text{行波}} - \underbrace{\left(\frac{2\mathrm{i}\mathrm{e}^{\mathrm{i}2\pi k(-2L_\mathrm{p}/L)}}{1+\mathrm{e}^{\mathrm{i}2\pi k(-2L_\mathrm{p}/L)}}+\frac{1}{2\pi k}\right)\sin\left(\frac{2\pi kx}{L}\right)\mathrm{e}^{\mathrm{i}\left(\frac{2\pi k}{L}Ut\right)}}_{\text{驻波}}\right] \quad (4\text{-}60)$$

$$\frac{p}{\rho a v_0} = \frac{-\mathrm{i}L}{2b}\left[\underbrace{-\frac{x}{L}\mathrm{e}^{\mathrm{i}\frac{2\pi k}{L}U\left(t-\frac{x}{U}\right)}}_{\text{行波}} + \underbrace{\left(\frac{2\mathrm{e}^{\mathrm{i}2\pi k(-2L_\mathrm{p}/L)}}{1+\mathrm{e}^{\mathrm{i}2\pi k(-2L_\mathrm{p}/L)}}\cos\left(\frac{2\pi kx}{L}\right)+\frac{\sin\left(\frac{2\pi kx}{L}\right)}{2\pi k}\right)\mathrm{e}^{\mathrm{i}\left(\frac{2\pi k}{L}Ut\right)}}_{\text{驻波}}\right]$$
$$\quad (4\text{-}61)$$

在 $L \leqslant x < L_\mathrm{p}$ 内

$$\frac{u}{v_0} = \frac{\mathrm{i}L}{2b}\frac{1}{1+\mathrm{e}^{\mathrm{i}2\pi k(-2L_\mathrm{p}/L)}}\left[\underbrace{\mathrm{e}^{\mathrm{i}\frac{2\pi k}{L}U\left(t-\frac{x}{U}\right)}}_{\text{前行波}}+\underbrace{\mathrm{e}^{\mathrm{i}2\pi k(-2L_\mathrm{p}/L)}\mathrm{e}^{\mathrm{i}\frac{2\pi k}{L}U\left(t+\frac{x}{U}\right)}}_{\text{后行波}}\right] \quad (4\text{-}62)$$
$$= \underbrace{\frac{\mathrm{i}L}{2b}\frac{\cos(2\pi k(L_\mathrm{p}-x)/L)}{\cos(2\pi kL_\mathrm{p}/L)}\mathrm{e}^{\mathrm{i}\frac{2\pi k}{L}Ut}}_{\text{驻波}}$$

$$\frac{p}{\rho a v_0} = \frac{\mathrm{i}L}{2b}\frac{1}{1+\mathrm{e}^{\mathrm{i}2\pi k(-2L_\mathrm{p}/L)}}\left[\underbrace{\mathrm{e}^{\mathrm{i}\frac{2\pi k}{L}U\left(t-\frac{x}{U}\right)}}_{\text{前行波}}-\underbrace{\mathrm{e}^{\mathrm{i}2\pi k(-2L_\mathrm{p}/L)}\mathrm{e}^{\mathrm{i}\frac{2\pi k}{L}U\left(t+\frac{x}{U}\right)}}_{\text{后行波}}\right]$$
$$= \underbrace{\frac{-L}{2b}\frac{\sin(2\pi k(L_\mathrm{p}-x)/L)}{\cos(2\pi kL_\mathrm{p}/L)}\mathrm{e}^{\mathrm{i}\frac{2\pi k}{L}Ut}}_{\text{驻波}} \quad (4\text{-}63)$$

式（4-60）和式（4-61）表明，k 阶动静干涉模态正向旋转（M 为正，对泵和风机从蜗壳尾端指向蜗壳出口）时，蜗壳内相振时的速度和压力脉动是行波和驻波的叠加。在 $x = L_\mathrm{p}$ 无反射条件下，$\mathrm{e}^{\mathrm{i}2\pi Mk(-2L_\mathrm{p}/L)} = 0$，由于 $1/(2\pi k)$ 很小，蜗壳内驻波成分幅值远小于行波的幅值，且由于 M 为正值（U 为正值），在蜗壳内将表现为前向行波，在蜗壳外的管道内速度和压力脉动也是前向行波，且其幅值水平与蜗壳内的相当。

但在有反射时，$\mathrm{e}^{\mathrm{i}2\pi Mk(-2L_\mathrm{p}/L)} \neq 0$，在蜗壳内引起的压力脉动模态表现出行波与驻波的叠加，如果行波的幅值小于驻波的幅值，则会主要表现出驻波形态。而在蜗壳外的管道内也表现为驻波，且在发生声学共振即 $1+\mathrm{e}^{\mathrm{i}2\pi Mm(-2L_\mathrm{p}/L)} \to 0$ 的情况下，蜗壳和管道内的驻波幅值理论上都趋于无穷大，由于存在阻尼，实际幅值会是较大的有限值。

（2）反向旋转模态（从蜗壳出口向蜗壳尾端方向）

在蜗壳尾端全反射条件下，当 $M \to -1$ 时，对式（4-45）、式（4-46）求极限，在 $0 < x < L$ 内

$$\frac{u}{v_0} = \frac{L}{b}\left(\frac{\mathrm{i}}{2}\right)\left[\underbrace{(x/L-1)\mathrm{e}^{\mathrm{i}\frac{2\pi k}{L}U\left(t-\frac{x}{U}\right)}}_{\text{后行波}}+\underbrace{\mathrm{e}^{\mathrm{i}\frac{2\pi k}{L}U\left(t+\frac{x}{U}\right)}}_{\text{前行波}}+\right.$$
$$\left.\underbrace{\left(\frac{-2\mathrm{i}\mathrm{e}^{-\mathrm{i}2\pi k(-2L_\mathrm{p}/L)}}{1+\mathrm{e}^{-\mathrm{i}2\pi k(-2L_\mathrm{p}/L)}}+\frac{1}{2\pi k}\right)\sin\left(\frac{2\pi kx}{L}\right)\mathrm{e}^{\left(\frac{\mathrm{i}2\pi k}{L}Ut\right)}}_{\text{驻波}}\right] \quad (4\text{-}64)$$

$$\frac{p}{\rho a v_0} = \frac{L}{b}\left(\frac{\mathrm{i}}{2}\right)\left[\underbrace{(1-x/L)\,\mathrm{e}^{\mathrm{i}\frac{2\pi k}{L}U\left(t-\frac{x}{U}\right)}}_{\text{后行波}} + \underbrace{\mathrm{e}^{\mathrm{i}\frac{2\pi k}{L}U\left(t+\frac{x}{U}\right)}}_{\text{前行波}} + \right.$$

$$\left.\underbrace{\left(\frac{-2\mathrm{e}^{-\mathrm{i}2\pi k(-2L_p/L)}}{1+\mathrm{e}^{-\mathrm{i}2\pi k(-2L_p/L)}}\cos\left(\frac{2\pi kx}{L}\right) + \frac{\sin\left(\frac{2\pi kx}{L}\right)}{2\pi k}\right)\mathrm{e}^{\mathrm{i}\left(\frac{2\pi k}{L}Ut\right)}}_{\text{驻波}}\right] \tag{4-65}$$

在 $L \leqslant x < L_p$ 内

$$\frac{u}{v_0} = \frac{L}{b}\left(\frac{\mathrm{i}}{2}\right)\frac{1}{1+\mathrm{e}^{\mathrm{i}2\pi k(2L_p/L)}}\left[\underbrace{\mathrm{e}^{\mathrm{i}\frac{2\pi k}{L}U\left(t+\frac{x}{U}\right)}}_{\text{前行波}} + \underbrace{\mathrm{e}^{\mathrm{i}2\pi k(2L_p/L)}\,\mathrm{e}^{\mathrm{i}\frac{2\pi k}{L}U\left(t-\frac{x}{U}\right)}}_{\text{后行波}}\right]$$

$$= \underbrace{\frac{L}{b}\left(\frac{\mathrm{i}}{2}\right)\frac{\cos[2\pi k(L_p-x)/L]}{\cos(2\pi kL_p/L)}\mathrm{e}^{\mathrm{i}\frac{2\pi k}{L}Ut}}_{\text{驻波}} \tag{4-66}$$

$$\frac{p}{\rho a v_0} = \frac{\mathrm{i}L}{2b}\frac{1}{1+\mathrm{e}^{\mathrm{i}2\pi k(2L_p/L)}}\left[\underbrace{\mathrm{e}^{\mathrm{i}\frac{2\pi k}{L}U\left(t+\frac{x}{U}\right)}}_{\text{前行波}} - \underbrace{\mathrm{e}^{\mathrm{i}2\pi k(2L_p/L)}\,\mathrm{e}^{\mathrm{i}\frac{2\pi k}{L}U\left(t-\frac{x}{U}\right)}}_{\text{后行波}}\right]$$

$$= \underbrace{\frac{L}{2b}\frac{\sin(2\pi k(L_p-x)/L)}{\cos(2\pi kL_p/L)}\mathrm{e}^{\mathrm{i}\frac{2\pi k}{L}Ut}}_{\text{驻波}} \tag{4-67}$$

式(4-64)、式(4-65)表明,k 阶动静干涉模态反向旋转(M 为负,对泵和风机从蜗壳出口向蜗壳尾端)时,蜗壳内的速度和压力脉动中为两列方向相反的行波和一个驻波的叠加。在 $x=L_p$ 处无反射条件下,$\mathrm{e}^{\mathrm{i}2\pi Mk(2L_p/L)}=0$,驻波幅值很小,且由于 M 为负值(U 为负值),蜗壳内行波中式(4-64)括号内第一项为后行波(向 $-x$ 方向传播),其幅值随着 x 的减小而增加,来源于动静干涉模态的旋转;第二项为前行波(向 x 方向传播),来源于蜗壳尾端的反射。这两列方向相反行波的叠加会形成从蜗壳尾端到管道连接处幅值逐渐衰减的驻波,因此蜗壳尾端及蜗壳内的压力脉动幅值水平高于蜗壳外管道的幅值水平。管道内的压力脉动也为驻波。

但在有反射时,$\mathrm{e}^{\mathrm{i}2\pi Mk(2L_p/L)}\neq0$,蜗壳内和管道内的速度和压力脉动都会表现出驻波模态。

在两种情况下,如果发生声学共振,即 $1+\mathrm{e}^{\mathrm{i}2\pi Mk(-2L_p/L)}\rightarrow0$,声学响应引起的驻波幅值理论上趋于无穷大,会远大于行波叠加形成的幅值,因此在蜗壳及管道内都表现出驻波的模态。

上面的分析表明,动静干涉模态的旋转方向和管道端的反射条件都对蜗壳内的压力脉动型态有影响。

5. 正向旋转模态试验

为了验证以上理论分析的结论,Tsujimoto[5]等先对一个叶片数为 6、导叶数为 16 的离心风机的相振现象进行了测量,在这种叶片数组合条件下,$1\times16+2=3\times6$,动静干涉模态为 2ND 的正向旋转模态。为了考察 $x=L_p$ 处反射条件的影响,在蜗壳的管道出口 $x=L_p$ 安装了消音器,分别测量了相振工况下管道出口有、无反射条件下(安装消音器模拟无反射情况、不安装消音器模拟有反射情况)蜗壳和出口管道内的各测点的压力脉动。

图 4-13 为测点图,图 4-14 给出了不同情况下不同测点上压力脉动相对幅值 ψ_e 及相位 θ。可以看到,对正向旋转模态,蜗壳内压力脉动为行波,相位基本沿 $-\omega x/a$ 移动($\omega = 2\pi k U/L$),压力波从蜗壳尾端向蜗壳出口传播,但是在没有消音器(有反射)时(图 4-14(a)),蜗壳内的压力脉动幅值有 4 个峰值,且相邻峰值处对应相位相反,相位变化不连续,这说明蜗壳内压力脉动为 2 节径模态的驻波;但是在有消音器(无反射)时(图 4-14(c)),相位基本是连续变化,表现为从蜗壳尾端向蜗壳出口传播的行波,试验中蜗壳内的压力脉动幅值比较平坦,并没有像理论预测的那样从蜗壳尾端向蜗壳出口幅值逐渐增加,这可能与消音器内仍有部分声波反射有关。

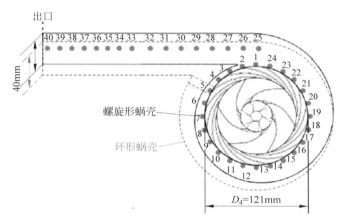

图 4-13　叶轮、扩压器、蜗壳俯视图及测点

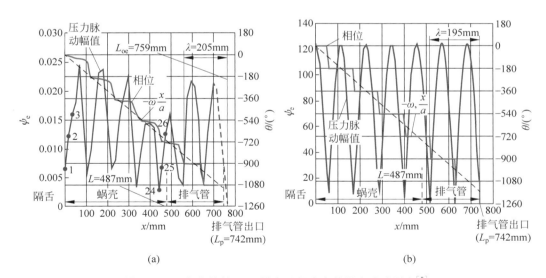

(a)　　　　　　　　　　　　　　(b)

图 4-14　正向旋转的 2ND 模态下蜗壳内的压力脉动型态[5]

(a) 转频为 92Hz、无消音器时的实测值;(b) 转频为 98Hz、有反射条件下的理论值;

(c) 转频为 92Hz、有消音器时的实测值;(d) 转频为 98Hz、无反射时的理论值

$x=L_p$ 处有反射,表现为行波模态,相位基本沿 $-\omega x/a$ 变化;$x=L_p$ 处无反射,

表现为行波模态,相位基本沿 $-\omega x/a$ 变化;$\psi_e=\Delta p/(0.59U_1^2)$

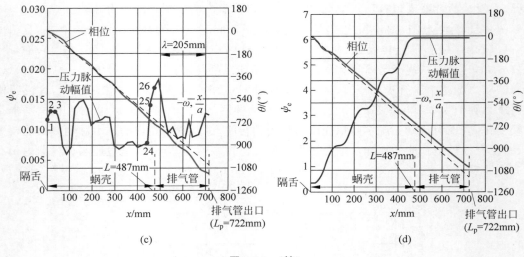

(c)   (d)

图 4-14 （续）

6. 反向旋转模态试验

为考察动静干涉模态旋转方向的影响，Tsujimoto[5]等还对另一个具有 6 个转轮叶片、20 个导叶的风机进行了试验，在这样的叶片组合下，$1 \times 20 - 2 = 3 \times 6$，动静干涉模态为 2ND 的反向旋转模态，在风机工况下，该模态旋转方向与叶轮旋转方向相反，为朝向蜗壳尾端的 $-x$ 方向。图 4-15 为相振工况下蜗壳和出口管道内各点的振动幅值及相位，可以看到，在蜗壳内的压力脉动幅值有 4 个峰值，且相邻峰值处对应相位相反，相位变化不连续，这说明蜗壳内压力脉动为具有 2 节径模态的驻波，同时，在蜗壳内压力脉动幅值的峰值从蜗壳尾端到蜗壳出口逐渐降低，这与公式(4-64)、式(4-65)所预测的结果一致。但在蜗壳尾端没有出现理论公式所预测的幅值的峰值，说明对蜗壳尾端采用全反射边界条件并不十分合理。

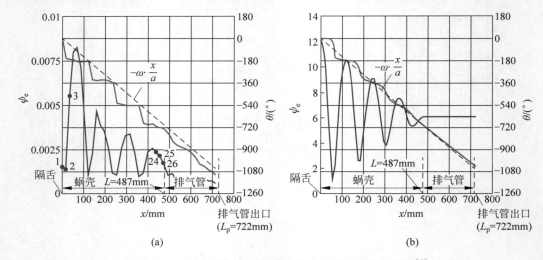

(a)   (b)

图 4-15　反向旋转的 2ND 模态下蜗壳内的压力脉动型态[5]

(a) 转频为 80Hz、有消音器时的实测值；(b) 转频为 80Hz、无反射时的理论值

$Z_g = 20$，反向旋转模态，驻波模态，管道内幅值水平低于蜗壳内的幅值水平

7. 马赫数 M 对蜗壳内压力脉动相位的影响

以上讨论针对的是 $M=1$ 或接近 1 的情况。对于其他 M 值,分析方程式(4-45)、式(4-46)及系数 A、B、C 的值式(4-48)~式(4-50)还可以发现,当 $|M|>1$ 时,与波动方程一般解相关的项占主要的成分,相位移动速度与波速 a 有关,但是在 $|M|$ 较小时,与动静干涉旋转模态相关的项占主要成分,相位移动速度与模态旋转速度 U 有关。

图 4-16 给出了 $M=1$ 和 $M=0.8$ 两种情况下,在进口管道没有反射条件下风机的试验结果,可以看到 $M=1$ 时发生了相振,幅值水平远高于 $M=0.8$ 的水平,且当 $M=1$ 时,蜗壳内压力脉动相位沿 $-\omega x/a$ 移动,与波速有关,因为式(4-45)、式(4-46)中的第二项占主要成分;但是在 $M=0.8$ 时,蜗壳内压力脉动相位沿 $-\omega x/U$ 移动,因为式(4-45)、式(4-46)中的第一项占主要成分。

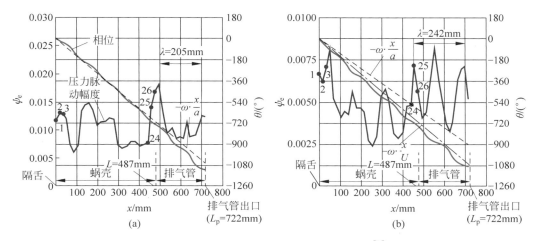

图 4-16　M 值不同时蜗壳内压力脉动模态[5]
(a) 转频 92Hz,有消音器时的实测值;(b) 转频 78Hz,有消音器螺旋形蜗壳

8. 蜗壳尾端边界条件的影响

以上分析是基于蜗壳尾端的压力全反射条件得出的,由图 4-11 可以看到,在这种边界条件下,相振发生的条件为 $|M|=1$,与动静干涉模态的旋转方向(M 的正负)无关。但是当认为蜗壳尾端无反射时,式(4-48)系数中 A 为

$$A=(1+M)/2 \tag{4-68}$$

在这种情况下,相振发生的风险与动静干涉模态在蜗壳内的旋转方向有关。对于水泵水轮机来说,水泵和水轮机工况下旋转方向相反,动静干涉模态的旋转方向相反,在蜗壳尾端边界条件不同时,所预测的泵和水轮机相振风险不同。图 4-17 表示了这种区别,如果采用尾端全反射边界条件($u(0)=0$),在水泵和水轮机工况都会预测到 $M\to1$ 时蜗壳内发生相振风险很高。但是如果采用尾端无反射条件,由于水轮机工况下 $M<0$,$M\to-1$ 时,模态旋转方向指向蜗壳尾端,而泵工况下 $M>0$,$M\to1$ 时,模态旋转方向指向蜗壳出口,则只在泵工况预测到较高的相振风险,但对水轮机工况预测相振风险则很小。

图 4-18 表明蜗壳尾端的边界条件对 $M\to-1$ 时的预测结果有很大影响,图 4-18 为 Ohura[9] 对转轮数 6、导叶数 20 的水泵水轮机的相振计算和实测结果,动静干涉模态也是

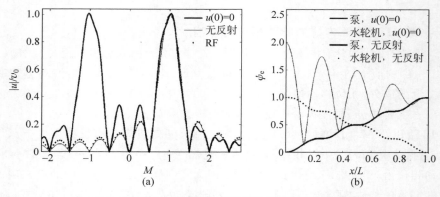

图 4-17　蜗壳尾端反射条件不同时对相振风险预测的影响

2ND 模态,对泵工况的相振工况,$M=-1$,在这个例子中,蜗壳尾端($x=0$ 处)的压力脉动幅值 $\Delta\overline{H}$ 最大,说明在尾端确实存在压力反射。在图 4-15 的风机例子中,反向模态下蜗壳内的脉动模态表现为驻波,也说明蜗壳尾端存在反射。虽然在这些试验中验证了 $M=-1$ 时发生相振的可能,但是在已报道的电站水轮机相振问题几乎都是 $M=+1$ 的情况,这可能是由于蜗壳尾端的全反射假设并不完全合理,蜗壳尾端边界条件可能位于全反射和无反射之间,但对如何确定蜗壳尾端的边界条件,还没有查到可参考的文献。

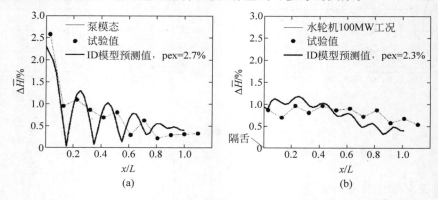

图 4-18　导叶数 20 与转轮叶片数 6 的动静干涉振动模态示意[9]

4.2.3　相振的三维流动分析实例

1. 离心风机算例

Nishiyama[6]等对一个转轮叶片数为 6、导叶数为 16、蜗壳平均直径为 0.14m 的离心风机(图 4-13 对应的风机),计算了其内部三维流场,图 4-19 显示了在相振工况(转速为 5000r/min)时蜗壳及转轮内的压力脉动振型。在转速为 5000r/min 时其在蜗壳平均半径上的周向传播速度为 $U=(0.07\times9\times2\pi\times5000/60)\text{m/s}=330\text{m/s}$,接近空气中的声速 340m/s,马赫数 U/a 接近 1,动静干涉模态为 2 节径模态,$k=2$,旋转方向与转轮旋转方向一致,由蜗壳尾端向出口端旋转,对应压力脉动波型为前行波,由式(4-60)的第一项,代表其频率和相位项为 $\exp[\text{i}2\pi k/LU(t-x/a)]$,在 $x=L$ 处为 $\exp(\text{i}2\pi k/LUt)\exp(\text{i}2\pi kM)$,与 $x=0$ 处的相位差为 $2\pi kM$,即其在蜗壳一个圆周上($0<x<L$ 内)的波数为 $k'=kM=2$ 个。同时,转速为

5000r/min 的工况对应模态的旋转马赫数为 1,在转速为 3000r/min、7000r/min 以及 10000r/min 时,M 分别为 0.6、1.4 和 2.0,这样在蜗壳一个圆周上($0<X<L$ 内)的波数分别为 1.2、2.8 及 4,分别接近 1、3 和 4。图 4-19 给出了通过 CFD 计算的不同转速下叶轮及蜗壳内压力波动的模态,可以看到,在转速为 3000r/min、5000r/min、7000r/min 时,叶轮内的压力激振模态都是 2ND 模态,但在蜗壳内却分别是接近 1ND、2ND 及 3ND 的模态。

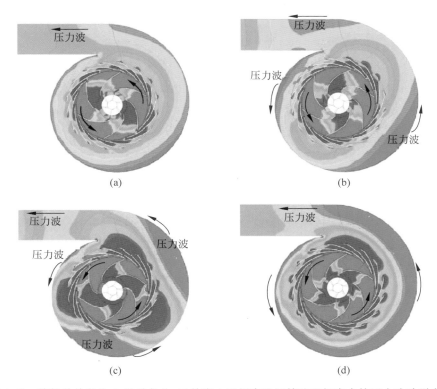

图 4-19　转轮叶片数为 6、导叶数为 16 的离心风机在不同转速下蜗壳内的压力脉动型态[6]
(a) 转速 3000r/min,$M=0.6$,$m'=mM=1.2$; (b) 转速 5000r/min,$M=1.0$,$m'=mM=2.0$;
(c) 转速 7000r/min,$M=1.4$,$m'=mM=2.8$; (d) 转速 10000r/min,$M=2.0$,$m'=mM=4.0$

Nishiyama 等[6]还进一步分析了反向旋转模态。这个叶片数为 6、导叶数为 16 的组合还会产生一个 $5\times6-2\times16=-2$ 的反向旋转的 -2ND 模态,该模态的旋转频率为 $-5\times6f_n/2=-15f_n$,在转速 3000r/min 时,在蜗壳平均半径上的周向传播速度为 $U=(-0.07\times15\times2\pi\times3000/60)m/s=-330$m/s,也是接近声速的情况,可以证明,对式(4-45)、式(4-46)表示的解析解,在 $x=L$ 处 u/v_0 会在 $|M|=1$ 时有最大值,而与符号无关,因此这个反向旋转的模态对应的频率会在蜗壳内有很大幅值,这也被试验所验证,图 4-20 的试验结果说明 5 倍叶频(-2ND)对应的幅值高于 3 倍叶频(2ND)的幅值。这意味着两个旋转方向相反的模态同时存在,因此在图 4-19 所示的转速为 3000r/min 对应的蜗壳内压力脉动振型也是 -2ND 和 2ND 的组合振型,由于传播方向相反,在蜗壳内的压力脉动会出现类似驻波的情形。

Yonezawa 等[9]采用同样的方法对叶轮叶片数为 6、导叶数分别为 16 和 20 的风机,对正向旋转(模拟泵工况)及反向旋转(模拟水轮机工况)工况进行了 3D 可压流动数值模拟,对泵工况进口给定流量和温度,出口给定静压(相当于无反射边界条件),对水轮机工况在进口给定总压,出口给定流量(没有采用无反射边界条件)。

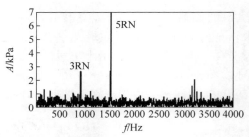

图 4-20　导叶数 16 与叶片数 6 的一2ND
模态导致的蜗壳出口的压力脉动[6]

　　对这样的组合,在导叶数为 16 的泵工况和导叶数为 20 的水轮机工况,动静干涉模态旋转方向都向外,即从蜗壳尾端(隔舌)向蜗壳出口(图 4-21);在导叶数为 16 的水轮机工况和导叶数为 20 的泵工况,动静干涉模态旋转方向向内,为从蜗壳出口向隔舌(图 4-22)。

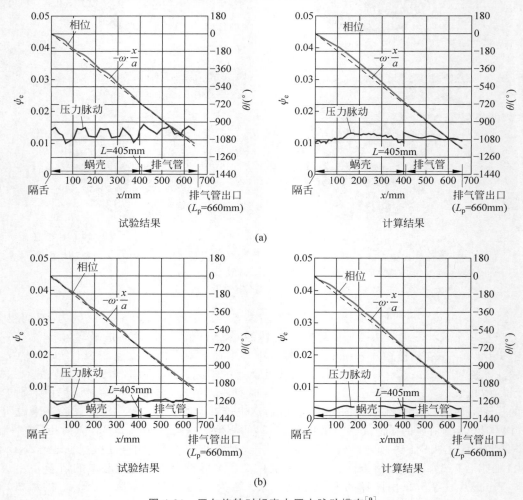

图 4-21　正向旋转时蜗壳内压力脉动模态[9]

(a)导叶数 16,泵工况,5600r/min;(b)导叶数 20,水轮机工况,5300r/min
模态旋转方向正向,向外,行波模态,管道内幅值水平与蜗壳内的相当

图 4-21 为在相振工况下计算结果与试验结果的比较。计算结果和实测结果吻合较好,结果表明,相振时蜗壳及管道内的压力脉动振型的特点与叶轮的旋转方向无关,只与动静干涉模态的旋转方向有关:当模态旋转方向正向向外(图 4-21),蜗壳内压力脉动表现出行波模态,管道内幅值水平与蜗壳内的水平相当;当模态旋转方向反向向内(图 4-22),蜗壳内压力脉动表现为驻波模态,管道内压力脉动幅值水平低于蜗壳内的水平。

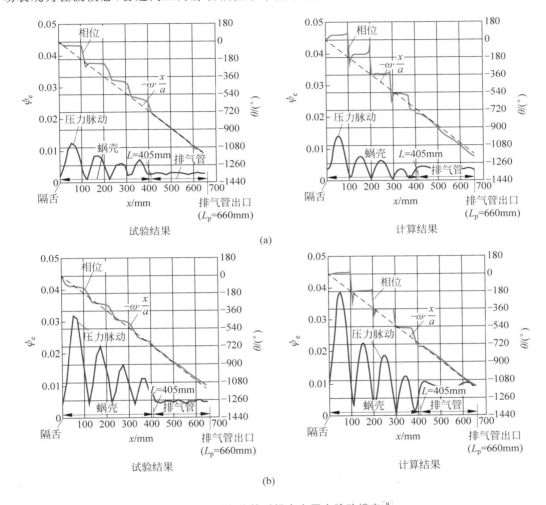

图 4-22　反向旋转时蜗壳内压力脉动模态[9]

（a）导叶数 16,水轮机工况,5600r/min;

（b）导叶数 20,泵工况,5300r/min

2. 水轮机算例

某高水头电站混流式水轮机转轮叶片数 $Z_r = 15$,导叶数 $Z_g = 16$,转速为 500r/min,蜗壳平均直径约为 1.7m,在电站试运行中发现在额定工况和大流量工况附近蜗壳内有强烈的中频振动和噪声,频率约为 $15f_n$。下面对该电站的动静干涉及相振风险进行分析。

在以上叶片数组合下,按公式(4-9),由于 $1 \times 16 - 1 = 1 \times 15$,即 $k = -1$,是一个与旋转方向相反的一阶模态,因此,其在蜗壳内的模态旋转方向为从蜗壳尾端到进口方向,按式(4-47)的定义，在水轮机工况下，M 为正，当波速范围在 $1100\sim1400\mathrm{m/s}$ 间变化时，M 约为 $+1\sim+1.2$，接近相振的范围。

为此，分别采用一维等效电路法和三维可压及不可压流动 CFD 计算进行了模拟。其中一维等效电路模型不考虑尾水管水体的影响。如图 4-23(a)所示，将蜗壳按固定导叶数目及与固定导叶连通的位置分段，固定导叶、活动导叶及转轮流道都按其过流面积、等效长度等效为管道模型，每段管段都包含流阻、流容、流感元件(图 3-27)。转轮的旋转通过转轮叶间通道与导叶叶间通道间的波形开关实现：考虑叶片的排挤面积，根据每个时刻不同导叶和转轮叶片间的相对位置，计算各导叶叶间通道到各转轮叶间通道的流量分配比例，以此考虑动静干涉效应。

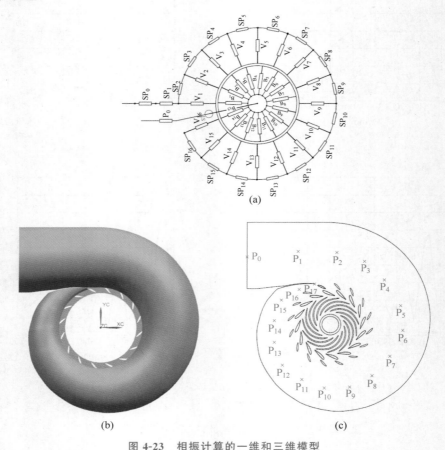

图 4-23　相振计算的一维和三维模型
(a) 一维等效电路模型；(b) 蜗壳和固定导叶的三维流道；(c) 压力脉动记录点

三维计算中，仅考虑固定导叶及蜗壳部分，并在固定导叶出口给定由于动静干涉引起 1 阶模态激励，在不同导叶通道给定激励源频率及相位，在不同导叶通道内，压力波动按下式给定：

$$\tilde{p}(\theta)=aZ_{\mathrm{g}}\cos\left[k\left(\theta-\frac{mZ_{\mathrm{r}}}{k}2\pi f_{n}t\right)\right] \tag{4-69}$$

其中 θ 为导叶所在圆周角，以转轮旋转方向为正。

计算中考虑流体的压缩性，通过波速计入管道弹性的影响，状态方程写为

$$\rho = \rho_0 + \frac{p - p_0}{a^2} \qquad (4\text{-}70)$$

其中 ρ_0 和 p_0 为参考密度及压力。

取波速为 1135m/s,一维和三维计算结果如图 4-24 所示,在三维计算中,不可压流动的计算结果没有预测到蜗壳内高幅值的压力脉动。考虑压缩性的三维计算结果和一维计算结果虽然腹点的位置有一些差别,但二者都表明,蜗壳内的压力脉动模态有两个腹点,且两个腹点对应的相位相差接近 $180°$,这说明,蜗壳内的振动模态是 1 节径的模态。三维计算结果清楚地显示了这种振动模态(图 4-25)。

图 4-24 中,一维计算和三维计算结果量级不同,这是因为一维计算通过流量开关引入了流量扰动条件,而三维计算中在无叶区处引入了压力扰动条件,因此计算的压力脉动量级有差别;另外,一维计算和三维计算结果的腹点位置不同,这可能与一维简化模型中对流道的等效近似误差有关。

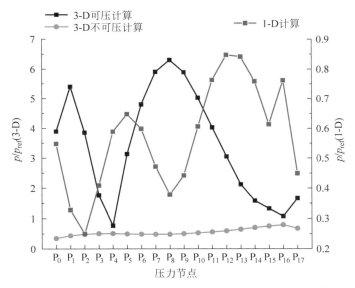

图 4-24 一维等效电路计算、三维可压流动计算及三维不可压计算结果比较

图 4-25 还显示,蜗壳内的压力波动表现为驻波形式,这与 4.2.2 节的理论分析是一致的。因为在蜗壳的进口给定了流量(流量波动为 0),相当于在进口给定了反射边界条件,在这种情况下,蜗壳内的压力波动模态为驻波模态。

由于三维可压流动计算简化较少,且结算结果也与电站的实际情况吻合,因此采用三维可压流动计算分析了不同因素对相振的影响。

如果保持进出口条件和其他参数不变,转速发生改变时,蜗壳内压力脉动幅值的峰值大小和模态节径数目会发生变化(图 4-26),这是因为对应的马赫数 M 发生变化,对所研究的蜗壳,在转速接近 500r/min 时,M 更为接近 1,相振现象更加明显。

有研究者还提出通过在蜗壳尾端特殊固定导叶打孔的方式使蜗壳进口和尾端压力平衡,从而达到消除相振的目的。但是对上述蜗壳,电站在尾端开口后虽然振动有所减少,但是效果不明显,三维计算结果也表明,尾端开口后,蜗壳内较高幅值的压力脉动并没有明显

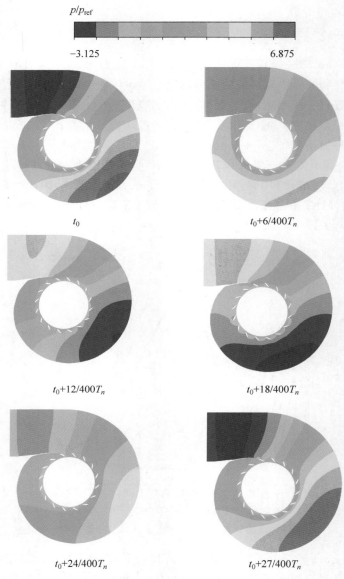

p/p_{ref}

-3.125 6.875

t_0 $t_0+6/400T_n$

$t_0+12/400T_n$ $t_0+18/400T_n$

$t_0+24/400T_n$ $t_0+27/400T_n$

图 4-25　不同时刻蜗壳内相对压力分布云图

三维可压流动计算结果，T_n 为转轮旋转周期

减少。

为研究改善相振现象措施，分别计算了转轮叶片数 15 不变，导叶数由 16 改为 20 以及导叶数 16 不变将转轮叶片数由 15 变为 13 两种情况，对前者，由于 $1\times20-5=1\times15$，此时模态节径数为 5，旋转方向与转轮相反，对应马赫数约为 5；对于后者，由于 $1\times16-3=1\times13$，此时模态节径数为 3，旋转方向与转轮相反，对应马赫数约为 2。两种情况对应动静干涉模态下各记录点的压力脉动幅值及蜗壳内瞬时压力分布云图如图 4-27 所示。可以看出调整叶片数组合后，蜗壳内的压力脉动高幅值明显减小，蜗壳内相振现象明显消除，此时动静干

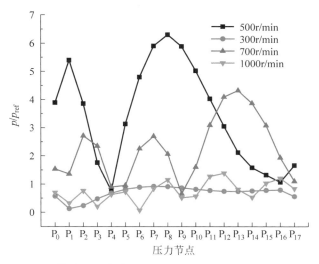

图 4-26 不同转速时蜗壳内压力分布云图(三维可压流动计算结果)

涉产生的旋转压力模态主要在固定导叶部分有体现,且幅值较小。

在实际电站中,通过更换导叶叶片数后,由于相振引起的机组振动问题得到解决。

总之,式(4-42)以及式(4-47)都可以在工程上作为粗略评判相振的条件,但是由于在公式中需要波速、蜗壳等效直径等参数,这些简化参数的取值不一定准确,而三维可压流动计算为相振预测提供了一种简化更少的计算方案,可以为工程问题提供新的解决方案。但在可压流动计算中,水体及管壁弹性(或波速)的不确定性以及进口管反射条件等也会给预测带来一定偏差,实际工程中应对此进行评估。

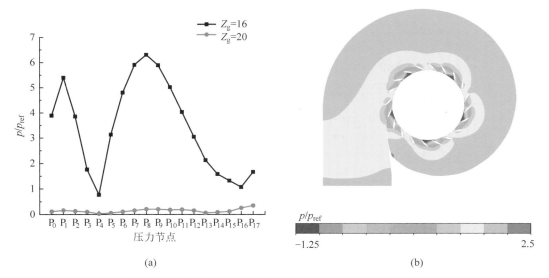

图 4-27 调整叶片数消除相振的效果(三维可压流动计算结果)

(a) $Z_r = 15$, 不同导叶数时压力脉动幅值对比;(b) $Z_r = 15$, $Z_g = 20$ 时蜗壳内压力云图;

(c) $Z_g = 16$, 不同转轮叶片数时压力脉动幅值对比;(d) $Z_r = 13$, $Z_g = 16$ 时蜗壳内压力云图

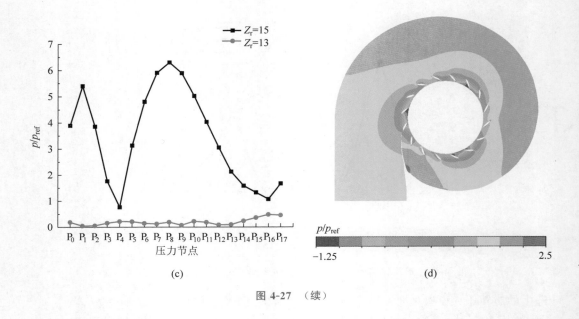

(c)

(d)

图 4-27 （续）

参考文献

［1］ TANAKA H. Vibration behavior and dynamic stress of runners of very high head reversible pump-turbines[J]. International Journal of Fluid Machinery and Systems, 2011, 4(2): 289-306.

［2］ 何玲艳. 水泵水轮机动应力特性研究及共振预测[D]. 北京: 中国农业大学, 2019.

［3］ CHEN Y N. Oscillation of water pressure in the spiral casing of storage pumps[J]. Techn. Review Sulzer, Research Issue (Turbomachinery), 1961: 21-24.

［4］ DEN H J P. Mechanical vibrations in penstocks of hydraulic turbine installations[J]. Transactions of ASME, 1929: 101-110.

［5］ TSUJIMOTO Y, TANAKA H, DOERFLER P, et al. Effects of acoustic resonance and volute geometry on phase resonance in a centrifugal fan[J]. International Journal of Fluid Machinery and Systems, 2013, 6(2): 75-86.

［6］ NISHIYAMA Y, SUZUKI T, YONEZAWA K, et al. Phase resonance in a centrifugal compressor [J]. International Journal of Fluid Machinery and Systems, 2011, 4(3): 324-333.

［7］ DOERFLER P. On the role of phase resonance in vibration caused by blade passage in radial hydraulic [C]//Proceedings of 12th IAHR Symposium. Stirling, 1984.

［8］ OHURA Y, FUJII M, SUGIMOTO O, et al. Vibrations of the powerhouse structure of a pumped storage power plant[C]//15th Symposium of IAHR, Belgrade, 1990.

［9］ YONEZAWA K, TOYAHARA S, MOTOKI S, et al. Phase resonance in centrifugal fluid machinery [J]. International Journal of Fluid Machinery and Systems, 2014, 7(2): 42-53.

第5章

水力机械及系统的水力稳定性分析

在 3.3 节和 3.4 节中介绍了很多水力系统的稳定性分析方法,其中,3.4 节的等效电路法分析简单的一维水力系统非常直观和便捷,可用于很多与系统相关的水力振荡分析。但是对有些局部不稳定问题如旋转空化等,很难用简单的一维水动力学方程来解释,对这些问题,直接从流动方程出发,建立其稳定性分析模型更为方便,3.3 节中所介绍的小扰动理论和一些基本方法如矩阵法等仍然是非常有效的稳定性分析方法。下面利用 3.3 节和 3.4 节所介绍的方法分析水力机械及其系统中典型的水力稳定性问题。

5.1 含调压井的水力系统的一维稳定性分析

在长距离引水系统中,常用调压井等控制管路系统中压力的波动,但调压井设计不合理可能导致系统不稳定,以水轮机进水管前调压井为例,可以采用前面所介绍的阻抗法、矩阵法等方法进行分析。但采用等效电路法进行分析更加简便,下面对此进行介绍。由于调压井在水力系统中主要通过流体的流入和流出来调节管道内的压力,因此可将其等价为一个电容,由于其流容一般远远大于管路的流容,为简单起见忽略管路的流容,将调压井前管路等价为电阻、电感,而水轮机等价为负电压源,如图 5-1 所示[1]。

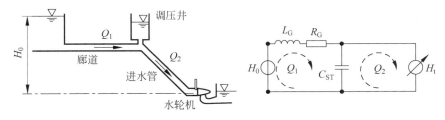

图 5-1 调压井模型[1]

对以上电路 Q_1 的回路列出微分方程

$$L_G \frac{\mathrm{d}Q_1}{\mathrm{d}t} + R_G + H_{ST} = H_0 \tag{5-1}$$

$$Q_{ST} = C_{ST} \frac{\mathrm{d}H_{ST}}{\mathrm{d}t} = Q_1 - Q_2 \tag{5-2}$$

调压井处的压头 H_{ST} 与平衡工况下水轮机水头 $\overline{H}_t$ 的关系为

$$H_{ST} \approx H_t = \overline{H}_t + \tilde{h}_{ST} \tag{5-3}$$

式中，$\tilde{h}_{ST}$ 为调压井振荡水位高度。假设在所考察的平衡工况附近（带上横线的量）附近水轮机功率和效率变化很小，有

$$Q_2 H_t = \overline{Q}_2 \overline{H}_t \tag{5-4}$$

由式(5-3)及式(5-4)得

$$Q_2 = \overline{Q}_2 \frac{\overline{H}_t}{\overline{H}_t + \tilde{h}_{ST}} \approx \overline{Q}_2 \left(1 - \frac{\tilde{h}_{ST}}{\overline{H}_t}\right) \tag{5-5}$$

根据式(5-5)和式(5-3)，并考虑到 $\mathrm{d}\tilde{h}_{ST}/\mathrm{d}t = \mathrm{d}H_{ST}/\mathrm{d}t$，可得

$$\frac{\mathrm{d}Q_2}{\mathrm{d}t} = -\frac{\overline{Q}_2}{\overline{H}_t} \frac{\mathrm{d}H_{ST}}{\mathrm{d}t} \tag{5-6}$$

将式(5-2)及式(5-6)代入式(5-1)，得

$$L_G \left(-\frac{\overline{Q}_2}{\overline{H}_t} \frac{\mathrm{d}H_{ST}}{\mathrm{d}t} + C_{ST} \frac{\mathrm{d}^2 H_{ST}}{\mathrm{d}t^2}\right) + R_G Q_1 + H_{ST} = H_0 \tag{5-7}$$

由于管路流阻 R_G 也与流量成正比

$$R_G Q_1 = R_G' Q_1^2 \tag{5-8}$$

利用式(5-2)及式(5-5)将 Q_1 表示为 H_{ST} 的函数

$$Q_1^2 = \left[Q_{ST} + \overline{Q}_2 \left(1 - \frac{\tilde{h}_{ST}}{\overline{H}_t}\right)\right]^2 \approx \overline{Q}_2^2 \left[1 + 2\left(\frac{C_{ST}}{\overline{Q}_2} \frac{\mathrm{d}H_{ST}}{\mathrm{d}t} - \frac{\tilde{h}_{ST}}{\overline{H}_t}\right)\right] \tag{5-9}$$

将式(5-9)代入式(5-8)后再代入式(5-7)，并考虑到 $\mathrm{d}H_{ST}/\mathrm{d}t = \mathrm{d}\tilde{h}_{ST}/\mathrm{d}t$，可得

$$\frac{\mathrm{d}^2 \tilde{h}_{ST}}{\mathrm{d}t^2} + \underbrace{\left(2\frac{R_G' \overline{Q}_2}{L_G} - \frac{\overline{Q}_2}{\overline{H}_t C_{ST}}\right)}_{2\mu} \frac{\mathrm{d}\tilde{h}_{ST}}{\mathrm{d}t} + \underbrace{\left(1 - 2\frac{R_G' \overline{Q}_2^2}{\overline{H}_t}\right) \frac{1}{C_{ST} L_G}}_{\omega_0^2} \tilde{h}_{ST}$$

$$= \frac{\overline{H}_t - R_G' \overline{Q}_2^2}{L_G C_{ST}} \tag{5-10}$$

对以上单自由度振动方程，要保证系统稳定性，要求总阻尼项大于 0，即

$$2\mu = 2\frac{R_G' \overline{Q}_2}{L_G} - \frac{\overline{Q}_2}{\overline{H}_t C_{ST}} > 0 \tag{5-11}$$

根据前面 3.4.2 节的分析，对调压井而言

$$C_{ST} = A_{ST} \tag{5-12}$$

所以整理式(5-11)有

$$A_{ST} > \frac{L_G}{2\overline{H}_t R_G'} \tag{5-13}$$

考虑到水力损失系数 $R_G' = \Delta H_G / \overline{Q}_1^2$，$L_G = l_G / g A_G$

$$A_{ST} > \frac{\overline{Q}_1^2 l_G}{2g\overline{H}_t \Delta H_G A_G} \tag{5-14}$$

这就是调压井设计时的托马斯准则。从这一准则可以定性看到,增加调压井的截面面积,或是增加水库到调压井端的水力损失都有助于提高稳定性,但是后者往往是不可取的。

从式(5-10)还可以看到,该水力系统的自由振荡角频率为

$$\omega_0 \approx \sqrt{\left(1 - 2\frac{R'_G \overline{Q}_2^2}{\overline{H}_t}\right)\frac{1}{C_{ST} L_G}} \tag{5-15}$$

与调压井的截面面积平方根成反比,也与调压器井前的管路长度平方根成反比。同时,水轮机的运行工况($\overline{Q}$,$\overline{H}_t$)以及管路内的水力损失 R'_G 也对振荡频率有一定的影响。

按照类似的方法,也可以对带调压塔、气垫式调压室等水力系统的稳定性进行类似分析。

5.2　抽水蓄能机组 S 区的一维稳定性分析

抽水蓄能机组在 S 区的运行稳定性也可以通过以下模型进行简单的定性分析[1],其水力系统及其等效电路如图 5-2 所示,由上、下游水库,进水管,机组组成,暂不考虑管路的容性,将管路简化为电阻和电感元件,机组为可变压力源,其水头是流量与转速的函数,而转速由水轮机力矩平衡状态决定。

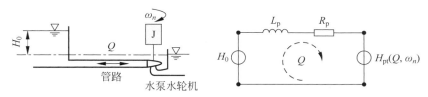

图 5-2　抽水蓄能机组水力系统示意[1]

根据等效电路,可写出微分方程

$$H_0 = L_p \frac{dQ}{dt} + R_p Q + H_{pt} \tag{5-16}$$

$$J\frac{d\omega_n}{dt} = T_{pt} + T_{el} \tag{5-17}$$

其中 T_{pt} 和 T_{el} 分别为水轮机输出力矩和电磁力矩,对水轮机组而言,根据其特性曲线,可以按 Taylor 展开将任意工况点的水头和转矩与流量和转速的关系进行线性化表示

$$H_{pt}(Q, \omega_n) = \overline{H}_{pt} + \underbrace{\frac{dH}{dQ}\Big|_{\overline{Q}}}_{R_{\overline{Q}}}(Q - \overline{Q}) + \underbrace{\frac{dH}{d\omega_n}\Big|_{\overline{\omega}}}_{R_{\overline{\omega}}}(\omega_n - \overline{\omega}_n) \tag{5-18}$$

$$T_{pt}(Q, \omega_n) = \overline{T}_{pt} + \underbrace{\frac{dT}{dQ}\Big|_{\overline{Q}}}_{K_{\overline{Q}}}(Q - \overline{Q}) + \underbrace{\frac{dT}{d\omega_n}\Big|_{\overline{\omega}}}_{K_{\overline{\omega}}}(\omega_n - \overline{\omega}_n) \tag{5-19}$$

将式(5-18)、式(5-19)代入式(5-16)、式(5-17)可得状态方程

$$\frac{\mathrm{d}}{\mathrm{d}t}\begin{bmatrix} Q \\ \omega_n \end{bmatrix} = \underbrace{\begin{bmatrix} -\dfrac{R_{\bar{Q}}+R_{\mathrm{p}}}{L_{\mathrm{p}}} & -\dfrac{R_{\bar{\omega}}}{L_{\mathrm{p}}} \\ \dfrac{K_{\bar{Q}}}{J} & \dfrac{K_{\bar{\omega}}}{J} \end{bmatrix}}_{\boldsymbol{A}} \begin{bmatrix} Q \\ \omega_n \end{bmatrix} + \begin{bmatrix} \bar{H}-\bar{H}_{\mathrm{pt}}+R_{\bar{\omega}}\omega_n+R_{\bar{Q}}\bar{Q} \\ \bar{T}_{\mathrm{pt}}+T_{\mathrm{el}}-K_{\bar{\omega}}\omega_n-k_{\bar{Q}}\bar{Q} \end{bmatrix} \tag{5-20}$$

对这样的系统,采用矩阵法分析稳定性比较方便。在平衡状态下式(5-20)等式右边第二项为 0,这样流量和转速的波动量($\tilde{q},\tilde{\omega}_n$)满足

$$\frac{\mathrm{d}}{\mathrm{d}t}\begin{bmatrix} \tilde{q} \\ \tilde{\omega}_n \end{bmatrix} - \underbrace{\begin{bmatrix} -\dfrac{R_{\bar{Q}}+R_{\mathrm{p}}}{L_{\mathrm{p}}} & -\dfrac{R_{\bar{\omega}}}{L_{\mathrm{p}}} \\ \dfrac{K_{\bar{Q}}}{J} & \dfrac{K_{\bar{\omega}}}{J} \end{bmatrix}}_{\boldsymbol{A}} \begin{bmatrix} \tilde{q} \\ \tilde{\omega}_n \end{bmatrix} = 0 \tag{5-21}$$

系统的稳定性取决于矩阵 $\boldsymbol{A}$ 的特征值。以方程(5-21)的微分方程可写为

$$\boldsymbol{I}\frac{\mathrm{d}}{\mathrm{d}t}\begin{bmatrix} \tilde{q} \\ \tilde{\omega}_n \end{bmatrix} - \boldsymbol{A}\begin{bmatrix} \tilde{q} \\ \tilde{\omega}_n \end{bmatrix} = 0 \tag{5-22}$$

经过拉普拉斯变换可知要使方程(5-22)有非零解,需满足

$$\det(\boldsymbol{A}-\boldsymbol{I}s)=0 \tag{5-23}$$

式中,s 为矩阵 $\boldsymbol{A}$ 的特征值,展开式(5-23)得

$$s^2 + \underbrace{\left(\frac{R_{\bar{Q}}+R_{\mathrm{p}}}{L_{\mathrm{p}}}-\frac{K_{\bar{\omega}}}{J}\right)}_{2\mu}s + \underbrace{\frac{K_{\bar{Q}}R_{\bar{\omega}}}{JL_{\mathrm{p}}}}_{\omega_0^2} = 0 \tag{5-24}$$

式中,第二项也表示振荡的阻尼项,与前面的分析相同,对以上特征方程,只有当阻尼项大于 0 时,方程(5-21)的解的幅值是随时间增加而减少的,这样的系统才是稳定的。因此,机组稳定运行的条件为

$$\frac{R_{\bar{Q}}+R_{\mathrm{p}}}{L_{\mathrm{p}}} > \frac{K_{\bar{\omega}}}{J} \tag{5-25}$$

即

$$\frac{\left.\dfrac{\mathrm{d}H}{\mathrm{d}Q}\right|_{\bar{Q}}+R_{\mathrm{p}}}{L_{\mathrm{p}}} > \frac{\left.\dfrac{\mathrm{d}T}{\mathrm{d}\omega_n}\right|_{\bar{\omega}}}{J} \tag{5-26}$$

对低水头高比转速的水轮机机组,由于 $T(n_{11})$ 斜率一般为负值,而 $Q(n_{11})$ 斜率也为负值,即 $\mathrm{d}H/\mathrm{d}Q$ 为正值,以上条件容易满足;但对抽水蓄能机组,一般水头较高,比转速较低,容易出现图 5-3 所示的反 S 区,$T(n_{11})$ 斜率为正值,而 $Q(n_{11})$ 斜率也为正,即 $\mathrm{d}H/\mathrm{d}Q$ 为负,式(5-26)可能不满足,就会出现水轮机的运行不稳定。

从式(5-26)还可以看到水力系统的其他参数对系统稳定性的影响,比如短而粗的进水管由于进水段流感 L_{p} 较小,因此对提高系统稳定性是有利的,同时增大转动惯量 J 对提高系统稳定性也有利,增加进水段的水力损失对提高稳定性也是有利的。

以上一维模型的分析表明,水轮机在反 S 区运行的不稳定与 $Q(n_{11})$ 曲线出现正斜率有

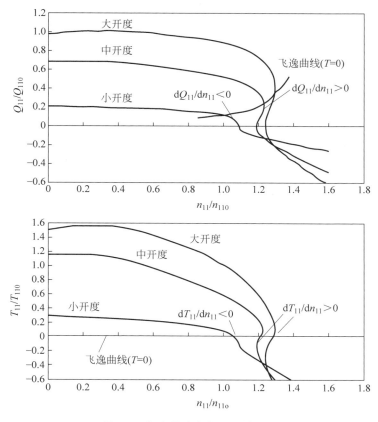

图 5-3　低比转速水轮机特性曲线

关，$Q(n_{11})$ 曲线取决于转轮内部流态，已经有众多学者通过三维 CFD 计算分析了 $Q(n_{11})$ 的正斜率区与无叶区内的漩涡有关，详细分析参见 6.5 节的介绍。

5.3　球阀泄漏引起的水力振荡

　　在抽水蓄能电站的水轮机进口常采用球阀控制关机等过程，为保证良好的密封，一般都会在阀的上游测设检修密封，在下游侧设工作密封。一般密封采用液压启闭，压力水一般取自上游端，密封结构如图 5-4 所示，密封活动环由两侧的投入腔和退出腔的压力差驱动，当阀门关闭时，投入腔与压力水接通，使活动环紧贴在阀芯的固定环上达到密封的效果，当阀门需要开启时，退出腔与压力水接通，活动环在压力驱动下离开固定环，阀芯转动到需要的开度。在实际电站运行中，多个电站出现了由于球阀漏水导致的水力系统振荡现象。这类现象有一些共同的特征，即在关机过程中出现了阀门漏水，同时密封的压力水取自上游，在这种情况下，当有某种扰动使上游压力增加时，会使活动密封环向固定环移动，使间隙减小，泄漏量减小，如图 3-15 的阀轴变形导致的情形一样，形成了正反馈，即 $\mathrm{d}H_\zeta/\mathrm{d}Q<0$。这会导致系统的不稳定，形成自激振荡。

　　由于阀门关闭时有泄漏，且泄漏间隙随着上游压力的增加而减小，这种阀门被称为柔性阀门，对这类阀门，可认为泄漏面积与上游水压力 H 之间的关系如下：

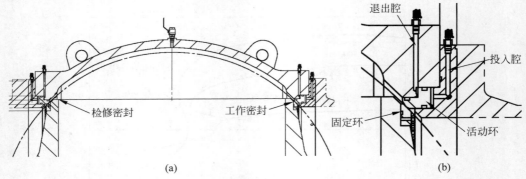

图 5-4 球阀的典型密封结构

(a) 密封结构；(b) 工作密封放大图

$$A_L = 2A_0\left(1 - \frac{H}{2H_0}\right) \tag{5-27}$$

式中，H_0 为平衡点水压力。因此泄漏流量与上游压力的关系为

$$Q_L = A_L\sqrt{2gH} = A_0\left(1 - \frac{H}{2H_0}\right)\sqrt{2gH} \tag{5-28}$$

由此可得泄漏流量波动

$$\tilde{q}_L = \frac{dQ_L}{dH}\bigg|_{H_0}\tilde{h} = -\frac{A_0\sqrt{2g}}{4\sqrt{H_0}}\tilde{h} \tag{5-29}$$

对于简单的单管单阀系统，利用集总参数等效电路的方法，可以把管道等效为电容、电感和电阻，如图 5-5 所示，如果不考虑管路系统的水力损失，参考 3.4 节的分析，将两回路上的微分方程线性化后可得

$$-L_p\frac{d\tilde{q}_1}{dt} - 2R_p\bar{Q}_1\tilde{q}_1 = \tilde{h}_c \tag{5-30}$$

$$C_p\frac{d\tilde{h}_c}{dt} = \tilde{q}_1 - \tilde{q}_L = \tilde{q}_1 + \frac{A_0\sqrt{2g}}{4\sqrt{H_0}}\tilde{h}_c \tag{5-31}$$

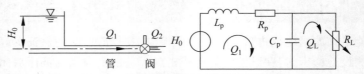

图 5-5 带球阀的单管系统及等效电路

在方程(5-30)和方程(5-31)中消去 $\tilde{h}_c$ 后得

$$\frac{d^2\tilde{q}_1}{dt^2} + \underbrace{\left(\frac{2R_p}{C_pL_p}\bar{Q}_1 - \frac{A_0\sqrt{2g}}{4C_p\sqrt{H_0}}\right)}_{2\mu}\frac{d\tilde{q}_1}{dt} + \underbrace{\frac{\left(1 - \frac{A_0R_p\bar{Q}_1\sqrt{2g}}{2\sqrt{H_0}}\right)}{C_pL_p}}_{\omega_0^2}\tilde{q}_1 = 0 \tag{5-32}$$

对以上单自由度振动方程，即如果管路系统损失很小时，可能使 μ 为负值，导致系统不稳定。当球阀关闭不严时，$\bar{Q}_1$ 很小，对应 R_p 也很小就很有可能导致 $\mu<0$，这就是球阀泄漏导致振荡的原因。

5.4 尾水管空化稳定性一维模型

5.4.1 简单模型

当水轮机尾水管等区域内出现空化时,气泡的存在将大大增加该段管路的容性,从而改变系统的声学特性乃至稳定性。在此,建立一个简单的模型对这一问题进行分析,将空化形成的含蒸汽空腔简化为如图 5-6 所示的小气室。同样采用小扰动假设,图中流量及压头均可分解成平均量和波动量,显然,根据连续性方程,气体体积的变化会引起进出口流量的变化

$$\frac{\mathrm{d}V_c}{\mathrm{d}t} = Q_2 - Q_1 \tag{5-33}$$

在水轮机出口的空化空腔体积的变化与运行工况有关,即与当地压力以及流量有关,利用 3.2.7 节中空化模型,引入 Brennen 于 1973 年[2] 提出的分析水泵空化稳定性的空化参数:空化柔性 C 及两个质量流量增益系数 χ_1 和 χ_2,分别定义为

$$C = -\frac{\partial V_c}{\partial H_c} \tag{5-34}$$

$$\chi_1 = -\frac{\partial V_c}{\partial Q_1} \tag{5-35}$$

$$\chi_2 = -\frac{\partial V_c}{\partial Q_2} \tag{5-36}$$

式中,V_c 为空泡体积;H_c 为低压侧压力;Q_1 和 Q_2 分别为空泡两侧的流量,则连续性方程可写为

$$\frac{\mathrm{d}V_c}{\mathrm{d}t} = C\frac{\mathrm{d}H_c}{\mathrm{d}t} + \chi_1\frac{\mathrm{d}Q_1}{\mathrm{d}t} + \chi_2\frac{\mathrm{d}Q_2}{\mathrm{d}t} = Q_1 - Q_2 \tag{5-37}$$

式中,χ_1 和 χ_2 分别表示上游和下游流量的影响。因此,在等效电路中将空腔等价于一个电容,由于水的弹性模量远高于水蒸气,暂不考虑该段管路水体的流容,仅考虑其流阻及流感,最后等效电路如图 5-6 所示。

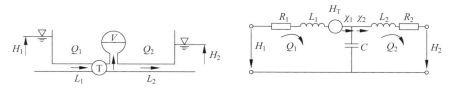

图 5-6 简单空化模型

比对图 5-6 的电路写出微分方程

$$C\frac{\mathrm{d}H_c}{\mathrm{d}t} + \chi_1\frac{\mathrm{d}Q_1}{\mathrm{d}t} + \chi_2\frac{\mathrm{d}Q_2}{\mathrm{d}t} = Q_1 - Q_2 \tag{5-38}$$

$$H_c = L_2\frac{\mathrm{d}Q_2}{\mathrm{d}t} + R_2 Q_2 + H_2 \tag{5-39}$$

$$H_1 = H_c + L_1 \frac{\mathrm{d}Q_1}{\mathrm{d}t} + R_1 Q_1 + H_T \tag{5-40}$$

一般尾水管上游水轮机的流阻较大,上游流量波动相对较小。如果假设上游流量 Q_1 的振荡部分为 0,并认为下游水位波动为 0,由于水力损失一般与流量平方成正比,为了便于水力损失线性化,将下游水力损失写为

$$R_2 Q_2 = R_2' Q_2^2 \tag{5-41}$$

采用小扰动理论,考虑到 $H_c = \overline{H}_c + \tilde{h}_c$,$Q_2 = \overline{Q} + \tilde{q}_2$,$Q_1 = \overline{Q}$,将其代入方程(5-38)和式(5-39)后减去平均流动所满足的方程,略去高阶小量后可获得尾水管内振荡分量的微分方程为

$$\chi_2 \frac{\mathrm{d}\tilde{q}_2}{\mathrm{d}t} + C \frac{\mathrm{d}\tilde{h}_c}{\mathrm{d}t} = -\tilde{q}_2 \tag{5-42}$$

$$\tilde{h}_c = L_2 \frac{\mathrm{d}\tilde{q}_2}{\mathrm{d}t} + 2R_2' \overline{Q} \tilde{q}_2 \tag{5-43}$$

将式(5-43)代入式(5-42)消去 $\tilde{h}_c$ 可得

$$\frac{\mathrm{d}^2 \tilde{q}_2}{\mathrm{d}t^2} + \underbrace{\left[\frac{2R_2' \overline{Q}}{L_2} + \frac{\chi_2}{L_2 C} \right]}_{2\mu} \frac{\mathrm{d}\tilde{q}_2}{\mathrm{d}t} + \underbrace{\frac{1}{L_2 C}}_{\omega_0^2} \tilde{q}_2 = 0 \tag{5-44}$$

该单自由度振荡方程阻尼项决定了系统稳定性,要使系统稳定,要求 $\mu > 0$,即

$$\frac{\chi_2}{C} > -2R_2' \overline{Q} \tag{5-45}$$

如果不考虑管路的阻尼($R_2 = 0$),这意味着当空化柔性 C 或质量流量增益系数 χ 不同号时就不满足以上稳定性条件,使系统出现不稳定。由空化柔性 C 的定义可知,它表示随着压力降低空化体积的增加率,一般情况下是正值,对系统有稳定作用,在这种情况下,如果下游质量流量增益系数 χ_2 为负,即随着流量的增加,空化体积增加,则可能出现水力系统的不稳定振荡。式(5-44)还表明,尾水管空化不稳定引起的振荡角频率为 $1/\sqrt{L_2 C}$,即与下游管长平方根成反比。

5.4.2　考虑扩散及出口环量影响的模型

以上简单模型仅考虑了出口流量增益系数的影响,影响水轮机尾水管压力脉动的因素很多,比如尾水管的扩散度、出口环量等都对其稳定性有影响,这些因素可直观地通过对电路元件的参数修正来等效,Chen 等[3]从基本方程出发对这些影响因素进行分析,下面结合等效电路方法对其思路进行介绍。

图 5-7(a)是简化的含空化尾水管物理模型,图 5-7(b)是对应等效电路图,如果忽略管路中水体的压缩性和水力损失($R_i = 0$),首先在 Q_1 的回路上,考虑到流量与水头间的关系 $H_T = \rho \frac{\zeta_T}{2A_i^2} Q_1^2$,可得微分方程(也可由 i-c 间列非定常伯努利方程获得)

$$p_i = p_a + \rho \frac{l_i}{A_i} \frac{\mathrm{d}Q_1}{\mathrm{d}t} + \rho \frac{\zeta_T}{2A_i^2} Q_1^2 \tag{5-46}$$

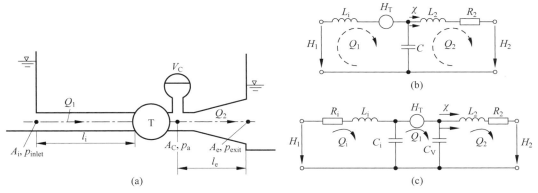

图 5-7　尾水管空化模型

（a）含尾水管空化区的水力系统示意；（b）不考虑进水管流容及流阻；（c）考虑进水管流容及流阻

式中，ζ_T 包含了水轮机特性的影响。在 Q_2 的回路上，考虑到尾水管的扩散效应，尾水管进口速度大于出口速度，因此在 c-e 间的非定常伯努利方程为

$$p_a = p_e + \rho \frac{l_e}{A_e} \frac{\mathrm{d}Q_2}{\mathrm{d}t} + \rho \frac{\zeta_2 - D}{2A_e^2} Q_2^2 \tag{5-47}$$

式中，ζ_2 为尾水管内水力损失系数；D 为扩散度，$D = (A_e/A_c)^2 - 1$；A_c、A_e 分别为尾水管进口及出口面积。将式（5-47）代入式（5-46）得到

$$p_i = p_e + \rho \frac{l_e}{A_e} \frac{\mathrm{d}Q_2}{\mathrm{d}t} + \rho \frac{\zeta_2 - D}{2A_e^2} Q_2^2 + \rho \frac{l_i}{A_i} \frac{\mathrm{d}Q_1}{\mathrm{d}t} + \rho \frac{\zeta_T}{2A_i^2} Q_1^2 \tag{5-48}$$

由于空化体积的变化会引起进出口流量的变化，连续性方程为

$$Q_2 - Q_1 = \frac{\mathrm{d}V_c}{\mathrm{d}t} \tag{5-49}$$

从空化的物理过程来看，空化体积的变化是局部压力降低引起的，即 $V_c = f(p_c)$。由于转轮出口一般都有一定的环量，尾水管内的流动具有周向速度分量，且偏离最优工况越远，周向分量越大，因此，尾水管中心局部压力 p_c 低于尾水管进口平均压力 p_a。如果参考兰金（Rankine）涡涡心压力的理论公式，可以认为

$$p_c = p_a - \rho \alpha C_{\theta 2}^2 \tag{5-50}$$

式中，α 为兰金系数。由转轮的出口速度三角形可知尾水管进口周向速度 $C_{\theta 2}$ 可写为

$$C_{\theta 2} = U_2 + W_{\theta 2} = U_2 - C_{m2} \cot\beta_2 = U_2 - \frac{Q_1}{S_2} \cot\beta_2 \tag{5-51}$$

式中，U_2 为叶轮旋转线速度；$W_{\theta 2}$ 为相对速度周向分量；C_{m2} 为轴向速度；β_2 为液流角；S_2 为尾水管进口过流面积。将式（5-51）代入式（5-50）得到

$$p_c = p_a - \rho \alpha \left(U_2 - \frac{Q_1}{S_2} \cot\beta_2 \right)^2 \tag{5-52}$$

式（5-52）将尾水管中心局部压力 p_c 表示为尾水管进口平均压力 p_a 与流量 Q_1 的函数。

令

$$C = -\frac{\mathrm{d}V_c}{\mathrm{d}p_c} \tag{5-53}$$

由式（5-49）、式（5-52）和式（5-53）可得

$$Q_2 - Q_1 = \frac{\mathrm{d}V_c}{\mathrm{d}p_c}\frac{\mathrm{d}p_c}{\mathrm{d}t} = -C\left[\frac{\mathrm{d}p_a}{\mathrm{d}t} + 2\rho\alpha\frac{\cot\beta_2}{S_2}\left(U_2 - \frac{Q_1}{S_2}\cot\beta_2\right)\frac{\mathrm{d}Q_1}{\mathrm{d}t}\right] \tag{5-54}$$

采用小扰动理论,将压头和流量分为平均值和振荡分量

$$Q_2 = \bar{Q}_2 + \tilde{q}_2 \tag{5-55}$$

$$Q_1 = \bar{Q}_1 + \tilde{q}_1 \tag{5-56}$$

$$p_a = \bar{p}_a + \tilde{p}_a \tag{5-57}$$

假设上下游压力变化为 0,且进出口平均流量相等 $\bar{Q}_1 = \bar{Q}_2 = \bar{Q}$,对方程(5-46)、式(5-47)和式(5-52)线性化处理后,减去平均流动所满足的方程并略去高阶小量,可得振荡分量满足以下微分方程:

$$0 = \tilde{p}_a + \rho\frac{l_i}{A_i}\frac{\mathrm{d}\tilde{q}_1}{\mathrm{d}t} + \rho\frac{\zeta_T}{A_i^2}\bar{Q}\tilde{q}_1 \tag{5-58}$$

$$\tilde{p}_a = \rho\frac{l_e}{A_e}\frac{\mathrm{d}\tilde{q}_2}{\mathrm{d}t} + \rho\frac{\zeta_2 - D}{A_e^2}\bar{Q}\tilde{q}_2 \tag{5-59}$$

$$\tilde{q}_2 - \tilde{q}_1 = -C\left[\frac{\mathrm{d}\tilde{p}_a}{\mathrm{d}t} + \underbrace{2\rho\alpha\frac{\cot\beta_2}{S_2}\left(U_2 - \frac{\bar{Q}}{S_2}\cot\beta_2\right)}_{K}\frac{\mathrm{d}\tilde{q}_1}{\mathrm{d}t}\right] \tag{5-60}$$

取参数 $\tilde{q}_2$、$\tilde{q}_1$、$\tilde{p}_a$ 为状态变量,将方程(5-58)、式(5-59)和式(5-60)写成如下的状态方程:

$$\underbrace{\begin{bmatrix} \rho\dfrac{l_i}{A_i} & & \\ & \rho\dfrac{l_e}{A_e} & \\ CK & & C \end{bmatrix}}_{A}\frac{\mathrm{d}}{\mathrm{d}t}\begin{bmatrix} \tilde{q}_1 \\ \tilde{q}_2 \\ \tilde{p}_a \end{bmatrix} + \underbrace{\begin{bmatrix} \rho\dfrac{\zeta_T}{A_i^2}\bar{Q} & & 1 \\ & \rho\dfrac{\zeta_2 - D}{A_e^2}\bar{Q} & -1 \\ -1 & 1 & 0 \end{bmatrix}}_{B}\begin{bmatrix} \tilde{q}_1 \\ \tilde{q}_2 \\ \tilde{p}_a \end{bmatrix} = 0 \tag{5-61}$$

要使其有非零解,需满足

$$\det(Is + A^{-1}B) = 0 \tag{5-62}$$

由方程(5-62)可求得 $A^{-1}B$ 的特征值共有 1 个实特征值和 2 个共轭特征值 $s = \sigma \pm \mathrm{j}\omega$,由 σ 的符号可以判断系统的稳定性。

值得注意的是,以上推导过程中,没有考虑进水管路系统中水体压缩性及摩擦阻尼的影响,如果考虑这些因素,相当于在转轮进口增加一个流容和流阻,参见图 5-7(c)的等效电路图,此时系统波动分量的方程将变为

$$0 = \tilde{p}_i + \rho\frac{l_i}{A_i}\frac{\mathrm{d}\tilde{q}_i}{\mathrm{d}t} + R_i\tilde{q}_i \tag{5-63}$$

$$\tilde{p}_i - \rho\frac{\zeta_T}{A_i}\bar{Q}\tilde{q}_1 = \tilde{p}_a \tag{5-64}$$

$$\frac{l_iA_i}{\rho a^2}\frac{\mathrm{d}\tilde{p}_i}{\mathrm{d}t} = \tilde{q}_i - \tilde{q}_1 \tag{5-65}$$

$$\tilde{p}_a = \rho\frac{l_e}{A_e}\frac{\mathrm{d}\tilde{q}_2}{\mathrm{d}t} + \rho\frac{\zeta_2 - D}{A_e^2}\bar{Q}\tilde{q}_2 \tag{5-66}$$

$$\tilde{q}_2 - \tilde{q}_1 = -C\left[\frac{\mathrm{d}\tilde{p}_\mathrm{a}}{\mathrm{d}t} + 2\rho\alpha\frac{\cot\beta_2}{S_2}\left(U_2 - \frac{\overline{Q}}{S_2}\cot\beta_2\right)\frac{\mathrm{d}\tilde{q}_1}{\mathrm{d}t}\right] \tag{5-67}$$

对以上方程,也可以 $[\tilde{p}_\mathrm{i}, \tilde{q}_\mathrm{i}, \tilde{q}_1, \tilde{q}_2, \tilde{p}_\mathrm{a}]^\mathrm{T}$ 为状态向量,将其写为形如(3-228)的矩阵形式,求 $\boldsymbol{A}^{-1}\boldsymbol{B}$ 的特征值及特征向量即可得到系统的复频特性及模态,不过其代数表达式非常复杂,如果以上方程中的系数得以确定,就可以很方便地通过 MATLAB 等软件计算。比较有意义的是通过以上方程可以方便地分析扩散度和出口环量对系统稳定性的影响,下面分别进行分析。

5.4.3　扩散度的影响

首先如果假设进口流量波动很小,$\tilde{q}_1 = 0$,则由方程(5-58)、方程(5-59)和方程(5-60)得

$$\frac{\mathrm{d}^2\tilde{q}_2}{\mathrm{d}t^2} + \underbrace{\frac{A_\mathrm{e}(\zeta_2 - D)}{l_\mathrm{e}}\overline{Q}}_{2\mu}\frac{\mathrm{d}\tilde{q}_2}{\mathrm{d}t} + \underbrace{\frac{A_\mathrm{e}}{\rho Cl_\mathrm{e}}}_{\omega_\mathrm{e}^2}\tilde{q}_2 = 0 \tag{5-68}$$

显然,尾水管内的水力损失和扩散度构成了系统的阻尼部分,为保证系统稳定,要求

$$\zeta_2 - D > 0 \tag{5-69}$$

如果是等径管,D 为 0,则理论上系统是稳定的。对扩散的尾水管则式(5-69)有可能不满足,系统可能变得不稳定。从对式(5-44)的分析可以看到扩散度相当于提供了一种相对于出口流量 Q_2 的负流量增益,即形成正反馈:流量的增加导致压力下降,空化体积增加,在上游流量不变的条件下,下游流量进一步增加,导致系统不稳定。

在转轮进口流量波动为 0 的条件下,下游流量及尾水管的压力振荡角频率

$$\omega_\mathrm{e} = \sqrt{\frac{A_\mathrm{e}}{\rho Cl_\mathrm{e}}} \tag{5-70}$$

显然,该振荡频率与尾水管长度的平方根成正比。

5.4.4　出口环量的影响

如果假设出口流量波动 $\tilde{q}_2 = 0$,则由方程(5-58)、方程(5-59)和方程(5-60)得

$$\frac{\mathrm{d}^2\tilde{q}_1}{\mathrm{d}t^2} + \underbrace{\left[\frac{\zeta_\mathrm{T}}{l_\mathrm{i}}\overline{Q} - 2\alpha\frac{A_\mathrm{i}}{l_\mathrm{i}}\frac{\cot\beta_2}{S_2}\overbrace{\left(U_2 - \frac{\overline{Q}}{S_2}\cot\beta_2\right)}^{C_{\theta2}}\right]}_{2\mu}\frac{\mathrm{d}\tilde{q}_1}{\mathrm{d}t} + \underbrace{\frac{A_\mathrm{i}}{\rho Cl_\mathrm{i}}}_{\omega_0^2}\tilde{q}_1 = 0 \tag{5-71}$$

显然,这个系统的阻尼受到进水部分的水轮机性能 ξ_T 和转轮出口圆周速度 $C_{\theta2}$ 的影响。转轮的正负出口环量影响系统稳定性,负的出口环量增加正阻尼,而正的出口环量则带来减小阻尼的效果,可能导致负阻尼。一般水轮机在最优流量附近,出口环量接近于 0,在偏小流量工况,出口环量为正(与旋转方向相同),会减小系统的总阻尼,降低系统的稳定性。而在大流量工况,出口环量为负,增加系统总阻尼,有助于提高系统的稳定性。

类比于式(5-44)的分析可以看到,正的出口圆周速度相当于在空化模型中引入相对于空腔上游流量 Q_1 的正流量增益系数(即随着上游流量的增加,空化体积减小),可能导致系统不稳定。这在物理上也比较容易理解,对水轮机而言,在 $Q < Q_0$ 时,随着流量的增加,出

口环量减小,尾水管中心区域压力升高,而涡带体积减小,为了补充空腔体积的减小,进口流量进一步增加,形成了正反馈;但在 $Q>Q_o$ 的高负荷条件下,随转轮内流量的增加,尾水管内的柱状空腔涡带体积会随着出口负环量绝对值的增加而增加,空腔体积增加会反过来导致尾水管上游流量的减小,因此,负环量有利于系统的水力稳定,但这个结论是未考虑下游流量波动的条件下得出的,但是空腔体积波动对下游流量波动影响较大,因此单一考虑环量的影响是不全面的。

以上分析虽然仅利用了简单的一维水动力学方程,但是可以看到,水轮机尾水管内的空化涡带不稳定运动与尾水管的扩散及出口环量的影响密切相关。同时,以上方法还为整体系统的水力分析提供了简单的计算依据。

5.4.5　进口管长对含空化尾水管的系统频率及模态的影响

Chen 等[3]利用以上一维尾水管模型,采用小扰动分析的方法,假设

$$\tilde{q}_2 = q_2 \mathrm{e}^{\mathrm{j}\omega t} \tag{5-72}$$

$$\tilde{q}_1 = q_1 \mathrm{e}^{\mathrm{j}\omega t} \tag{5-73}$$

式中

$$\omega = \omega_\mathrm{R} + \mathrm{j}\omega_\mathrm{I} \tag{5-74}$$

注意式(5-72)、式(5-73)中 $\mathrm{j}\omega$ 相当于 3.3.3 节中的 s。将式(5-72)、式(5-73)代入式(5-61)中,并消去 $\tilde{p}_a$,对流量小于法向出口流量,进水管波速为 $500\mathrm{m/s}$,并具有不同进口管长的情况进行频域分析,结果如图 5-8 所示,图 5-8(b) 为其虚部,代表阻尼的作用,可以看到,大部分情况 ω_I 为负值,表明阻尼为负阻尼,是不稳定的情况。这表明在小流量下也可能发生系统的自激振荡。图 5-8(a)中实线为系统的各阶角频率,虚线是波长为 $4l_i$ 的驻波的各阶谐波的角频率 $\omega_k = k2\pi a/4l_i$,即进口管段各阶固有角频率(详见 3.3.3 节),在图 5-8(a)中还画出了按式(5-70)计算的尾水管的角频率 $\omega_e = \sqrt{A_e/\rho l_e C}$,可以看到 ω_R 在高于 $2\omega_e$ 时基本与 ω_k 的偶数阶频率接近,在这些情况下,在水轮机进口位置为压力脉动的节点,流量脉动的腹点,表现出开口到开口的振荡模态(比如图 5-9 中 $\omega = 62.937 - 4.140\mathrm{j}$ 的情况等)。但在 ω_R 接近 ω_e 时,系统的角频率 ω_R 却向偏离 ω_k 的方向移动,这与卡门涡的锁频现象刚好相反。同时随着进口管长的增加,各阶系统角频率 ω_R 都在减少,且管长越长,各低阶频率的差值越小。

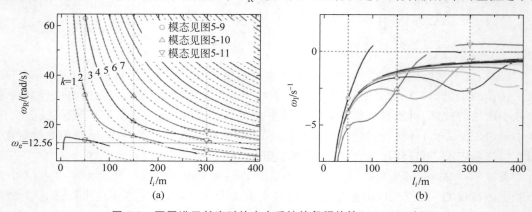

图 5-8　不同进口长度时的水力系统的复频特性($a = 500\mathrm{m/s}$)

图 5-8 中各点的模态如图 5-9 所示,其中 $\tilde{p}/p_R$ 表示压力系数,$\rho a\tilde{u}/p_R$ 表示流量系数,图 5-10 和图 5-11 可以看到,在不同管长时,各阶频率表现出不同振型。比如管长为 50m 及 150m 时,一阶模态在转轮进口为压力脉动腹点和流量脉动节点,2、3 阶模态则在转轮进口为压力脉动节点和流量脉动腹点(相当于开口到开口的振荡),在管长为 300m 时,一阶模态为正阻尼模态,但二阶模态在转轮进口为流量脉动节点。以上分析表明管长不仅对系统的频率有影响,对水轮机进口节点振动特性也有很大影响。

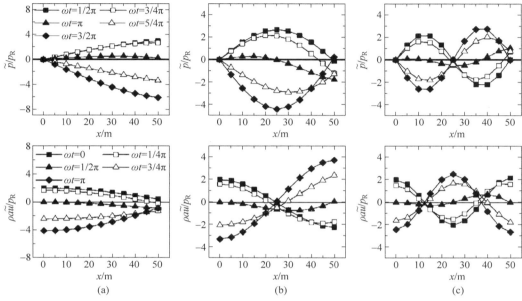

图 5-9　进口长度 50m 时的典型频率对应的水力系统振荡模态(对应图 5-8 中圆圈所在的频率)

(a) $\omega_1=13.683-3.158j$; (b) $\omega_2=31.909-5.126j$; (c) $\omega_3=62.937-4.140j$

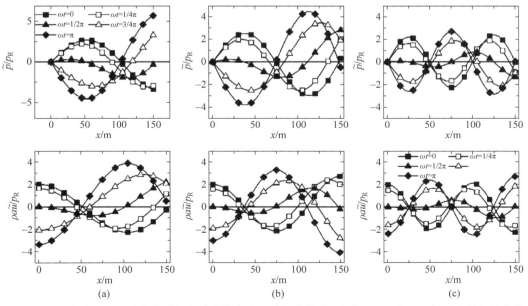

图 5-10　进口长度 150m 时的典型频率对应的水力系统振荡模态(对应图 5-8 中正三角形点所在的频率)

(a) $\omega_1=15.335-2.56j$; (b) $\omega_2=21.256-2.787j$; (c) $\omega_3=31.465-1.753j$

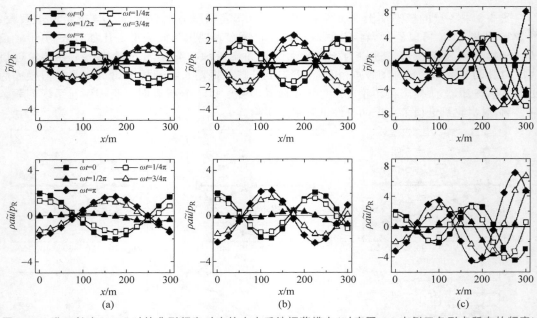

图 5-11　进口长度 300m 时的典型频率对应的水力系统振荡模态（对应图 5-8 中倒三角形点所在的频率）

(a) $\omega_1 = 9.381 + 0.504j$；(b) $\omega_2 = 13.763 - 0.597j$；(c) $\omega_3 = 17.274 - 2.606j$

5.4.6　平均流量对含空化尾水管的系统频率及模态的影响

在 $l_i = 50m$ 的情况（图 5-12），发现声速对各阶频率的影响较小，同时对不同平均流量、有无扩散、有无出口环量的情况进行分析，结果表明，扩散作用仅影响频率接近 ω_e 的模态，并可能在各种流量下引起系统不稳定，且在这些模态下，进口流量波动远小于出口流量波动。而在流量小于法向出口流量（小流量工况）时，出口环量对高于 ω_e 的各种模态有影响并导致系统不稳定，因此认为高阶的系统不稳定模态是由于出口环量的作用。对于频率低于 ω_e 的模态，上下游流量波动的相位差小于 $90°$，且系统不稳定发生在流量大于法向出口流量（大流量工况）的情况。

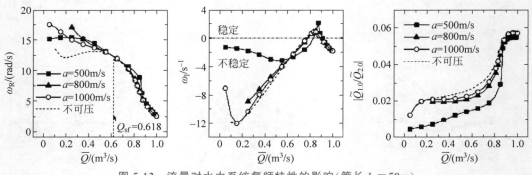

图 5-12　流量对水力系统复频特性的影响（管长 $l_i = 50m$）

以上是在频域上对尾水管空化有关的一维稳定性问题的分析。需要说明的是，本节讨论的系统不稳定主要与空化体积变化引起的一维流量振荡有关（源于方程(5-33)）。这类不稳定振荡模态在尾水管同一截面上不同周向位置上波动的相位相同,即表现出 1.1.3 节所描述的同步分量特征。本节分析表明同步分量的激振既可能出现在小流量工况,也可能发生在大流量工况。同时也应看到,尾水管扩散的影响在于其回能作用使其进口的平均压力低于出口平均压力,而出口环量的影响在于周向运动使尾水管中心压力降低,从而使尾水管进口中心区的压力低于下游压力而出现回流,在尾水管内形成复杂的三维漩涡流动:在大流量下形成柱状涡带,对柱状涡带,涡心压力与截面平均压力的关系用式(5-50)近似是合理的。但在小流量工况下,螺旋形涡带的形成与尾水管内的局部流动失稳有关,对出现螺旋形涡带的工况,简单的一维模型对复杂的三维漩涡流动则过于简单。同时,一维模型中的流量增益系数以及空化柔性等参数也需要事先确定才能进行定量分析。在之前的一维分析中,一般凭经验给定。但尾水管内的三维流动分析为此提供了有效的工具。在 6.2 节中将对尾水管内的三维不稳定漩涡运动方面的主要研究成果进行介绍。

5.5　泵喘振的一维模型

对图 5-13 所示的带空气罐的泵系统,参照 3.4.4 节的等价方法,可以将空气罐等价为电容,由于空气罐的流容远远大于管路的流容,因此可暂不考虑管路的流容,将管路等价为电阻、电感,而泵等价为电压源,等价后的电路如图 5-13 所示。

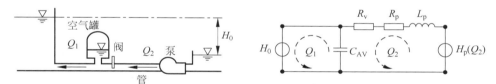

图 5-13　带空气罐的泵系统

利用基尔霍夫定律对 Q_2 的回路可写出如下方程

$$H_{\mathrm{p}}(Q_2) - L_{\mathrm{p}}\frac{\mathrm{d}Q_2}{\mathrm{d}t} - \overbrace{\lvert R_{\mathrm{p}}'Q_2\rvert}^{R_{\mathrm{p}}}\, Q_2 - \overbrace{\lvert R_{\mathrm{v}}'Q_2\rvert}^{R_{\mathrm{v}}}\, Q_2 = H_{\mathrm{AV}} \tag{5-75}$$

$$C_{\mathrm{AV}}\frac{\mathrm{d}H_{\mathrm{AV}}}{\mathrm{d}t} = Q_2 - Q_1 \tag{5-76}$$

式中,泵的扬程取决于流量扬程曲线,在平均流量 $\overline{Q}_2$ 附近对曲线线性化,将扬程表示为

$$H_{\mathrm{p}}(Q_2) = \overline{H}_{\mathrm{p}} + \frac{\mathrm{d}H}{\mathrm{d}Q_2}\bigg|_{\overline{Q}_2}(Q_2 - \overline{Q}_2) = \overline{H}_{\mathrm{p}} + R_{\overline{Q}_2}(Q_2 - \overline{Q}_2) \tag{5-77}$$

式中,$R_{\overline{Q}_2} = (\mathrm{d}H/\mathrm{d}Q_2)|_{\overline{Q}_2}$ 表示流量扬程曲线在所考察的工况(平均流量 $\overline{Q}_2$)点上的斜率。将式(5-75)代入式(5-76)并参照 3.3.1 节的小扰动理论的方法,假设流量 Q_1 波动很小,$\mathrm{d}\tilde{q}_1/\mathrm{d}t \approx 0$,可得关于振荡分量 $\tilde{q}_2$ 的方程

$$\frac{\mathrm{d}^2\tilde{q}_2}{\mathrm{d}t^2} + \underbrace{\frac{2R_{\mathrm{p}}'\overline{Q}_2 + 2R_{\mathrm{v}}'\overline{Q}_2 - R_{\overline{Q}_2}}{L_{\mathrm{p}}}}_{2\mu}\frac{\mathrm{d}\tilde{q}_2}{\mathrm{d}t} + \underbrace{\frac{1}{C_{\mathrm{AV}}L_{\mathrm{p}}}}_{\omega_0^2}\tilde{q}_2 = 0 \tag{5-78}$$

这是一个典型的有阻尼自由振动(荡)方程。显然,其中的阻尼项为正时,即 $\mu > 0$ 时,

振荡幅值随着时间增加而减小，此时这个系统是稳定的。因此系统的稳定性条件为

$$2R'_p\bar{Q}_2 + 2R'_v\bar{Q}_2 > \left.\frac{\mathrm{d}H}{\mathrm{d}Q_2}\right|_{\bar{Q}_2} \tag{5-79}$$

如果泵的流量扬程曲线为负曲率，即 $(\mathrm{d}H/\mathrm{d}Q_2)<0$，那么式(5-79)一定会得到满足。但一些泵在小流量情况下，流量扬程曲线可能出现驼峰，在正曲率区域，可能出现不满足式(5-79)稳定性条件的情况，如图 5-14(b)所示，这种不稳定情况就是泵的喘振。可见，泵的喘振是一种系统不稳定。当然，如果阀门和管路系统的流阻足够大，即使流量扬程曲率为正，也可能满足式(5-79)，就是图 5-14(a)所示的情况，这种情况下，系统是稳定的，但系统内的水力损失非常大。

从式(5-78)还可以看到，系统的固有频率与管长和系统流容的平方根成反比。虽然这个例子是带空气罐的情况，但并不意味着空气罐是产生泵喘振的必要条件，只要在泵系统内有流容，仍可以得出以上结论。

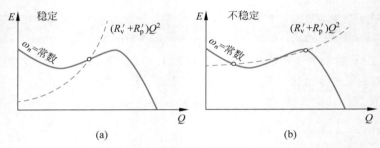

图 5-14 泵的稳定和不稳定运行工况

以上一维方法虽然从系统稳定性的角度定性给出了泵发生喘振的临界条件与泵的流量扬程曲线正斜率区有关，但是对泵内流量扬程出现正斜率的原因以及如何在设计中避免性能曲线出现驼峰，则需要更加精细的泵内部三维流场的计算和分析。

5.6　泵空化喘振的一维模型

5.6.1　空化喘振的简单模型

在泵进口的空化，同样可以用类似水轮机尾水管空化稳定性模型进行简单分析，由于泵空化一般发生在进口，将空泡模型置于泵进口，如图 5-15 所示，在此，同样引入式(5-34)、式(5-35)和式(5-36)所定义的空化柔性 C 及两个质量流量增益系数 χ_1 和 χ_2。

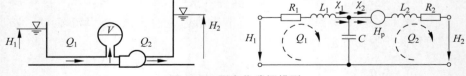

图 5-15 泵空化喘振模型

暂不考虑出口流量波动，令 Q_2 的振荡部分为 0，同时假设进水池水位波动为 0。Q_1 的回路内振荡分量的微分方程为

$$-\frac{\mathrm{d}\widetilde{V}_c}{\mathrm{d}t} = C\frac{\mathrm{d}\widetilde{h}_c}{\mathrm{d}t} + \chi_1\frac{\mathrm{d}\bar{q}_1}{\mathrm{d}t} = \tilde{q}_1 \tag{5-80}$$

$$L_1\frac{\mathrm{d}\bar{q}_1}{\mathrm{d}t} + 2R'_1\bar{Q}\bar{q}_1 + \tilde{h}_c = 0 \tag{5-81}$$

同样,将式(5-81)代入式(5-80),消去 $\tilde{h}_c$ 得

$$\frac{\mathrm{d}^2\tilde{q}_1}{\mathrm{d}t^2} + \underbrace{\left[\frac{2R'\bar{Q}}{L_1} - \frac{\chi_1}{L_1 C}\right]}_{2\mu}\frac{\mathrm{d}\bar{q}_1}{\mathrm{d}t} + \underbrace{\frac{1}{L_1 C}}_{\omega_0^2}\tilde{q}_1 = 0 \tag{5-82}$$

要使系统稳定,则要求 $\mu > 0$,即

$$2R'_1\bar{Q} > \frac{\chi_1}{C} \tag{5-83}$$

可见,在这种情况下,如果管路的阻尼很小,则质量流量增益系数 χ 为较大正值时(即随着上游流量的增加,空化体积减小),可能出现以上稳定性条件不能满足的情况,可能出现水力系统的不稳定振荡。

对于图 5-15 所示的简单泵系统,在平衡状态下泵的扬程为管路损失与装置静扬程 H_{ST} 之和,其中 $H_{ST} = H_2 - H_1$

$$R'\bar{Q}\bar{Q} + H_{ST} = \bar{H}_P = K_{\bar{Q}}\bar{Q} \tag{5-84}$$

因此不考虑出口管路时

$$R'_1\bar{Q} = \frac{\bar{H}_P - H_{ST}}{\bar{Q}} = K_{\bar{Q}} - \frac{H_{ST}}{\bar{Q}} \tag{5-85}$$

将式(5-85)代入式(5-83),得到系统的稳定性要求还可写为

$$\frac{\chi_1}{C} < 2R'_1\bar{Q} = \frac{2(\bar{H} - H_{ST})}{\bar{Q}} \tag{5-86}$$

对泵而言,一般情况下空化柔性是正值,因此,如果进口质量流量增益系数 χ_1 为负,则稳定性条件肯定满足,但如果质量流量增益系数 χ_1 为正值(即随着上游流量的增加,空化体积减小),以上稳定性条件可能得不到满足,则可能出现水力系统不稳定。这种系统不稳定是由于空化引起的,与质量流量增益系数 χ 有关,在泵行业被称为空化喘振。

还可以看到,以上简单模型所预测的振荡频率与空化柔性及管道的长度有关,但这里所介绍的简单空化模型可以说明,空化的流量增益系数 χ 对含空化的流动的水力稳定性有重要影响。实际工程中,影响空化稳定性的因素有很多,空化的质量流量增益系数与很多因素有关,比如进口冲角,进口回流区等都对其稳定性以及复频特性有影响,这些因素都不易直观地通过合适的电路元件来等效,需要更加详细的分析,有关分析将在下面介绍。

5.6.2　考虑空化系数及冲角影响的空化喘振模型

式(5-34)、式(5-35)和式(5-36)对空化柔性及流量增益系数的定义直接采用了流量和压头等绝对参数,由于泵进口局部低压区的形成往往与进口的空化系数及进口冲角有关,而进口冲角和空化系数都与流量大小相关。在 Tsujimoto 的一些文献[4,5]中,利用空化体积对进口冲角的变化率来定义流量增益系数、空化体积随进口压力的变化率来定义空化柔性。

采用小扰动理论,假设泵内空化体积及泵进口速度等都在平均流动附近波动,即 $V_c = \overline{V}_c + \widetilde{V}_c$,$u = U + \widetilde{u}$,$Q = \overline{Q} + \widetilde{q}$,$p_1 = \overline{p}_1 + \widetilde{p}_1$,$\alpha_1 = \overline{\alpha}_1 + \widetilde{\alpha}_1$。同时认为空化体积 $V_c = (\alpha_1, \sigma_1)$ 是转轮叶栅进口冲角 α_1 及空化系数 σ_1 的函数,注意到只有波动部分是随时间变化的,则

$$\frac{\mathrm{d}V_c}{\mathrm{d}t} = \frac{\mathrm{d}\widetilde{V}_c}{\mathrm{d}t} = \left[\frac{\partial V_c}{\partial \sigma_1}\left(\frac{\partial \sigma_1}{\partial W_1}\frac{\mathrm{d}W_1}{\mathrm{d}t} + \frac{\partial \sigma_1}{\partial p_1}\frac{\mathrm{d}p_1}{\mathrm{d}t} \right) + \frac{\partial V_c}{\partial \alpha_1}\frac{\mathrm{d}\alpha_1}{\mathrm{d}t} \right] \tag{5-87}$$

定义

$$M = \frac{\partial V_c}{\partial \alpha_1} \tag{5-88}$$

$$K = -\frac{\partial V_c}{\partial \sigma_1} \tag{5-89}$$

式中,空化系数 σ_1 定义为

$$\sigma_1 = \frac{p_1 - p_v}{0.5\rho W_1^2} \tag{5-90}$$

考虑到泵的进口速度三角形及流量与速度的关系(图 5-16)

$$W_1 = \left[(U + \widetilde{u}_1)^2 + (U_T)^2 \right]^{1/2} \tag{5-91}$$

$$\beta_1 = \arctan\frac{U + \widetilde{u}_1}{U_T} = \beta_e - (\overline{\alpha}_1 + \widetilde{\alpha}_1) \tag{5-92}$$

$$W_1 = (U + \widetilde{u})/\sin\beta_1 \approx U/\sin\beta_1 \tag{5-93}$$

$$\widetilde{u} = \frac{\widetilde{q}}{A_1} \tag{5-94}$$

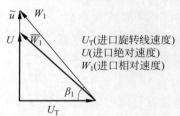

U_T(进口旋转线速度)
U(进口绝对速度)
W_1(进口相对速度)

图 5-16　叶轮进口流动参数和速度三角形[*]

其中 β_e 为进口安放角。于是

$$\frac{\partial \sigma_1}{\partial p_1} = \frac{\sin^2\beta_1}{0.5\rho U^2} \tag{5-95}$$

$$\frac{\partial \sigma_1}{\partial W_1} = -\frac{2\sigma_1\sin\beta_1}{U} \tag{5-96}$$

同时注意到任意变量对时间的导数与其波动量对时间的导数相等,有

$$\frac{\mathrm{d}W_1}{\mathrm{d}t} = \frac{\sin\beta_1}{A_1}\frac{\mathrm{d}\widetilde{q}_1}{\mathrm{d}t} \tag{5-97}$$

$$\frac{\mathrm{d}\alpha_1}{\mathrm{d}t} = -\frac{\cos\beta_1\sin\beta_1}{A_1}\left(\frac{1}{U}\frac{\mathrm{d}\widetilde{q}_1}{\mathrm{d}t} \right) \tag{5-98}$$

将式(5-95)、式(5-96)、式(5-97)和式(5-98)代入式(5-87),并考虑到 $\widetilde{p}_1 = \rho g\widetilde{h}_c$ 可得

$$\frac{\mathrm{d}\widetilde{V}_c}{\mathrm{d}t} = -\underbrace{\left(-\frac{2\sigma K\sin^2\beta_1}{A_1 U} + \frac{M\sin\beta_1\cos\beta_1}{A_1 U} \right)}_{\chi_1}\frac{\mathrm{d}\widetilde{q}_1}{\mathrm{d}t} - \underbrace{\frac{2gK\sin^2\beta_1}{U^2}}_{c}\frac{\mathrm{d}\widetilde{h}_c}{\mathrm{d}t} \tag{5-99}$$

比较式(5-99)和式(5-80)可见

------

[*]　β_1 角与文献[4,5]相差 90°。

$$C = \frac{2gK\sin^2\beta_1}{U^2} = \frac{2gK\cos^2\beta}{U_{\mathrm{T}}^2} \tag{5-100}$$

$$\chi_1 = -\frac{2\sigma K\sin^2\beta_1}{A_1 U} + \frac{M\sin\beta_1\cos\beta_1}{A_1 U} \tag{5-101}$$

将式(5-100)、式(5-101)代入式(5-86)可得系统稳定性条件为

$$M < 2K\tan\beta_1\left(\frac{g(\overline{H}-H_{\mathrm{ST}})}{0.5U^2} + \sigma\right) \tag{5-102}$$

同时,根据式(5-82)系统的振荡频率为

$$\omega_0 = \sqrt{\frac{1}{LC}} = \frac{r_1\omega_n}{\cos\beta_1}\sqrt{\frac{1}{2gLK}} = \frac{r_1\omega_n}{\cos\beta_1}\sqrt{\frac{A_0}{2l_0 K}} \tag{5-103}$$

以上分析结果表明,由于空化柔性 C 与泵转速 ω_n(rad/s)的平方成反比,因此空化喘振的频率与转频成正比。同时,空化喘振频率还与进口管长 l_0 的平方根成反比,这是空化喘振频率的两个典型特征。

如果质量流量增益系数 M 为正,即随着流量的增加或进口冲角减少,空化体积减小,可能出现空化喘振,这从物理上也不难解释,当流量增加或进口冲角减少时,空化体积由于冲角减小而减小,这时周围的流体要流进来补充这部分体积,会导致流量的进一步增加,从而形成一种正反馈,如果系统阻尼过小就可能出现系统不稳定。上面的分析表明,考虑空化柔性和流量增益系数的一维水力振荡模型可以解释空化喘振。同时,比较喘振与空化喘振的发生条件,可以看到,空化喘振的发生与泵的流量扬程曲线的斜率无关,即使在流量扬程曲线斜率为负的区域也可能发生。同时还可以看到空化柔性 K 在系统中起到稳定的作用,一般情况下随着空化系数减小,空化体积增加,空化柔性 K 会增加,所以空化喘振往往发生略高于临界空化系数的工况。

通过5.5节分析可以发现,对泵的喘振而言,一般需要系统有一个容性元件(比如调压室或空气室或管道容性等),而本节分析表明,对泵的空化喘振而言,空化本身提供了容性(空化柔性),其频率也与空化柔性相关。在工程上预测泵的空化喘振问题,需要对空化柔性进行合理估计,通过试验测得空化喘振频率后,可以利用公式(5-103)对空化柔性进行简单估算。随着三维CFD计算技术的发展,通过空化流动数值计算预估空化柔性,并采用以上模型分析系统的稳定性,也是一种可行的方法,相关算例见7.1节。

以上分析假设空化区集中在叶轮进口(仅在静止坐标系下考察空化体积的变化),且没有考虑下游流量波动的影响。当然,空化对泵及系统的运行稳定性的影响体现在多方面,当空化在泵内的各种漩涡和二次流动等同时出现时,泵内的流动稳定性分析更加复杂,采用以上的一维简化模型就无法合理解释所发生的不稳定流动现象。比如对旋转失速和旋转空化这种不稳定的流动现象,需要引入周向速度扰动,详见5.8节及5.9节;同时,当泵进口出现空化时,泵的空化不稳定性也会受到回流的影响,将在5.7节对此进行分析。

5.7　进口回流对泵空化喘振的影响

前面对空化喘振的讨论中,假设空化发生在叶片上,但是在一些诱导轮和高比转速离心泵的试验中,在出现空化喘振的工况,空化不仅仅发生在叶片上,有时在泵轮的进口段也会

出现。这是由于在小流量时,在靠近轮缘(或前盖板)的叶片进口处会出现局部高压,在进水管壁面附近形成逆压梯度,出现回流,同时由于叶轮的旋转,流体在壁面有很大的周向速度,在进口形成回流涡结构。在较低的空化系数下,进口回流涡中也可能出现空化。图 5-17 是 Yamamoto 等[6]对一个比转数为 28(n_s = 107.5r/min)的离心泵的试验结果,图 5-17(a)的横坐标为空化系数 σ,纵坐标为扬程系数 ψ,其中实心点是发生空化喘振的工况点,根据试验观察,将出现空化喘振的工况分为 A、B、C 三类,见图 5-17(b),其横坐标为流量系数 ϕ,纵坐标为空化系数 σ。其中发生在小流量、较高空化系数下的 A 型喘振中观察到了叶片表面的空穴振荡,同时在叶轮进口也测到回流区,而在小流量、较小空化系数下的 B 型喘振,振荡的空化区不仅在叶片进口出现,也在泵轮进口管的回流区出现。发生在大流量区的 C 型喘振也仅观察到叶片表面的空穴振荡,但进口管内没有测到回流区。与离心泵中的 B 型喘振类似,在很多火箭发动机的高速涡轮泵的诱导轮进口也观察到进口回流涡空化导致的振荡现象[7]。由于诱导轮设计中一般会给出一定的正冲角以保证空化仅发生在叶片背面,以避免空化发生在叶片正面导致过早出现扬程断裂,因此即使在设计工况下诱导轮进口也可能出现回流。

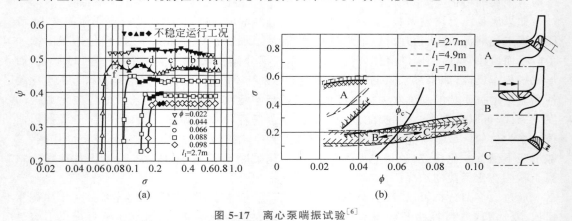

图 5-17　离心泵喘振试验[6]
(a) 空化性能曲线;(b) 三种类型空化喘振的发生范围

进口回流可能对泵的空化稳定性产生重要的影响,比如有某种扰动使进口流量减少,回流增加,则主流区轴向速度增加,这一方面会导致泵轮进口局部压力降低,泵进口空穴增长;另一方面还使进口管回流区与主流区的剪切增强,使进口管内的空穴进一步生长,而空穴体积增加引起的排挤反过来会使进口流量进一步减少,这种准定常的正反馈机制可能引起系统的自激振荡。

但是另一方面,试验表明,进水管中心轴面速度对进口流量波动的响应不完全是准定常的。以离心泵中的 B 型空化喘振为例,图 5-18 显示在进水管不同位置的中心区流速及流量波动。可以看到,轴面速度波动与进口流量间的相位差因所处轴向位置不同而不同:离叶轮进口较远的上游位置 l_d = 1.2D 处,轴面速度波动与进口流量波动接近同相;越接近叶轮进口,二者之间的相位差越大,且越靠近叶轮进口,平均速度的值越大,这说明越靠近进口,回流所堵塞的流道面积越大。同时最大速度出现的时间比最大流量出现的时间提前越多,这说明回流的发展改变了叶轮进口流速与流量波动的相位差。另外,出现速度最大的位置(回流区堵塞最多的位置)比流量最小的位置滞后,这说明回流发展滞后于流量的变化。回流对进口流量波动的这种动态响应也会对泵的空化稳定性有重要影响,下面将利用已有的试验数据对此进行说明。

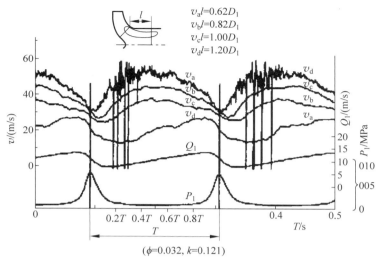

图 5-18　不同轴向位置进水管中心处轴面速度及进口流量的波动

首先来看回流对进口流量波动的非定常响应特性。Yamamoto 等[7] 在所试验的离心泵下游对水力系统施加激励,然后测量泵轮进口处速度的波动,给出回流区中心速度波动与上游流量波动的相位差与激励频率间的关系,见图 5-19。

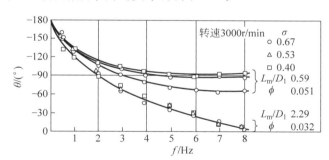

图 5-19　中心速度波动与上游流量波动的相位差 θ 与激励频率 f 间的关系

可以看到,在激励频率为 0 的定常流动情况下,轴向各点中心区流速与流量反相,流速相位超前 $180°$,随着振荡频率的增加,相位超前逐渐减小,在接近泵轮进口的位置($l_m/D = 0.59$),当激励频率从 0 变为 $5\mathrm{Hz}$ 时,超前的相差减小到 $90°$,即随着频率的增加,动态响应的相位延迟增加,$f=5\mathrm{Hz}$ 时中心速度的相位比准定常情况($f=0\mathrm{Hz}$)的相位延迟接近 $90°$。如果认为空化体积波动与中心速度波动是同相的,在准定常响应时与流量波动相位滞后应为 π,动态响应的相位延迟为 $\pi+\theta$。可假设动态流量增益系数 χ 与准定常流量增益系数 χ_s 满足如下关系

$$\chi = \chi_s e^{-\mathrm{i}(\pi+\theta)} \tag{5-104}$$

将式(5-104)代入式(5-86),可得此时稳定性条件为

$$\chi_s \cos(\pi+\theta) \leqslant 2R_1' \bar{Q} C \tag{5-105}$$

或者说发生空化喘振的条件变为

$$\chi_s \cos(\pi+\theta) > 2R_1' \bar{Q} C \tag{5-106}$$

如果准静态流量增益系数为正,不考虑阻尼和空化柔性的稳定性作用(C 或 R 为 0),那么只有当 $-3\pi/2 < \theta < -\pi/2$ 时,$\cos(\pi+\theta)$ 才为正,不等式(5-106)左侧的值才能仍为正值,是可能发生空化喘振的情况。参考不同频率下中心速度的相位延迟曲线,这说明对所试验的系统,只有在频率低于 $4\,\mathrm{Hz}$ 时,相位差 θ 为 $-180° \sim -90°$,才可能出现空化喘振的不稳定激振现象,在较高频率的情况下,由于回流导致的相位延迟增加,回流涡空化对系统并没有激振作用。对于这一现象,Qiao[8] 通过对一个诱导轮内的单项 CFD 计算结果建立了一个简单的模型对现象进行了解释。

计算发现,回流区的圆周速度越大,回流区向上游延伸越长,回流区长度的振荡与诱导轮上游的周向速度动量矩的振荡同相,为此通过动量矩守恒原理建立了以下平衡方程

$$\frac{\mathrm{d}(AM)}{\mathrm{d}t} = AMB - AMN \tag{5-107}$$

式中,AM 为上游管段内(体积为 V)的总动量矩

$$AM = \int_V \rho r^2 v_\theta \,\mathrm{d}r\,\mathrm{d}\theta\,\mathrm{d}z / (\rho U_T D_T^4) \tag{5-108}$$

式中 v_θ 为绝对速度周向分量,U_T 为圆周速度,D_T 为进口直径,AMB 为给回流提供的动量矩

$$AMB = -\int_{v_z<0} \rho r^2 v_\theta v_z \,\mathrm{d}r\,\mathrm{d}\theta\,\mathrm{d}z / (\rho U_T^2 D_T^3) \tag{5-109}$$

式中 v_z 为轴向速度,AMN 为被主流带走的动量矩

$$AMN = \int_{v_z>0} \rho r^2 v_\theta v_z \,\mathrm{d}r\,\mathrm{d}\theta\,\mathrm{d}z / (\rho U_T^2 D_T^3) \tag{5-110}$$

为了分析回流对流量波动的响应,采用小扰动理论,假设以上物理量以及流量系数 ϕ 都可以分为平均量和波动分量,即

$$AM = \overline{A} + \widetilde{A}\,\mathrm{e}^{\mathrm{j}\bar{\omega}\tau} \tag{5-111}$$

$$AMB = \overline{B} + \widetilde{B}\,\mathrm{e}^{\mathrm{j}\bar{\omega}\tau} \tag{5-112}$$

$$AMN = \overline{N} + \widetilde{N}\,\mathrm{e}^{\mathrm{j}\bar{\omega}\tau} \tag{5-113}$$

$$\phi = \bar{\phi} + \tilde{\phi}\,\mathrm{e}^{\mathrm{j}\bar{\omega}\tau} \tag{5-114}$$

式中,$\bar{\omega}$ 为约化频率,τ 为对应约化时间

$$\bar{\omega} = \omega(D_T/U_T) = 2f/f_n \tag{5-115}$$

当流量降低时,回流引起的动量矩会增加,因此可以认为

$$\widetilde{B} = -a\tilde{\phi} \tag{5-116}$$

当上游动量矩和流量增加时,被主流带走的动量矩也增加,因此可以认为

$$\widetilde{N} = b\widetilde{A} + c\tilde{\phi} \tag{5-117}$$

将式(5-116)、式(5-117)代入式(5-107)可得

$$\frac{\widetilde{A}}{\tilde{\phi}} = -\frac{a+c}{b+2\mathrm{j}(f/f_n)} \tag{5-118}$$

式(5-118)表明,周向速度矩对流量的响应类似一阶延时元件的响应,尤其是当 $f/f_n \rightarrow \infty$ 时,上游周向速度矩波动比流量波动超前 $90°$,由于回流区体积的振荡与周向速度动量矩的振荡同相,因此,回流区体积波动比流量波动超前 $90°$,而准静态情况下,回流区体积与流量

是反相关系,相位差为 $180°$,因此,回流区长度的动态响应比准定常响应延迟 $90°$。这一结论与图 5-19 的试验结果是一致的。

以上分析都表明,回流涡空化的自激振荡是由于回流产生的准定常正反馈机制引起的,但是,由于回流对流量动态响应比准定常响应有延迟,且频率越高,相位延迟越大,在系统频率较高的情况下,回流具有抑制空化喘振的稳定作用。因此,回流涡空化只在低频时出现激振,随着系统频率的增加,激振的可能性变得越来越小。图 5-20 给出了 Yamamoto 等[6] 所做的试验结果,在较大的空化系数下,系统的固有频率 f_0 较大,回流涡对空化喘振有抑制作用,系统并没发生激振,但是当空化系数降低,系统固有频率降低到接近相位延迟约为 $90°$ 的临界频率 f_{90} 时,不稳定的喘振工况开始出现。

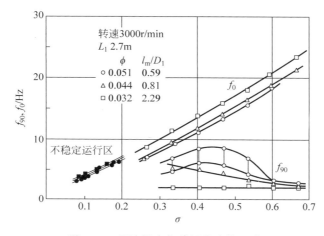

图 5-20　回流涡空化喘振发生的区域

以上关于回流空化的试验结果表明,在有回流的空化喘振问题中,需要考虑回流对进口流量波动的动态响应。

对于回流空化引起的空化喘振,Yamamoto 等[6] 对离心泵研究了进口管道采用直管和不同角度扩散角的影响,见图 5-21。可以看到,采用扩散管后发生空化振荡的区域明显减小。这说明,进口回流空化的发展可以通过调整流道或叶片的局部设计来控制,在工程上,可以通过三维 CFD 计算对回流空化振荡进行预测,并对流道或叶轮进行优化设计,提高泵的运行稳定性,有关算例参见 6.9 节。

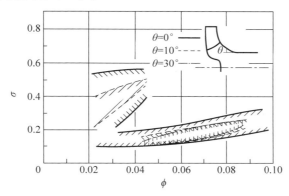

图 5-21　进口扩散管对回流空化喘振的抑制作用

5.8　泵的旋转失速及旋转空化一维模型

5.8.1　模型建立

在前面的一维分析中,认为所有的振荡扰动都是流向方向的。无法分析具有周向扰动的不稳定性问题。但在旋转失速及旋转空化等现象中,扰动显然不仅仅是管轴方向的(设为 x 方向),也有周向的(设为 y 向)。为此,Tsujimoto 等利用小扰动理论,在泵的进口引入周向扰动,对泵的旋转失速及旋转空化进行详尽的分析[4,5]。在此对其分析方法及结果进行简单介绍。

假设进口平均轴向来流速度为 U,设轴向和周向的扰动速度分量分别为 u'_1 和 v'_1,扰动压力为 p'_1,则受到扰动后的进口轴向速度为 $u_1 = U + u'_1$,周向速度为 $v_1 = U_T + v'_1$,压力为 $p_1 = P_1 + p'_1$,相对速度 $w_1 = W_1 + w'_1$,空化体积 $V_c(\alpha_1, \sigma_1) = \bar{V}_c + V'_c$。

如 1.3.2 节和 1.3.4 节所述,试验表明在旋转失速或旋转空化问题中,其振荡频率与叶轮转动频率成正比,可利用振荡频率与周向坐标(y 坐标)和时间 t 建立联系。如果扰动引起的 x 方向波长为 l,y 方向(周向)振荡波长为 s,则周向振荡频率为 $y/(ts)$。同时考虑叶轮的旋转(转频为 f_n),流场中的任意扰动量可写成

$$u'_1 = \tilde{u}_1 \mathrm{e}^{2\pi \mathrm{j}\left(f_n t - \frac{y}{s}\right)} \mathrm{e}^{\frac{2\pi}{l}x} \tag{5-119}$$

$$v'_1 = \tilde{v}_1 \mathrm{e}^{2\pi \mathrm{j}\left(f_n t - \frac{y}{s}\right)} \mathrm{e}^{\frac{2\pi}{l}x} \tag{5-120}$$

$$p'_1 = \tilde{p}_1 \mathrm{e}^{2\pi \mathrm{j}\left(f_n t - \frac{y}{s}\right)} \mathrm{e}^{\frac{2\pi}{l}x} \tag{5-121}$$

$$V'_c = \tilde{V}_c^{2\pi \mathrm{j}\left(f_n t - \frac{y}{s}\right)} \mathrm{e}^{\frac{2\pi}{l}} \tag{5-122}$$

假设进口扰动流场有势,有

$$\frac{\partial u'_1}{\partial y} - \frac{\partial v'_1}{\partial x} = 0 \tag{5-123}$$

再将 x 方向动量方程线性化,可获得关于扰动速度的动量方程为

$$\frac{\partial u'_1}{\partial t} + U \frac{\partial u'_1}{\partial x} = -\frac{1}{\rho} \frac{\partial p'_1}{\partial x} \tag{5-124}$$

由流体连续性方程可得扰动速度还应满足

$$\frac{\partial u'_1}{\partial x} + \frac{\partial v'_1}{\partial y} = 0 \tag{5-125}$$

将方程(5-119)、式(5-120)和式(5-121)代入连续性方程(5-125)和扰流流场有势方程(5-123),可得

$$l = s \tag{5-126}$$

$$\tilde{u}_1 = -\mathrm{j}\tilde{v}_1 \tag{5-127}$$

于是,进口扰动速度可写成

$$u'_1 = \tilde{u}_1 \mathrm{e}^{2\pi \mathrm{j}\left(f_n t - \frac{y}{s}\right)} \mathrm{e}^{\frac{2\pi}{s}x} \tag{5-128}$$

$$v'_1 = -\mathrm{j}\tilde{u}_1 \mathrm{e}^{2\pi \mathrm{j}\left(f_n t - \frac{y}{s}\right)} \mathrm{e}^{\frac{2\pi}{s}x} = -\mathrm{j}u'_1 \tag{5-129}$$

将式(5-119)和式(5-121)代入动量方程(5-133),可得

$$p'_1 = -\rho U(1+jk)\tilde{u}_1 e^{2\pi j\left(f_n t-\frac{y}{s}\right)} e^{\frac{2\pi}{s}} = -\rho U(1+jk)u'_1 \tag{5-130}$$

式中,$k = sf_n/U$ 是约化频率,是一个复数,$k = k_R + jk_1$,这样,进口周向速度扰动 v'_1 及压力扰动 p'_1 都可由进口轴向速度扰动 u'_1 表示。

对泵内,认为空化体积 $V_c(\alpha_1,\sigma_1) = \bar{V}_c + \tilde{V}_c$ 是转轮叶栅进口冲角 α_1 及空化系数 σ_1 的函数,由于空化区随转轮一起旋转,空化体积的波动会导致进出流量波动,连续性方程为

$$\bar{A}(u'_2 - u'_1) = \frac{d^* V_c}{dt^*} = \frac{d^* V_c}{dt^*} = \left[\frac{\partial V_c}{\partial\sigma_1}\left(\frac{\partial\sigma_1}{\partial w_1}\frac{d^* w_1}{dt^*} + \frac{\partial\sigma_1}{\partial p_1}\frac{d^* p_1}{dt^*}\right) + \frac{\partial V_c}{\partial\alpha_1}\frac{d^* \alpha_1}{dt^*}\right] \tag{5-131}$$

式中,带星号的微分表示在旋转坐标系下的微分,考虑到式(5-119)~式(5-122),对任意扰动量的微分,以下等式恒成立

$$\frac{d^*}{dt^*} \equiv \frac{\partial}{\partial t} + U_T\frac{\partial}{\partial y} \equiv 2\pi jf_n - U_T\frac{2\pi}{s}j \equiv 2\pi j\frac{U}{s}(k-1/\tan\beta_1) \tag{5-132}$$

与5.6.2节类似,考虑到泵的进口速度三角形及流量与速度的关系(图5-22),可获得以下关系

$$\frac{d^* w_1}{dt^*} = \sin\beta_1\frac{d^* u'_1}{d^* t} - \cos\beta_1\frac{d^* v'_1}{d^* t} \tag{5-133}$$

$$\frac{d^* \alpha_1}{dt^*} = -\cos^2\beta_1\left(\frac{1}{U_T}\frac{d^* u'_1}{dt^*} + \frac{1}{U_T^2}\frac{d^* v'_1}{dt^*}\right) \tag{5-134}$$

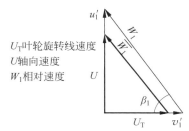

u'_1

U_T叶轮旋转线速度
U轴向速度
W_1相对速度

U

β_1

U_T v'_1

图 5-22　叶栅进口速度三角形[*]

式中,β_1 为进口相对液流角,α_1 为进口冲角。注意因为引入了周向速度脉动分量,式(5-133)、式(5-134)比 5.6.2节的式(5-97)、式(5-98)多了一项。将式(5-88)、式(5-89)、式(5-95)、式(5-96)、式(5-133)、式(5-134),代入式(5-131)得

$$A(u'_2 - u'_1) = 2\pi j\frac{U}{s}(k-1/\tan\beta_1)(F_1 u'_1 + F_2 v'_1 + F_3 p'_1) \tag{5-135}$$

式中

$$F_1 = \frac{2K\sigma_1\sin^2\beta_1}{U} - \frac{M\cos\beta_1\sin\beta_1}{U} \tag{5-136}$$

$$F_2 = -\frac{M\sin^2\beta_1}{U} - \frac{2K\sigma_1\sin\beta_1\cos\beta_1}{U} \tag{5-137}$$

$$F_3 = -\frac{2K\sin^2\beta_1}{\rho U^2} \tag{5-138}$$

对泵进出口间列相对流动非定常流动的伯努利方程

$$\frac{p_1}{\rho g} + \frac{w_1^2 - w_2^2}{2g} + \frac{U_{T2}^2 - U_{T1}^2}{2g} = \frac{p_2}{\rho g} + \frac{1}{g}\int_1^2\frac{\partial^* w_l}{\partial t^*}dl + \underbrace{\frac{\zeta_Q u_1^2}{g} + \frac{\zeta_s(u_1-u_o)^2}{g}}_{\Delta p_t/(\rho g)} \tag{5-139}$$

---

[*]　图 5-22 中 β 角的定义与文献[4,5]相差 90°。

其中下标 2 表示出口变量,w_l 表示沿相对流线的相对速度。

式中,右边的后两项分别为泵内损失,一项与速度平方成正比,另一项与偏离最优流量的差值有关。采用小扰动理论并将方程(5-139)线性化,并考虑到速度 U_T 不变,可得

$$\frac{p'_1}{\rho g} + \frac{2W_1 w'_1 - 2W_2 w'_2}{2g} = \frac{p'_2}{\rho g} + \frac{1}{g}\int_1^2 \frac{\partial^* w'_l}{\partial t^*}\mathrm{d}l + \frac{2\zeta_Q U u'_1}{g} + \frac{2\zeta_s(U - U_o)u'_1}{g}$$

(5-140)

沿流线的积分项可写成

$$\int_1^2 \frac{\partial^* w'_l}{\partial t^*}\mathrm{d}l \approx 2\pi\mathrm{j}\,\frac{U}{s}(k - 1/\tan\beta_1)\,\frac{u'_2 l_s}{\sin\beta^*}$$

(5-141)

式中,β^* 为叶片上的平均安放角,l_s 为相对流线长度。ζ_Q 及 ζ_s 为泵内损失系数,将式(5-133)、式(5-134)、式(5-141)代入式(5-140),并利用速度三角形得

$$\frac{p'_2 - p'_1}{\rho U^2} = (1 - L_u)\frac{u'_1}{U} - \left(\frac{1}{\tan\beta_1} + L_v\right)\frac{v'_1}{U} - \frac{1}{\sin^2\beta_2^*}\frac{u'_2}{U} - \frac{2\pi}{\sin\beta^*}\mathrm{j}\left(k - \frac{1}{\tan\beta_1}\right)\frac{l_s}{s}\frac{u'_2}{U}$$

(5-142)

其中

$$L_u = 2\zeta_Q + 2\zeta_s\frac{1}{\tan\beta_{1o}}\left(\frac{1}{\tan\beta_{1o}} - \frac{1}{\tan\beta_1}\right)$$

(5-143)

$$L_v = 2\zeta_s\left(\frac{1}{\tan\beta_{1o}} - \frac{1}{\tan\beta_1}\right)$$

(5-144)

式中,β_{1o} 为最优工况点下的相对液流角。这样,5 个方程(式(5-128)、式(5-129)、式(5-130)、式(5-135)、式(5-142))构成封闭的方程,理论上可用于求解 u'_1、v'_1、p'_1、p'_2、u'_2 5 个未知量。在这些方程中 F_1、F_2、F_3、L_u、L_v 为与空化参数(空化柔性及流量增益系数)、叶栅几何参数及泵的运行工况相关的系数。下面利用这些方程分析与旋转失速和旋转空化有关的稳定性条件。

5.8.2 旋转失速

实际流动中,旋转失速引起的出口压力波动一般较小。为简单起见,假设出口的压力波动为 0,即 $p'_2 = 0$,同时旋转失速工况下,空化体积恒为 0,式(5-135)由下式代替

$$u'_2 = u'_1$$

(5-145)

再将式(5-129)、式(5-130)代入式(5-142)可以得到关于周向速度扰动 u'_1 的方程

$$(1 + \mathrm{j}k)\frac{u'_1}{U} = \left[(1 - L_u) + \mathrm{j}\left(L_v + \frac{1}{\tan\beta_1}\right) - \frac{1}{\sin^2\beta_{2e}} - 2\pi\mathrm{j}\frac{l_s}{s}\frac{1}{\sin\beta^*}\left(k - \frac{1}{\tan\beta_1}\right)\right]\left(\frac{u'_1}{U}\right)$$

(5-146)

由式(5-146)解关于 k 的方程,方程的频域解 k 的实部和虚部分别为

$$k_I = \frac{L_u + 1/\sin^2\beta^*}{1 + 2\pi l_s(s\sin\beta^*)} = -\frac{\partial\psi_{ts}/\partial\phi}{1 + 2\pi l_s(s\sin\beta^*)}\frac{1}{\phi}$$

(5-147)

$$k_R = \left(1 - \frac{2\zeta_s(1 - \tan\beta_1/\tan\beta_{1o})}{1 + 2\pi l_s(s\sin\beta^*)}\right)\bigg/\tan\beta_1$$

(5-148)

式中，ϕ 为通过圆周速度定义的流量系数，$\phi = U/U_t \equiv \tan\beta_1$，$\psi_{ts}$ 为泵的扬程系数，$\psi_{ts} = (p_2 - p_{t1})/(\rho U_T^2)$，式中 p_{t1} 为进口总压。由式(5-147)可以看到，虚部代表阻尼的作用，在正阻尼的情况下，扰动幅值随着时间的增加而减小，系统稳定，即稳定性条件为

$$\frac{\partial \psi_{ts}}{\partial \phi} < 0 \tag{5-149}$$

即流量扬程曲线的斜率为正的条件下，将出现流动不稳定，泵发生旋转失速的临界条件为 $\partial \psi_{ts}/\partial \phi > 0$，这与大多数试验的情况是一致的。同时，对比式(5-79)也说明失速比喘振更容易发生，因为喘振的稳定性条件还与系统的阻尼及容性有关。

同时在以上推导中，只用到了泵进口的连续性条件和泵进出口断面间的非定常流动的伯努利方程，这也说明，失速是与泵进口的局部扰动有关的局部流动失稳现象。

另外，k 的实部代表了旋转失速的频率，因为失速工况一般在小流量工况下发生，式(5-148)右边的项一般小于 1，所以 $V_p = U_T k_R \cdot \tan\beta_1 < U_T$，也就是说旋转失速的频率低于转频。*

5.8.3　旋转空化

对有旋转空化的情况，与空化喘振类似，假设出口的流量波动 $u_2' = 0$，对于出口阻抗较大的情况是满足以上条件的。这意味着叶轮内的惯性较大，叶轮的性能曲线有较大负斜率。由式(5-135)得到

$$-A u_1' = 2\pi \mathrm{j} \frac{U}{s}(k - 1/\tan\beta_1)(F_1 u_1' + F_2 v_1' + F_3 p_1') \tag{5-150}$$

将式(5-128)、式(5-129)、式(5-130)代入方程(5-150)，可得复频率 k，由 k 的虚部小于 0 可得旋转空化发生的条件为

$$M > 2K \tan\beta_1 (1 + \sigma) \tag{5-151}$$

由于 K 及 σ 都为正值，因此 M 为负就会发生旋转空化不稳定。

k 的实部有两个值，表示对应模态的相对频率，分别是

$$V_{p1}/U_T > 1 \tag{5-152}$$

$$V_{p2}/U_T < -[\sigma + M\tan\beta_1/(2k)] \tag{5-153}*$$

式中第一个模态为大于旋转频率的前向模态，另一个为反向旋转模态。在一些泵的试验中以上模态的存在都已经被证实，如 Kamijo 等[9,10] 在其试验中观察到前向旋转空化的例子，而 Hashimoto 等[11] 则观察到后向旋转空化，其中前向模态在试验中似乎更加常见。式(5-151)表明旋转空化与泵的流量扬程曲线斜率无关，即使在负斜率区也可能发生旋转空化。

5.9　基于奇点分布法的二维叶栅空化流动稳定性分析

在 5.8 节对泵内旋转失速的分析中，对泵内的流动做了非常简化的处理，虽然在扰动中考虑了扰动的圆周分量及周向频率，但在分析中仅利用了一维连续性方程、动量方程以及叶轮内的相对运动伯努利方程，严格意义上还是属于一维分析模型，这种一维模型对流道内的

---

* 按式(5-119)～式(5-122)的定义，这里的旋转失速及旋转空化频率指的是速度或压力脉动的频率。

空化体积以及能量转换等都进行了平均化处理，也没有考虑失速涡和旋转空化区数目等的影响。因此，无法对很多试验中观察到的交替失速等现象进行分析和预测。本节将简单介绍 Watanabe 等[12]和 Horiguchi 等[13]利用奇点分布法分析二维叶栅流动稳定性的方法并重点介绍其结果。

5.9.1　分析模型的建立

奇点分布法的基本思路是将叶片对来流流场的作用等价为奇点（涡、源或汇）的扰动，将奇点布置在叶片表面，其强度为待求未知量，叶栅内的流动为来流速度与奇点诱导速度的叠加，通过边界条件（如叶片表面法向速度为 0）求得奇点强度，从而获得对叶栅内流动的解析。对叶栅空化流动，由于空化区具有一定厚度，一般在空化区内布置点源，而边界条件除满足空穴表面法向速度为零外，还要满足空化区内压力为空化压力以及空穴的闭合条件。下面对分析方法进行简单介绍。

1. 叶栅主要参数及奇点布置方式

以一组简单的平板叶栅为例建立空化模型，叶栅的主要参数为弦长 C、节距 h、叶片与轴线的夹角 β、上游来流平均速度 U、冲角 α，来流具有轴向振荡，复速度为 $\tilde{N}e^{j\omega t}$。为了分析不同叶片数的情况，假设叶片数为 Z_N，在流面展开面上会得到无限长直列叶栅，对叶栅内叶片按如下规则进行循环编号，将其中一个叶片置于 x 轴上并命名为 0 号，向 y 正向逐一增加编号直到 Z_{N-1}，然后再从 0 开始编号。如图 5-23 显示了 0 号叶片相邻两个叶片编号分别为 1 和 Z_{N-1}。

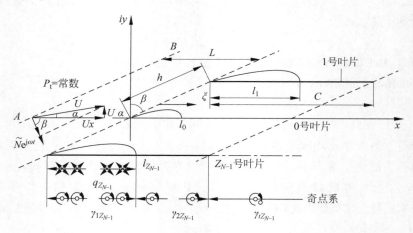

图 5-23　叶栅内的奇点分布

假设翼形上空穴为闭合的空穴，在第 n 个叶片上空穴的长度为 l_n，这里仅考虑翼形上的部分空化，因此，$l_n < C$，假设空穴长度可自由振荡。在任意叶片上奇点的分布如图 5-23 所示，在翼形半湿区（空泡覆盖区）布置点涡 γ_{1n}，全湿区布置点涡 γ_{2n}，在空穴区布置点源 q_n，在翼形尾涡区布置点涡 γ_{tn}。为分析流动稳定性，将翼形及空穴对来流的扰动分为两部分，一部分为定常部分，用于计算稳定流场，另一部分为振荡部分，用于分析流动稳定性。设振荡角频率为 ω。图 5-23 所示的点源和点涡、空穴长度都分解为定常部分和非定常部分，可表示为

$$q_n = \bar{q}_n(s_1) + \tilde{q}_n(s_1)\mathrm{e}^{\mathrm{j}\omega t} \tag{5-154}$$

$$\gamma_{1n} = \bar{\gamma}_{1n}(s_1) + \tilde{\gamma}_{1n}(s_1)\mathrm{e}^{\mathrm{j}\omega t} \tag{5-155}$$

$$\gamma_{2n} = \bar{\gamma}_{2n}(s_2) + \tilde{\gamma}_{2n}(s_2)\mathrm{e}^{\mathrm{j}\omega t} \tag{5-156}$$

$$\gamma_{tn} = \tilde{\gamma}_{tn}(\xi)\mathrm{e}^{\mathrm{j}\omega t} \tag{5-157}$$

$$l_n = l_n + \tilde{l}_n\mathrm{e}^{\mathrm{j}\omega t} \tag{5-158}$$

式中，$n = 0, 1, \cdots, Z_{N-1}$ 为叶片编号；s_1, s_2, ξ 表示奇点所在位置。

2. 空化流动稳定性分析

在叶栅进口假设来流也具有微小振荡，振荡复速度为 $\tilde{N}\mathrm{e}^{\mathrm{j}\omega t}$。将来流势函数诱导的速度、来流轴向速度振荡以及奇点诱导的速度叠加，可得叶栅内复平面的复速度为

$$w(z,t) = u - \mathrm{i}v = U\mathrm{e}^{-\mathrm{i}a} + \tilde{N}\mathrm{e}^{\mathrm{j}\beta}\mathrm{e}^{\mathrm{j}\omega t} + \boldsymbol{u}_{\gamma q} \tag{5-159}$$

式中，$z = x + \mathrm{i}y$ 为复坐标，$\boldsymbol{u}_{\gamma q}$ 为所有奇点诱导速度的叠加。由于有势流动的线性特性，可将速度分解为来流速度、奇点定常部分诱导的速度（用下标 s 表示）和非定常部分诱导的速度，即：

$$u = Ux + u_s + \tilde{u}\mathrm{e}^{\mathrm{j}\omega t} \tag{5-160}$$

$$v = Ua + v_s + \tilde{v}\mathrm{e}^{\mathrm{j}\omega t} \tag{5-161}$$

合成速度应该满足以下边界条件：①在空泡区内压强为空化压强的条件，并由有势流动伯努利方程可获得空泡区的速度边界条件；②同时在空泡尾部要满足空泡区闭合条件；③在叶片的湿面区域应满足法向速度为零的条件；④在叶片出口还应满足库达条件；⑤另外，还有上下游边界条件，可假设下游无穷远处流量波动为零。根据这些条件，可以建立关于分布点源和点涡的线性方程组。

在具体求解中，将奇点分布在空穴区内的 N_c 个离散点（$s_1 = S_{1,k}, k = 1, N_c$）以及剩余翼形表面 N_B 个离散点（$s_2 = S_{2,k}, k = 1, N_B$）上，对各奇点的定常分量引入以下函数

$$C_{qn} = \bar{q}_n(s_1)/U_\alpha \quad (n = 0, 1, \cdots, Z_n - 1) \tag{5-162}$$

$$C_{\gamma 1n} = \bar{\gamma}_{1n}(s_1)/U_\alpha \quad (n = 0, 1, \cdots, Z_n - 1) \tag{5-163}$$

$$C_{\gamma 2n} = \bar{\gamma}_{2n}(s_2)/U_\alpha \quad (n = 0, 1, \cdots, Z_n - 1) \tag{5-164}$$

在这里，对叶片上长度变化的空化区和非空化区引入局部坐标 s_1、s_2，由于空化区长度的波动，离散点坐标 s_1、s_2 为依赖于空穴长度 l_n 的局部坐标。空穴长度、空穴表面的速度、进口速度的扰动等也是待求未知量。对所有边界条件对应的方程都在两个相邻奇点的中点进行离散，将离散方程线性化后，对定常部分及非定常部分分别可得如下方程组：

对于定常部分（带下标 s 的部分），方程组形式如下

$$[A_s(l_{sn})]\{X_s\}^{\mathrm{T}} = \{B_s\} \quad (n = 0, 1, \cdots, Z_n - 1) \tag{5-165}$$

式中，$\{X_s\} = \{\bar{q}_n(S_{1,1}), \cdots, \bar{\gamma}_{1n}(S_{1,1}), \cdots, \bar{\gamma}_{2n}(S_{2,1}), \cdots, \sigma/2\alpha\}^{\mathrm{T}}$。

对于非定常部分，方程组为

$$[A_u(l_{sn}, \omega)]\{\tilde{X}\}^{\mathrm{T}} = \{0\} \quad (n = 0, 1, \cdots, Z_n - 1) \tag{5-166}$$

式中，未知量 $\{\widetilde{X}\}^{\mathrm{T}} = \{\widetilde{q}_n(S_{1,1}), \cdots, \widetilde{\gamma}_{1n}(S_{1,1}), \cdots, \widetilde{\gamma}_{2n}(S_{2,1}), \cdots, \widetilde{u}_{cn}, \cdots, \alpha l_n, \cdots, \widetilde{N}\}^{\mathrm{T}}$。

在方程(5-165)中，奇点的位置是空化区长度 l_n 的函数，而 l_n 是空化系数的函数，因此，对定常流动的求解要采用迭代法。具体过程如下。

一般在试验中观察到的空化类型有等长空化、交替空化以及非对称空化三种类型，如图 5-24 示意的情况。

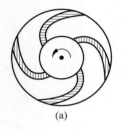 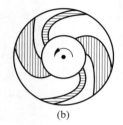 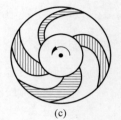

(a)　　　　　　　　　　(b)　　　　　　　　　　(c)

图 5-24　典型的空化类型

(a) 等长空化；(b) 交替空化；(c) 非对称空化

为了考察有限叶片数中以上不同形态的空化稳定解是否存在，首先进行了以下分析，将不同叶片上的空化长度用下式表示

$$l_{sn} = A + B\sin\left(2\pi\frac{n}{Z_N}m\right) \tag{5-167}$$

或

$$l_{sn} = A + B\cos\left(2\pi\frac{n}{Z_N}m\right) \tag{5-168}$$

式中，m 为空化区数目，n 为叶片序号。不考虑空化闭合边界条件求解方程(5-165)，所得空穴形状不一定满足闭合条件，可以求得空穴尾部的厚度，该厚度与满足闭合条件下的厚度为零间的误差是 A、B 的函数。寻找使误差取得最小值的 A、B，可以获得不同叶片数上空穴区的长度的估计值，以该值为初值，采用牛顿迭代法继续迭代，可以获得满足闭合条件的空穴区长度。

对于非定常部分的方程，同前面的小扰动的分析，为了分析流动的自由振荡模态，即方程(5-166)有非平凡解，系数矩阵的行列式须为 0，则

$$\det[A_{\mathrm{u}}(l_{sn}, \omega)] = 0 \tag{5-169}$$

通过方程(5-169)可获得复频率 ω，其实部为振荡角频率，而虚部表示阻尼，当虚部为负时，是不稳定模态。

5.9.2　稳定解讨论

寻找使空穴尾部厚度为最小的 A、B 值可以看到不同类型空化稳定解是否存在。比如，对空化区数目(非对称空化)为 1，叶片数为 3 和 4 的情况，只有在 $A = 0.33$，$B = 0$ 时，使厚度误差有最小值，$B = 0$ 说明在这种情况下只存在等长空化，不存在非对称的空化解；当空化区数目为 2，对叶片数为 4 的情况，有两个点($A = 0.33$，$B = 0$)以及($A = 0.26$，$B = 0.22$)使厚度误差取极小值，这说明，在这种情况下可能存在交替空化和等长空化两种稳定的解。而对空化区数目为 2，叶片数为 5 的情况，只有在($A = 0.33$，$B = 0$)的情况下存在厚度误差

极小值,这说明,在这种情况下也只存在等长空化一种稳定解。

对不同空化区数目及叶片数组合进行了类似的分析,以上结果具有普遍意义,可以得出结论:①不存在非对称的稳定空化解;②对叶片为奇数的情况,只有等长空化解是稳定的;③对叶片数是偶数的情况,存在两种情况的稳定解:等长空化和交替空化。

比较有意义的是,计算结果和试验结果都表明,从等长空化到交替空化转化的临界点位于 $l/h=0.65$ 的位置附近。另外,对叶片数为 2 的计算结果中发生交替空化的空化系数略高于试验值,同时,试验中在临界点后进一步降低空化系数时,两个空化区长度都会增加且出现波动,这个结果在二维计算中没有预测出来。

对交替空化的产生原因,计算结果也给出了与前人试验结果一致的解释,以两叶片的情况为例,图 5-25 显示了交替空化时叶栅内的速度分布,随着附有长空穴的叶片背面所在流道内空穴的阻塞,轴面速度增加,相邻叶片的进口冲角减少,抑制了相邻叶片背面空化的发展,使得在相邻叶片背面出现短空穴。

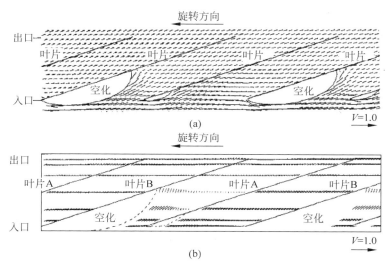

图 5-25 交替空化时叶片进口附近的流动[5]

(a) $\sigma=0.37$ 时数值计算结果;(b) $\sigma=0.1$ 时试验结果

Horiguchi 等[13]还对叶栅稠密度对交替空化的影响进行了计算。分析表明,对 $c/h>2.0$ 的大稠密度的叶栅,叶栅稠密度对空穴长度的影响不大,且随着空化系数的降低,当空穴长度接近 $l/h=0.65$ 时,交替空化开始出现(图 5-26(a));对于 $c/h>2.0$ 的大稠密度叶栅,随着空化系数的降低,空穴长度分别为 $l_s/h=1$ 和 $l_s/h=0$ 的交替空化突然出现,随着空化系数的降低,长空化变短,短空化变长,到 $l_s/h=0.65$ 附近接近等长空化(见图 5-26(a))。在叶栅稠密度为 $c/h=1.5$ 附近(见图 5-26(d)),以上两种交替空化都可能出现,这说明,大稠密度和小稠密度的交替空化类型的转换发生在稠密度 $c/h=1.5$ 附近。在特别小的叶栅稠密度时,由于等长空化解存在一个最小空化系数值,当空化系数最小时,定常空穴长度接近 $l/c=0.75$,而当交替空化出现时,长叶片上的空穴长度就超过了最小空化系数所对应的空穴长度,因此这种交替空化可能是不稳定的,这可能是在小叶栅稠密度的情况下试验中没有观察到交替空化的原因。

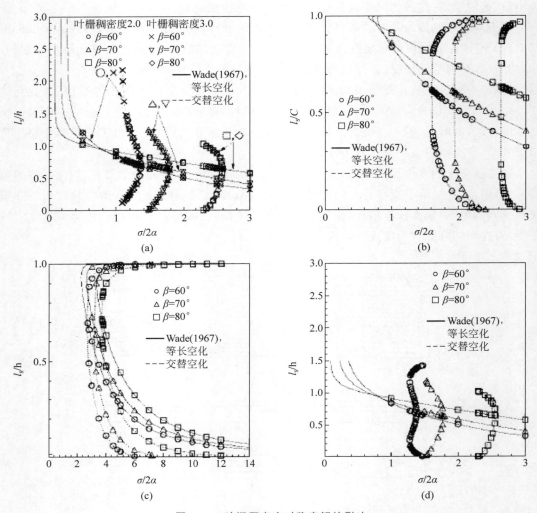

图 5-26　叶栅稠密度对稳定解的影响

(a) $c/h = 2.0$ 和 3.0；(b) $c/h = 1.0$；(c) $c/h = 0.5$；(d) $c/h = 1.5$

5.9.3　叶栅内几类空化不稳定流动模态

由方程(5-169)解得的复频率 $\omega = \omega_R + j\omega_I$ 包含实部和虚部两部分，其中实部表示振荡角频率，虚部代表阻尼的影响。定义两个无量纲斯托努哈数来表示这两个量

$$St_R = \frac{\omega_R/2\pi}{U/l_{se}} \tag{5-170}$$

$$St_I = \frac{\omega_I/2\pi}{U/l_{se}} \tag{5-171}$$

式中，l_{se} 为稳定的空泡长度。同时，还定义了复转速比为

$$k_R + jk_I = \frac{\omega/2\pi Z_n h}{U_T} \tag{5-172}$$

由于所得角频率 ω_R 是与叶轮一起运动的旋转坐标系中所观察到的角频率,因此,在绝对坐标系下的频率比按下式计算

$$k_R^* = 1 + k_R, \quad 0 < \theta_{0,1} < \pi \tag{5-173}$$

$$k_R^* = 1 - k_R, \quad -\pi < \theta_{0,1} < 0 \tag{5-174}^*$$

式(5-173)表示前向传播,式(5-174)表示后向传播。式中,$\theta_{m,n}$ 表示编号分别为 m 和 n 的两个叶片上空穴振荡的相位差。这个相位差对空穴振荡模态分析非常重要,比如,相邻叶片空穴振荡的相位差 $\theta_{n,n+1}$ 如果为 0,意味着所有叶片上的空穴同时增大或缩小。在交替空化模态下,还需要考察 $\theta_{n,n+2}$ 的情况。

从方程可以获得很多阶非定常模态,Horiguchi 等[13] 计算了叶片数分别为 2、3、4、5 情况下的前 5 阶模态的频率(斯托努哈数 St)以及相邻叶片空穴振荡的相位差。

叶片数为 2 和 4 的前 5 阶模态显示在图 5-27 和图 5-28 中,首先来看图 5-27,其中模态 I 是一个频率为 0 而相位差 $\theta_{0,1}$($\theta_{2,3}$)为 180° 的情况,这意味着一个叶片上的空穴长度呈指数增长而另一个叶片上的空穴呈指数缩减,或者说一个叶片上的等长空化向另一个叶片转移,这相当于从等长空化向交替空化的转捩模态,这意味着存在这种模态的区域内等长空化是静态不稳定的。但是,在图 5-28 中,上述模态 I 是不存在的,这表明,交替空化是静态稳定的。所以对叶片数为偶数的情况,在有稳定交替空化出现的区域,等长空化是静态不稳定的。

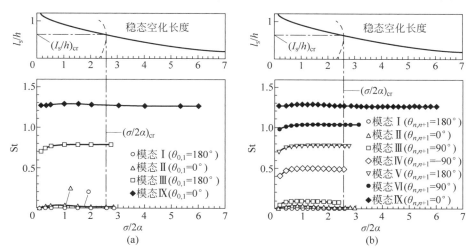

图 5-27　叶片数为偶数且稳定解为等长空化的非定常模态
(a) 叶片数为 2($c/h = 2.0, \beta = 80°$); (b) 叶片数为 4($c/h = 2.0, \beta = 80°$)

对叶片数是 3 和 5 的奇数情况下(图 5-29),频率为零的模态 I 也不存在,这说明在奇数叶片数时等长空化模态是静态稳定的。这也再次证明了前面稳定解所得的结论,即在奇数叶片数时不存在稳定的交替空化解。

图 5-27、图 5-28 和图 5-29 中模态 II 和 IX 为空化喘振模态,其特点是各叶片的空穴振荡相位差为 0,其中第二阶模态的频率与进口管长 L 有关,这与前面关于空化喘振的分析是一致的;而高阶模态 IX 的频率却与进口管长无关。分析发现,这是由于两者在空穴振荡过程

---

* 按式(5-154)~式(5-161),式(5-173)及式(5-174)中的角频率为速度、压力及空化区长度等的振荡频率,而不是空化区的旋转频率。

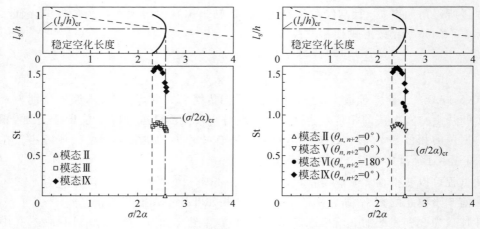

图 5-28 叶片数为偶数且稳定解为交替空化的非定常模态

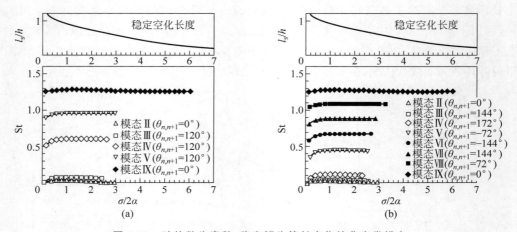

图 5-29 叶片数为奇数,稳定解为等长空化的非定常模态

(a) 叶片数为 3($c/h=2.0,\beta=80°$); (b) 叶片数为 5($c/h=2.0,\beta=80°$)

中空穴体积变化不同,在低阶模态 Ⅱ 中空穴的振荡模态是空穴长度和体积的周期性增大和减小,而在模态 Ⅸ 中空穴的振荡模态主要表现为空穴形状的周期性波浪状变化,但总体积变化很小,因此前者会引起流量的振荡,导致与系统模态的耦合,而后者由于空穴体积变化很小,进口流量振荡也很小,因此频率与进口管长无关。

图 5-27 和图 5-29 中模态 Ⅲ～Ⅷ 为旋转空化模态,相邻叶片间的相位差取决于模态频率与叶片数。图 5-30 给出了静止坐标系下的不同模态旋转空化的周向频率比 k_R^*。其中,图 5-30(a)为试验中常观察到的前向旋转空化,可以看到频率比 k_R^* 大于1,与前面一维模型的结论一致。而图 5-30(b)为后向旋转空化。图 5-30(c)为更高阶的前向旋转空化。可以看到,对这些模态,频率比 k_R^* 的绝对值随着相邻叶片扰动相位差 $2\pi m/Z_N$ 的减小而增加。随着 $2\pi m/Z_N$ 的减少,一阶模态和二阶模态出现的区域减少,而三阶模态出现的区域变大。

图 5-27、图 5-28 和图 5-29 还表明,当等长稳定空化超过 65% 的节距时,会出现多种不稳定的模态,这也说明空穴长度过长的等长空化既是静态不稳定也是动态不稳定的。这一结论也被众多试验结果证实。

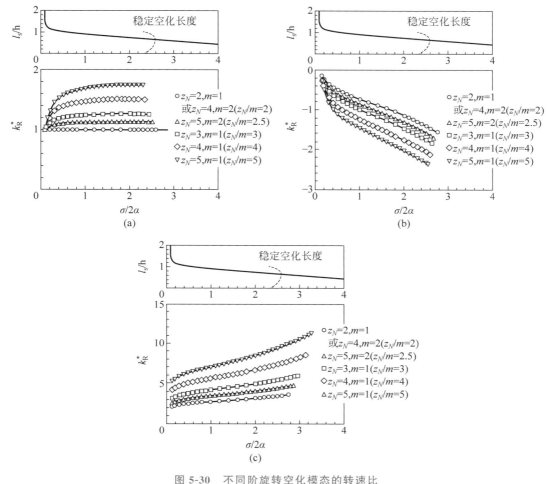

图 5-30　不同阶旋转空化模态的转速比

（a）低阶前向旋转空化；（b）后向旋转空化；（c）高阶前向旋转空化

5.9.4　旋转阻塞稳定性分析

除了上述泵的不稳定流动模态之外，Shimura 等在 HIIA 火箭 LE-7A LOX/LH2 航空发动机的涡轮泵试验中还发现了一种新型的不稳定流动现象，其振荡频率约为转频的一半，且进口沿圆周方向分布的两个压力传感器的压力波动相位差接近其安装相位差，这说明有一个区的扰动以该频率沿周向传播[14]。由于其发生在空化系数很低，空化已经发展到泵扬程陡降的工况，被称为空化旋转阻塞（rotating chock）。

由于无黏的闭合空穴模型无法预测由于空化引起的扬程下降，Semenov 等[15]在前述闭合空化模型的基础上，建立含尾迹的空穴模型，见图 5-31。为了考虑尾迹区的黏性损失，采用黏性区与非黏性区的交错布置，无黏区为 $OADD'C$，黏性尾迹区外边界为 $AETF$，并在计算中假设无黏流场在边界 $y=y_\delta$ 上的速度与黏性尾迹外边界 $y=\delta$ 上的速度相同。

对以上模型，无黏流场的计算与前述奇点分布法类似，计算中将流场速度、压力、空泡长

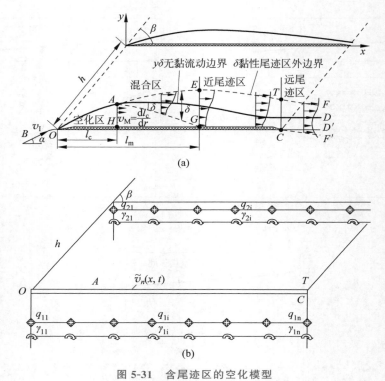

图 5-31　含尾迹区的空化模型

（a）黏性区与非黏性区分区示意；（b）叶片上的奇点布置示意

度等分为定常分量和波动分量两部分。但在无黏流场边界条件中需要用到无黏流场边界 AD 上的速度 $\bar{v}_{\delta n}(x)$，该速度通过黏性尾迹模型确定。在尾迹模型中，空穴尾迹区分为混合区（图 5-31 中 $AEGH$ 区），近尾迹区（$ETCG$）和远尾迹区（TFF'），其命名来源于无空化的平板边界层，在计算中，认为远尾迹区对无黏流场没有影响，因此不予考虑。对混合区和近尾迹区尾迹的发展只考虑了由无黏流场计算的压力梯度的影响而不考虑叶片表面的剪切力。对黏性尾迹区，一旦边界 $y = y_\delta$ 的位置确定（设置初始条件或由无黏流场计算获得），可由尾迹模型计算该边界上的切线速度，反过来作为无黏流场的边界条件。无黏流场和黏性尾迹模型反复迭代获得定常流场的解。对非定常分量部分，根据小扰动理论将所有控制方程和边界条件线性化后，可以获得奇点扰动分量线性方程组

$$A_{\mathrm{u}}(\lambda, \sigma, \alpha)\widetilde{X}^{\mathrm{T}} = 0 \tag{5-175}$$

式中，未知量 $\widetilde{X}_{\mathrm{s}}^{\mathrm{T}} = \{\tilde{q}_i^n, \cdots, \tilde{\gamma}_i^n, \cdots, \tilde{v}_{\delta i}^n, \cdots, m_{\delta i}^n, \cdots, \tilde{l}_n, \cdots, \tilde{v}_0^n, \cdots, \widetilde{S}\}^{\mathrm{T}}$。$\lambda = \mu + \mathrm{j}\omega$ 为扰动的复频率，σ 为空化系数，α 为来流冲角，$\widetilde{S}$、$\tilde{q}_i^n$、$\tilde{\gamma}_i^n$、$\tilde{v}_{\delta i}^n$、$\tilde{v}_0^n$、l_n、$m_{\delta i}^n$ 分别为上游来流扰动、不同叶片各奇点点源强度、点涡强度、无黏流场边界上的切向速度、空穴上表面速度、空穴长度，以及尾迹模型的形式参数。

通过以上模型，可以分析在不同空化系数下的不稳定流动模态，包括旋转空化模态以及旋转阻塞模态。图 5-32 在不同空化系数 σ 时的流量（ϕ）-扬程（ψ）曲线上给出了发生这两种空化不稳定的运行工况，其中空心点为发生旋转空化的工况点，而实心点为发生旋转阻塞的点，可以看到，旋转阻塞主要发生在性能曲线斜率为正的区域。

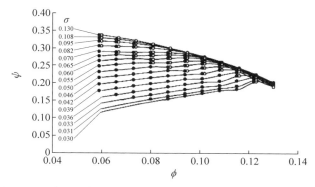

图 5-32　发生旋转空化(空心点)和旋转阻塞(实心点)的工况

图 5-33 给出了旋转空化和旋转阻塞的频率特性,可以看到旋转阻塞只在空化系数较低的情况下发生,且其振荡频率低于转频,而旋转空化可以在较高的空化系数下发生,且其振荡频率高于转频($\omega < \omega_n$)。

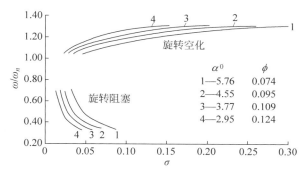

图 5-33　旋转空化和旋转阻塞的频率比

与前面的一维分析模型相比,基于奇点分布法的二维空化稳定性分析获得了更加丰富的空化不稳定模态信息。分析的结果表明,一些低阶的喘振模态与系统有关,而旋转空化等空化不稳定现象则是与局部流动失稳相关的模态。

与模态及稳定性相关的分析都采用了小扰动假设,在频域内对扰动方程求解,因此,只能获得频率、振荡模态,以及稳定性等信息,而无法获得幅值等特性,这需要在时域上求解流动方程。对旋转失速、旋转空化与其他漩涡运动等局部不稳定流动,采用非定常三维 CFD 模拟是可行的方法,而对与系统有关的振荡,采用一维和三维联合计算是比较经济的,这些内容将在下面的章节讲述。

参考文献

[1]　NICOLET C. Hydroacoustic modelling and numerical simulation of unsteady operation of hydroelectric systems[R]. École Polytechnique Fédérale de Lausanne. 2007.

[2]　BRENNEN C E,BRAISTED D M. Stability of hydraulic system with focus on cavitating pumps[C]// Proceeding of 10th Symposium of IAHR. Tokyo,1980,255-268.

[3]　CHEN C K. Investigation of full load draft tube surge in hydraulic power generating system[D].

Osaka：Osaka University，2010.

[4] TSUJIMOTO Y. Simple rules for cavitation instabilities in turbomachinery［C］//Proceedings of Fourth International Symposium on Cavitation，California，2001：1-16.

[5] TSUJIMOTO Y，KAMIJO K，BRENNEN C E. Unified treatment of flow instabilities of turbomachines[J]. Journal of Propulsion and Power，2001，17(3)：636-643.

[6] YAMAMOTO K. Instability in a cavitating centrifugal pump[J]. Transactions of the Japan Society of Mechanical Engineers，1990，56(523)：636-642.

[7] YAMAMOTO K，TSUJIMOTO Y. A backflow vortex cavitation and its effects on cavitation instabilities[J]. International Journal of Fluid Machinery and Systems，2009，2(1)：40-54.

[8] QIAO X，HORIGUCHI H，TSUJIMOTO Y. Response of backflow to flow rate fluctuations［J］. Journal of Fluids Engineering，2007，129(1)：350-357.

[9] KAMIJO K，YOSHIDA M，TSUJIMOTO Y. Hydraulic and mechanical performance of LE-7 LOX pump inducer[J]. Journal of Propulsion and Power，1993，9(6)：819-826.

[10] KAMIJO K，YOSHIDA M，TSUJIMOTO Y，Hydraulic and mechanical performance ofLE-7LOXpump inducer[J]. Journal of Propulsionand Power，1993，9(6)：819-826.

[11] HASHIMOTO T，YOSHIDA M，WATANABE M，et al. Experimental study on rotating cavitation of rocket propellant pump inducers[J]. Journal of Propulsion and Power，1997，13(4)：488-494.

[12] WATANABE S，SATO K，TSUJIMOTO Y，et al. Analysis of rotating cavitation in a finite pitch cascade using a closed cavity model and a singularity method［J］. ASME Journal of Fluids Engineering，1999，121(4)：834-840.

[13] HORIGUCHI H，WATANABE S，TSUJIMOTO Y. A linear stability analysis of cavitation in a finite blade count impeller[J]. ASME Journal of Fluids Engineering，2000，122(4)：798-805.

[14] SHIMURA T，YOSHIDA M，KAMIJO K，et al. A rotating stall type phenomenon caused by cavitation in LE-7A LH2 turbopump[J]. JSME International Journal Series B Fluids and Thermal Engineering，2002，45(1)：41-46.

[15] SEMENOV Y A，FUJII A，TSUJIMOTO Y. Rotating choke in cavitating turbopump inducer[J]. ASME Journal of Fluids Engineering，2004，126(1)：87-93.

本章主要介绍第 2 章的方法在典型水力机械内不稳定流动分析中的应用。

6.1 网格密度、湍流模型、空化模型对数值计算结果的影响

如 2.5 节中所述,网格密度、湍流模型对数值计算结果的精度有很大影响,下面以泵内失速涡模拟和水轮机尾水管内的螺旋涡的模拟为例进行介绍。

6.1.1 不同湍流模型对泵内失速涡预测效果的比较

离心泵失速是水力机械内非常典型的非定常流动现象,该现象与冲角增大所致的严重流动分离有关,因而对湍流模型的要求较高,一些文献采用 SST k-ω 模型预测到交替失速或旋转失速的现象,一些结果与试验相差很大,其中发生失速点的流量比试验高出 23%,失速团的转速高出 38%(Braun[1])。而一些壁面函数修正后的 SST k-ω 方法较好预测到了交替失速的现象[2]。近年来采用混合模型和 LES 方法模拟泵失速现象的文章也很多,一些采用混合模型的结果(如 Lucius 等[3,4])预测的旋转失速涡频率与试验值比较接近。在 LES 计算中,SGS 模型非常重要,比如 Kato 等采用 SM 模型对混流泵进行数值模拟,发现对失速点的预测并不准确[5]。周佩剑[6]采用动态混合非线性 SGS 模型(DMNM)对不同叶片数的泵内失速工况进行了详细的计算和分析。黄先北提出了一种动态三阶非线性模型(DCNM)并采用两个流道计算了交替失速工况下的流场,并与 Smagorinsky-Lilly 模型(DSM)以及动态非线性模型(DNM)的预测结果进行了比较[7]。他们采用研究对象都为一台工业常用的低比转速多级离心泵,该模型在丹麦技术大学流体力学试验室进行了试验[8]。该泵的设计流量为 3.06L/s,扬程为 1.75m,额定转速为 725r/min,进口直径为 71.0mm,出口直径为 190.0mm,叶片数为 6。离心泵的几何参数如表 6-1 所示。

表 6-1　离心泵叶轮几何参数

参　　数	值	参　　数	值
出口直径/mm	190	叶片厚度/mm	3
入口直径/mm	71.0	出口角/(度)	18.4
出口高度/mm	5.8	入口角/(度)	19.7
入口高度/mm	13.8	设计流量/(L/s)	3.06
叶片数目	6	比转速	26.3

图 6-1 为叶轮中间截面流线分布图,在 $0.25Q_d$ 工况下,离心泵内存在"交替失速"现象。首先定义未产生失速涡的流道为 A 流道,产生失速涡的流道为 B 流道。选取离心泵叶轮中间截面 $z/b_2=0.5$,沿径向半径 $0.5D_2$ 和 $0.9D_2$ 处布置监测点,如图 6-1 所示。不同文献采用不同的湍流模型对离心泵失速工况 $0.25Q_d$ 下流场的径向速度和切向速度进行分析。图 6-2 中比较了不同湍流模型的计算结果,图中所有速度按出口旋转线速度 U_2 进行了约化。尽管不同模型所预测的叶轮内的速度分布与试验结果都有不同程度的差别,但都模拟出了 A、B 两流道分别呈现非失速和失速流动状态的交替失速特征。

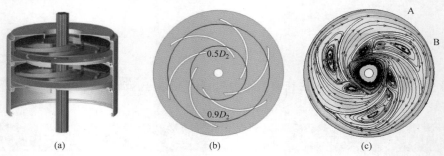

图 6-1　离心泵交替失速算例

(a) 两级叶轮示意图;(b) 监测点布置示意图;(c) 叶轮中间截面流线图

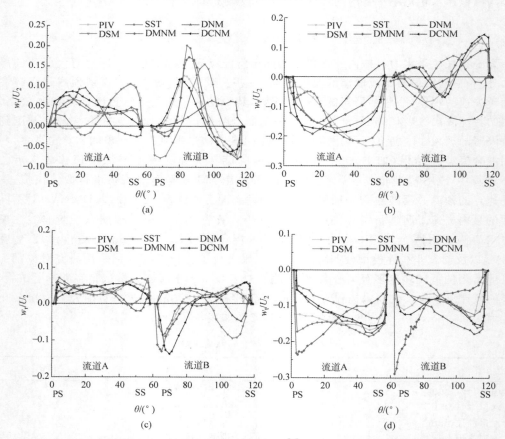

图 6-2　不同湍流模型对交替失速的预测结果(SST[2],DNM,DSM,DCNM[7],DMNM[6])

(a) 径向速度 $w_r(0.5D_2)$;(b) 切向速度 $w_t(0.5D_2)$;(c) 径向速度 $w_r(0.9D_2)$;(d) 切向速度 $w_t(0.9D_2)$

6.1.2　网格密度及湍流模型对尾水管螺旋形涡带计算结果的影响

尾水管内的螺旋形涡带数值模拟是水力机械中另一类比较经典、又非常具有挑战性的例子。一方面,很多文献中采用非定常 RANS(UNRANS)加双方程湍流模型的计算结果也能一定程度地反映螺旋形涡带的一些特征,如在最优工况后降低流量,尾水管内就会出现螺旋形涡带,继续降低流量还有可能出现双涡带,所诱发的压力脉动频率在 $0.2\sim0.6f_n$,在涡带中心会出现回流区等;但是另一方面,大多数文献对螺旋形涡带的描述常采用高于空化压力的压力等值面或者 λ_2 等值面等方式,从已有文献计算结果所显示的涡带形态来看,大多数计算结果所预测的空化涡带在肘管段前就消失了,且预测的空化涡带区往往比实测空化涡带粗。但在实际模型试验中观察到的涡带直径较小,且有时能延伸到肘管或扩散段。这可能有几方面的原因:①由于计算的网格密度不足,湍流模型对漩涡区的解析不足,螺旋形涡带中心压力的预测值偏高;②螺旋形涡带作为一种特殊的漩涡空化,涡心附近具有极高的压力梯度,一旦涡心汽化或者有气体进入,气体在很大的压差作用下很难逃逸而被陷于涡心,使涡心附近的局部含气量高于流场其他地方,可能导致涡心附近的空化压力较高;③上游涡心一旦空化或有气体进入,由于螺旋角动量的影响,其下游的气相体积可能更大程度地受上游输运的影响而不是涡心局部低压导致的空化的影响。螺旋桨的叶顶涡、翼形间隙处的间隙泄漏涡等漩涡空化都具有类似的特性,涡心空化可以延伸到下游较远高压区域而不溃灭。同时,发生空化后尾水管内水体的声学特性也会发生很大的变化,严格来说还应该考虑流体的压缩性,从这个角度而言,对尾水管空化涡带的准确预测也有非常大的难度,网格质量、湍流模型以及空化模型都对计算精度有很大影响。

图 6-3 比较了采用相同网格时三种湍流模型的计算效果,计算包含了转轮域和尾水管域,所采用的网格都通过理查德森外推法进行检验,选距尾水管进口断面 $0.3D_2$ 处的断面上的平均压力系数 C_p 作为考察目标,最终网格满足外推相对误差 e_{ext}^{21} 和最优网格收敛指标 GCI_{fine}^{21} 小于 3% 的收敛准则。计算网格为表 6-2 中的网格 G_3。其中的涡带采用 λ_2 等值面($\lambda_2=-17000s^{-2}$)显示,可见 SST k-ω 模型计算出的涡带长度明显偏短,采用混合模型 SAS 和 VLES 模型后,涡带长度计算值逐渐增大,从原来的 $0.86D_2$ 增至 $1.19D_2$ 和 $1.3D_2$。根据模型试验观察,涡带至少一直延伸至尾水管锥管出口达到约 $1.5D_2$。同时,在这个网格尺度下三种模型计算的涡带中心的最低压力也是依次降低(图 6-3(e)),SST k-ω 模型预测的涡心压力最高,VLES 预测的最低,但是 VLES 方法预测涡带最低压力仍远高于空化压力,而试验中在这个空化系数下尾水管可见明显空化涡带(图 6-3(d))。这说明混合模型可以一定程度提高预测精度,但现有计算网格密度可能还不足以预测涡带中心的局部低压。

表 6-2　加密后的计算域网格数量

流道区域	G_1	G_2	G_3	G_4	G_5	G_6	G_7
蜗壳到导叶	21384	21384	21384	21384	21384	21384	21384
转轮	213600	451500	873450	873450	873450	873450	873450
尾水管	262962	555797	1110424	2400004	4939296	10026953	19830528
总单元数	497946	1028681	2005258	3294838	5834130	10921787	20725362
平均 Y^+	131	126	122	114	103	77	76

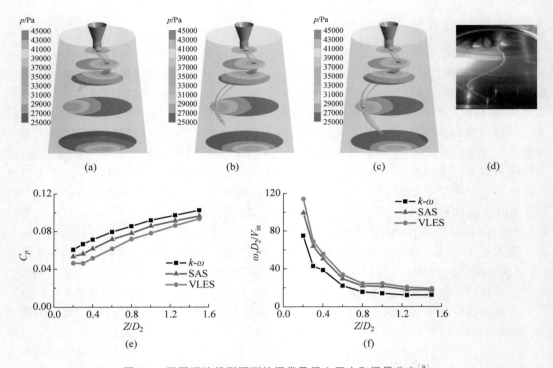

图 6-3　不同湍流模型预测的涡带及涡心压力和涡量分布[9]

(a) SST $k\text{-}\omega$；(b) SAS；(c) VLES；(d) 试验图片；(e) 压力系数；(f) 涡量系数

为此，加密网格后采用 VLES 方法在不同网格密度下进行尾水管内部的单相流动模拟。表 6-2 是不同网格数量的比较，其中，$G_1 \sim G_7$ 网格逐渐加密。从图 6-4 可以看到，随着计算网格加密，预测的涡带长度延伸到肘管段，同时在主涡周围还有一些细小的涡结构。随着网格的加密，各个截面上的涡心最低压力系数 C_p 也逐渐减小，最高涡量 w_z 不断增加。到 G_6 和 G_7 量级时，进口断面的涡心压力远低于汽化压力（$C_p < 0$），说明该区域已经出现空化，并且 G_6 与 G_7 量级网格下尾水管涡心压力系数在 $0.4Z/D$ 之前断面几乎相同，说明网格继续增加对预测的最小压力的影响已经比较小。但是还应看到，从 $G_6 \sim G_7$，涡心的涡量还在大幅度增加，说明如果精细模拟漩涡的发展，即使对 G_7 的网格也应进一步加密。

以上分析说明湍流模型和网格密度对计算结果影响非常大，在实际工程中应根据计算目标确定网格密度和湍流模型，以本算例为例，如果计算目的是为了考察尾水管的回能效果，不同断面的平均压力随着网格的加密变化不大时，可以认为计算结果满足网格无关性条件，算例中的 G_3 网格可以满足这个计算目的，而如果要预测空化涡带，涡心的最低压力是非常关键的参数，G_6 网格在锥管段的密度可以认为达到了网格无关性要求。

6.1.3　空化参数对尾水管空化涡带计算结果的影响

除了网格密度和湍流模型对计算结果有影响外，空化模型对空化涡带数值模拟结果的

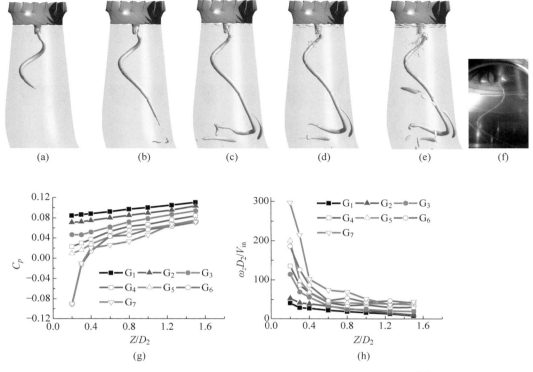

图 6-4 采用 VLES 在不同网格密度下对尾水涡带的模拟结果[9]

(a) G_3；(b) G_4；(c) G_5；(d) G_6；(e) G_7；(f) 试验图片；(g) 压力系数；(h) 涡量系数

影响也很大,由于影响空化的因素很多,水力机械的空化流动计算比单相流动计算要困难很多。目前对尾水管内空化涡带的模拟基本采用了基于输运方程的空化模型。包括第 2 章介绍的 Singhal 等的全空化模型,Zwart、Gerber 和 Belamri 等的 ZGB 模型以及 Kunz 提出的模型等。下面还是以尾水管涡带的算例为例介绍空化模型参数的选取对计算结果的影响。利用商用软件 CFX 完成计算,空化模型以 ZGB 模型为基础,对相关参数的设置进行分析,并对 ZGB 模型进行了修正以考虑漩涡的影响。

1. 气核半径的影响

彭晓星等研究表明,气核尺度越大,其平均扩散速度越大,内部较易进入气体从而导致空化的发生[10]。因此,首先将 ANSYS CFX 中原 ZGB 模型气核半径 R_B 默认值 $1\times e^{-6}$ m 分别增大 10、100 倍,其他参数保持不变,设置另外两个方案进行对比。此外,由于 ZGB 模型中气核体积分数 α_{nuc} 仅存在于蒸发项中,调节此系数与蒸发系数 F_{vap} 的效果一致,因此不单独针对气核体积分数 α_{nuc} 进行比较分析。从图 6-5(a)中的计算结果可以看出,随着气核半径的增加,尾水涡略有变粗的趋势,但涡带长度计算结果变化不大。

2. 蒸发系数的影响

根据 ZGB 空化模型方程可以看出,增大蒸发系数 F_{vap} 可以使蒸发率 $\dot{m}_e$ 增加,将 ANSYS CFX 中原 ZGB 模型蒸发系数 F_{vap} 默认值 50 分别增大 10 倍、20 倍,其他参数保持不变,对三个方案进行对比。从图 6-5(b)可以看出,随着蒸发系数的增加,尾水涡仅在下端有细小的差异,整体上的涡带长度并没有产生显著的变化。并且蒸发系数增加后,数值计算的收敛性变差。因此,蒸发系数的修正没有对尾水涡流场产生明显的影响,未能有效改变尾水涡带的空间形态。

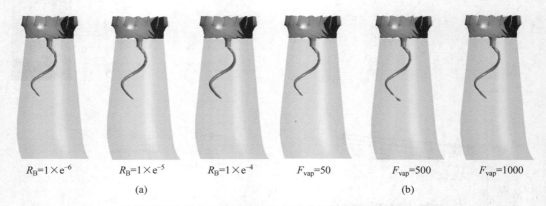

图 6-5　气核半径和蒸发系数对空化涡带计算结果的影响($\alpha_v = 0.1$ 等值面)

(a)气核半径的影响;(b)蒸发系数的影响

3. 凝结系数的影响

对不同凝结系数 F_{cond} 的计算结果进行了比较,ANSYS CFX 中原 ZGB 模型该系数默认值为 0.01,将凝结系数每次缩小 1/100 倍,其他参数保持不变。从图 6-6 的计算结果来看,随着凝结系数的降低,尾水螺旋涡逐步往下游延伸。采用体积分数显示的涡带长度从默认凝结系数下的 $1.2D_2$ 增加到 $1.4D_2$ 和 $2.4D_2$(图 6-6(a)),延伸到肘管内,但是图 6-6(b)的压力等值面与气体体积分数等值面并不一致,这表明凝结系数 F_{cond} 的降低使空化区在高于汽化压力的区域仍没有溃灭。当 $F_{cond} = 1 \times 10^{-6}$ 时,空化涡带长度显著变长,与试验观察到的空化涡带形态更加接近。可能空化最初发生在泄水锥附近的涡心处,在该处因局部压力低于空化压力而发生空化,但在螺旋形涡带的下游,气相体积更大程度上受上游输运

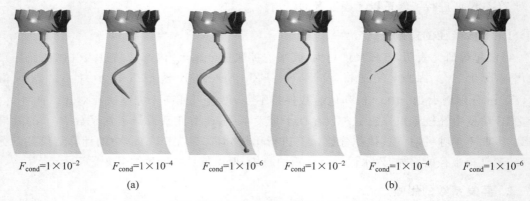

图 6-6　凝结系数对尾水管空化涡带的模拟结果的影响

(a)$\alpha_v = 0.1$ 等值面;(b)$p_v = 3540$Pa 等值面

的影响而不是涡心局部低压的影响,涡心空化可以延伸到下游较远高压区域。图 6-6 的计算结果说明,凝结系数的选取在螺旋形涡带空化流计算中非常重要。

4. 针对漩涡空化的空化模型修正

虽然降低全场凝结系数在较高空化系数下计算的螺旋空化涡带延伸更长,但是,在较低空化系数下,计算却容易因流场内的空化体积过大而发散。根据螺旋涡空化的特点,郭嫱等[11,12]针对间隙泄漏涡空化的计算提出了考虑漩涡强度的空化修正模型。为了直接反映旋转率和应变率之间的关系,提取旋转函数 $f_{rotation}$ 中的主要部分,将旋转修正因子的形式简化为 f^*

$$f^* = \frac{2r^*}{1+r^*} \qquad (6-1)$$

式中,$r^* = S/\Omega$,r^* 的数值大小反映了应变率 S 与旋转率 Ω 的相对大小,将 f^* 的表达式做进一步变换

$$f^* = \frac{2}{1/r^*+1} \begin{cases} \text{当 } \Omega \gg S \text{ 时,} & r^* \to 0, f^* \to 0 \\ \text{当 } \Omega \approx S \text{ 时,} & r^* \to 1, f^* \to 1 \\ \text{当 } \Omega \ll S \text{ 时,} & r^* \to \infty, f^* \to 2 \end{cases} \qquad (6-2)$$

式中,当旋转运动较强时,极限状态近似为旋转率 Ω 远大于应变率 S 的状态,此时 r^* 取值趋于 0,使得 f^* 也趋近于 0;当旋转率与应变率相当时,r^* 取值趋近于 1,使得 f^* 也趋近于 1;当旋转运动较弱时,极限状态近似为旋转率 Ω 远小于应变率 S 的状态,此时对应 r^* 趋近于无穷大,f^* 则趋近于 2。根据 f^* 准则对涡区域的识别效果,对 ZGB 空化模型中的凝结系数进行局部调整。当 $f^* \geqslant 1$ 时,旋转程度不高的大部分流场区域保持 $F_{cond} = 0.01$ 的默认值,当 $f^* < 1$ 时,针对旋转较强的涡区域局部降低 F_{cond} 至 F_2,针对间隙泄漏涡空化的特点,修正后凝结系数是 f^* 的函数,可表示为

$$F_{cond} = \begin{cases} F_2, & \text{当 } f^* < f_c \text{ 时} \\ c_1 e^{c_2 f^*}, & \text{当 } f_c^* \leqslant f^* < 1 \text{ 时} \\ F_1 = 1 \times 10^{-2}, & \text{当 } f^* \geqslant 1 \text{ 时} \end{cases}$$

式中,c_1、c_2 根据函数的一阶连续条件确定,而 f_c^* 及 F_2 根据具体计算情况取值。

从图 6-7 给出的从 VLES-ZGB 到 VLES-VIZGB 模型模拟尾水螺旋涡的演化过程可以看出,常规的 VLES-ZGB 模型计算出涡带压力值普遍较高,导致预测的尾水空化涡区域很小。通过空化模型中凝结系数修正之后,尾水涡带长度显著增加,同时涡带也逐渐变粗。将 VIZGB 模型引入 VLES 之后,采用 f^* 参数来分别控制实际涡带区域内外的凝结系数,结果证实可以有效地使涡带直径变小。尽管涡带长度有所减小,但是最终在不同空化系数条件下计算结果都能与试验观察结果比较一致。

以上针对尾水管的算例也说明尽管准确模拟空化过程还有很多挑战,在合理选择网格密度、湍流模型及相关模型参数后,现有空化模型也可以取得较好的预测效果,为解决工程问题提供依据。

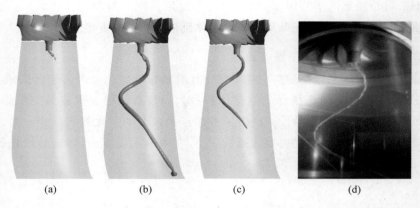

(a)　　　　　　(b)　　　　　　(c)　　　　　　(d)

图 6-7　不同凝结系数修正方法对尾水螺旋涡的模拟结果（$\alpha_v = 0.1$ 等值面）

(a) VLES-ZGB；(b) 凝结系数修正；(c) VLES-VIZGB；(d) 试验观测

6.2　混流式水轮机尾水管螺旋形涡带特征分析

混流式水轮机偏工况下尾水管涡带诱导的压力脉动对机组稳定运行有非常大的影响。在一些情况下，尾水管内的压力脉动可能导致系统水力振荡，比如 5.3 节中介绍的柱状涡带引起的自激振动以及螺旋形涡带同步分量引起的水力系统共振；在另一些情况下，压力脉动的影响可能是局部的。无论哪一种情况，三维 CFD 计算都为认识和预测尾水管涡带产生的压力脉动和振动提供了重要的手段。

6.2.1　尾水管螺旋形涡带形态的描述方法

对尾水管涡带形态的描述方法很多，在已有的文献中，当采用单相流计算时，一般采用 Q 等值面，或者 λ_2 等值面或者等压面来表示涡带形态。但当漩涡区计算网格密度不足时，常常需要用高于临界空化压力的等压面才能显示出螺旋涡带的特征，同时 Q 值或 λ_2 值的取值也取决于具体算例的工况参数以及网格密度。图 6-8 和图 6-9 是采用 VLES-VIZGB 模型计算的某尾水管内部流场结果，分别采用气相体积分数（$\alpha_v = 0.1$）与 Q 准则显示的尾水管涡带的形态与试验结果进行对比，可以发现，如果 Q 值取得合适，Q 准则比气相体积分数等值面更全面地表现出尾水涡带的运动形态，还可以显示出模型试验无法观测到的肘管内涡带情况，涡带进入肘管内后由于受到弯肘的影响，破碎成许多小尺度涡，而且不仅在典型涡带工况与试验结果一致（图 6-8），在相对较大的开度、尾水管涡带刚刚出现的工况，Q 准则也很好再现了试验中观察到的涡带不稳定变化过程（图 6-9）。λ_2 准则与 Q 准则类似，选取适当的阈值也可以较全面展现涡带的细节。但是，λ_2 准则及 Q 准则的阈值的选取却与计算网格密度和计算工况相关。

尽管如此，通过数值计算获得的螺旋涡带诱导的压力脉动频率与实测结果都比较一致，

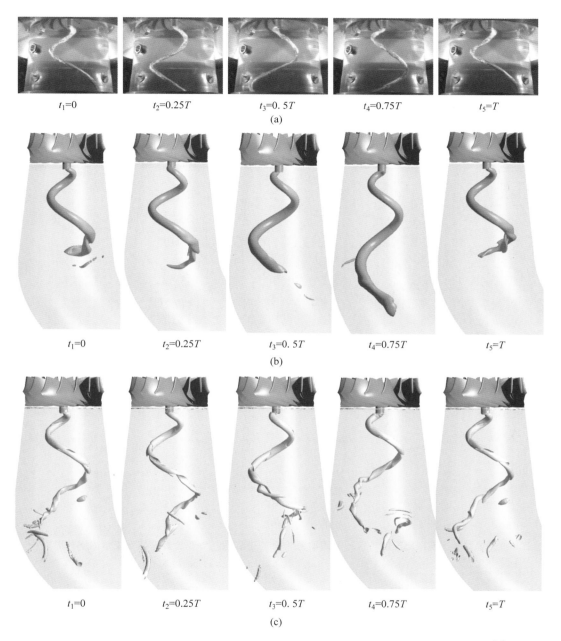

图 6-8　典型螺旋形涡带一个周期内的 Q 准则和气相体积分数等值面表示的涡带形态[9]

（a）试验观测；（b）$\alpha_v = 0.1$ 等值面；（c）$Q = 17000\text{s}^{-2}$ 等值面

尾水管内部的平均速度分布也与实测结果比较一致，数值计算结果有助于更加深入认识和分析由于螺旋涡带引起的流动不稳定性及相关规律。下面对相关结果进行简单介绍。

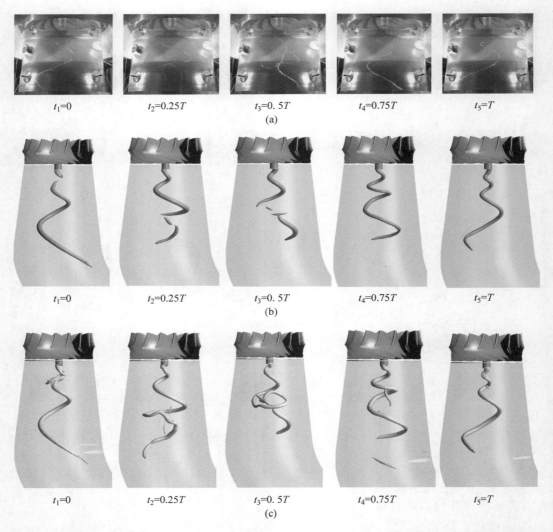

图 6-9　螺旋形涡带刚出现的工况一个周期内的 Q 准则和气相体积分数等值面表示的涡带形态[9]

(a) 试验观测；(b) $\alpha_v = 0.1$ 等值面；(c) $Q = 17000s^{-2}$ 等值面

6.2.2　尾水管螺旋形涡带形态与流量及转轮出口速度分布的关系

大量研究表明，尾水管内的涡带形态及漩涡强度与转轮出口的速度分布密切相关，研究二者之间的关系可为转轮叶片设计提供有效参考。Skotak 等[13]仅采用尾水管作为计算域，采用 Realizable k-ε 模型和雷诺应力 RSM 模型，在进口给定三种简单的速度分布(见图 6-10，v_a 为轴向速度，v_t 为周向速度，α 为液流角)，计算了不同进口条件下的尾水管涡带形态。其中 A 用于模拟水轮机典型涡带的小流量工况，B 的轴面速度分布与 A 相同，但具有更大的出口圆周速度及梯度，对应于比 A 有更小开度的工况，而 C 的平均轴向速度与 A 相同，但具有更加均匀的轴面速度分布。按照式(1-5)的定义，B 的旋流强度最大，A 的旋流强度中等,而 C 的略小于 A。图 6-10 给出了采用 RSM 模型获得的三种不同工况下尾水管内涡带的形态。转轮出口周向速度增加后(从 A 变化到 B),单涡结构可能变得不稳定而形成双涡结构,同时尾水管中心的死水区范围增加,涡带在锥管段扩散角度更大,尾水管壁面压力脉动幅值也大幅增加。而 C 相对于 A 轴向速度分布更加均匀,涡带中心更集中在尾水管中心,在尾水管壁面的压力脉动幅值大大降低。这一计算结果与 Nishi 等的试验研究结果类似(参见 1.1.2 节)。

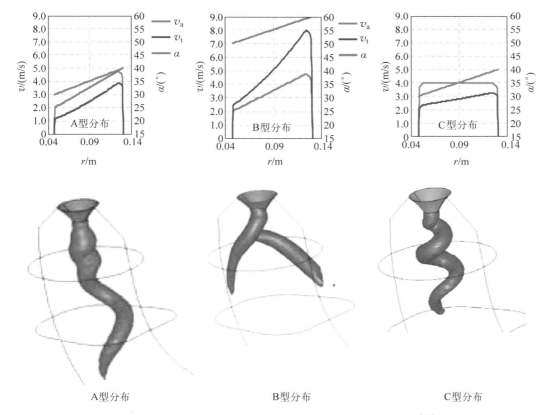

图 6-10　尾水管进口速度分布与尾水管内涡带型态的关系[13]

Skotak 等计算结果虽然没有严格采用转轮出口的速度分布,但有助于认识转轮出口速度对尾水管内涡带形态及压力脉动特征的影响,其结论也与模型试验的情况基本一致。程宦等[9]采用了 VLES 湍流模型对不同流量工况下的转轮出口速度分布与空化涡带形态间的关系进行了分析。图 6-11 是随着流量的变化尾水管内涡带形态的变化,图 6-12 是对应工况下在距尾水管进口 0.6D 的断面上用 LDV 测得的速度分布,图 6-13 是典型工况下 CFD 计算结果与 LDV 实测结果的对比,可以看到轴向速度的计算结果与实测结果吻合良好,都反映出随着流量的降低,尾水管内回流区范围增加的规律;周向速度的计算结果与实测结果在 $r/R<0.3$ 以内差别偏大,在 $r/R>0.3$ 以外二者比较接近,但都反映出随着单位流量减小周向速度及周向速度梯度增加的特点。

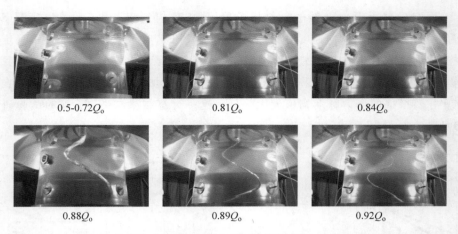

图 6-11　在相同的单位转速及空化系数时尾水管涡带形态随流量的变化（$\sigma = 0.13$）

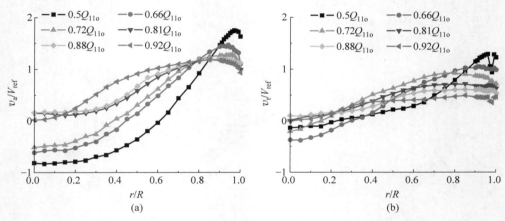

图 6-12　不同流量下尾水管内距离进口 $Z = 0.6D$ 断面上的速度分布

（a）轴向速度 v_{a}；（b）周向速度 v_{t}

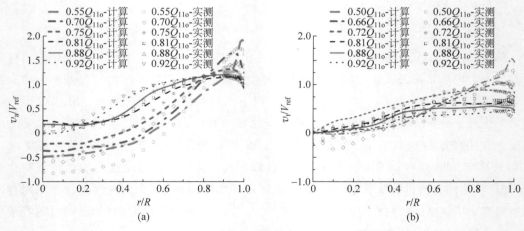

图 6-13　尾水管内速度分布的计算结果与实测结果比较

（a）轴向速度 v_{a}；（b）周向速度 v_{t}

6.2.3　典型螺旋形涡带工况下的尾水管内部流动特征

图 6-14、图 6-15 是采用 VLES 模型计算的某模型水轮机(转轮的名义直径 0.35m)尾水管内单相流动计算结果。计算选取了全流道,因而转轮域与尾水管域的网格密度比表 6-1 的 G_6 网格略低。与高速摄影拍摄的结果比较,采用 λ_2 等值面显示的涡核区较好模拟出螺旋形涡带在一个周期内的变化规律。整个偏心涡带的旋转方向与转轮一致,涡带旋转一个周期的同时转轮旋转约三转。此外,数值计算还可以显示出模型试验无法观测到的肘管内涡带情况,计算结果表明涡带进入肘管内后由于受到弯肘的影响破碎成许多小尺度涡。

在典型的螺旋涡带工况,尾水管锥管内的主流区域流态稳定,回流区只出现在涡核区域而不是螺旋涡带旋转所包围的中心区域(图 6-15),这与 1.1.2 节介绍的 Nishi 等早期模型涡带有所不同。在肘管中间区域的流态较紊乱,回流区的范围明显增加。

由于涡带的旋进,尾水管竖直断面上的压力与流线分布也具有明显的周期性,但是只在靠近泄水锥的位置最低压力低于空化压力,说明数值计算对涡心压力的模拟仍然偏高,这与大多数文献的计算结果类似。在一些文献中,也采用了高于空化压力的压力等值面来显示涡带区,一般会显示出比实际涡带更粗的涡带(图 6-10 及图 6-14),这说明目前工程上尾水管螺旋涡带的计算所采用的网格密度和湍流模型对预测涡心区的低压方面仍显不足。

6.2.4　同步分量的来源

在 1.1.3 节中的分析表明,因为流体流过肘管拐弯处受离心力的影响,外侧平均压强高于内侧,同时由于二次流及扩散流道的影响,在肘管内会产生同步分量。下面通过尾水管内的数值计算结果对此进行分析。图 6-16 是采用单相流计算,并以低压区显示的涡带区以及其体积变化率、尾水管内各断面的平均压强。可以看到,当肘管进口断面的涡核区移动到尾水管肘管内侧时($t=0.2T$),肘管进口平均压强最低,而肘管中部平均压强较高,肘管进出口平均压差接近最大,以低压区显示的涡带体积最大,但涡带长度并不是最长;肘管进口断面的涡核区移动到尾水管肘管外侧时($t=0.45T$),肘管进口平均压强增加,涡带变细,肘管进出口平均压差减小,但下游涡带移动到肘管内侧时($t=0.63T$),涡带长度变长,涡带体积小幅上升。

可以看到在涡带的一个旋转周期内,肘管进口及中间断面的平均压强变化较大,但其他断面的平均压强变化幅度不大,这使肘管进出口断面的平均压差也周期性变化,因此尾水管内的水体在流向方向受到周期性压力差的作用,这就是尾水管涡带同步分量的来源。这说明,即使在单相流计算中,在没有空化体积波动引起的流量波动时,同步分量依然存在,因此同步分量来源于肘管内螺旋形涡带流动本身。

由于肘管内侧和外侧的压差,旋转空化涡带扫掠过肘管不同部位就会出现涡带周期性的生长-缩短的过程,同时,涡带的粗细也有变化,特别在空化系数较低的情况下,空化体积增加较多,体积波动也会变大。如果空化体积增加导致整个水力系统频率降低并接近尾水管涡带同步分量的频率时,就可能出现强烈的水力共振现象。这也是 Nishi 等对图 1-10、图 1-13 的解释。在 5.4 节中所讨论的尾水管空化所致系统不稳定的主要原因与空化空腔体积波动有关,以上三维空化流场的计算结果也可以为估计空化柔性、流量增益系数等提供基础数据,相关分析见 7.1 节。

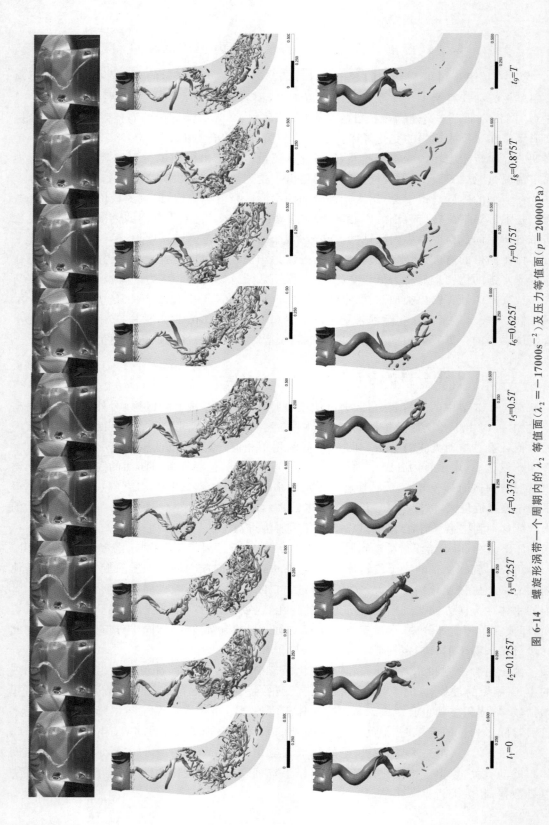

图 6-14 螺旋形涡带一个周期内的 λ_2 等值面（$\lambda_2 = -17000\text{s}^{-2}$）及压力等值面（$p = 20000\text{Pa}$）

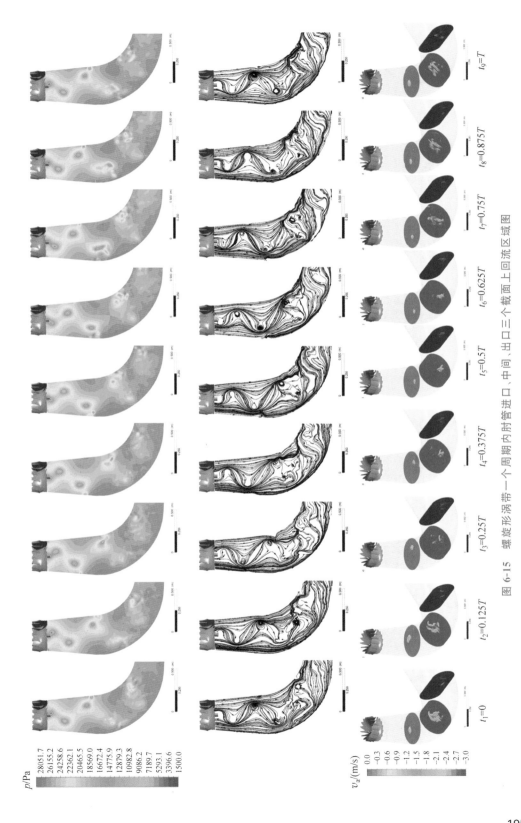

图 6-15　螺旋形涡带一个周期内肘管进口、中间、出口三个截面上回流区域图

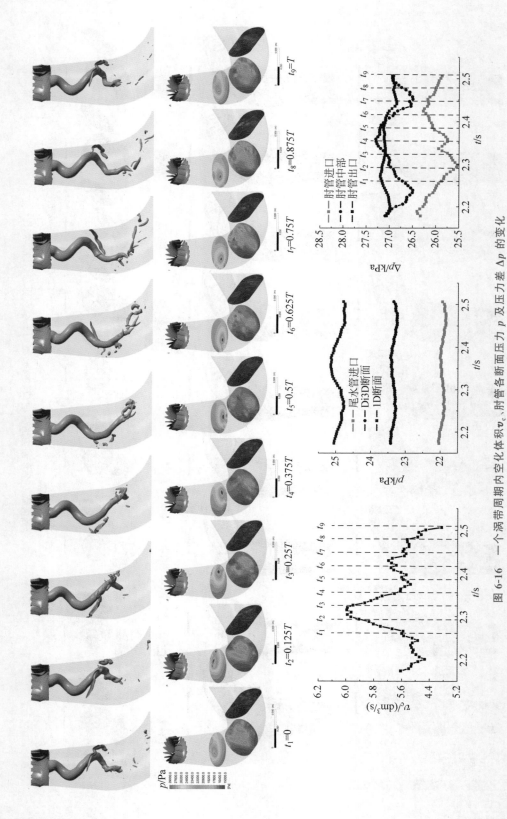

图 6-16　一个涡带周期内空化体积 v_c、肘管各断面压力 p 及压力差 Δp 的变化

6.3　混流式水轮机尾水管的柱状涡带的数值模拟

图 6-17 是某模型水轮机在大负荷条件下的柱状空化涡带计算结果[14]，涡带形态用气相体积分数 $\alpha_v = 0.1$ 的等值面表示。由于在尾水管内采用的网格密度较低以及湍流模型及空化模型的预测能力不足，对较高空化系数及接近最优工况的大流量工况时的直涡带，预测的空化区偏短。不过，所得模拟结果基本能反映涡带形态随工况参数（如单位转速、单位流量、空化系数）的变化规律。图 6-17 的计算结果表明，在高单位转速时，随着开度的增加，尾水管内的涡带由直涡带变为连串的葫芦状，最后变为纺锤状。而在相同的开度下，随着单位转速的增加，涡带也呈现由直涡带或连串葫芦状变为纺锤状，或者纺锤体变粗变长，这与 1.1.7 节所述大多数试验观测结果一致。

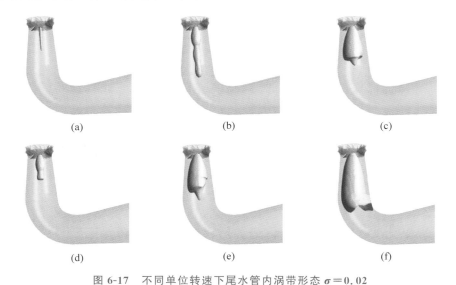

图 6-17　不同单位转速下尾水管内涡带形态 $\sigma = 0.02$

(a) $n_{11}/n_{11o} = 1.0$，开度 18mm；(b) $n_{11}/n_{11o} = 1.0$，开度 22mm；(c) $n_{11}/n_{11o} = 1.0$，开度 26mm；
(d) $n_{11}/n_{11o} = 0.89$，开度 18mm；(e) $n_{11}/n_{11o} = 0.89$，开度 22mm；(f) $n_{11}/n_{11o} = 0.89$，开度 26mm

同时计算结果还表明在较低空化系数时空化涡带区的大小会发生周期性的变化（图 6-18）。尾水管壁面的压力 p 也呈现相同频率的周期性变化（图 6-19），与螺旋空化涡带工况的压力脉动不同，柱状空化涡带工况下尾水管同截面各周向记录点压力脉动同相，可见这个压力脉动主要为同步分量，且该压力脉动频率与涡带体积变化频率一致，这说明涡带体积变化与压力脉动密切相关。图 6-20 中为不同空化系数下的空化涡带体积波动的频谱图，空化系数的降低导致空化发展越来越严重，空化涡带的体积波动幅值 v_c 也是随空化系数的降低而变大。

在 5.3.3 节中的一维分析表明，尾水管的扩散是导致这种低频压力脉动的原因，尾水管的扩散相当于对下游流量引入了一个负流量增益，流量增加会使主流区流速增加，剪切率增加，中心区压力下降，空化体积增加，其排挤使下游流量进一步增加，这种正反馈是产生不稳定现象的根本原因。在上述三维流动计算中，虽然没有考虑进出口管路的影响，但是采用了进口给定速度、出口给定背压的边界条件（在出口允许流量波动），因此计算结果也体现了这

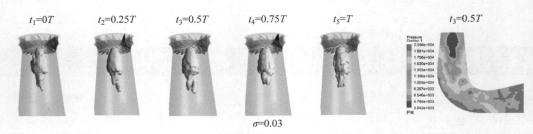

$\sigma=0.03$

图 6-18　高负荷柱状空化涡带的周期性变化

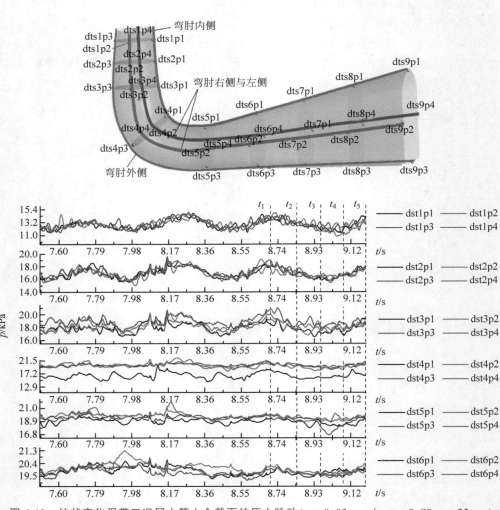

图 6-19　柱状空化涡带工况尾水管六个截面的压力脉动（$\sigma=0.03, n_{11}/n_{11o}=0.89, a=22\text{mm}$）

种正反馈引起的不稳定现象。但同时,模拟结果还显示,随着空化区体积的增长,空化区向下游高压区发展,当空化区增加到一定长度时,空化涡带的尾部附近高压区引起空泡区的溃灭,会出现突然的环形水跃现象,如图 6-20 所示。这使空化区体积不会无限制增加而是形成稳定的周期性演变,涡带环形水跃以下直径较小的部分出现频繁的空泡增长和脱落,然后开始新一轮的生长,Dörfler[15]等在采用两相流对空化涡带的数值模拟中也发现了这一现象,称之为"环形水跃",在单相流计算中不会出现。该现象也与文献[16]中空化流场的试验研究结果是一致的。

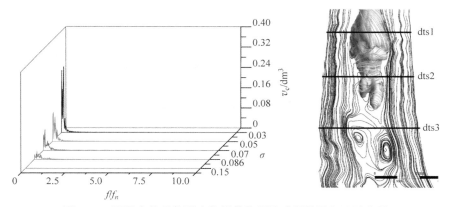

图 6-20　不同空化系数下空化涡带体积波动频谱图和环形水跃

以上空化的周期性演变导致的压力脉动对机组作用力的方向是轴向的,因此可能引起机组轴向力变化;由于尾水管及水体的轴向振动模态为低频振型,因此需要特别注意由此引起的水力激振的发生。这也是 5.4.6 节中所讨论的大流量不稳定激振情形。

图 6-21 中给出了尾水管弯肘内侧路径(所有 p1 点)与外侧路径(所有 p3 点)从 1 截面到 9 截面压力记录点(参见图 6-19)的脉动峰峰值 p_{PTP}。可以看出,从进口至出口压力脉动峰峰值是逐渐下降的,但所有空化系数下均在代表弯肘段截面内侧的第四个点出现了最大的峰峰值;同时计算结果还表明,流场压力脉动最大的峰峰值并不是出现在空化系数最低的情况,而是在初生工况与临界空化之间峰峰值达到最大。

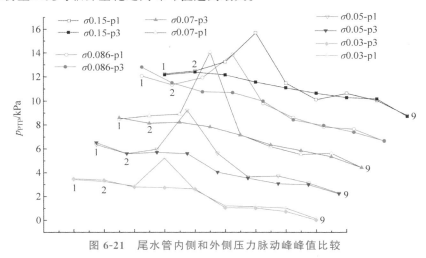

图 6-21　尾水管内侧和外侧压力脉动峰峰值比较

本节所介绍的数值计算成果可以为含空化的一维水力系统稳定性分析提供空化柔性及流量增益系数等参数的计算依据,详见 7.1.3 节。

6.4　混流式水轮机转轮内叶道涡

周凌九等[17]通过对多个转轮的数值计算,发现混流式水轮机内的典型涡结构有一些共同的特征,现根据各种类型涡的特征及涡的形成原因对混流式水轮机内的涡结构分类如下:

6.4.1 小流量工况区混流式水轮机内典型涡结构

（1）马蹄涡

如图 6-22 所示，通过 λ_2 等值面和速度矢量图等方式显示了不同小流量工况下混流式水轮机转轮内的典型涡结构。首先，在叶片与上冠和下环相交的叶片根部，在所有工况都存在马蹄涡。这类涡的位置贴近叶片根部，与叶片根部处的边界层有关，但是叶片曲率、上冠及下环附近的冲角等会对马蹄涡延伸状态和影响范围有一定影响。在较小正冲角的情况下，下环正背面根部都出现了马蹄涡。计算还表明，在单位转速较低、正冲角很大工况下（图 6-22(a)），下环附近的马蹄涡会在背面从叶片头部延伸到出口，背面漩涡更加明显；随着正冲角减小，负冲角增加，叶片背面马蹄涡逐渐减弱，正面马蹄涡更加明显，在较大负冲角情况下，马蹄涡会在正面从叶片头部延伸到出口（图 6-22(c)），正面漩涡相对明显，有时在主涡附近，还可以看到马蹄涡诱导的二次涡。这类涡中，出现在下环根部背面马蹄涡的涡心压强沿流线方向逐渐降低，在出口附近可能出现较低压力，特别在单位转速较低的工况下，由于对应电站水头较高，对应的装置空化系数较低，有可能在涡心处出现局部低压而导致空化。

（2）进口边脱流涡

如图 6-22(a)和(b)中还可以看到过大正冲角导致的背面脱流形成的脱流涡。这类涡与进口边接近平行，贴近叶片背面，较易形成较低的局部低压区而导致空化。这种背面脱流涡一般在较低单位转速出现（$n_{11} < n_{11o}$）。同时还可以看到，这类涡位于叶片背面进口附近，从上冠附近延伸到下环，在一些工况下，它还会在下环处与叶片根部的马蹄涡卷在一起（图 6-22(a)）。

在较高的单位转速下（$n_{11} > 1.2n_{11o}$），较大负冲角的情况则也可能在叶片正面形成脱流涡（图 6-22(c)和(d)），但由于位于叶片正面附近，一般涡心压强较高，不太容易形成空化涡，在一些工况下正面脱流涡也可能与叶片靠下环根部正面的马蹄涡卷在一起（图 6-22(c)）。

（3）展向二次流涡

如图 6-22(e)和(f)中所示叶片正面展向二次流形成的涡，这类涡一般也仅出现在中低单位转速的小流量区，在靠近转轮叶片正面出现了从上冠向下环的展向流动，受下环附近主流流动的影响，在叶片中下部形成漩涡，涡的位置贴近叶片正面，并位于叶片出口边中部，一般涡心压力相对比较高，不太容易形成空化涡。

（4）与转轮上冠出口处回流有关的叶道涡及回流脱流涡

图 6-22(e)中从转轮出口处可以看到由转轮出口上冠附近回流引起典型叶道涡及回流脱流涡，图 6-22(g)和(h)进一步显示了这两类涡的形成过程：在小流量工况，转轮出口上冠附近存在一定范围的回流区，可以看到回流以很大冲角冲击叶片出口边，一方面在上冠出口边附近形成脱流涡，在出口边形成局部漩涡低压区；另一方面，回流区流体沿相邻叶片的背面向上游流动，并与来自进口的主流流动产生剪切，从而在流道中间形成回流叶道涡，其涡心压强可能很低，比较容易形成空化涡。

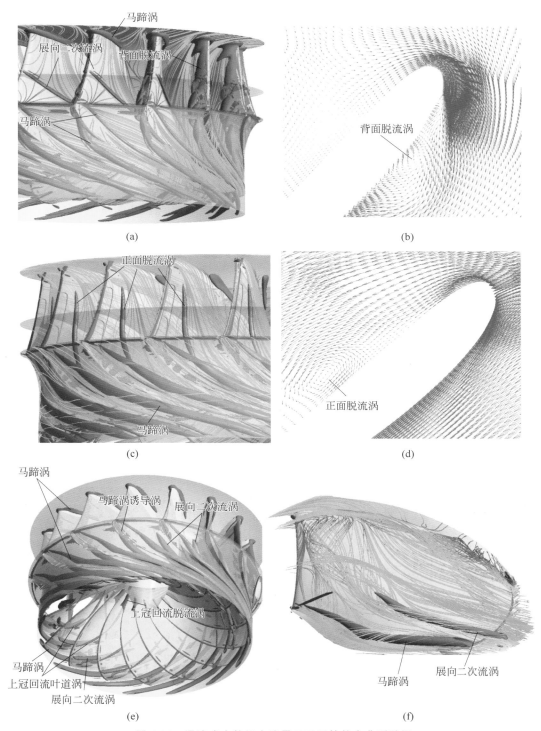

图 6-22　混流式水轮机小流量工况下转轮内典型漩涡

(a) 工况 $0.94n_{11o} \cdot 0.59Q_{11o}$ 时流道内漩涡；(b) 工况 $0.94n_{11o} \cdot 0.59Q_{11o}$ 时 0.5 叶高流面上速度矢量；

(c) 工况 $1.21n_{11o} \cdot 0.63Q_{11o}$ 时流道内漩涡；(d) 工况 $1.21n_{11o} \cdot 0.63Q_{11o}$ 时 0.5 叶高流面上速度矢量；

(e) 工况 $1.12n_{11o} \cdot 0.69Q_{11o}$ 时流道内漩涡；(f) 工况 $1.12n_{11o} \cdot 0.69Q_{11o}$ 时流道内的流线及漩涡；

(g) 工况 $1.12n_{11o} \cdot 0.69Q_{11o}$ 时回流叶道涡及脱流涡；(h) 工况 $1.12n_{11o} \cdot 0.69Q_{11o}$ 时 0.2 叶高流面上速度矢量

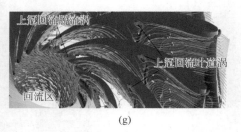

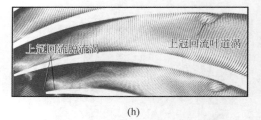

(g)   (h)

图 6-22 （续）

6.4.2 空化叶道涡成因及影响叶道涡的主要因素

在试验中能观察到叶道涡是因为漩涡中心发生了空化,因此以上各类涡结构中,涡心压力偏低的漩涡结构容易引起空化,形成空化叶道涡,这也是模型试验中比较关心的叶道涡问题。

通过大量数值计算和模型试验的比较,发现有两类典型的空化叶道涡,一类是由出口回流引起的回流叶道涡和脱流涡,也是在低负荷的大多数工况下出现的典型叶道涡。另一类涡则似乎与进口脱流及马蹄涡有关,在较低单位转速的小流量工况比较常见。下面分别对此进行介绍。

（1）第一类空化叶道涡

在模型试验中对叶道涡的观测都通过透明尾水管从转轮出口观测,观测到的典型叶道涡见图 6-23(a)。为此,对典型叶道涡工况下出口边附近的展向二次流涡、马蹄涡、回流叶道涡的涡心压强进行了比较,见图 6-23(c),可以看到,出口回流引起的回流叶道涡的涡心压力最低,比其他类型的涡更容易发生空化,从而易形成试验中可见的空化叶道涡。同时,由于上冠出口附近整体压力偏低,这也容易使上冠出口附近的回流脱流涡发生空化。特别是在空化系数较低的情况下,由于上冠出口回流引起的两种漩涡都可能形成可见的空化区,图 6-23(a)中的试验图片中,两种涡都清晰可见。

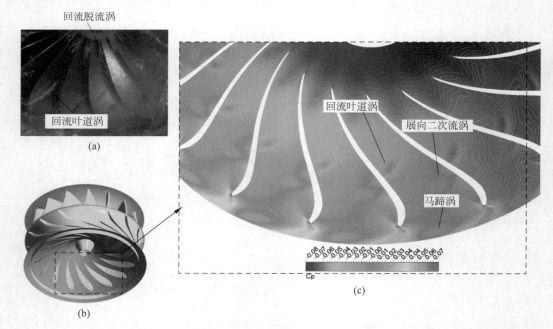

图 6-23   混流式水轮机小流量工况下转轮内典型漩涡

（a）回流叶道涡；（b）转轮出口截面；（c）出口截面上典型涡结构的涡心压力

如上所述,这类空化涡与转轮出口上冠附近的回流有关,周凌九[17]最早对这个现象进行了详细的分析,此后,程宦对小流量工况进行了所有过流部件的全流道计算[9],同样证实小流量条件下转轮出口上冠附近回流是引起叶道涡的主要原因,同时还发现叶片进口负冲角对转轮的叶道涡的形成也有促进作用。

图 6-24(a)是叶道涡工况转轮内的三维流线图,可见,当进口边出现负冲角时,在叶片正面进口边附近形成了较小的脱流区,上冠进口附近的流动在正面脱流区附近改变流动方向,变为叶片展向方向的流动,这也与出口回流区的发展有关,同时,由于叶片正面脱流区对流道的排挤,导致同流道内相邻叶片背面流速增加,这也会使由出口流向进口的回流与由进口向下的主流间的剪切增强,促进叶道涡的形成或增加叶道涡的漩涡强度,可见进口负冲角对叶道涡的形成也有促进作用。

图 6-24(b)和(c)是某混流式水轮机在典型叶道涡工况下,上冠流面、中间流面、下环流面上的液流角 α 沿展向长度 S_p 的分布,可以看到,在所有叶道涡工况,上冠出口附近液流基本为负值,这是由于上冠附近的反向回流引起的,也说明这类叶道涡与转轮出口回流密切相关。在同一单位转速下,随着单位流量的降低,上冠附近回流区域增加;同时,在同一单位流量下,随着单位转速的增加,上冠附近回流区增加。因此,图 6-24(b)和(c)中,随着流量的减小或单位转速的增加,叶片在出口边上冠区域,液流角出现负值的范围变大。

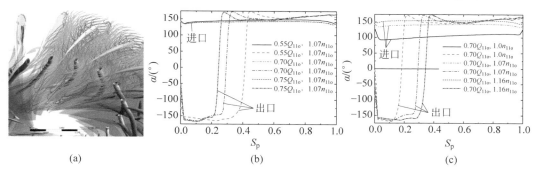

图 6-24　回流及进口负冲角对叶道涡的影响

(a) $0.55Q_{11o}$ 工况时的进口负冲角及叶道涡; (b) 不同单位流量下进出口液流角;

(c) 不同单位转速下进出口液流角

另外,在转轮进口附近,在单位转速一定时,随着单位流量的减小,液流角小幅增大,进水边负冲角程度加也略有增加;而在单位流量一定时,随着单位转速的增加,液流角大幅增大,导致进水边从正冲角变为负冲角并逐渐增大,在试验中发现转轮出口叶道涡也从无到有。这说明,进水边负冲角也对叶道涡的形成过程产生了一定的影响。

由于以上原因,回流叶道涡的形态和位置会随着单位流量和单位转速的变化而有规律地变化。对多个转轮的计算结果表明,随单位转速的增加,出口回流范围增加,进口负冲角变大,叶道涡的起始位置在上冠由出口边附近向进口边移动,如图 6-25 所示;另外涡的位置一般贴近叶片背面,并可能一直延伸到叶片出口边附近,且越靠近出口边,涡心压强越低。如果从尾水管向叶片区观察,叶道涡位置随单位转速的增加从出口边上冠附近向下环附近移动;同时,随着单位流量的减小,出口边回流范围增加,叶道涡位置也有向进口及下环移动的趋势,与 1.1.12 节所介绍的试验结果一致。

单位转速对回流叶道涡的另一个影响体现在单位转速对装置空化系数的影响。在实际电站中,较低的单位转速对应较高的水头,所对应下游水位一般较低,机组的装置空化系数较低,高单位转速对应的装置空化系数则较高,因此在一些模型试验中,在较高单位转速时,尽管转轮内已经存在叶道涡,但由于其对应的装置空化系数较高,叶道涡并没有空化,试验中不易观察到可见的叶道涡,只有在更低的流量范围才能见到空化叶道涡。

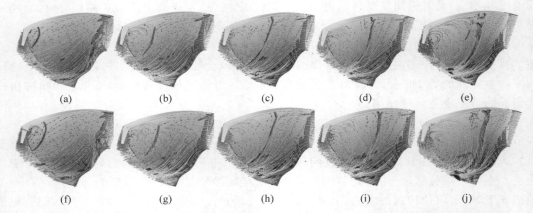

图 6-25　叶道涡的位置随单位转速及单位流量的变化(从工况 a~e,f~j 单位转速增加)

(a) $0.59Q_{11o}$,$0.94n_{11o}$; (b) $0.69Q_{11o}$,$1.03n_{11o}$; (c) $0.69Q_{11o}$,$1.12n_{11o}$; (d) $0.68Q_{11o}$,$1.15n_{11o}$; (e) $0.63Q_{11o}$,$1.21n_{11o}$;
(f) $0.57Q_{11o}$,$0.94n_{11o}$; (g) $0.66Q_{11o}$,$1.03n_{11o}$; (h) $0.66Q_{11o}$,$1.12n_{11o}$; (i) $0.64Q_{11o}$,$1.15n_{11o}$; (j) $0.60Q_{11o}$,$1.21n_{11o}$

(2) 第二类空化叶道涡

图 6-26 是某混流式水轮机转轮模型试验的图片,图 6-26(a)单位转速较低,在上冠附近可见第一类与转轮出口回流有关的回流空化叶道涡,其位置非常靠近叶片上冠部位,说明这个工况回流区范围较小,但在这个工况同时也可以看到另一类从下环飘出的空化叶道涡,显然是与上冠回流区无关的漩涡区。而图 6-26(b)的单位转速更低,单位流量更大,根据前面的分析,其上冠出口附近的回流区范围应该比图 6-26(a)更小或者没有,试验中在上冠出口附近确实没有观察到回流空化涡,但在下环附近却可以看到叶道涡飘出。显然,这些工况下,下环附近的叶道涡与上冠出口回流无关,是另一种机制产生的空化涡。下面的分析将会看到,这一类涡可能与进口边正面脱流及马蹄涡有关。

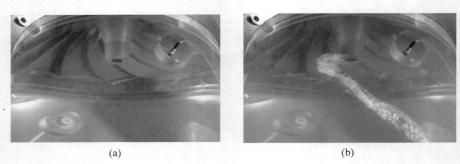

图 6-26　低单位转速下第二类空化叶道涡

(a) $0.57Q_{11o}$,$0.94n_{11o}$,$\sigma0.12$; (b) $0.64Q_{11o}$,$0.90n_{11o}$,$\sigma0.09$

结合数值计算结果可以发现,在这些低单位转速的工况,进口边正冲角较大,在转轮进口边背面出现脱流,同时叶片下环根部处的马蹄涡在叶片背面向下游延伸较远(见图 6-22(a)及

图 6-27),进口背面脱流涡和马蹄涡纠缠在一起,如果进口边已经产生背面脱流空化,空化气泡很有可能被卷入马蹄涡内,而马蹄涡的涡心压强从进口边到出口边逐渐降低,很容易在出口处形成空化区,从而形成可见的叶道涡。同时,较低单位转速的工况对应较高水头工况,此时,下游水位一般较低,因此模型试验时,较低单位转速对应的装置空化系数也较低,这也增加了空化的可能性。因此,第二类空化涡可能与进口边背面空化区被卷进马蹄涡区有关。一般在低单位转速和小流量工况出现,且其位置位于下环附近,进口边正冲角和较低的装置空化系数对这类涡影响较大。

图 6-27　低单位转速下第二类空化
叶道涡产生原因

6.4.3　第一类叶道涡与转轮几何参数的关系

由于回流叶道涡的发生与转轮出口回流及进口冲角有密切的关系,因此在转轮设计中,可以通过控制转轮出口回流区范围和进口安放角来抑制叶道涡强度,或使叶道涡推迟到更小的流量范围发生。程宦[9]通过数值计算发现,在保证最优工况参数基本不变的情况下,适当压低叶片上冠型线,适当调整叶片上冠翼型的长度以及适当增加叶片进口的正冲角对控制叶道涡都有一定效果。

图 6-28(a)是压低上冠高度的效果,其中叶道涡以 $Q=300000\text{s}^{-2}$ 等值面显示。转轮 A1 与 A2 方案已经没有转轮 A 中明显的叶道涡特征。其中计算工况的单位参数一致,说明调整上冠型线,减小转轮出口过流面积有利于抑制叶道涡的发展。

图 6-28(b)表明随着叶片进口安放角的逐渐减小,转轮 A3 方案已经没有转轮 A 中明显的叶道涡特征,转轮 A4 又出现了细微的叶道涡。说明要合理的调整叶片进口安放角,才能有利于抑制叶道涡的发展。

上冠叶片长度对叶道涡也有较明显影响,从图 6-28(c)可以看到,随着上冠附近叶片长度逐渐减小,转轮 A6 方案本已没有的叶道涡特征,在 A7 方案又出现,在 A8 方案中消失。说明需要合理的调整叶片长度,才能有利于抑制叶道涡的发展。

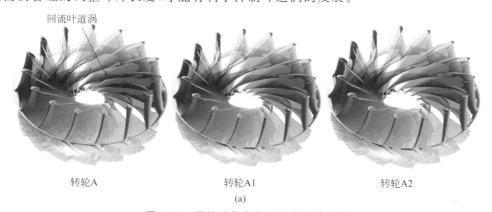

回流叶道涡

转轮A　　　　　转轮A1　　　　　转轮A2

(a)

图 6-28　调整叶片参数对叶道涡的影响

(a) 适当压低上冠流道控制叶道涡的效果(上冠高度:转轮 A>转轮 A1>转轮 A2);

(b) 改变进口安放角控制叶道涡的效果(冲角:转轮 A<转轮 A3<转轮 A4);

(c) 不同叶片长度方案的叶道涡特征(上冠长度:A6>A7>A8)

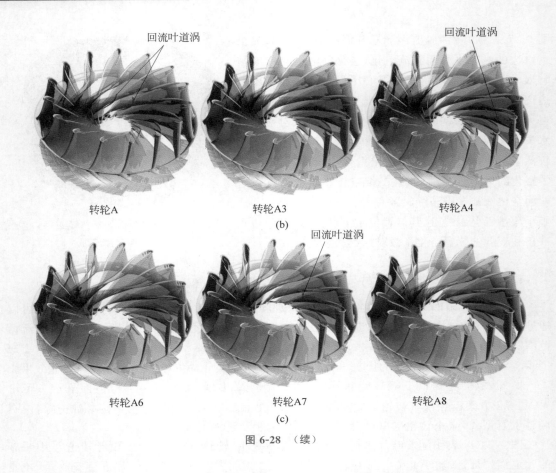

回流叶道涡　　回流叶道涡　　回流叶道涡

转轮A　　转轮A3　　转轮A4

(b)

回流叶道涡

转轮A6　　转轮A7　　转轮A8

(c)

图 6-28　（续）

6.4.4　叶道涡工况下的流场非定常特性及压力脉动特征

1. 较低单位转速、尾水管内存在螺旋漩涡的情况

计算结果表明，由于转轮内引起叶道涡的回流区与尾水管内的回流有关，一般在单位转速较小、单位流量不是特别低的情况下，尾水管内的螺旋形涡带特征明显，回流区范围较小且周向旋转，在某个瞬间回流区只会反向流入几个叶片的出口，因而叶道涡会随着涡带的旋转而周期性改变位置。图 6-29 和图 6-30 是某转轮在 $n_{11}=1.03n_{11o}$，$Q_{11}=0.69q_{11o}$（开度约 $16°$），$\sigma=0.148$ 工况下的计算结果和试验图片，可以看到在一个涡带旋转周期（T_v）内叶道涡位置的周期性改变。

图 6-31 是该工况下典型的压力脉动波形图及频谱图，H_d，H_b 分别为尾水管壁面及转轮叶片上冠附近测点上的压力，A_{H_d} 及 A_{H_b} 分别为其对应的幅值。计算结果显示在尾水管内壁面主要表现为尾水管涡带频率 $f_v=0.24f_n$ 及其倍频，而在转轮出口靠近上冠处的压力脉动频率为（$f_n-f_v=0.76f_n$）及其倍频（见图 6-31），说明回流区压力脉动频率受到了转频的调制，同时，在这样的工况下在转轮上冠处具有较高的压力脉动幅值，相对压力脉动峰峰值高达 $3.7/30=12.3\%$，这对出口边的结构强度是非常大的考验，应特别关注这些工况下叶片出口动应力大小。

2. 高单位转速、尾水管螺旋漩涡消失的情况

在较高单位转速时，尾水管内的涡带螺旋特征减弱，尾水管内的回流范围扩大，在转轮

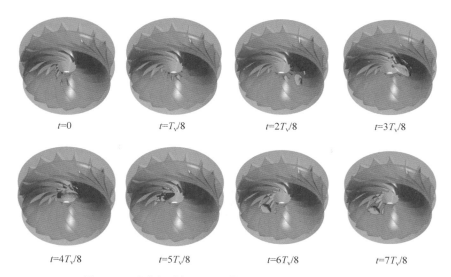

$t=0$　　　　　　$t=T_v/8$　　　　　　$t=2T_v/8$　　　　　　$t=3T_v/8$

$t=4T_v/8$　　　　　　$t=5T_v/8$　　　　　　$t=6T_v/8$　　　　　　$t=7T_v/8$

图 6-29　叶道涡随螺旋形涡带的周期性变化(计算结果)

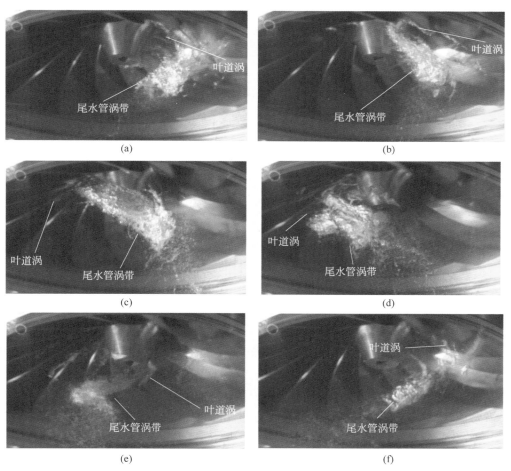

图 6-30　叶道涡随螺旋形涡带的周期性变化(试验图片)

(a) $T_v/6$; (b) $2T_v/6$; (c) $3T_v/6$; (d) $4T_v/6$; (e) $5T_v/6$; (f) $6T_v/6$

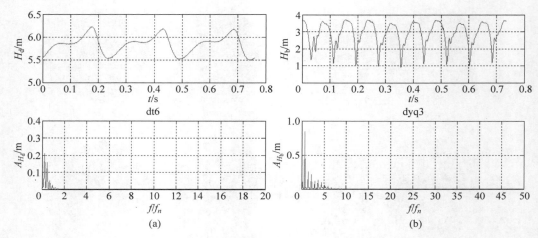

图 6-31 受螺旋形涡带影响的叶道涡工况下尾水管和转轮内的压力脉动

（a）尾水管壁面；（b）叶片出口（上冠附近）

所有叶片上冠出口附近都有回流流向叶轮内,此时在转轮内的叶道涡频率与转频相同,但整体压力脉动表现为同步模态而不是旋转模态。图 6-32 是在一个旋转周期(T_n)内转轮内叶道涡的变化情况。

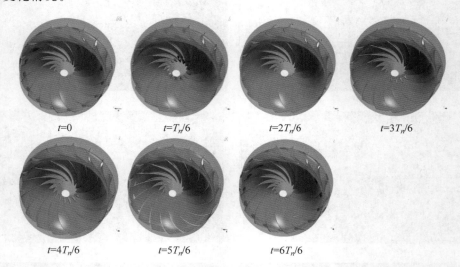

图 6-32 螺旋形涡带消失叶道涡的周期性变化

图 6-33 是尾水管壁面和转轮叶片上冠附近的压力脉动时域图及频谱图,在尾水管内主要的频率成分为叶片通过频率,而在转轮内的主要成分为转轮旋转频率,与图 6-32 的流场显示结果一致。此时转轮出口附近的压力脉动幅值较小。

需要说明的是,对于叶道涡非定常特性的分析,计算域至少需要包含导叶、转轮和尾水管,准确的数值计算所需网格量巨大。以上计算结果由于计算机容量的限制,计算网格量偏少,对叶道涡的低压区的预测仍然偏高,没有预测到叶道涡空化,同时由于采用了双方程湍流模型,预测的压力脉动频谱比较干净,但与 1.1.12 节的实测结果比较,也反映了叶道涡工况的主频特征。

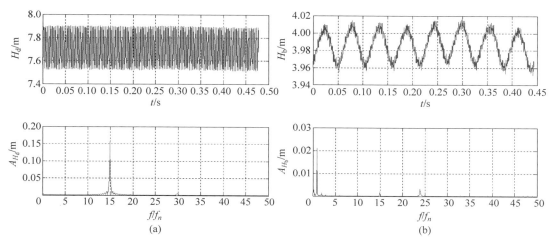

图 6-33　尾水管螺旋涡消失后的叶道涡工况下尾水管和转轮内压力脉动

(a) 尾水管壁面；(b) 叶片出口(上冠附近)

6.5　水泵水轮机 S 区流动特性分析

在 5.2 节中用简单的一维模型对水泵水轮机 S 区的稳定性进行了分析,在 $Q_{11}(n_{11})$ 曲线出现正斜率的时候,可能导致机组运行不稳定。很多三维 CFD 计算结果表明,如果采用合适的网格尺度和湍流模型,通过 CFD 计算的 $Q_{11}(n_{11})$ 曲线与试验曲线吻合较好,且已发表的计算结果显示,由于在流量较小时,水流方向与转轮叶片进口存在较大的冲角,会在活动导叶出口和转轮进口的无叶片区间形成大量的漩涡结构[18]。漩涡的存在使得活动导叶出口的轴面速度减小,转轮内的向心流动减慢,由于水泵水轮机转轮叶片狭长,离心力作用大,在叶片之间形成的漩涡完全阻塞了流动,这被认为是导致形成水泵水轮机"S"特性的一个重要原因。

夏林生、程永光[19] 等采用修正的 SST-SAS 湍流模型,给定转速,改变进口流量,对 S 区附近不同工况点进行了流场计算。以 24° 导叶开度的工况为例,将 S 区附近的工况分为 4 个区域,如图 6-34 所示,在 1 区,叶片进口各高度上所有流体都能顺畅流入转轮(图 6-36(a)),在接近 2 区时转轮内下环处开始出现漩涡;随着单位流量的减少,在 2 区,下环侧出现回流,转轮下环附近有一个顺时针旋转的入流漩涡,水流从上冠侧流入转轮,单位转速在下环侧回流量最大时达到最大值(图 6-35(a)、图 6-36(b));在 3 区,转轮上冠附近形成一个逆时针旋转的入流漩涡,转轮进口上冠侧出现回流,下环侧回流消失,单位转速随着单位流量减少而降低(图 6-35(b)、图 6-36(c)),$Q_{11}(n_{11})$ 曲线正斜率起始点与从下环区回流流态到上冠区回流流态转换点一致;在 4 区,以零力矩点为分界点,流态在微小的流量变动下,突然转变为上冠和下环侧进流,中间区域出现回流(图 6-35(c)、图 6-36(d)),此时,转轮入口有两个旋向相反的入流漩涡,上冠侧为顺时针旋进水流,在转轮中间旋出水流,下环侧为逆时针旋进水流,在转轮中间旋出水流。

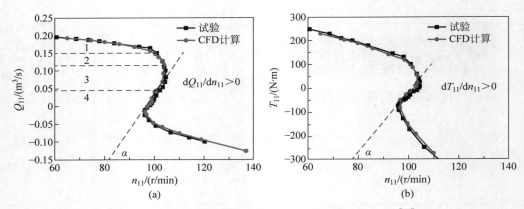

图 6-34 大开度下 S 区附近的 4 种典型流动对应工况区[19]

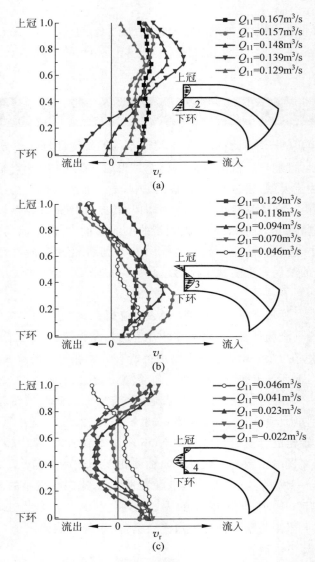

图 6-35 大开度下 S 区附近的 4 种典型流动对应的径向流速 v_r 分布[19]

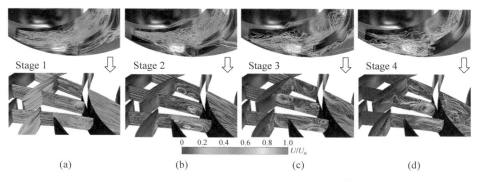

图 6-36 大开度下 S 区附近的 4 种典型流态[19]

对同一个转轮在小开度下(6°)的数值计算结果显示,虽然转轮内进口漩涡阻塞多个流道,局部压力上升,但转轮入口不同高度并未出现流态突变现象,回流区域一直出现在上冠与下环的中部(图 6-37)。同样,在常规水轮机的飞逸工况附近,只在较小流量工况转轮进口边上冠与下环的中部会出现回流区域,没有发生流态突变的情形(图 6-38)。据此,认为反 S 区出现可能与转轮进口处流态突变有关。

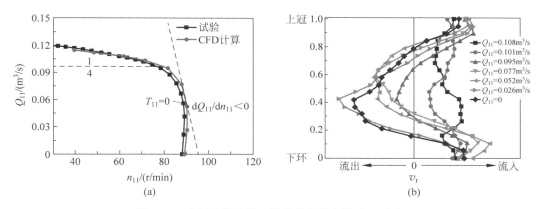

图 6-37 小开度下飞逸工况附近的径向速度 v_r 分布

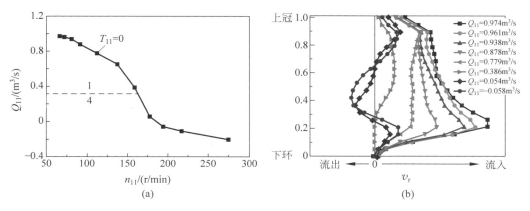

图 6-38 常规水轮机飞逸工况附近的径向速度 v_r 分布

在工程上早期解决反 S 区不稳定性的主要方法是预开导叶。图 6-39 显示了针对模型为 4°、6°、8°三种开度下,预开 2#、7#、12#、17# 导叶分别至 20°和 28°进行模拟分析。图 6-39 所示分别为预开 20°和 28°特性曲线试验值与计算值的对比图,从图中可以看出,通过计算所得的特性曲线与试验值曲线有一定偏差,但都表明,在两对导叶预开 20°和 28°时,水泵水轮机在运行范围内的"S"特性明显消失,交线处的斜率为负,此时的水泵水轮机在到达飞逸后容易保持稳定。比较图 6-39(a)和(b)不同预开导叶(20°,28°)下水泵水轮机的单位转速-单位流量曲线可以发现,预开导叶角度越大,改善效果越明显;但随着预开导叶角度的增加,飞逸工况下的单位流量变大,转轮内的流动轴对称特性越差,可能对导致机组的振动特性有不利影响。

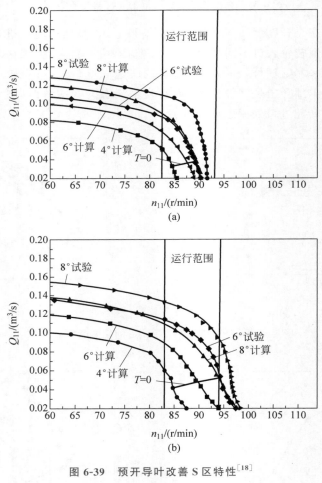

图 6-39 预开导叶改善 S 区特性[18]

(a) 预开 20°;(b) 预开 28°

鉴于预开导叶也存在一些负面影响,通过转轮的优化设计提高 S 区裕量是新型转轮设计的主要趋势。随着流动计算在转轮叶片水力优化设计中的应用,通过转轮翼形的优化,可以大大提高转轮的 S 区裕量,从而避免了 S 区并网困难。图 6-40 的例子中,经过转轮优化设计后可以使 S 区裕量大大增加。

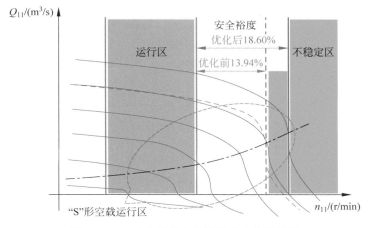

图 6-40　通过转轮优化设计提高安全区裕量

6.6　水泵水轮机小开度时无叶区中低频压力脉动分析

在对某抽水蓄能机组的计算中,发现在部分小开度工况下,在无叶区除了表现出叶片数倍频成分外,还会出现 $1\sim 5f_n$ 的低频压力脉动成分,在一些特殊的工况,这个压力脉动成分在蜗壳、导叶乃至尾水管等处的记录点上都有不小的幅值。其中的一个算例,转轮有 20 个导叶,7 个叶片,比转速约 118.16(mkW)。图 6-41 是在额定水头对应单位转速下,功率 P 分别为额定功率 P_r 的 60%、50% 以及 43% 时蜗壳内(sp5)、导叶出口(gv1)、叶轮进口(bs2)、尾水管壁面(dt11)处的压力脉动频谱图,除了动静干涉相关的叶片通过频率对应幅值 A_p 较高外,$5f_n$ 以下的很多低频成分也具有较高幅值。

分析表明,$2\sim 5f_n$ 的压力脉动成分来源于转轮与导叶之间的无叶区,且不同工况下的压力脉动表现出不同的特征。

在 60% 负荷下,在旋转坐标系下的压力脉动主要表现出 $3.6f_n$ 的成分,而在静止坐标系下表现为 $2.4f_n$,这是一个旋转的不稳定模态,类似泵的失速。

图 6-42 是导叶出口处的径向速度分布,可以明显看到,在导叶出口上部有 6 个高速区(回流区),表示这里有 6 个单元的扰动,且该扰动沿圆周方向朝与转轮旋转相同的方向传播,旋转速度为 $0.4f_n$,因此,在导叶出口,压力脉动频率应为 $6\times 0.4f_n=2.4f_n$,这正是导叶出口记录点的压力脉动频率。

由此可以推断,这 6 个单元的速度扰动在旋转坐标系下对转轮内流场的干扰频率为 $(0.4f_n-f_n)\times 6=-3.6f_n$,计算中叶轮内的记录点上的压力脉动频率正是 $3.6f_n$,且旋转方向与转轮旋转方向相反,与推断的结论是一致的。

由于 6 个扰动单元的旋转速度与 7 个叶片的旋转速度不同,它们之间也会发生类似动静干涉的干涉现象。按照 4.1 节动静干涉的分析理论,Z_r 个叶片与 Z_v 个漩涡区所形成的动静干涉模态节径数 k 可按下式计算

$$nZ_v+k=mZ_r \tag{6-3}$$

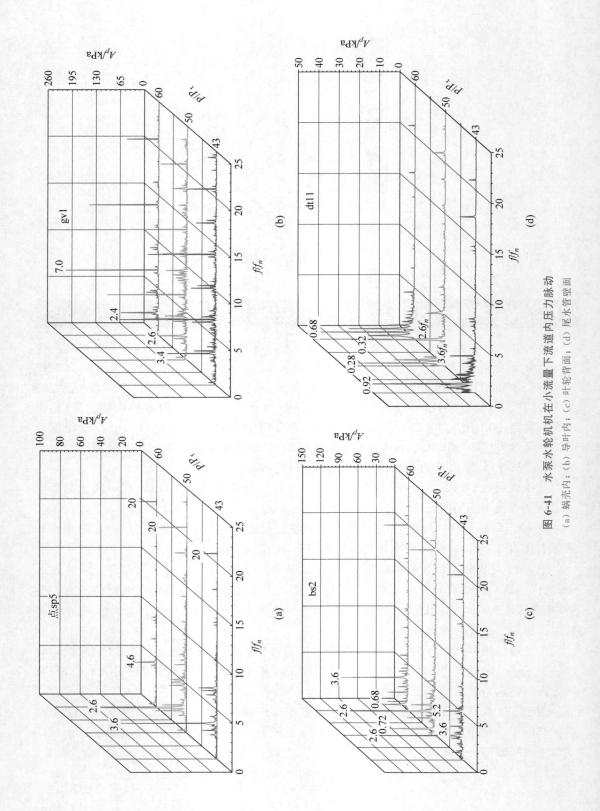

图 6-41 水泵水轮机机在小流量下流道内压力脉动
(a) 蜗壳内; (b) 导叶内; (c) 叶轮背面; (d) 尾水管壁面

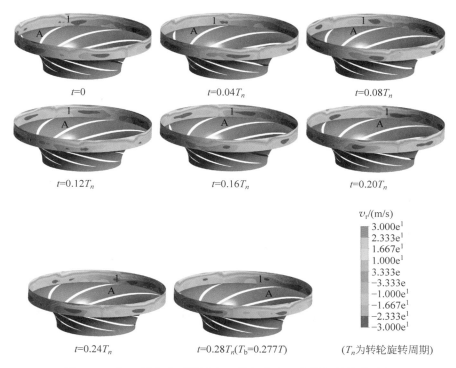

$t=0$ $t=0.04T_n$ $t=0.08T_n$

$t=0.12T_n$ $t=0.16T_n$ $t=0.20T_n$

$v_r/(\text{m/s})$

3.000e^1
2.333e^1
1.667e^1
1.000e^1
3.333e
-3.333e
-1.000e^1
-1.667e^1
-2.333e^1
-3.000e^1

$t=0.24T_n$ $t=0.28T_n(T_b=0.277T)$ (T_n为转轮旋转周期)

图 6-42 在 60%负荷时导叶出口径向速度v_r的周期性演变过程

式中,k 为正时模态与转轮旋转方向相同,负时相反,静止坐标系下 k 阶模态的旋转频率为 $mZ_r f_n/k$。同理,在与漩涡区同步(旋转频率 f_v)的旋转坐标系下,k 阶干涉模态的旋转频率为

$$f'_v = \frac{mZ_r(f_n - f_v)}{k} \tag{6-4}$$

在静止坐标系下,k 阶干涉模态的旋转频率为

$$f_{va} = \frac{mZ_r(f_n - f_v)}{k} + f_v \tag{6-5}$$

由于干涉模态具有 k 个节径,因此,静止坐标系下对应的压力脉动频率为

$$\begin{aligned} f_{vk} &= k\left[\frac{mZ_r(f_n - f_v)}{k} + f_v\right] = mZ_r(f_n - f_v) + kf_v \\ &= (mZ_r f_n - nZ_v f_v) \end{aligned} \tag{6-6}$$

由于有 6 个扰动单元,7 个叶片,因此,对应压力脉动频率为 $7f_n - 6\times0.4f_n = 4.6f_n$。在导叶进口、固定导叶区以及蜗壳内都有明显的 $4.6f_n$ 的成分,正是由旋转扰动区与旋转叶轮的干扰导致的。

在尾水管内,涡带的旋转频率为 $0.32f_n$,与转轮的旋转方向相同,由于旋转涡带的影响,其对转轮出口处的流态发生影响,并在转轮内产生 $0.32f_n - f_n = -0.68f_n$ 的压力脉动分量,由于压力脉动分量对转轮出口靠近下环的流态影响较大,在尾水管内壁面记录点上,也出现了明显的 $0.68f_n$ 的分量。

在 50％负荷时，在全流道内都有明显的 $2.6f_n$ 的频率成分，此时，导叶、叶轮以及尾水管内相同圆周上的不同记录点的相位差为 0，这说明，该频率成分为一个同步分量。

从导叶出口径向速度分布来看，在无叶区有 7 个回流区，且回流区位于上冠下环中部在图 6-43 中可以看到，在 $t=0$ 时刻，7 个回流区刚好结束前一个周期进入叶片头部，以叶片通道 A 为例，在旋转坐标系下考察该通道，由于叶轮和扰动区的不同步旋转，一个扰动区逐渐进入 A 通道，并沿与转轮旋转方向相反的方向向下一个叶片移动，在 t 约为 $0.38T_n$ 时，接近下一个叶片头部。受周向旋转的回流区的影响，每个叶轮通道内进口冲角会周期性变化，由此引起转轮内压力的周期性脉动。

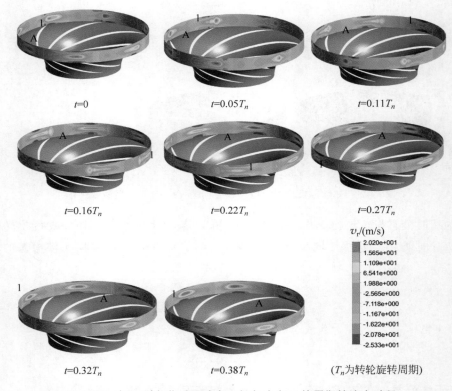

$t=0$ $t=0.05T_n$ $t=0.11T_n$

$t=0.16T_n$ $t=0.22T_n$ $t=0.27T_n$

$v_r/(\text{m/s})$

2.020e+001
1.565e+001
1.109e+001
6.541e+000
1.988e+000
-2.565e+000
-7.118e+000
-1.167e+001
-1.622e+001
-2.078e+001
-2.533e+001

$t=0.32T_n$ $t=0.38T_n$ (T_n 为转轮旋转周期)

图 6-43   在 50％负荷时导叶出口径向速度 v_r 的周期性演变过程

由于在无叶区有 7 个回流区且其旋转方向与转轮的旋转方向相同，旋转速度为 $0.63f_n$，这 7 个扰动区对静止部件形成的压力脉动为 $7 \times 0.63f_n = 4.4f_n$，在导叶区的记录点上，可以看到明显的 $4.4f_n$ 的频率成分。

但是在旋转坐标系下，这 7 个回流区扰动引起的振动频率为 $7 \times (0.63f_n - f_n) = -2.6f_n$，且于扰动区数目与转轮叶片数一致，与旋转的叶轮形成 0 节径的干涉模态，因此，压力脉动表现为同步脉动，脉动频率为 $2.6f_n$。

按照式(6-10)的分析，由于叶片数和低速区的数目都为 7，扰动区旋转速度为 $0.63f_n$，在静止坐标系下由于叶轮与高速扰动区的干涉形成的压力脉动频率为 $f_{vk} = (mZ_r f_n - nZ_v f_v)$，即在静止坐标系下，压力脉动频率 $f_{vk} = 7f_n - 7 \times 0.63f_n = 2.6f_n$。

由于转轮内 $-2.6f_n$ 的频率成分是一个同步脉动,其对全流道都产生了显著的影响,在蜗壳、导叶、转轮和尾水管内都有 $2.6f_n$ 的同步分量,其中转轮进口处的幅值最高。

图 6-44 是 50% 负荷工况下尾水管出口流量 Q 及转轮水力矩 T 的波形图及频谱图,A_Q 及 A_T 分别为流量及水力矩幅值,可见回流扰动区与叶片的同步干涉除了在整个水轮机流道内引起压力脉动外,还引起了机组的流量和功率的波动,但是在其他工况,流量波动较小。叶轮内的流场显示,在此工况,在流道中部出现回流区,且回流区的大小周期性变化。高速扰动区的位置也是压力较低的位置,当高速扰动区经过叶片时,其速度减弱,叶片内的回流区体积变小,当高速区在两个叶片之间时,回流区增加。回流区周期性的变化使机组内的流量呈现周期性的变化。可以看到流量的波动主要包含 $2.6f_n$ 的频率成分及 $0.28f_n$,显然,其中 $2.6f_n$ 的频率成分来源于无叶区的扰动区与叶片的干涉,而 $0.28f_n$ 来源于尾水管涡带引起的回流。这两个因素共同影响了转轮内的流量的波动。由于进口流量的变化,转轮的力矩也呈现周期性的变化。同时转轮尾水管涡带的体积也呈现周期性的变化,如图 6-45。

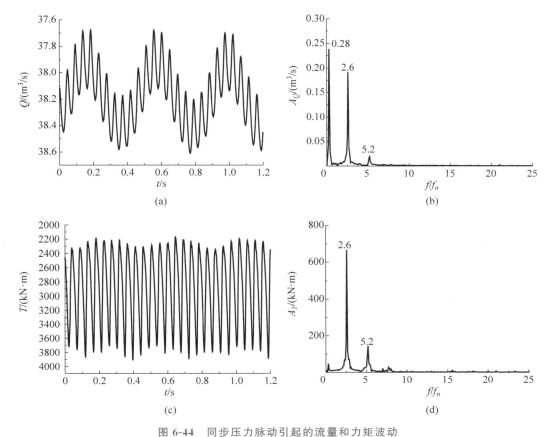

图 6-44　同步压力脉动引起的流量和力矩波动
(a) 流量波动;(b) 流量波动频谱;(c) 力矩波动;(d) 力矩波动频谱

图 6-41 还表明,在更低的负荷(43% 负荷)时,转轮内的扰动区变为 6 个,传播速度为 $0.567f_n$,因此在导叶出口,还有频率应为 $6×0.567f_n=3.4f_n$ 的旋转成分,这 6 个单元的速度扰动在旋转坐标系下对转轮内流场的干扰频率为 $(0.567f_n-f_n)×6=-2.6f_n$,这是

$t=0$　　　　$t=0.11T_n$　　　　$t=0.22T_n$　　　　$t=0.33T_n$

图 6-45　同步压力脉动引起的尾水管涡带的变化

转轮进口压力脉动的主要成分；这 6 个单元的与叶片干涉在静止坐标系下产生的压力脉动为 $7f_n-6\times0.567f_n=3.6f_n$，这是蜗壳内的主要成分，尾水管内除了涡带频率外，$3.6f_n$ 是次频成分。

以上分析表明，无叶区旋转的局部回流区是引起低频压力脉动的主要原因，由此引起的压力脉动一般会表现为旋转特征。在一些特殊情况下，比如扰动区数目与叶片数之间有倍数关系，可能引起同步压力脉动。

虽然以上数值计算预测的无叶区压力脉动的低频有明显的峰值，但是模型试验却表明，无叶区的低频成分往往表现为具有一定带宽且幅值较低的低频区。这可能与数值计算的网格尺度偏大、动静交接面处的插值误差较大有关。对以上模型加密网格后，上述低频幅值大大减小，主要频率成分也有所偏移，主要原因是无叶区的回流区（扰动单元）数目和传播速度有所改变。但所表现出来的频率成分都可以通过上述相对运动干涉理论合理解释，比如在 60%负荷时，可以看到无叶区的回流区数目为 7 个，与叶片数相同，周向旋转速度约为 $0.18f_n$，因此在整个流道内都表现出 $7\times(0.18f_n-f_n)\sim5.76f_n$ 的同步成分（图 6-46）。但是，在 50%负荷时，无叶区的回流区数目并不稳定，有时是 7 个区，有时是 5～6 个区，因此，在转轮检测点上表现出丰富的宽带低频成分（图 6-47）。

总之，小开度时，转轮进口冲角较大，容易在进口形成回流区，同时由于转轮的旋转，有可能造成上述类似旋转失速的不稳定流动，导致压力脉动。大多数情况下，无叶区回流扰动具有随机性，显示出"飘忽不定"的特征，压力脉动表现为低频宽带成分。但是以上数值计算也提示有形成稳定周期性压力脉动的可能性。

值得注意的是，在旋转机械的全流道模拟中，在动静交界面上通常采用了滑移边界进行数据交换。数值试验表明，无叶区的压力脉动预测结果对滑移边界的插值误差比较敏感，理论上在动静边界都采用相同的结构化网格并选取合适的时间步长，保证每个时间步内动静交界面两侧的网格相同才能避免数据传递过程的插值误差，但是，这在实际工程计算中往往难以做到，因此，计算中要特别注意使两侧的网格密度接近，尽量减少这种误差。

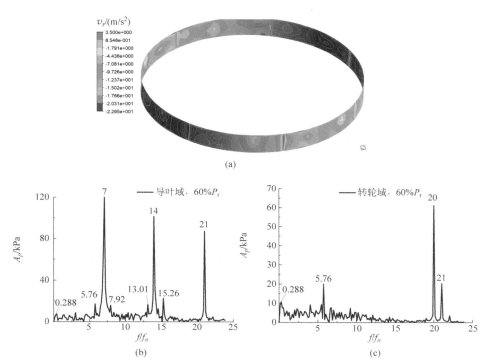

图 6-46　网格加密后 60％负荷工况下无叶区径向速度分布及压力脉动频谱（静止坐标系）

（a）径向速度 v_r 分布；（b）导叶区压力脉动频谱；（c）转轮区压力脉动频谱

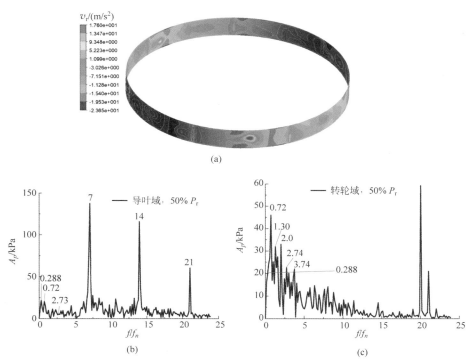

图 6-47　网格加密后 60％负荷工况下无叶区径向速度分布及压力脉动频谱（静止坐标系）

（a）径向速度 v_r 分布；（b）导叶区压力脉动频谱；（c）转轮区压力脉动频谱

6.7 轴流式水轮机无叶区漩涡流动

在对某轴流式水轮机的内部流动分析中发现,当水轮机运行在较高水头较低功率时,转轮内的轴向水推力和动应力幅值急剧增加,且在这些工况,在转轮和导叶间的无叶区内出现了明显的漩涡。笔者对这个漩涡流动的特点进行了分析。如图 6-48 所示,在工况 3 及工况 5 两个工况,无叶区都出现了漩涡流动,在工况 3 的漩涡区表现出更加明显的周期性。

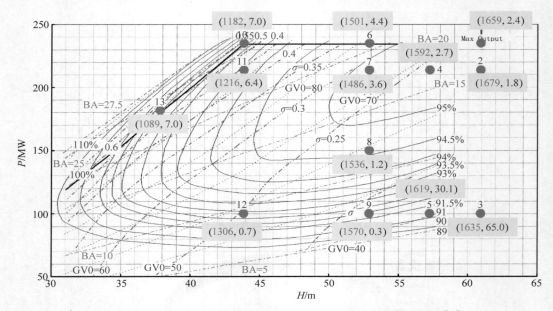

图 6-48 某轴流转桨机组在典型工况的轴向水推力和脉动峰峰幅值[20]
红色(括号内第一个数)为均值,蓝色(括号内第二个数)为脉动幅值,单位 T

所计算的转轮转速为 107.14r/min,对应旋转周期为 $T_n=0.56\text{s}$,转频 $f_n=1.786\text{Hz}$。在图 6-49 中可以看到在无叶区内存在两个相位角相差近 180° 的漩涡,由于漩涡的影响,在转轮域内的相对流线显示出明显的漩涡流动(漩涡 1 和漩涡 2),漩涡区类似泵进口的失速涡,在静止坐标系下,漩涡区与转轮同向旋转,但旋转频率 f_v 低于转轮转频 f_n,约为 $0.58f_n$,由于存在两个漩涡区,因此在静止坐标系下的测点中压力脉动频率应为 $1.16f_n$。在旋转坐标系下,漩涡区旋转方向与转轮旋转方向相反,旋转频率应为 $|f_v-f_n|=0.42f_n$,同样因为有两个涡,在旋转坐标系下压力脉动频率应为 $0.84f_n$。图 6-50 中显示了在不同域上监测的压力脉动频率,可以看到,在静止坐标系下(GV5、GV6、GV7、GV8)测点上的压力脉动频率约为 $1.12f_n$(由于快速傅里叶变换误差,与 $1.16f_n$ 略有差别),在旋转坐标系下(R1、R2、R3、R4)测点上的压力脉动频率约为 $0.84f_n$ 也符合这个规律。

同时,按照 6.6 节的分析,以旋转频率 f_v 的漩涡与以旋转频率 f_n 的叶片之间的干涉模态节径数满足 $nZ_v+k=mZ_r$,干涉导致的压力脉动频率为:$f_{vk}=mZ_rf_n-nZ_vf_v$,对图 6-49 所示的 2 个漩涡区域与 6 个转轮叶片的情况,可能导致的几阶低阶振动模态及对应压力脉动频率列于表 6-3 中。

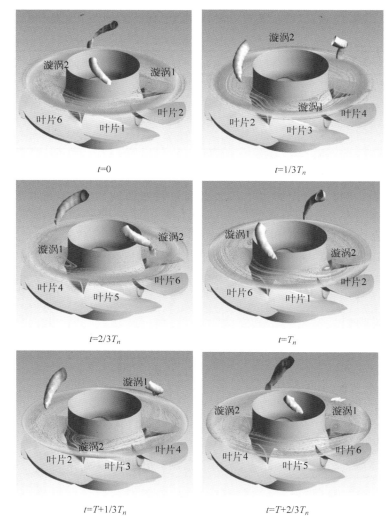

图 6-49　轴流式水轮机在高水头低功率工况下的转轮进口漩涡

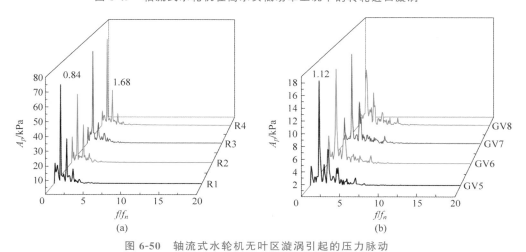

(a)　　　　　　　　　　　　　(b)

图 6-50　轴流式水轮机无叶区漩涡引起的压力脉动

（a）在旋转坐标系监测点上的压力脉动频谱；（b）在静止坐标系监测点上的压力脉动频谱

表 6-3　图 6-49 的漩涡区与叶片的干涉模态及导致的压力脉动频率

$(m=1,Z_v=2,Z_r=6,f_v=0.58f_n)$

	$n=2,k=2$ 同向	$n=3,k=0$	$n=4,k=-2$ 反向
模态计算	$2\times2+2=1\times6$	$3\times2+0=1\times6$	$4\times2-2=1\times6$
脉动频率	$f_{vk}=1\times6f_n-2\times2f_v$ $=(6-4\times0.58)f_n$ $=3.68f_n$	$f_{vk}=1\times6f_n-3\times2f_v$ $=(6-6\times0.58)f_n$ $=2.52f_n$	$f_{vk}=-(1\times6f_n-4\times2f_v)$ $=-(6-8\times0.58)f_n$ $=-1.36f_n$

　　表 6-3 的最低阶模态为 0 节径模态,是一个同步模态由于叶轮内的相对流场受到进口漩涡的影响,叶轮的受力和力矩都会出现周期性的波动,同时在叶轮出口,也会表现出由于漩涡区与叶片干涉引起的压力脉动。图 6-51 分别显示了叶轮轴向力、力矩及出口的压力脉动情况,可以看到,每个频谱图中都出现了 $2.41f_n\sim2.57f_n$ 频的频率成分,与表 6-3 中 $2.52f_n$ 接近(误差来源于漩涡的不规则运动及快速傅里叶变换的误差)。可见 0 节径的模态是主要的激振模态,且其在静止坐标系和旋转坐标系都表现

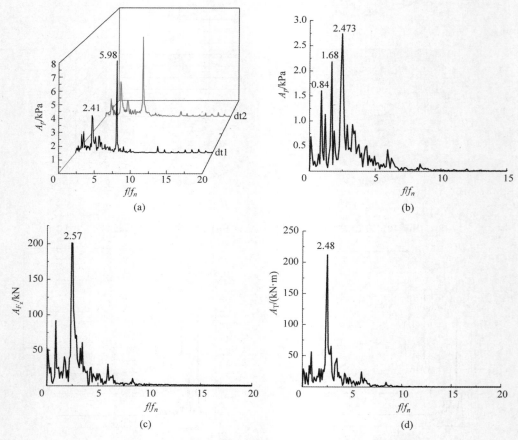

图 6-51　无叶区漩涡引起的压力脉动、叶轮轴向力和扭矩脉动频谱

(a) 静止坐标系下转轮出口测点上的压力脉动频谱;(b) 与叶轮一起旋转的坐标系下转轮出口测点上的压力脉动频谱;
(c) 叶轮轴向力频谱;(d) 叶轮扭矩频谱

出同样的频率,是一种同步模态而不是旋转模态。同时,在与叶轮一起旋转的坐标系下转轮出口测点上的压力脉动以及叶轮的轴向力和扭矩还都表现出了 $0.84f_n$ 及其倍频 $1.68f_n$,是漩涡区自身在旋转坐标系下的脉动频率。而在静止坐标系的测点上,主要频率还是叶片的通过频率($6f_n$)。

由于无叶区漩涡的影响,机组在这些工况压力脉动幅值以及轴向力脉动幅值大大增加,在图 6-48 显示的压力脉动幅值中,工况 3、工况 5 点上的压力脉动明显较高,特别是工况 3 下的压力脉动幅值是最优区的 60 多倍,这导致实际电站在运行中出现了活塞杆断裂的事故。由于主要在高水头较低功率区比较容易出现无叶区漩涡导致的不稳定流动,因此在实际工程中,建议避开高水头较低功率运行工况以避免由此引发的机组破坏。实际电站在采用以上建议运行后,机组运行稳定性明显改善。

6.8　导叶出口卡门涡及其抑制

卡门涡是在转轮叶片出口或导叶出口处可能出现的一种局部不稳定流动,当卡门涡的脱落频率和激励模态与叶片或导叶的固有频率和模态相近时,可能导致强烈的共振现象,导致叶片出现裂纹等破坏。对于像固定导叶、活动导叶这类柱状翼型,通过 CFD 计算也能预测出卡门涡的出现,并对翼型修正效果进行预测。下面以某水轮机的导叶为例,介绍通过 CFD 解决卡门涡引起的振动问题的案例。[21]

某电站在设计工况附近运行时出现强烈的高频噪声,经分析认为可能与固定导叶出口卡门涡引起的共振有关,为此进行了数值模拟分析,采用双方程湍流模型计算结果不理想,采用 SAS 湍流模型计算获得了较好的效果。

为减少计算量,采用周期性边界条件,取单个导叶作为研究对象,并采用二维计算,在进口按流量和来流角度给定来流速度大小和方向,出口采用压力边界条件。计算域如图 6-52 所示。

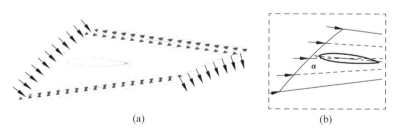

(a)　　　　　　　　　　　　　(b)

图 6-52　用于卡门涡模拟的计算域及边界条件

(a) 边界条件;(b) 冲角示意

6.8.1　不同工况下导叶的卡门涡特性

下面的计算结果将说明,在不同的来流条件下,卡门涡所诱发的水压脉动频率与幅值不同。

虽然图 6-52 中所示实例为固定导叶，一般情况下可认为来流冲角 α 变化不大，不过为了对不同工况下活动导叶的尾涡特性有深入认识，采用该翼形及计算域分别针对两种情况进行了计算，①保持来流的速度大小为设计工况下来流速度 V_0，分别计算来流冲角为 8°、5°、0°、-5° 和 -8° 时的流场特性，以分析导叶开度变化对其尾涡特性的影响；②保持来流冲角不变，计算在速度分别为 $0.5V_0$、V_0 以及 $1.5V_0$ 时的流场，用于模拟水轮机在导叶开度不变、水头发生变化时的情形。

在此，引入无量纲的斯特劳哈尔数 St 来表征特征频率 f：

$$St = \frac{hf}{V_{in}} \tag{6-7}$$

其中 h 为导叶出口边厚度，V_{in} 为来流速度，f 为脱流频率

（1）不同冲角下卡门涡特性

采用以上计算域，对原导叶翼形，在来流速度大小相同、进口冲角分别为 8°、5°、0°、-5° 和 -8° 的条件下进行计算。

图 6-53(a)、(b) 是翼形尾部测点的压力脉动及频谱。可以看到，冲角为 0°、5° 和 8° 时卡门涡脱引起的压力脉动幅值 A_{C_p} 远高于冲角为 -5° 和 -8° 的情况，频率也显著不同。在冲角为 0° 时幅值最高，这也是实际机组时的出现显著噪声的工况，即设计工况点、冲角接近 0°。在 0° 冲角条件下导叶出口尾涡周期性脱落，两侧漩涡的相互影响和交替脱落导致周期性压力脉动并导致噪声。从图 6-53(c) 和 (d) 中不同冲角流场流态来看，冲角大于 0° 时尾迹流态在上下两侧的漩涡强度和交互影响都很明显，但在负冲角的情形，尾迹漩涡区强度较小，同时位置也比较稳定。

（2）不同来流速度时卡门涡特性

保持来流冲角为 0°，对流速为 $0.5V_0$ 和 $1.5V_0$ 的情况进行了计算。结果表明，压力脉动主频与流速成正比（St=0.133）；而振幅随流速的变化是非线性的——流速为 $0.5V_0$、V_0 和 $1.5V_0$ 时，压力系数振幅分别为 0.0015、0.093 和 0.117，见图 6-54(a) 和 (b)。

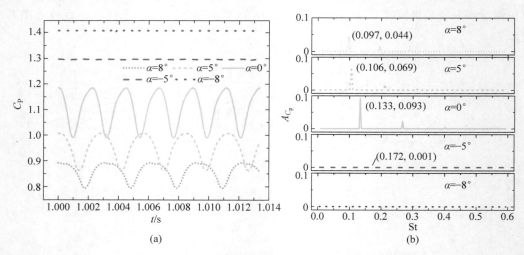

图 6-53　来流冲角对导叶尾涡及压力脉动的影响

（a）不同冲角下翼形尾部压力脉动时域图；（b）不同冲角下的压力脉动频谱

（c）原翼形尾部 λ_2 云图；（d）原翼形尾部速度矢量

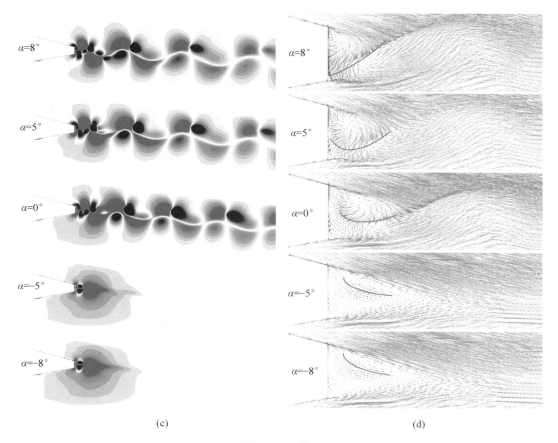

(c)   (d)

图 6-53　（续）

图 6-54(c)展示了测点压力达到波峰时翼型尾部的速度矢量。可以看出,来流速度越大,漩涡的影响范围越大,上下两侧尾涡之间的相互作用越强,所引起的压力脉动幅值增加,这与来流速度增加,雷诺数的增加有关。

上述计算结果说明,运行工况对导叶的卡门涡特性有很大影响。在此算例中,正冲角比负冲角更容易引起不稳定的卡门涡;另外,来流速度越大,尾流稳定性越差,并且压力脉动的幅值越大。在水力机械中,如果认为蜗壳或固定导叶内出流角度不变,则在大开度下导叶进口会出现正冲角,而小开度下为负冲角。在导叶开度不变的条件下,水头越高,流量越大,导叶的进口流速越大。因此,实际工程中的卡门涡激振多出现在大负荷工况,这与正冲角及大流量条件下尾涡的稳定性变差密切相关。

6.8.2　不同尾部修型的效果

通过数值模拟对原导叶和两种修型方案的卡门涡特性进行了比较。图 6-55(a)显示了原翼形及翼形 2 和翼形 3 两种修型方案。翼形 2 在翼形背面切削,翼形 3 在翼形正面切削。

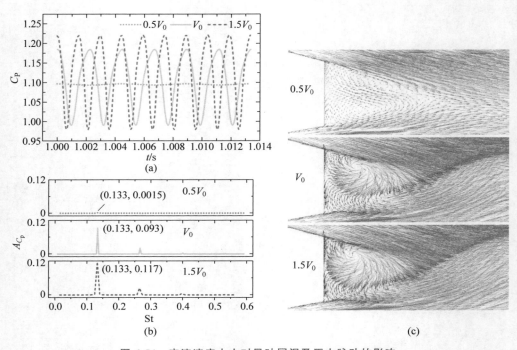

图 6-54　来流速度大小对导叶尾涡及压力脉动的影响

（a）不同速度下翼形尾部压力脉动时域图；（b）不同速度下的压力脉动频谱；
（c）不同速度下的导叶尾部速度矢量图

三种翼形在满负荷下（设进口冲角 0°）尾部的涡量云图及速度矢量图见图 6-55（b）和（c），可以看到原翼形及翼形 3 的尾部有明显的卡门涡，而翼形 2 的卡门涡接近消失。这是因为翼形 2 尾部的形状使该工况下尾涡结构中，一个涡心强度较大的漩涡区占主要地位，其影响范围较大，另一个强度较小的漩涡区影响较小，主涡被抑制在切削的局部范围内，只有微小移动，形成的压力脉动较小，而原翼形和翼形 3 在该工况下的尾涡形成了涡量接近、方向交错漩涡，两个涡相互影响，漩涡交错地向下游移动形成较强的压力脉动。

比较图 6-55（d）和（e）翼形尾部的压力脉动也可以看到，原翼形和翼形 3 的压力脉动频率和幅值比较接近，且幅值远远高于翼形 2，而翼形 2 的脉动频率也远低于另两个翼形。在实际电站中，采用翼形 3 修型后噪声问题没有得到解决，采用翼形 2 对电站的固定导叶进行修型后，之前的噪声问题得到有效解决。

6.8.3　不同工况下尾部修型效果

选取在零冲角时对卡门涡的抑制效果更好的翼型 2 进行计算，尾部测点处的压力脉动如图 6-56（a）所示。当冲角为 −5° 和 −8° 时，测点压力与修型前的结果类似，未出现大幅度、周期性的波动。但冲角为 5° 和 8° 时又出现了较明显的压力脉动。对压力系数时域曲线进行 FFT 分析得到其主频和相应的振幅，然后与修型前的计算结果进行对比。定义频率下降率 FRR 和振幅下降率 ARR 分别为：

$$\mathrm{FRR} = \frac{f_0 - f_M}{f_0} \times 100\% \tag{6-8}$$

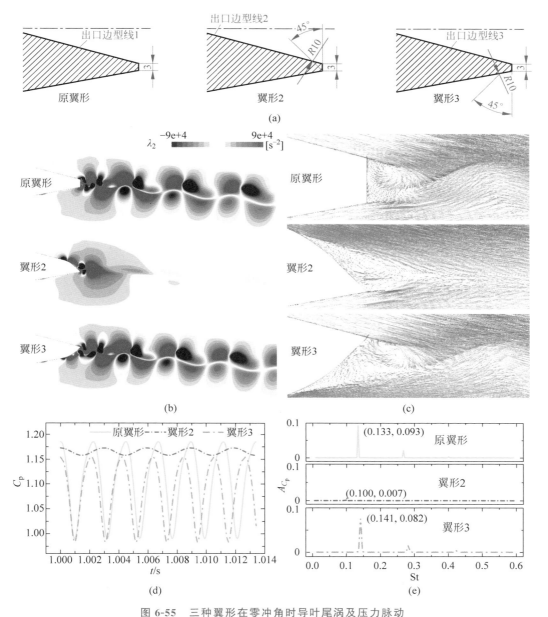

图 6-55　三种翼形在零冲角时导叶尾涡及压力脉动

(a) 三种翼形尾部形状；(b) 各翼形尾部 λ_2 云图；(c) 各翼形尾部速度矢量；

(d) 各翼形尾部压力脉动时域图；(e) 各翼形尾部压力脉动频谱

$$\text{ARR} = \frac{A_0 - A_M}{A_0} \times 100\% \qquad (6\text{-}9)$$

其中下标 0 和 M 分别表示原翼形及修型后翼形。用以上参数表征尾缘修型对翼形尾部压力脉动的影响，结果如图 6-56(b) 所示。当冲角分别为 $0°$、$5°$ 和 $8°$ 时，尾缘修型引起的频率下降率分别为 24.8%、11.3% 和 7.2%，振幅下降率为 92.5%、63.8% 和 52.3%。从计算结果来看，当冲角从 $0°$ 逐渐增大时，尾缘修型的效果逐渐减弱。这是因为冲角越大，尾缘上下两侧漩涡之间的相互影响越大,尾流的不稳定性增强,该修型方式已经无法有效抑制这种不稳定性。

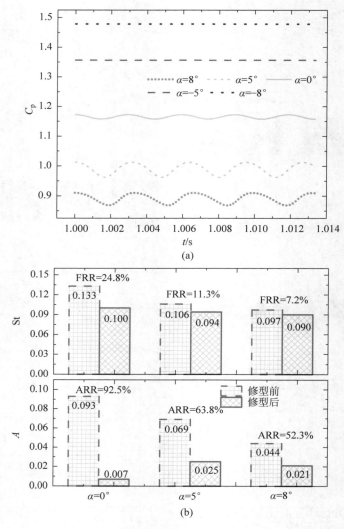

图 6-56   不同冲角下翼形 2 修型后的效果

(a) 导叶尾部压力脉动;(b) 尾部压力脉动幅值(A)和频率下降率

为了比较在不同流速工况下尾缘修型的作用,计算了翼形 2 在来流速度为 $0.5V_0$ 和 $1.5V_0$ 时的绕流特性。对压力系数进行 FFT 分析,对比修型前后的主频和振幅,如图 6-57 所示。其中,在来流速度为 $0.5V_0$ 的情况下,修型之后测点压力的大幅度周期性波动消失。

从频率下降率 FRR 和振幅下降率 ARR 来看,随着来流速度增大,尾缘修型的效果会有所减弱,但是减弱的程度较小——当流速增大到原来的 1.5 倍时,频率下降率从 24.8% 减小至 19.5%,振幅下降率从 92.5% 减小至 83.8%。其修型效果减弱的原因同样和尾流流态有关——来流速度越大,翼形尾流的稳定性越差。

以上计算结果说明,作为出现卡门涡振动后的补救措施,翼形尾部修型不失为一种有效的手段。结合不同冲角下和不同来流流速下的尾缘修型效果可知,在实际工程中,当负荷升高时,尾缘修型的效果会减弱。另外,针对某一工况进行的尾缘修型会对其他工况产生不同的影响。对本算例而言,采用尾缘修型后,共振工况的振动幅值会被抑制,但共振起始线有可能转移至流速更高、冲角更大的大负荷工况。因为尾缘修型和冲角的增大都会导致漩涡脱落频率减小,从而抵消流速增大引起的频率变化,同时,流速更高、冲角更大的工况的激振力也处于较高水平。因此在实际工程中对翼形的修型应根据运行工况(来流速度及角度)确定具体的修型方案,同时,还需要全面考虑修型对其他工况的影响。

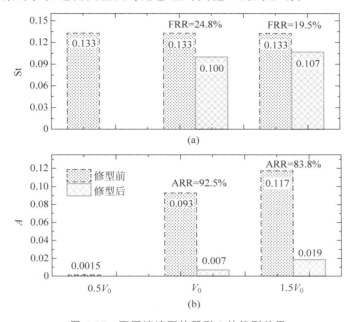

图 6-57　不同流速下的翼形 2 的修型效果

(a)压力脉动频率下降率;(b)压力脉动幅值(A)下降率

6.9　泵的进口回流及回流空化

在 5.6 节中介绍的试验分析表明,泵进口回流对进口流量波动动态响应特性会影响空化喘振的特性,康文喆利用三维 CFD 计算研究了离心泵进口回流特性及空化回流特性[22],下面对此进行简要介绍。

计算分为两部分,一部分采用定常计算方法分析不同流量与空化条件下离心泵进口回流特性,可以反映回流对进口流量的静态关系,另一部分采用非定常计算分析回流对进口流量的动态响应。

6.9.1　进口回流与流量的静态关系

以某比转速为 179 的离心泵为例,为研究不同流量下进水段内的流动特性,选择设计工况点 $1.0Q_d$,小流量工况点 $0.9Q_d$、$0.8Q_d$、$0.7Q_d$、$0.6Q_d$、$0.5Q_d$、$0.4Q_d$ 和大流量工况点 $1.2Q_d$ 对离心泵模型进行无空化定常数值模拟。

图 6-58 为不同流量下离心泵进水段三维流线图。在流量为 $1.2Q_d$ 和 $1.0Q_d$ 时,进水

段中流线较为平直整齐,叶轮进口未出现回流;流量为 $0.9Q_d$ 时,在进水管叶轮附近出现不规则环状流线,在距离叶片进口 $z/D_s=0.5$ 附近主流流线受到环状流线影响,出现偏转与收缩,叶轮进口前出现少量的回流;随着流量继续下降,进水段中回流区逐渐向进水段进口方向延伸,主流受回流的阻碍与排挤的区域增大,在 $Q/Q_d=0.5$ 工况下进水段主流在 $z/D_s=3$ 处就已受到回流的排挤作用。

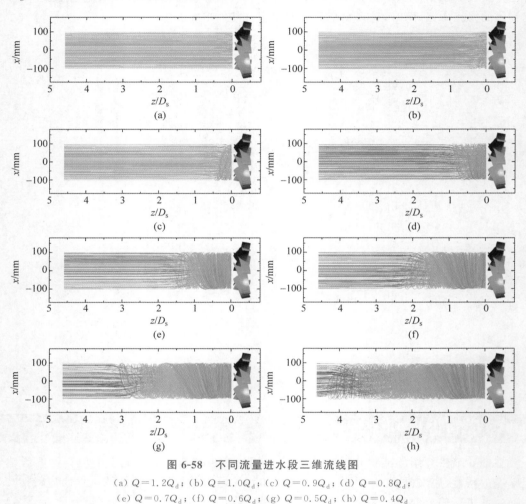

图 6-58   不同流量进水段三维流线图

(a) $Q=1.2Q_d$;(b) $Q=1.0Q_d$;(c) $Q=0.9Q_d$;(d) $Q=0.8Q_d$;
(e) $Q=0.7Q_d$;(f) $Q=0.6Q_d$;(g) $Q=0.5Q_d$;(h) $Q=0.4Q_d$

进水段中回流的存在会导致有效过水断面面积变小,主流速度增大。图 6-59 显示了不同流量下进水管中心线不同位置处的轴向速度,横坐标绝对值 z 表示与叶轮中间截面的距离。当 $|z|>0.85\text{m}$ 时,主流速度的大小与流量的大小正相关,此处距离叶轮较远,进水管中的流动未受到回流的排挤;当 $|z|<0.85\text{m}$ 时,进水管中主流速度开始有不同程度的增加;流量越小,轴向速度开始上升的位置距叶轮进口越远。这表明流量较小时进水段回流区域更大,更接近进水段进口,因而主流越早受到排挤。流量为 $0.3\sim0.9Q_d$ 的工况中,轴向速度随着轴向位置靠近叶轮均有不同程度的上升;而 $1.0Q_d$ 与 $1.2Q_d$ 流量工况下由于无回流的存在,进水段中过流断面面积保持恒定,因而所对应的轴向速度几乎不随轴向位置的改变而变化。此外,在 $z=-0.1\text{m}$ 处,$0.3Q_d$ 流量所对应的主流速度最大,而随着流量的

增大,回流逐渐减弱,此处的轴向速度逐渐降低。

以上结果表明,流量越小,回流区对流道的堵塞效应越厉害,中心区主流速度越高,甚至会高于大流量下中心区主流速度。

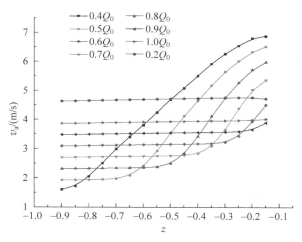

图 6-59　进水段中心线轴向速度 v_a 的变化

6.9.2　空化对进口回流的静态影响

为研究回流与离心泵内空化的静态关系,分别对该离心泵模型在无回流工况($1.0Q_d$)与回流工况($0.5Q_d$)下进行空化流动定常数值模拟。

图 6-60 是流量为 $1.0Q_d$ 工况下泵内空化区分布。此时进口管内无回流发生,空化主要发生在叶片吸力面侧;当压力降低时,叶片吸力面侧的前缘最先出现空泡;随着空化系数的降低,空化程度逐渐加剧,空泡向叶片出口方向延伸,叶轮流道堵塞加剧。

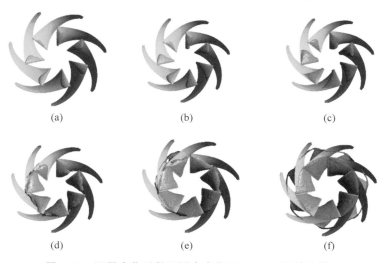

图 6-60　不同空化系数下泵内空化区($Q=Q_d$ 设计流量)

(a) $K=0.427$;(b) $K=0.335$;(c) $K=0.243$;

(d) $K=0.427$;(e) $K=0.335$;(f) $K=0.243$

图 6-61 为 $0.5Q_d$ 流量工况下泵内空化区分布。随着压力的降低,空泡最先出现在叶片吸力面靠近后盖板处,并且随着压力降低逐渐生长;当空化系数 K 降低到 0.225 时,进水段中靠近叶轮进口处出现空泡,随着压力继续降低,进水管中空泡体积逐渐增加,如图中圆圈所示。

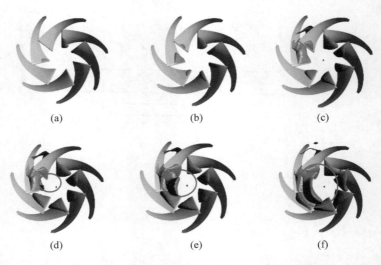

图 6-61　不同空化系数下泵内空化区($Q=0.5Q_d$ 小流量)

(a) $K=0.427$;(b) $K=0.335$;(c) $K=0.243$;

(d) $K=0.225$;(e) $K=0.197$;(f) $K=0.151$

为了分析空化对进口回流的影响,提取了不同工况下进水段中心线上离叶轮进口距离为 $0.8D_s$ 点 M 处的轴面速度,用于表征不同工况主流速度大小。图 6-62 表示不同空化系数下进水段主流速度随流量的变化。根据主流速度随流量的变化规律,将流量分为 A、B、C 三个区域。A 区大流量工况下叶轮进口未产生回流,进水段主流未受排挤,主流速度随着流量的减小而减小;B 区小流量工况下叶轮进口存在明显的回流,进水段主流受到回流排

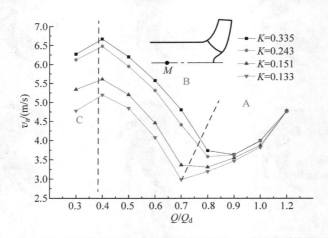

图 6-62　不同空化系数下主流区轴向速度 v_a 随流量的变化

挤,且主流区流速受回流排挤的影响较大,因而随着流量的减小主流速度增大;C区为极小流量工况,此时虽仍具有较强的回流作用,但主流速度受流量减小的影响较大,主流速度随着流量的减小而降低。

同时可以看到,在同一流量下,空化系数较大时主流区流速较大,随着空化系数降低,主流速度减小,说明回流对主流的排挤作用随着空化系数的降低而减弱,或者说空化的发生削弱了进口回流强度,图 6-63 显示的流量为 $0.5Q_d$ 时不同空化系数下进水段三维流线也说明了这个趋势:当空化系数为 0.335 时,进水段主流在 $z/D_s=3.3$ 处即受到回流排挤影响,主流区轴面速度较高,中心线 M 点轴向速度约为 6.4m/s,管壁面附近轴向速度为负值,表明该区域存在回流;随着空化系数降低,进水段回流流线逐渐向后部回缩,主流区速度逐渐减小,当空化系数降为 0.133 时,回流流线回缩至 $z/D_s=2.5$ 处,对主流的排挤作用减弱,M 点轴向速度降为 4.8m/s。

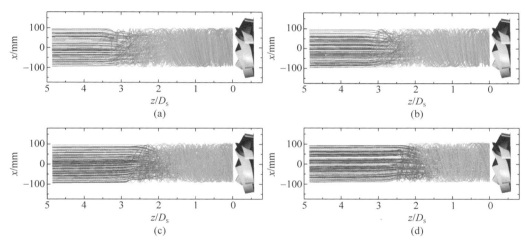

图 6-63　不同空化系数进水段三维流线($Q=0.5Q_d$ 小流量)

(a) $K=0.335$；(b) $K=0.243$；(c) $K=0.151$；(d) $K=0.133$

6.9.3　回流空化引起的离心泵非定常特性

以上述离心泵为例,在小流量空化工况($Q=0.5Q_d$,$K=0.195$)对离心泵进行了非定常空化流动数值模拟。边界条件采用进口给定总压,出口给定流量的条件。计算中监测了离心泵模型的扬程、进口平均静压 p_{in}、进口流量 Q_1、进口回流区体积 V_b 以及泵内空泡体积 V_c 随时间的变化曲线,如图 6-64 所示,图中虚线表示恒定的出口流量 Q_2。泵内空泡体积和进口流量随着时间呈现明显的较大周期波动,主频为 7.6Hz,波动周期约为叶轮旋转周期的 3.3 倍,且空泡体积和进口流量波动的相位差为 90°,因为进口流量波动是由于空化体积的变化引起的,二者满足 $dV_c/dt=Q_2-Q_1$ 的关系。

图 6-65 分别显示了进水段中空化区的形态与分布。图中 z/D_s 是表示到叶轮进口的距离,D_s 为叶轮进口直径,空泡形态显示为气相体积分数为 5% 的等值面。图 6-65(f)为空泡体积随时间的变化曲线,可以看到进水段与叶轮流道中空泡体积和泵内空泡体积的波动

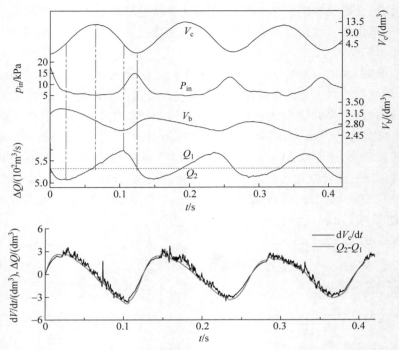

图 6-64　进口平均静压、回流区域体积、空泡体积与进口流量的变化曲线

规律一致,但是在进口压力较高的一个时间段内,进水管内没有空化。

图 6-64 还表明由于进口流量波动,回流区域的范围也有波动,二者基本呈现反相的关系,流量越小回流区越大。图 6-66 显示了不同时刻进水段回流区范围的变化,虚线表示无空化定常计算的回流区范围,与叶轮进口距离为 $3D_s$,在空化条件下,一个周期内进口回流平均范围比无空化的情况减少,说明空化对进口回流有一定的抑制作用,这与静态计算结果是一致的。

图 6-67 为进水段中心线不同轴向位置处的压力 p 的波形图及频谱图。进水段不同轴向位置处均存在主频为 7.6Hz 的低频压力脉动,该压力波动周期约为叶轮旋转周期的 3.3 倍,与空泡体积的波动周期相同。图 6-68 显示了叶轮进口与进水段中部位置处壁面附近不同周向位置处的压力波动,图中滤去了高频成分,可以看到,不同周向位置处的低频压力波动同相,具有喘振的特征。低频压力脉动的幅值和记录点与叶轮进口的距离有关:离叶片进口越近,压力波动幅值越大,距离叶轮进口越远,该波动的幅值越小。计算结果也表明,进水段内不同径向位置处低频压力与中心线上的压力波动同步,各点脉动幅值相当。

总之,泵进口的流量和压力波动显示出明显的喘振低频特征。虽然没有考虑水体的压缩性,也没有考虑泵前管路的影响,但是空化的体积变化(相当于引入了容性)也使计算结果反映出喘振的特征,这进一步说明空化喘振与空化体积变化所致的进口流量波动有关。

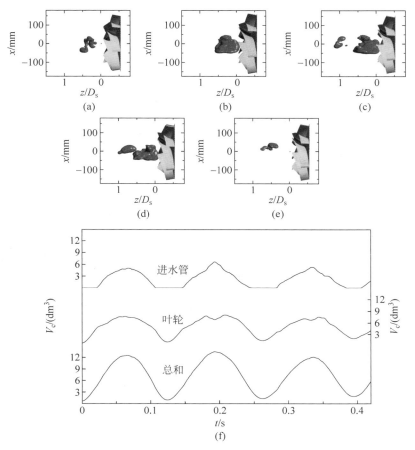

图 6-65　叶轮与进水段内空化区分布

（a）$t=0.0262$s；（b）$t=0.042$s；（c）$t=0.064$s；

（d）$t=0.086$s；（e）$t=0.104$s；（f）空化体积的周期性变化

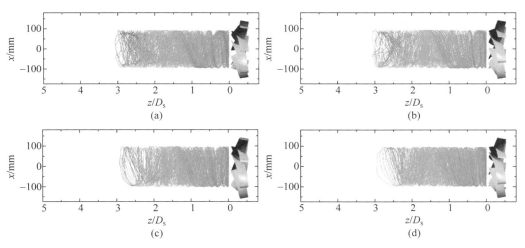

图 6-66　进水段回流流线的周期性变化

（a）$t=0.024$s；（b）$t=0.042$s；（c）$t=0.086$s；（d）$t=0.104$s

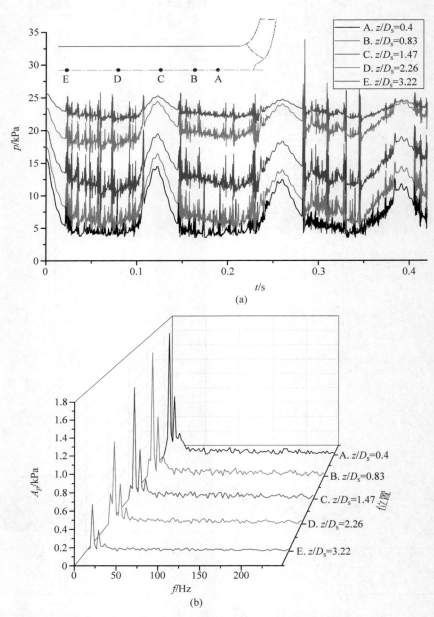

图 6-67　进水段中心线上不同轴向位置的压力脉动

（a）时域图；（b）频域图

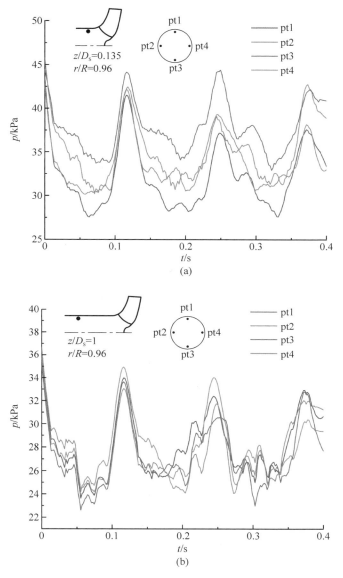

图 6-68　叶轮进口与进水段中部位置壁面附近不同周向位置处的压力波动

（$Q_2 = 0.5Q_d$，$K = 0.195$，进口总压恒定）

（a）$z/D_s = 0.135$；（b）$z/D_s = 1$

6.9.4　空化条件下回流空化对进口压力波动的动态响应

为研究回流空化对进口压力波动的动态响应，计算中出口边界条件给定为质量流量，进口边界条件为波动总压，其中进口总压假设为正弦变化

$$p_{total} = 25000 + 2000\sin(2\pi f t)$$

式中，f 为压力波动频率。考虑到该离心泵模型的转速为 1500r/min，转频 $f_n = 25$Hz，分别

取总压波动频率 f 为 $50\,\mathrm{Hz}(2f_n)$ 和 $6.25\,\mathrm{Hz}(0.25f_n)$ 进行计算,分别记为工况 A 与工况 B。可以看到,在进口高频波动($50\,\mathrm{Hz}$)的条件下,进水管中心区的压力波动的主频仍表现出原有的喘振频率($6.7\,\mathrm{Hz}$),且该频率下的压力脉动幅值与恒定进口总压条件下的脉动幅值相当(图 6-69),流量和进口回流面积波动与进口恒定总压的情况波形接近;但在进口低频波动($6.25\,\mathrm{Hz}$)的条件下,进水管中心区的压力波动的主频为 $6.25\,\mathrm{Hz}$,且压力脉动的幅值明显增加(图 6-70),流量和进口回流面积波动与恒定总压的情况明显的不同。这说明,回流空化在高频激励下会保持原有空化振荡模式;而对低频激励有响应,空化振荡频率与进口激励频率一致。这与 5.6 节中的结论是吻合的,即回流空化只可能产生低频喘振。

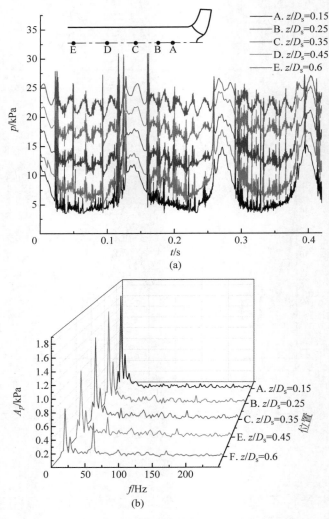

图 6-69 进水段中心线不同轴向位置处的压力脉动
(工况 A,进口总压波动频率为 $50\,\mathrm{Hz}$,$2f_n$)

(a)时域图;(b)频域图

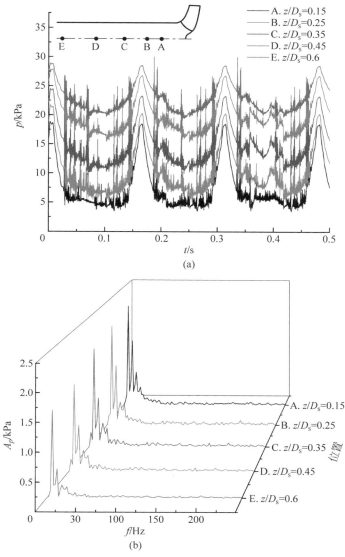

图 6-70　进水段中心线不同轴向位置处的压力脉动

（工况 B，进口总压波动频率为 6.25Hz，$0.25f_n$）

（a）时域图；（b）频域图

6.9.5　发生回流空化时轴面速度对流量动态响应的相位延迟

由于计算中给定了出口流量，相当于出口流量波动为 0，由式（3-81）可知泵内空化体积与流量波动的相位差 $\Delta\theta=90°$。图 6-64 也证实了这点。而从回流区波动特性来看，三种工况的回流体积波动与流量波动基本呈现反相关系，相位差接近 180°，与静态响应一致（图 6-71 和图 6-72）。但是不同进口波动条件下，转轮进口的轴面速度波动与流量波动的相位差却差别很大。图 6-73 是在 $z=0.4D_s$ 处的中心位置上轴面速度的波动情况，其中无空化及空化条件下的静态值通过静态计算结果插值获得，它们与回流体积波动一样，与流量的相位差为 180°，但对动态响应,在进口波动频率较低时相位差为一132.2°,在恒定进口总压和波动频率较高时,相位差分别是一70°和一60°,接近一90°,这与5.7节中图5-19的试验结果的趋势是吻合的。

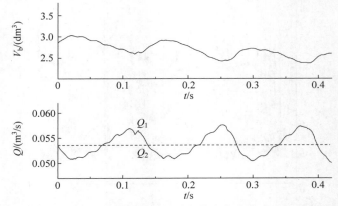

图 6-71　回流区域大小与进口流量随时间的变化曲线(工况 A,50Hz,$2f_n$)

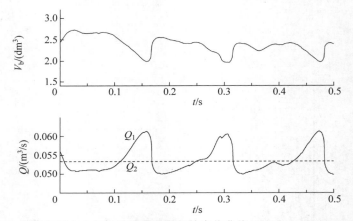

图 6-72　回流区域大小与进口流量随时间的变化曲线(工况 B,6.25Hz,$0.25f_n$)

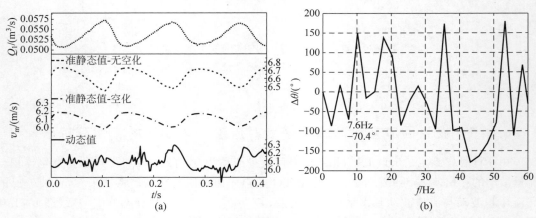

(a)　　　　　　　　　　　　　　　(b)

图 6-73　不同进口条件下轴面速度与流量的波动及其相位差

(a) 流量与轴面速度波动(恒定进口总压);(b) 流量与轴面速度的相位差 $\Delta\theta$(恒定进口总压);
(c) 流量与轴面速度波动(总压波动 50Hz);(d) 流量与轴面速度的相位差 $\Delta\theta$(总压波动 50Hz);
(e) 流量与轴面速度波动(总压波动,6.25Hz);(f) 流量与轴面速度的相位差 $\Delta\theta$(总压波动,6.25Hz)

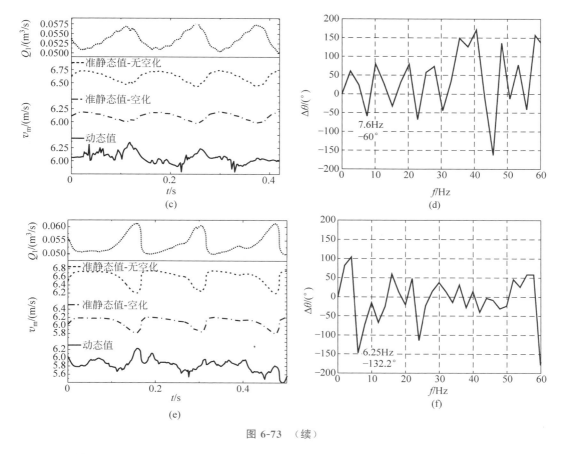

图 6-73 （续）

上述计算说明回流区引起的正反馈是这种空化喘振的原因。但同时,回流对流量的动态响应使系统只在低频范围出现激振。从一个周期内空化区和回流区的演变过程来看,当进口管内空化区长到一定长度后会在高压区溃灭,由此形成周期性的振荡。但是应该注意的是,进口管路长度对回流喘振频率会有影响。为了准确预测其频率应采用 7.1 节或 7.2 节中一维和三维耦合计算方法。

6.9.6　减小进口回流及抑制回流空化喘振措施

从回流产生的机理及其传播路径,我们可以提出减小回流的措施。例如,保持叶轮进口直径不变,将进口延长段靠近叶轮的区域做成扩散管,由于扩散管的管壁有一定的倾斜,因此对回流向进口延长段的扩散能起到了一定的阻碍作用。此外,可以在管壁上加若干个导流板,导流板会阻止漩涡沿管壁的旋转移动,对回流的传播也起到了一定的阻碍作用。同理,直接将管壁截面做成多边曲线形状也可以阻止漩涡的移动和回流的传播。为了考察这些措施的效果及对能量性能影响,对以下四种措施:①10°扩散管;②30°扩散管;③加导流板;④利用弧形沟槽截面分别进行了数值计算。图 6-74 为在 $\phi = 0.4\phi_d$ 的工况下,叶轮进口及泵内的流线图以及预测的性能曲线。通过对比上述四种方法对泵特性曲线的影响及对回流的减弱作用,可以综合得到以下结论:

（1）四种措施下回流范围相比原泵都明显减小,其中,扩散管抑制回流的效果整体优于进口加导流板和变进口沟槽截面形状的效果。其中 30°扩散管的效果又要优于 10°扩散管的效果。进口加导流板和变进口截面形状这两种方法抑制回流的效果相差不大。

（2）上述抑制回流的措施会对泵的性能曲线造成一定的影响。30°扩散管对性能曲线影响最大，主要体现在扬程在小流量降低较多，在大流量下效率偏低。10°扩散管在低于额定流量时扬程会普遍稍有下降。进口加导流板和变进口截面形状这两种方法在低于额定流量时，个别工况扬程会稍有下降。总体来说，后三种措施的能量特性曲线（ψ-ϕ 曲线）虽然有改变，但影响不大，效率特性曲线（η-ϕ 曲线）则变化不大。

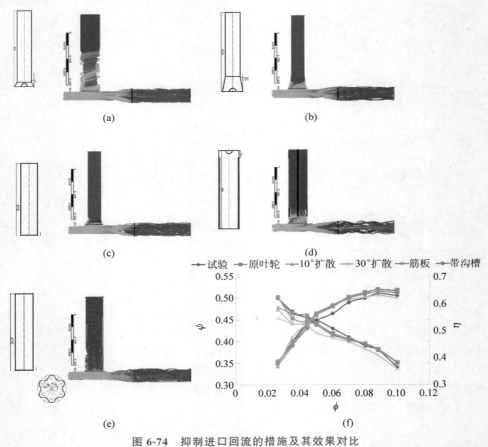

图 6-74　抑制进口回流的措施及其效果对比

（a）30°扩散管；（b）10°扩散管；（c）原叶轮；（d）加导流板；（e）弧形沟槽；（f）不同情况下的泵性能曲线

6.10　泵内旋转失速的三维 CFD 分析

失速是引起泵内不稳定流动的主要原因之一，5.7 节和 5.8 节中的一维和二维分析模型可以在频域内预测旋转失速、交替失速等各种模态及频率，揭示了失速相关的流动不稳定机理。但是在工程上对不稳定现象引起的压力脉动的幅值等特性也非常关注，本节介绍采用三维 CFD 计算分析泵失速的一些结果。

6.10.1　旋转失速引起的压力脉动

图 6-75 是通过大涡模拟（LES）数值计算获得的一台 5 叶片的离心泵在 $0.3Q_d$ 工况下

一个失速周期内中间截面上的瞬时压力分布[6]，为了减少计算量，计算中仅取了叶轮为计算域。可以明显看到叶轮流道内共存在三个失速团(低压区)。$t=0$ 时刻，失速团 1、2、3 分别位于流道 A、C、E 中。失速团 1 最初位于叶片进口压力面一侧。$t=1/4T$，失速团 1 收缩，开始向流道 B 的方向运动，此刻流道 A 进口处的压力升高。随后，$t=2/4T$，失速团 1 完全到达流道 B 中，流道 A 完全退出了失速。紧接着，失速团 3 开始进入到 A 流道，逐渐从流道的吸力面侧往压力面侧移动，在 $t=3/4T$ 时刻流道 A 进口处的压力降到最低，$t=T$ 时刻，失速团 3 旋转到叶轮流道 A 中的叶片压力面，开始下一个周期。

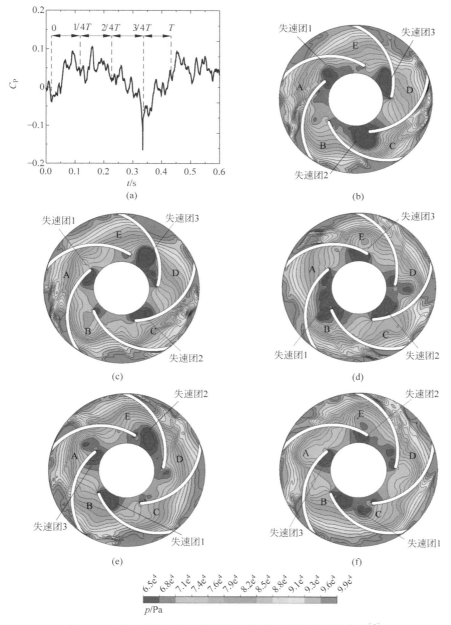

图 6-75　离心泵进口失速涡引起的流道内压力周期性变化[6]

(a) E1 点的压力脉动曲线；(b) $t=0$；(c) $t=T/4$；(d) $t=2/4T$；(e) $t=3/4T$；(f) $t=T$

由于失速涡的周向旋转,在进口断面不同周向位置测得的压力脉动会有一定的相位差,这个相位差与失速涡的数目有关。将圆周方向均布的各点(E1-E5)所记录的压力脉动信号放在同一个时间坐标下(图 6-76),每个失速团旋转一周(E1-E5-E1)所需要的时间为 T_{CR},其倒数即为失速涡的传播频率 f_{CR},如果有 N 个失速团,N 个失速团引起的压力脉动频率为 $f_{OSC}=Nf_{CR}$,其中,N 为失速团数目,因此失速团个数可按关系式 $N=T_{CR}/T_{OSC}$ 计算。对图 6-76,$T_{CR}=3T_{OSC}$,失速团数目为 3,与图 6-75 中的结果一致。

需要注意的是,在图 6-76 所示的计算结果中,监测点位于旋转坐标系内,图中的压力脉动频率 f_{OSC} 和失速涡的传播频率 f_{CR} 为相对坐标系内的频率,因此在静止坐标系下失速涡的传播频率为

$$f_{CRA}=f_n+f_{CR} \tag{6-10}$$

对本算例叶轮的旋转频 $f_n=10\text{Hz}$,由频谱分析得到的压力脉动频率 $f_{OSC}=2.4\text{Hz}=0.24f_n$。由于有 3 个失速涡,失速团在旋转坐标系中朝与叶轮相反的旋转方向传播,旋转频率为 $f_{CR}=-0.24f_n/3=-0.08f_n$,因此在绝对坐标系下失速涡的旋转频率 f_{CRA} 为 $0.92f_n$。

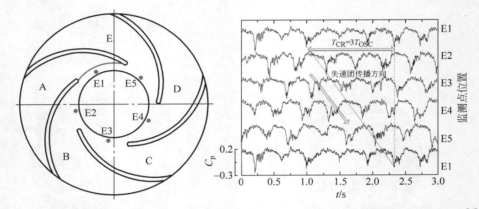

图 6-76　旋转失速引起的转轮进口压力脉动($f_{stall}=2.4\text{Hz}$,$N=3$,$f_n=10\text{Hz}$,转速比 8%)[6]

6.10.2　蜗壳对失速的影响

周佩剑[6]对一个 6 叶片的蜗壳式离心泵进行了数值计算,图 6-77 表示了隔舌对交替失速的相邻流道内相对速度 w 的影响。取叶片通过周期为 T_B,图 6-77(a)表示非失速流道 A 转过隔舌区的情形,图 6-77(b)表示失速流道 B 转过隔舌区的过程中流动的变化。在 $t=0$ 时刻和 $t=T_B$ 时刻,由于从进口到出口的逆压梯度较大,无论是非失速通道 A 还是失速通道 B 内,靠近压力面出口处都有失速团的出现,这种流动现象被称为"固定失速"。当非失速通道 A 完全转过隔舌区后,在 $t=T_B$ 时刻,非失速通道 A 内的固定失速消失。

计算还表明在隔舌处监测点 P1 的压力脉动主频幅值最大。在不同工况下 P1 点的压力脉动频域瀑布图如图 6-78 所示。在 $0.75Q_d$ 和 $1.0Q_d$ 下,主要频率为叶频及谐频。而当失速发生以后,由于失速团两两交替分布,产生了 $3f_n$ 的频率。当进入失速以后,压力脉动幅值突然增大。由此可见,失速团对隔舌区的压力脉动影响很大。在 $0.50Q_d$ 工况下,隔舌

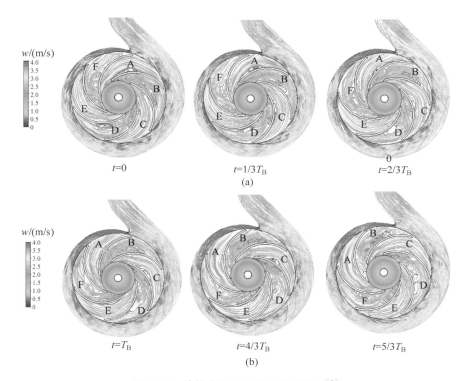

图 6-77　叶轮内部不同时刻的流线图[6]

(a) 非失速流道转过隔舌区[6]；(b) 失速流道转过隔舌区

区"固定失速"对压力脉动的影响较弱,失速主频 $3f_n$ 占主导,而在 $0.25Q_d$ 工况下,"固定失速"对压力脉动的影响增大,叶频 $6f_n$ 的幅值增大。

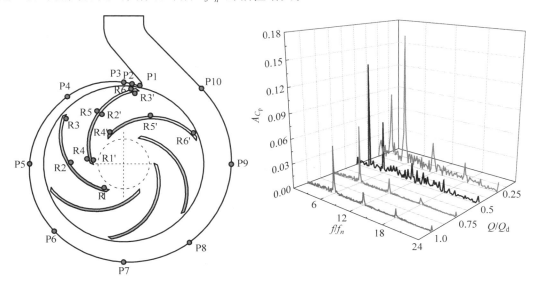

图 6-78　不同工况下隔舌附近 P1 点的压力脉动频域图[6]

6.10.3 沟槽进口段对离心泵失速流场控制

有研究表明,采用具有沟槽的进口流道可以抑制或延迟失速的产生,王薇利用数值计算方法研究了 J 型-沟槽锥管进口段和三角-沟槽锥管进口段对离心泵失速流动的控制效果[2],两种沟槽形式如图 6-79 所示(仅显示水体部分)。

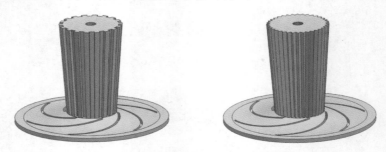

图 6-79　沟槽锥管进口段和三角-沟槽锥管进口段[2]

计算结果表明,直管进口段对应的叶轮在流量为 $0.7Q_d$ 时,流道开始发生流动分离,而 J 型-沟槽锥管进口段对应的叶轮流道未发生流动分离,流线顺畅;流量进一步减小到 $0.6Q_d$ 时,直管进口段对应的叶轮流道内流动分离加剧,叶轮流道产生失速涡,开始发生失速,出现交替失速现象,J 型-沟槽锥管进口段对应的叶轮流道叶片进口边出现交替失速涡,但叶轮中间流道无失速涡产生(图 6-80)。三角-沟槽锥管进口段对应的叶轮当流量减小到 $0.5Q_d$ 时,才开始出现交替失速现象。

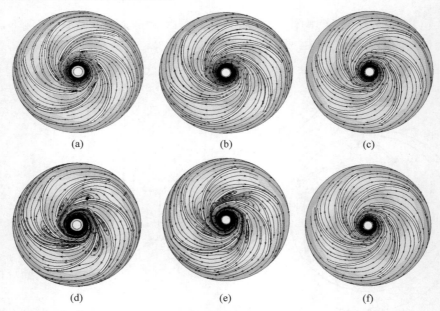

图 6-80　直管进口和两种沟槽锥管进口段时叶轮中间截面时间平均流线图[2]
(a) 直管进口段($0.7Q_d$);(b) J 型-沟槽锥管进口段($0.7Q_d$);(c) 三角-沟槽锥管进口段($0.7Q_d$);
(d) 直管进口段($0.6Q_d$);(e) J 型-沟槽锥管进口段($0.6Q_d$);(f) 三角-沟槽锥管进口段($0.6Q_d$);
(g) 直管进口段($0.5Q_d$);(h) J 型-沟槽锥管进口段($0.5Q_d$)

 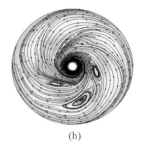

(g)　　　　　　　　　　　　　　　　　　　(h)

图 6-80 （续）

比较三种情况下的进口冲角 $\Delta\beta_1$，当流量为 $0.7Q_d$ 时，三种形式的进口段冲角相差较小，但是当流量减小为 $0.6Q_d$ 时，相比较直管进口段和 J 型-沟槽锥管进口段，三角-沟槽锥管进口段的冲角明显减小，如图 6-81 所示。所以三角-沟槽锥管进口段减小了叶轮进口边的冲角，抑制了叶轮流道内流动分离的产生，推迟了失速的发生，将失速的发生点推迟到了 $0.5Q_d$。

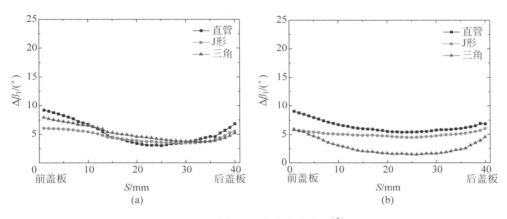

图 6-81 叶轮进口边冲角分布图[2]

(a) $0.7Q_d$；(b) $0.6Q_d$

6.11 泵内旋转空化的三维 CFD 分析

6.11.1 诱导轮内的交替空化

Kang 等[23] 利用商用软件 ANSYS-CFX 计算了具有 4 叶片的诱导轮内的交替空化。对诱导轮内的网格采取了非结构化网格，并采用 k-ω 湍流模型。图 6-82 是计算的空化长度 (l) 与实测平均空化长度的比较，可以看到，在较大空化系数下，当流面上空化区长度 l 超过 65% 的叶片节距(h)时，交替空化开始发生，在一个叶片上的空化区长度会明显比另一个叶片上的长，这与 5.9 节二维叶栅的分析结果是一致的。

为了分析引起交替空化的原因，将空化流场的速度场减去单相流动的速度场，二者之差被认为是空化引起的扰动速度场。图 6-83(a) 显示了该速度扰动量及气相体积分数 α_v。其中速度矢量的大小用叶轮旋转线速度 U_t 进行约化，可以看到，即使在稳定空化的条件下(空化

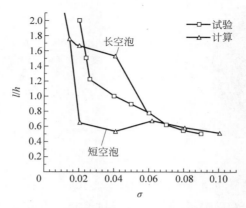

图 6-82 诱导轮上交替空化的预测结果[23]

系数＞0.06），在翼形头部空泡区扰动速度指向空泡外侧，而在空泡尾部区域则有明显回射流出现，这种扰动的轴向分量指向下游，会导致下一个叶片的进口冲角减少，在图中空化系数为0.06 的工况，前一个空化区尾部的回射流已经开始影响到下一个叶片的头部，因此，继续降低空化系数，导致了下一个叶片上的冲角减少，空化减弱，形成交替空化（空化系数小于0.04）。

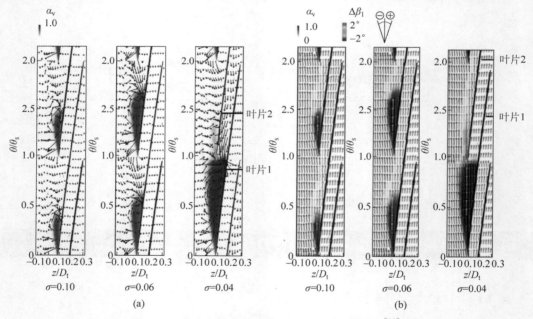

图 6-83 发生交替空化时的扰动速度和冲角变化[23]

（a）不同空化系数下的扰动速度；（b）不同空化系数下的冲角 $\Delta\beta_1$ 变化

图 6-84（a）、（b）显示了空化系数为 0.06 的两个不同轴面上的扰动速度，图 6-84（c）、（d）、（e）、（f）是空化系数 0.04 工况下轴面上的扰动速度，其中图 6-84（a）和（c）都是翼形头部的位置，可以看到这两种情况都是指向泵进口的轴向扰动；图 6-84（d）是第一个叶片翼形上空化区尾部、靠近第二个叶片头部的位置，可以看到有明显指向下游的轴向扰动，它抑制了下一个叶片上的空化区。同时可以看到，径向扰动分量比轴向分量小很多，因此 5.8 节的二维叶栅分析模型也可以成功预测交替空化的模态特征。

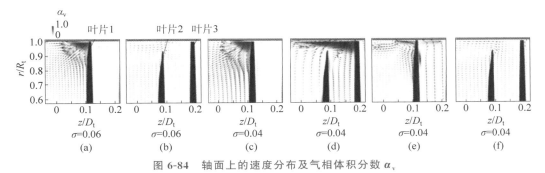

图 6-84 轴面上的速度分布及气相体积分数 α_v

(a) $\theta/\theta_s=0.2$; (b) $\theta/\theta_s=0.9$; (c) $\theta/\theta_s=0.2$; (d) $\theta/\theta_s=0.9$; (e) $\theta/\theta_s=1.2$; (f) $\theta/\theta_s=1.9$

6.11.2 诱导轮内的旋转空化

Kang 等[23]对另一个 3 叶片的诱导轮进行了非定常的数值模拟,成功地预测了旋转空化,图 6-85 显示了不同时刻 3 个叶片上空化区的周期性演变过程空化区用气相体积分数 α_v 显示,T_n 表示叶轮旋转周期,频率比($k_R=1.25$)与试验观测到的一致。图 6-85 显示了扰动速度的周期性变化,可以看到在 16.65-19.15T_n 时刻,在第二个叶片的头部有明显的指向下游的轴向扰动,这使第二个叶片上的空化区明显减少。同时,在压力云图(图 6-86)上也可以看到,第一个叶片尾部有明显的高压区,随着空化区的长大,这个高压区会移动到第二个叶片的背面,这也使第二个叶片的空化区减少。

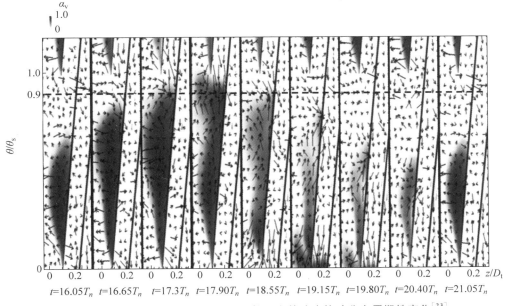

$t=16.05T_n$ $t=16.65T_n$ $t=17.3T_n$ $t=17.90T_n$ $t=18.55T_n$ $t=19.15T_n$ $t=19.80T_n$ $t=20.40T_n$ $t=21.05T_n$

图 6-85 靠近轮缘($r/R=0.98$)的圆柱面上的速度扰动分布周期性变化[23]

综上所述,三维 CFD 计算显示交替空化和旋转空化发生的原因是前一个叶片尾部的空化区所形成的轴向速度扰动和压力的变化影响了下一个叶片的空化发展,因此需要采取有效措施控制由此引起的流动不稳定和压力脉动。下面对此进行介绍。

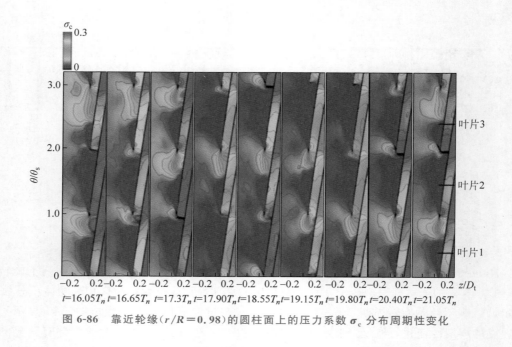

图 6-86　靠近轮缘($r/R=0.98$)的圆柱面上的压力系数 σ_c 分布周期性变化

6.11.3　周向沟槽对诱导轮旋转空化的抑制

借鉴压缩机中采用周向沟槽抑制旋转失速的思路，Kang 等[24]在诱导轮中采用类似的结构进行了数值计算，最后针对所计算的诱导轮采用图 6-87(a)的沟槽尺寸进行了计算和试验，虽然带沟槽的结构使诱导轮在小流量下的压力系数降低了约 5%，但却明显抑制了泄漏空化。

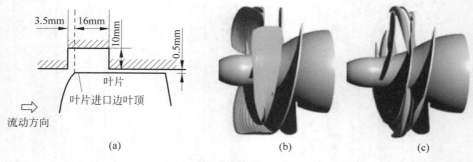

图 6-87　周向沟槽抑制旋转空化的效果[24]

(a) 直泵壳；(b) 不带沟槽泵壳；(c) 带沟槽泵壳

图 6-87(b)和(c)比较了有无沟槽时的空化流场计算结果，有沟槽时空化区域明显减小。同样将空化流场的速度场减去单相流动的速度场获得空化引起的扰动速度，在没有沟槽的情况下，指向下游的轴向分量非常明显，这使相邻叶片上冲角减小，并使其空化受到抑制，这是产生空化不稳定的主要原因。但在有沟槽的情况下，漩涡被陷进沟槽，在第二个叶片进口处的轴向扰动大大减小，空化区主要集中在沟槽内(图 6-88)。图 6-89 显示了小流量($\phi/\phi_d=$

0.9)，设计流量($\phi/\phi_d=1$)和大流量($\phi/\phi_d=1.1$)三种工况下直泵壳和带沟槽泵壳的结果。结果表明，虽然新增了一些幅值较低的高频脉动，但空化相关的低频压力脉动大大减小，这说明沟槽确实对抑制旋转空化有利。

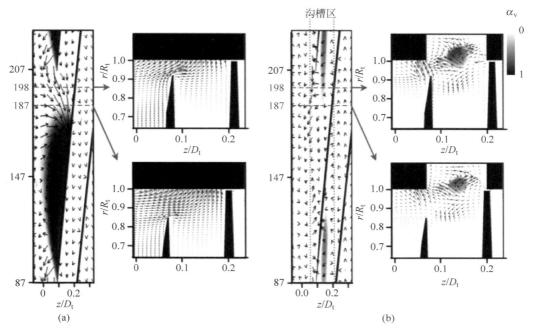

图 6-88　有无沟槽情况下的速度扰动及空化体积分数
（a）直泵壳；（b）带沟槽的泵壳

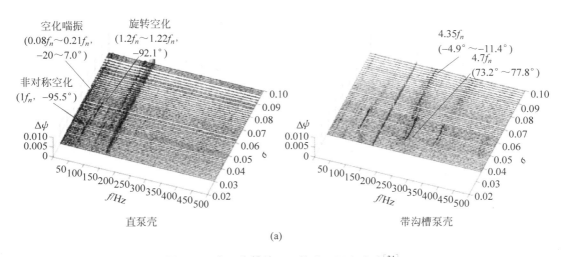

图 6-89　有无沟槽情况下的进口压力脉动[24]

（a）进口压力波动，$\phi/\phi_d=0.9$；（b）进口压力波动，$\phi/\phi_d=1$；
（c）进口压力波动，$\phi/\phi_d=1.1$

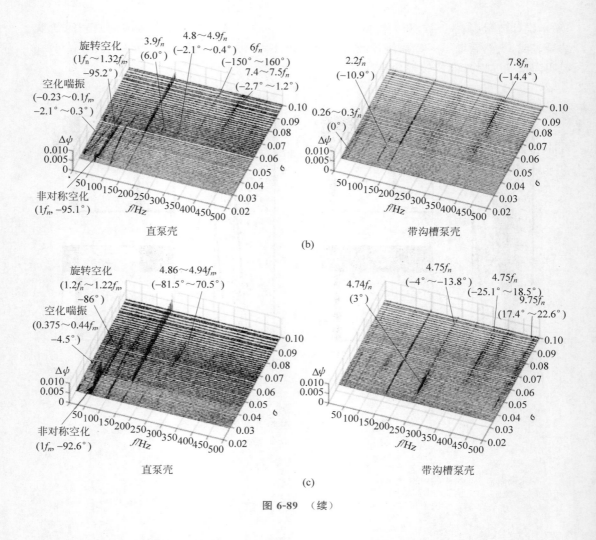

图 6-89 （续）

6.11.4 以控制旋转空化为目标的翼形设计

虽然一些计算和试验结果证明可以通过开设周向沟槽控制轴向回流速度扰动以达到减轻旋转空化的目的,但周向沟槽可能导致诱导轮的压力系数的降低。通过变节距诱导轮设计、弧形叶片设计、后掠叶片设计等可以一定程度改善诱导轮的空化稳定性。随着反问题设计理论的发展,很多学者研究了叶片载荷加载方式对诱导轮进口空化的影响,一些结果表明,在设计工况下,采用零冲角和后加载的设计方式有利于抑制进口回流、抑制设计工况下的旋转空化。但是对很多航空等领域的诱导轮而言,仅保证设计工况下的空化性能是不够的,还需在一些非设计工况下也有良好的稳定性。随着水力机械水力设计技术的发展,多参数多目标优化正成为新设计的趋势。合理设计翼形以兼顾不同工况的能量性能和空化性能是水力设计所追求的目标。

如何选择合适的目标函数对设计成本影响很大。传统上当以降低空化程度为目标时,经常使用最低压力或者低压区范围为目标,但对旋转空化等不稳定空化的抑制,仅以低压区或空化区大小为目标并不完全合理。Watanabe 及 Tsukamoto 通过对某诱导轮在不同工况下的空化稳定性试验及数值计算，提出了以诱导轮水力效率、诱导轮内空化区总体积以及不同叶片上压力分布的差异程度作为优化目标。通过对不同加载方式、叶片进口环量大小进行正交设计，降低了旋转空化的发生范围和影响程度，取得了较好的效果[25]。

图 6-90 比较了通过数值计算预测的空化稳定性最差（诱导轮 B）和最好（诱导轮 C）的两个诱导轮上空化区、叶片表面压力分布以及空化稳定性试验结果。其中诱导轮 B 在小流量下的不同叶片上空化程度差别较大，而诱导轮 C 在小流量下的不同叶片上空化程度却差别较小。可见以不同叶片上压力分布的差异程度作为优化目标是合理的。

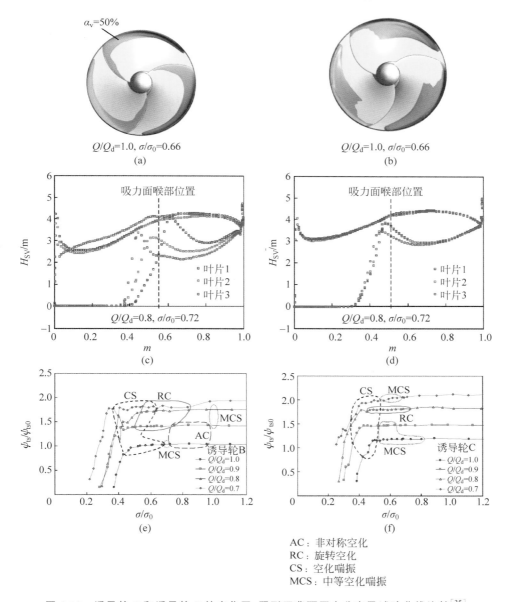

AC：非对称空化
RC：旋转空化
CS：空化喘振
MCS：中等空化喘振

图 6-90　诱导轮 B 和诱导轮 C 的空化区、翼形正背面压力分布及试验曲线比较[25]

(a) 诱导轮 B 空化区分布；(b) 诱导轮 C 空化区分布；(c) 诱导轮 B 叶片表面压力分布；(d) 诱导轮 C 叶片表面压力分布；
(e) 诱导轮 B 空化稳定性试验结果；(f) 诱导轮 C 空化稳定性试验结果

其中诱导轮 B 在轮缘采用了后加载及进口无旋设计,而诱导轮 C 则采用了前加载及进口有旋设计,这说明,诱导轮 B 在轮缘的前半部分负载较小,进口低压区对流量的变化更加敏感,这导致诱导轮 B 空化稳定性较差。

计算还表明,由于诱导轮 B 采用了后加载设计,其进口回流范围小于诱导轮 C,图 6-91 显示了两个诱导轮进口回流的范围,这似乎与 6.11.3 节通过抑制回流控制轴向扰动以控制旋转空化的思路相悖,对此作者认为诱导轮 B 进口出现回流范围为中等程度,此时更容易与叶顶涡空化互相干涉并影响相邻叶片区,从而触发空化不稳定流动,但是诱导轮 C 在小流量的回流区范围很大,在诱导轮进口形成环状区域,使叶顶涡空化区不容易影响到相邻叶片,空化反而更加稳定。

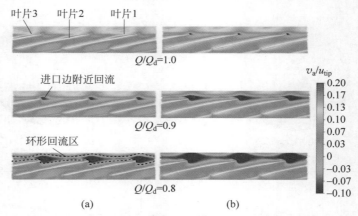

图 6-91　诱导轮 B 和诱导轮 C 在不同流量条件下的进口回流区比较
（叶顶处轴向速度分布）[25]
（a）诱导轮 B；（b）诱导轮 C

6.12　与旋转空化相关的高频压力脉动

Tsujimoto 等的分析表明进口旋转空化或进口回流漩涡区与转轮叶片间的动静干涉现象也可能导致中高频振动[26],下面对此详细介绍。

对所研究的诱导轮,试验发现在 $0.9Q_d$ 的工况出现了频率为 $5.44f_n$ 的高频压力脉动成分。通过三维 CFD 计算,可以看到叶片进口,有 5 个明显的低压区(图 6-92(c)),在绝对坐标系下其周向旋转频率为 $f_v = 0.112f_n$,这意味着在进口测得的压力脉动频率约为 $5 \times 0.122 = 0.56f_n$,在旋转坐标系下,压力脉动的频率为 $5 \times (1 - 0.112) = 4.44f_n$。由于进口低压区的数目和旋转速度与叶片数目和旋转速度不一样,可能产生类似动静干涉的效应。

按照 4.1 节动静干涉的分析模型,Z_r 个叶片与 Z_v 个低压区所形成的动静干涉模态节径数 k 可按下式计算 $k = mZ_r - nZ_v$,静止坐标系下二者干涉引起的压力脉动频率为 $f_{vk} = mZ_r f_n - nZ_v f_v$。

对于图 6-92 中的情况,Tsujimoto 列表给出了 $Z_r = 3$,$f_v = 0.15f_n$ 时,三个低阶干涉模态($k = 1, 0, -1$)下按 $f_{vk} = mZ_r f_n - nZ_v f_v$ 预测的压力脉动频率(表 6-4)。如果叶片数为 3,旋转失速区的旋转频率为 $f_v = 0.15f_n$ 时,$Z_v = 5, 6, 7$ 所对应的频率都大约在 $5f_n$,$Z_v =$

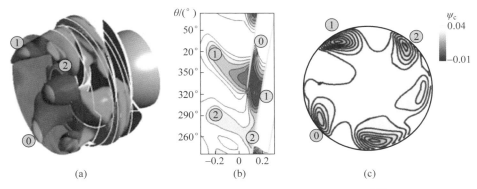

图 6-92　以压力等值面表示的诱导轮进口低压漩涡区[26]

(a) 压力系数 $\psi_c = 0.083$ 的等压面；(b) $r/R_t = 0.86$ 柱面上的压力系数 ψ_c 分布；

(c) $z/D_t = -0.2$ 截面上的压力系数 ψ_c 分布

8、9、10 所对应的频率都在 $7 \sim 8 f_n$ 内，$Z_v = 11$、12、13 所对应的频率都大约在 $10 f_n$。

表 6-4　不同漩涡数量的干扰频率（叶片数为 3）

	$m=2$, $Z_v = 5$、6、7	$m=3$, $Z_v = 8$、9、10	$m=4$, $Z_v = 11$、12、13
$k=1$ 同向	$1 \times 5 + 1 = 2 \times 3$ $f_{vk} = 5.25 f_n$	$1 \times 8 + 1 = 3 \times 3$ $f_{vk} = 7.8 f_n$	$1 \times 11 + 1 = 3 \times 4$ $f_{vk} = 10.35 f_n$
$k=0$	$1 \times 6 + 0 = 2 \times 3$ $f_{vk} = 5.1 f_n$	$1 \times 9 + 0 = 3 \times 3$ $f_{vk} = 7.65 f_n$	$1 \times 12 + 0 = 3 \times 4$ $f_{vk} = 10.2 f_n$
$k=-1$ 反向	$1 \times 7 - 1 = 2 \times 3$ $f_{vk} = 4.95 f_n$	$1 \times 10 - 1 = 3 \times 3$ $f_{vk} = 7.5 f_n$	$1 \times 13 - 1 = 3 \times 4$ $f_{vk} = 10.05 f_n$

同样的道理，如果诱导轮叶片数为 4 片，$Z_r = 4$，$f_v = 0.15 f_n$，也可列出表 6-5；可以看到，在 $Z_v = 8$、9、10 和 $Z_v = 11$、12、13 时所对应的频率分别为 $7 \sim 8 f_n$ 以及 $10 f_n$ 左右。

表 6-5　不同漩涡数量的干扰频率（叶片数为 4）

	$m=1$, $Z_v = 3$、4、5	$m=2$, $Z_v = 7$、8、9	$m=3$, $Z_v = 11$、12、13
$k=1$ 同向	$1 \times 3 + 1 = 1 \times 4$ $f_{vk} = 3.55 f_n$	$1 \times 7 + 1 = 2 \times 4$ $f_{vk} = 6.95 f_n$	$1 \times 11 + 1 = 3 \times 4$ $f_{vk} = 10.35 f_n$
$k=0$	$1 \times 4 + 0 = 1 \times 4$ $f_{vk} = 3.4 f_n$	$1 \times 8 + 0 = 2 \times 4$ $f_{vk} = 6.8 f_n$	$1 \times 12 + 0 = 3 \times 4$ $f_{vk} = 10.2 f_n$
$k=-1$ 反向	$1 \times 5 - 1 = 2 \times 3$ $f_{vk} = 3.25 f_n$	$1 \times 9 - 1 = 2 \times 4$ $f_{vk} = 6.65 f_n$	$1 \times 13 - 1 = 3 \times 4$ $f_{vk} = 10.05 f_n$

对图 6-92 中的情况 $Z_r = 3$，$m=2$，$Z_v = 5$，$f_v = 0.112 f_n$，由式(6-6)预测的 $k=1$ 的模态对应的压力脉动频率为 $f_{v1} = 5.44 f_n$，这也是实测中观察到的频率。

Tsujimoto 等利用以上分析方法，对一个开槽和不开槽的诱导轮试验，通过试验测得 f_v 代入式中，预测的压力脉动频率和实际测得的频率基本接近，见表 6-6。

表6-6 预测的压力脉动频率与实测值的比较[26]

ϕ/ϕ_d	试验、CFD					预测值			
	σ	Z_v	f_{vk}	f_v	相位延迟/(°)	k	m	Z_v	f_{vk}
0.9(开槽，试验值)	0.055	7.99	$4.7f_n$	$0.16f_n$	73.2～77.8	-1	2	7	$4.88f_n$
1.0(开槽，试验值)	0.045	8.84	$4.74f_n$	$0.13f_n$	3	0	2	6	$5.22f_n$
1.0(开槽，试验值)	0.080	10.7	$4.75f_n$	$0.15f_n$	-4～-13.8	0	2	6	$5.1f_n$
			$7.4f_n$		-25.1～-18.5	0	3	9	$7.65f_n$
			$9.75f_n$		17.4～22.6	0	4	12	$10.2f_n$
1.1(开槽，试验值)	0.080	16.4	$7.8f_n$	$0.11f_n$	-14.4	0	3	9	$8.01f_n$
1.0(直泵壳，试验值)	0.080	8～16	$4.86\sim4.94f_n$	$0.11f_n$	-81.5～-70.5	1	2	5	$5.40f_n$
0.9(开槽，CFD值)	0.050	5	$5.44f_n$	$0.112f_n$	-37.5	1	2	5	$5.44f_n$

这类高频压力脉动的发生机理与进口的漩涡与叶轮的干涉有关,因此即使在没有发生空化的条件下也可能发生。

关于高频压力脉动的抑制措施,Fuji 对诱导轮壳体上两种不同的开槽方式进行了试验,发现图中的 B 泵壳抑制高频振荡的效果较好[27],见图 6-93。

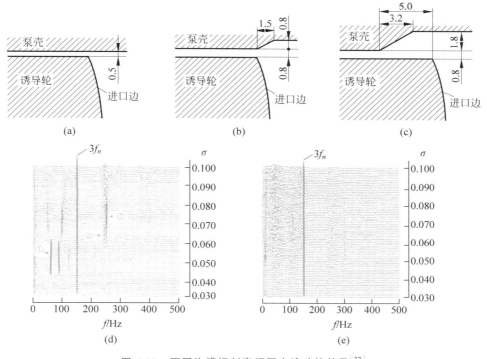

图 6-93　不同沟槽抑制高频压力脉动的效果[27]

(a) 原泵壳;(b) A 泵壳;(c) B 泵壳;(d) $\phi=0.08$ 时进口压力波动频谱(A 泵壳);
(e) $\phi=0.08$ 时进口压力脉动频谱(B 泵壳)

6.13　轴流泵间隙泄漏涡及泄漏涡空化

在轴流式水力机械中,轮缘与转轮室间的间隙流动对转轮的能量性能、空化性能和压力脉动特征都有很大影响,特别在发生泄漏涡空化时可能引起较大的效率下降或导致机组振动剧增。间隙流动的计算对间隙处的网格密度要求很高,特别是对于间隙空化,更需要对间隙处的低压有比较准确的预测。下面以某轴流推进泵的例子介绍相关计算结果。

6.13.1　无空化时不同流量工况叶顶附近压力脉动特性

郭嫱参考 Michael 等[28,29]设计的 ONR AxWJ-2 型号的轴流喷水推进泵(图 6-94)及试验结果,对轴流泵间隙漩涡及间隙空化特性进行了分析[12]。计算采用含旋转与曲率修正的 SST-CC 湍流模型,空化条件下采用 VIZGB 空化模型(参见 6.1.3 节)。流场进口给定总压条件,流场出口给定流量条件,流量在 $0.8\sim1.1Q_d$ 范围内变化。转子主轴旋转频率 f_n 为

33.33Hz,转叶通过频率 $f_R = Z_r f_n$ 约为 200Hz,定叶通过频率 $f_S = Z_g f_n$ 约为 266.7Hz。

在叶轮室不同位置取图 6-94 所示的压力脉动监测点,根据各记录点的压力值,计算压力脉动系数 C_f

$$C_f = \frac{p - \bar{p}}{\frac{1}{2}\rho V_{tip}^2} = C_p - \overline{C_p} \qquad (6-11)$$

式中,C_p 为记录点的瞬时压力系数,$\overline{C_p}$ 为采样时间内的平均压力系数。V_{tip} 为叶顶周向速度。

计算中空化系数 K^* 定义为

$$K^* = \frac{p_{t1} - p_v}{\rho(nD)^2} \qquad (6-12)$$

其中 p_{t1} 为进口平均总压,p_v 为空化压强,D 为叶轮直径。

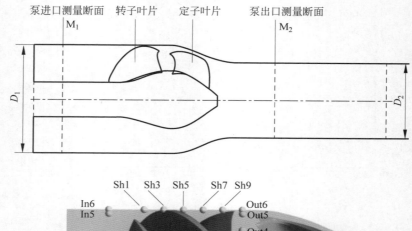

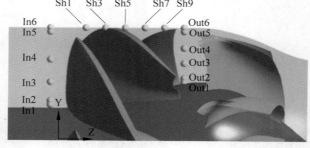

图 6-94　转子前后及轮缘压力记录点示意

计算结果表明,由于受到间隙处叶顶尾涡的影响,进出口各点上,轮缘附近的压力脉动幅值明显高于较小半径上测点幅值,同时轮缘附近记录点的脉动幅值基本随流量减小而显著增大(图 6-95 及图 6-96)。

图 6-97 显示了轮缘各点主频对应的脉动幅值,并与转子进出口轮缘处的压力记录点进行比较。总体看来,叶顶外侧轮缘各点的幅值相比转子进出口显著增大。小流量工况的最大幅值位于叶顶轮缘前段,大流量工况的最大幅值在叶顶轮缘的中后部区域,这与不同流量下泄漏涡的位置和走向有关,图 6-98 显示小流量工况的泄漏涡始于翼形头部,低压靠近叶片头部,且泄漏涡与叶片的夹角较大,使叶片头部区域出现局部低压区;而随着流量的增加,泄漏涡起始位置向翼形中后部移动,且泄漏涡与叶片的夹角减小,因而大流量工况泄漏

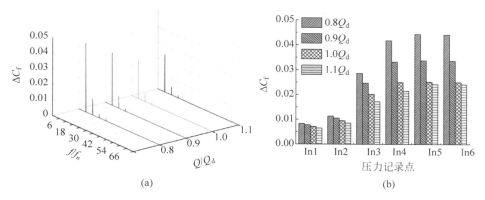

(a)   (b)

图 6-95 进口各处压力脉动幅值随流量的变化[12]

（a）近轮缘 In5 记录点的压力脉动频域图；（b）转子进口记录点的脉动幅值

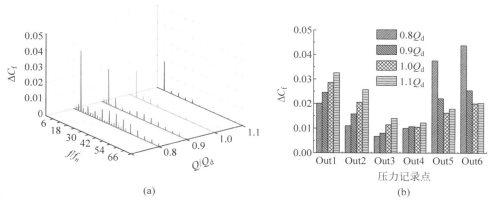

(a)   (b)

图 6-96 出口各点压力脉动频率及幅值随流量的变化[12]

（a）Out5 记录点的压力脉动频域图；（b）各记录点的脉动幅值

涡导致的低压区向叶片中后部偏移。由于转轮的旋转，测点周期性地经历低压区，因此在低压区附近区域的压力脉动幅值增加。

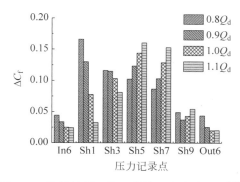

图 6-97 不同流量下转子轮缘压力脉动幅值[12]

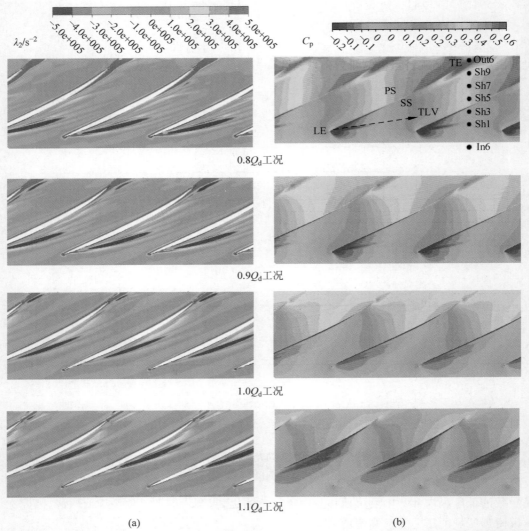

图 6-98　不同流量工况叶顶间隙展向截面瞬时 λ_2 分布图及压力系数云图（0.98D 的叶展位置）

（a）λ_2 分布图；（b）压力系数云图

6.13.2　空化系数对间隙流场的影响

由于小流量下间隙泄漏涡最明显，且造成的压力脉动也较大，对 $0.83Q_d$ 的工况进行了空化流计算，图 6-99 对比了该工况下的数值计算结果与试验结果[28]，图中采用气相体积分数 $\alpha_v = 0.1$ 的等值面显示空化区域。计算结果在比试验空化系数偏低的条件下预测到在叶片中后部间隙处的空化初生，这说明对间隙处的局部低压区的预测能力还有待提高。但对间隙空化充分发展后的空化形态的预测还是合理的。可看到转子叶顶受到轮缘侧壁的相对运动影响，强剪切作用使得叶顶涡空化区域相互融合，外部形态类似于三角形，通常称为楔形空化区域。试验未展现更低 K^* 时的空化图像，但文献[29]表明继续降低空化系数对间隙空化整体形态的影响已不显著。计算结果显示空化系数 $K^* = 1.059$ 下的叶顶空化区域与 $K^* = 1.076$ 时基本一致。

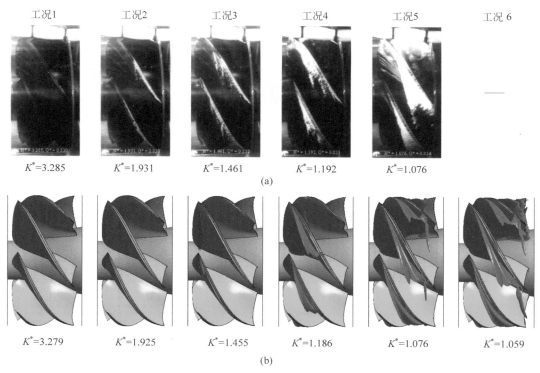

图 6-99　间隙附近空化区域与试验对比（$0.83Q_d$）[12]

（a）试验结果[28]；（b）计算结果（$\alpha_v = 0.1$ 等值面）

图 6-100 对比了不同空化系数工况下叶顶附近 $0.98D$ 处的展向截面的 λ_2 分布云图。λ_2 负值较大表明旋转强度较高。随着空化系数降低，泄漏涡沿叶顶吸力面向下游推移，工

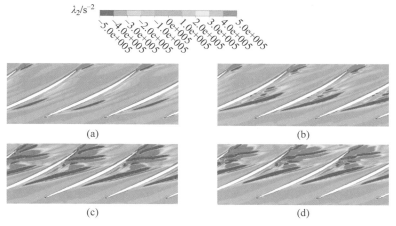

图 6-100　不同空化系数的叶顶展向截面 λ_2 分布云图（$0.83Q_d$）

（a）工况 3，$K^* = 1.455$；（b）工况 4，$K^* = 1.186$；（c）工况 5，$K^* = 1.076$；（d）工况 6，$K^* = 1.059$

况 3 中的泄漏涡区域靠近叶顶吸力面前缘,工况 6 中移动至距前缘约三分之一弦长处,同时漩涡区更向叶片外侧偏移,在下游还诱生出一些横向涡。可见,空化对间隙涡有明显影响。涡与空化的相互作用加剧了间隙流场的复杂特性。

6.13.3 间隙空化对压力脉动特性的影响

为分析不同空化系数条件下转子流场的稳定性,以图 6-100 中间隙空化形态差异显著的工况 3~5 为例,开展空化条件下叶顶附近的压力脉动特性研究。图 6-101 显示了转子进口的压力脉动频域特性及主频幅值随空化系数的变化情况。各点的压力脉动主频均为转子叶频 f_R,同样,在进出口附近,靠近轮缘的压力脉动幅值较叶轮内内侧点上的大。随着空化系数的降低,进口的压力脉动幅值在减小,这是因为空化区向下游移动,轮缘附近的局部低压范围减小。

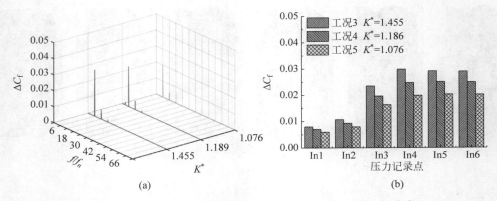

(a)　　　　　　　　　　　　　　　　(b)

图 6-101　不同空化系数的转子进口压力脉动系数($0.83Q_d$)[12]

(a) 近轮缘 In5 记录点的压力脉动频域图;(b) 转子进口记录点的脉动幅值

图 6-102 显示了转子出口的压力脉动特性。各记录点的压力脉动主频成分仍为转子叶频 f_R。图 6-102(a) 以近轮缘侧的 Out5 点为例显示了压力脉动频域图,随着空化系数的降低,频率成分更加复杂。转子出口压力脉动幅值沿半径分布为中部低、两侧高的趋势,各点

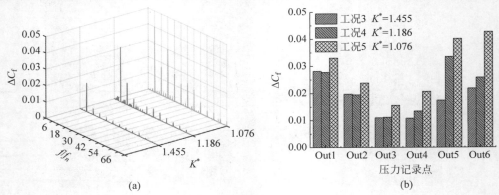

(a)　　　　　　　　　　　　　　　　(b)

图 6-102　不同空化系数的转子出口压力脉动系数($0.83Q_d$)[12]

(a) Out5 记录点的压力脉动频域图;(b) 各记录点的脉动幅值

脉动幅度随空化系数降低而增大,因为随着空
化系数降低,叶顶楔形空化向轮缘中后部区域
延伸,因此间隙空化发展对出口影响很大。由
于同样的原因,在转轮室附近测点上的靠近出
口的压力脉动幅度随空化系数降低而大幅增
加。图 6-103 表明,空化条件下的转子轮缘压
力脉动特性主要受空化位置的影响,在叶顶楔
形空化区的下游末端通常导致脉动幅值较高,
因而压力脉动幅值最大的位置随空化系数降低
而向叶顶出口边靠近,轮缘最大幅值为转子进
出口的 4～9 倍。

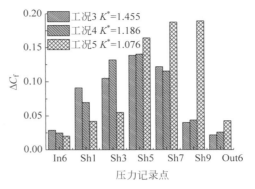

图 6-103　不同空化系数的转子轮缘压力
脉动幅值比较($0.83Q_d$)[12]

6.13.4　间隙空化对压力脉动特性的影响

间隙宽度对间隙泄漏涡及间隙空化有显著影响,这里通过定常计算结果比较了三个不
同间隙宽度下的小流量 $0.83Q_d$ 时的空化流场。三个间隙分别为 $w/D=1.7‰$,$w/D=5.9‰$,$w/D=7.9‰$。

图 6-104 是不同间隙宽度、不同空化系数的计算结果。在前三个较高的空化系数下,都

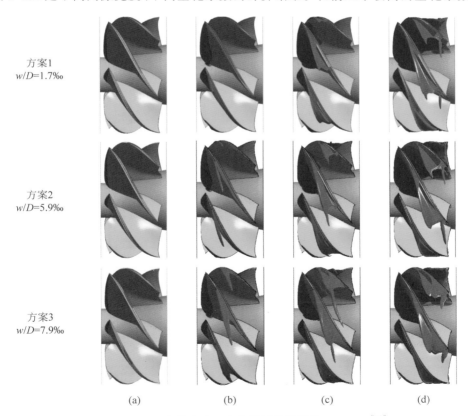

图 6-104　不同间隙宽度下空化区域结果显示($0.83Q_d$)[12]

(a) 工况 1：$K^*=1.925$；(b) 工况 2：$K^*=1.394$；(c) 工况 3：$K^*=1.186$；(d) 工况 4：$K^*=1.076$

表现出间隙越大,空化区范围越大的规律,且随着间隙的增加,泄漏涡初生位置沿叶顶向下游移动。空化系数很小时($K^* = 1.076$),楔形空化占据叶顶弦长的大部分区域,叶片吸力面也出现大面积空化,严重空化导致泵的外特性参数急剧下降,叶顶空化不再发生显著变化,因此各宽度下的空化区域相近,间隙宽度的影响集中体现在吸力面的尾缘涡空化位置。

计算还发现,发现间隙宽度对叶片内侧空化影响不大,但间隙宽度增加后,临界空化系数大大增加,这与间隙处空化区随着空化系数的降低而急剧增加密切相关。间隙增加后,间隙处的空化区的增加改变了翼形轮缘附近的压力分布,使泵的扬程在较高空化系数下就出现快速下降,临界空化系数增加。

综上所述,在工程上采用较小的间隙,对减低间隙泄漏涡及间隙空化的影响是有利的。

参考文献

[1] BRAUN O. Part load flow in radial centrifugal pumps[D]. Lausanne:École polytechniQue fédérale de Lausanne,2009.

[2] 王薇. 离心泵失速流动数值模拟与控制研究[D]. 北京:中国农业大学,2017.

[3] LUCIUS A,BRENNER G. Unsteady CFD simulations of a pump in part load conditions using scale-adaptive simulation[J]. International Journal of Heat and Fluid Flow,2010,31(6):1113-1118.

[4] LUCIUS A,BRENNER G. Numerical simulation and evaluation of velocity fluctuations during rotating stall of a centrifugal pump[J]. Journal of Fluids and Engineering,2011,133(8):1-8.

[5] KATO C,MUKAI H,MANABE A. Large-eddy simulation of unsteady flow in a mixed-flow pump [J]. International Journal of Rotating Machinery,2003,9(5):345-351.

[6] 周佩剑. 离心泵失速特性研究[D]. 北京:中国农业大学,2015.

[7] 黄先北. 动态三阶非线性 SGS 模型及其在离心泵流动模拟中的应用[D]. 北京:中国农业大学,2017.

[8] PEDERSEN N,LARSEN P S,JACOBSEN C B. Flow in a centrifugal pump impeller at design and off-design conditions-Part I:particle image velocimetry(PIV) and laser Doppler velocimetry(LDV) measurements[J]. Journal of Fluids Engineering,2003,125(1):61-72.

[9] 程宦. 混流式水轮机内部漩涡流动分析[D]. 北京:中国农业大学,2020.

[10] 潘森森,彭晓星. 空化机理[M]. 北京:国防工业出版社,2013.

[11] GUO Q,ZHOU L J,LIU M,et al. Numerical simulation for the tip leakage vortex cavitation[J]. Ocean Engineering,2018,151:71-81.

[12] 郭嫱. 叶顶间隙泄漏涡流及空化流场特性研究[D]. 北京:中国农业大学,2017.

[13] SKOTAK A,MIKULASEK J,LHOTAKOVA L. Effect of the inflow conditions on the unsteady draft tube flow[C]//Proceedings of the 21st IAHR Symposium on Hydraulic Machinery and Systems,Lausanne,Switzerland,2002.

[14] 杨静. 混流式水轮机尾水管空化流场研究[D]. 北京:中国农业大学,2013.

[15] DÖRFLER P K,KELLER M,BRAUN O. Francis full-load surge mechanism identified by unsteady 2-phase CFD[C]//Proceedings of 25th IAHR Symposium on Hydraulic Machinery and Systems,Timisoara,Romania,2010.

[16] ALLIGNÉ S,MARUZEWSKI P,DINH T,et al. Prediction of a Francis turbine prototype full load instability from investigations on a reduced scale model[C]//Proceedings of the 25th IAHR Symposium on Hydraulic Machinery and Systems,Timisoara,Romania,2010.

[17] ZHOU L J,LIU M,WANG Z W,et al. Numerical simulation of the blade channel vortices in a

Francis turbine runner[J]. Engineering Computations,2017,34（2）：364-376.

[18] 刘竹青,孙卉,肖若富,等. 水泵水轮机"S"特性及其性能改善[J].水力发电学报,2013,32(2)：257-260+270.

[19] XIA L S,CHENG Y G,YOU J F,et al. Mechanism of the S-shaped characteristics and the runaway instability of pump-turbines[J]. Journal of Fluids Engineering,2017,139(3)：031101-1-14.

[20] 罗永要.轴流转桨式水轮机水力诱导的结构动力特性分析研究[D].北京：清华大学,2010.

[21] XIA X,ZHOU L J,WANG W,et al. Comparison of acoustic-structure based one-way FSI and traditional two-way FSI[C]//The 2nd IAHR-Asia Symposium on Hydraulic Machinery and Systems 24th-25th September,Busan,Korea,2019.

[22] 康文喆. 不同比转速离心泵空化流数值模拟及分析[D]. 北京：中国农业大学,2018.

[23] KANG D,YONEZAWA K,HIRONORI H,et al. Cause of cavitation instabilities in three dimensional inducer[J]. International Journal of Fluid Machinery and Systems,2009,2(3)：206-214.

[24] KANG D,ARIMOTO Y,YONEZAWA K,et al. Suppression of cavitation instabilities in an inducer by circumferential groove and explanation of higher frequency components[J]. International Journal of Fluid Machinery and Systems,2010,3(2)：137-149.

[25] WATANABE H,TSUKAMOTO H. Design optimization of cryogenic pump inducer considering suction performance and cavitation instability［C］//ASME-JSME-KSME 2011 Joint Fluids Engineering Conference,American Society of Mechanical Engineers Digital Collection,2011：1763-1772.

[26] D'AGOSTINO L,SALVETTI M V. Cavitation Instabilities and Rotordynamic Effects in Turbopumps and Hydroturbines：Turbopump and Inducer Cavitation,Experiments and Design CISM International Centre for Mechanical Sciences Courses and Lectures[M]. Springer,2017：102-107.

[27] FUJII A,AZUMA S,WATANABE S. Higher order rotating cavitation in an inducer［J］. International Journal of Rotating Machinery,2004,10(4)：241-251.

[28] MICHAEL T J,SCHROEDER S D,BECNEL A J. Design of the ONR AxWJ-2 axial flow water jet pump[R]. Naval Surface Warfare Center Carderock Div Bethesda MD,2008.

[29] CHESNAKAS C J,DONNELLY M J,PFITSCH D W,et al. Performance evaluation of the ONR axial waterjet 2（AxWJ-2）[R]. Naval Surface Warfare Center Carderock Div Bethesda MD Total Ship Systems Directorate,2009.

第7章　一维和三维流动分析技术的联合应用

在长管路工程问题中,采用文献[1]中的一维的水动力学分析方法计算工作量小,在工程上应用非常广泛,但是在阀门、泵等形状复杂的水力元件内,流动的细节如漩涡区或局部低压形成的空化区等对水力稳定性影响很大,有时一维水力学计算的方法不能完全反映问题的全貌,无法对实际现象进行合理的预测,同时,一维计算中还需要输入机组及水力元件的特性曲线,有时这些曲线很难获得。但如果在包括管路在内的全系统内进行全三维数值计算分析,一方面计算工作量巨大难以实现,另一方面在大部分长管道内流体流态并不复杂,利用三维计算也浪费计算资源。随着计算技术的发展,一维水动力学和三维 CFD 的联合数值计算方法应运而生。出于计算成本的考虑,在三维 CFD 计算中往往假设水为不可压流体,而一维流动分析中一般都需要考虑流体的压缩性,因此一些国外的文献也将一维水动力学分析称为水声模拟(hydro-acoustic modeling,HA modelling),而将三维 CFD 分析称为水动力模拟(hydro-dynamic modelling,HD modelling),为区分这两类计算,在本章后面内容中也采用了这种简称。

目前文献中一维和三维流动的联合计算主要有两类,一类以一维水声模拟为主,但是为了考虑不稳定流动、空化等过程的影响,通过 CFD 计算获得流场参数、空化的声学参数(如空化柔性、流量增益系数等参数)后,将这些参数代入一维水声模拟计算中。一维 HA 模拟和三维 HD 模拟是分开独立完成的,但是一维 HA 计算需要利用三维 HD 计算的结果。这种方法简单易行,在分析空化对水力系统稳定性的影响方面已经有一些应用。如果空化参数准确可靠,理论上可以获得系统在不稳定工况下的频率幅值等信息,是对基于小扰动假设的一维水力系统频域分析的有效补充。

另一类计算为一维 HA 和三维 HD 的耦合计算,计算过程中一维计算结果和三维计算结果在耦合面上传递数据并显式推进,这类计算不仅可以提供管路上的压力流量波动等情况,还可以获得水轮机或泵在瞬变工况和一些不稳定工况下的流动细节,为理解和预测这些不稳定现象有积极的作用。

下面通过具体的算例对这两类方法进行简单介绍。

7.1　基于三维 CFD 结果及一维水声模拟的联合分析

本节主要介绍几类与系统相关的不稳定流动问题的计算实例,第一类是由于水力激励频率与系统固有频率一致时发生的共振问题,这里以尾水管部分负荷和高部分负荷尾水管涡带引起的水力系统共振问题为例来介绍相关计算方法及过程,这类方法也可用于其他与空化相关的水力系统共振问题;第二类是水力系统的自激振荡问题,这里以水轮机尾水管内的柱状空化涡带引起的自激振动为例介绍相关计算方法及过程,这类方法也可以用于空化喘振、回流空化喘振等类似的自激振荡问题;第三类问题是空化对瞬变过程中的影响,以离心泵快速启动中空化的影响为例介绍相关计算方法及过程,所用方法也可用于其他水力机械瞬变过程。

7.1.1　螺旋形涡带共振工况的一维水声模拟

当尾水管压力脉动同步分量与系统的固有频率接近时,就会出现在图 1-6 所示的共振问题。在工程上对水力共振问题的判断,首先涉及激励力的频率和激振模态,其次是系统的固有频率和模态,更进一步的分析涉及水力系统共振响应的幅值计算,仅以尾水管作为计算域进行三维尾水管涡带计算不能考虑管路系统的响应。Alligné[2] 通过三维 CFD 数值计算对尾水管同步分量动量激振源、质量激振源及空化柔性或声速、黏弹性耗散系数等一维模型的参数进行了分析,并将其引入一维水动力学计算中,采用等效电路法计算了系统的模态及共振响应预测。下面对有关的算法进行介绍。

1. 计算思路及流程

（1）一维流动连续性方程

从已有的三维计算结果可以发现,即使计算中不考虑系统的响应,在不同的流量和空化系数条件下,尾水管的涡带体积也会有变化(参见 6.2.4 节),因此,在一维水动力学计算中考虑系统的响应时,不仅要考虑与声学响应有关的空化体积的变化率 dV_{HA}/dt,还要考虑与水动力学相关的体积变化率 dV_{HD}/dt。这需要对式(3-208)进行一些修正,空泡处的连续性方程变为

$$\frac{dV_c}{dt} = \underbrace{C\frac{dH_c}{dt} + \chi_1 \cdot \frac{dQ_1}{dt} + \chi_2 \cdot \frac{dQ_2}{dt}}_{\frac{dV_{HA}}{dt}} + \underbrace{\frac{dV_{HD}}{dt}}_{S_{QHD}} = Q_1 - Q_2 \tag{7-1}$$

这样,在等效电路方法中,在电容支路上应多加一项激励源 dV_{HD}/dt,与参数 C、χ 一样,它们都可以通过尾水管三维数值模拟结果计算得到。

Alligné[2] 对所研究尾水管,采用三种方法:①采用单相流计算(SPS),以某个压力等值面内的体积作为空化涡带体积;②空化流计算,采用 SST 湍流模型(TPS-SST),以空化体积分数来计算空化体积;③空化流计算,采用 SAS 湍流模型(TPS-SAS),空化体积分数来计算空化体积。获得空化体积对时间差分就可获得流量激励源 dV_{HD}/dt。图 7-1 是以上三种方法获得的流量源项随空化系数的变化规律及在空化系数为 0.38 时的频谱特性,可以看到其主要频率是尾水管的涡带频率,约为 $0.3f_n$。

（2）一维流动动量方程

同时,已有的试验结果和计算结果还表明(参见 1.1.3 节),尾水管中涡带诱导的压力脉动的同步成分是系统共振的激振源,因此,在一维水动力学模拟中还应考虑尾水管内的动量激励源。对于同步激振源的确定,Alligné 则通过建立管道内的一维动量方程

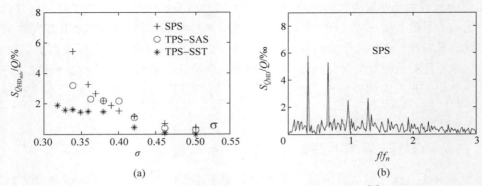

图 7-1　不同计算方法获得的质量激励源和其频率[2]

（a）流量激励源幅值随空化系数变化规律；（b）空化系数为 0.38 时流量激励的频谱

$$\frac{1}{gA}\frac{\mathrm{d}Q}{\mathrm{d}t} + \frac{\partial H}{\partial x} + \frac{F_x}{\rho g V} = 0 \tag{7-2}$$

将作用于微元管道壁面的力（包括压力及黏性应力）在沿主流流动 x 方向的分量作为动量源项，这样，在长度为 $\mathrm{d}x$ 的微元管段内的动量源项可表示为

$$S_\mathrm{h} = \frac{F_x \mathrm{d}x}{\rho g V} \tag{7-3}$$

通过对三维流动计算的结果进行积分可获得该动量源项。图 7-2（a）是所研究的螺旋形涡带工况下（空化系数为 0.38）动量源项的频率及幅值沿尾水管管长方向分布情况，可以看到，在肘管处（节点 5）其幅值最大。图 7-2（b）是动量源项随空化系数的变化规律，大约在 $\sigma = 0.38$ 时动量源项最大。

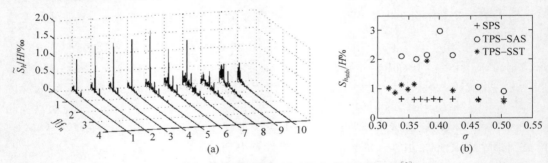

图 7-2　不同计算方法获得的质量激励源和其频率[2]

（a）动量激励沿管长的分布；（b）动量激励随空化系数的变化

（3）动量方程中的热力学耗散项

对方程（7-3）表示的动量源项，由于目前的三维数值计算中没有考虑膨胀黏性系数，因此，该方程没有考虑空化体积变化导致的能量耗散，一些研究表明，这项对共振幅值有很重要的影响，为了考虑这一影响，Alligné[2] 采用 Pezzinga[3] 等针对圆管内均匀空化流所建立的模型，类似黏弹性模型，在等效电路的电容支路中引入了一个电阻，来考虑空化体积变化导致的能量耗散。在长度为 $\mathrm{d}x$ 的微元管段内该流阻（电阻）可表示为

$$R_\mathrm{th} = \frac{\mu''}{A\rho g \mathrm{d}x} \tag{7-4}$$

式中

$$\mu'' = \vartheta_{\mathrm{T}} \frac{[(1-\alpha_{\mathrm{v}})\rho + \alpha_{\mathrm{v}}\rho_{\mathrm{c}}]^2 \alpha_{\mathrm{v}}\rho_{\mathrm{c}} R T a^4}{p^2} \tag{7-5}$$

式中，ϑ_{T} 为弛豫时间；α_{v} 为气相体积组分；a 为波速；ρ、ρ_{c} 分别为水体和气体的密度；R 为气体常数；T 为温度。虽然这个模型适用于气泡均匀分布的情形，但是通过三维 CFD 计算平均体积组分和波速后，可用于确定该参数。

（4）尾水管一维水声模型的等效电路及计算过程

在考虑以上因素后，Alligné[2] 采用集总方式建立了尾水管的等效电路，集总方式将尾水管分为了两部分，将尾水管的总动量源项平均分为两部分，等效后的电路见图 7-3。将以上尾水管的等效电路接入包含引水管路、水轮机、上下游水库、调压设备等的等效电路中，即可计算整个水力系统的固有频率，同时，在时域内计算系统在螺旋形涡带激励下的动态响应，从而预测系统的共振曲线。

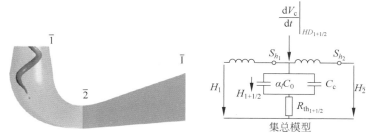

图 7-3　尾水管的集总模型等效电路[2]

对于强迫振动引起的共振问题，流量增益系数的影响较小，因此，在计算中没有考虑。其中空化柔性 C，波速 a 等也都可以通过三维 CFD 计算结果获得，下面对此进行介绍。

2. 空化柔性及尾水管等效流容的计算

在尾水管空化流场结果的基础上，尾水管的等效流容可按以下两种方式来计算。

（1）由空化体积求导的方法

在数值计算中，可以直接读出尾水管内部气体体积组分 α_{v} 的变化，可以通过积分式（7-6）获得尾水管内的空化涡带体积

$$V_{\mathrm{c}} = \int \alpha_{\mathrm{v}} \mathrm{d}V \tag{7-6}$$

在式（3-77）中，空化涡带柔性定义为空化涡带体积随出口压力的变化率。基于空化系数与水头及出口压力的关系，可以将空化柔性表示为空化系数的函数（见图 7-4），从而空化柔性也可写为

$$C_{\mathrm{c}} = -\frac{1}{H}\frac{\partial V}{\partial \sigma} \tag{7-7}$$

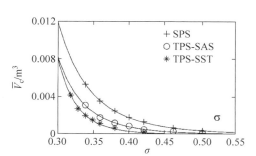

图 7-4　尾水管涡带空化体积与空化系数的关系[2]

如果将尾水管视为一维黏弹性管道模型，参照等效代电路法的基本思想，用类似电路中的元件参数来表达水力管道中的参数，即等价

为流阻、流感、流容,这里的柔性可以视为流容。

尾水管内产生空化涡带后,需要综合考虑气相与液相两流体的柔性影响,根据各相所占的比例定义等价柔性来表示尾水管中流体的容性。由不发生空化的水体流容及空化涡带的柔性,尾水管中流体的等价柔性定义为

$$C_{equ} = (1 - \alpha_v)C_0 + C_c \tag{7-8}$$

式中,C_{equ} 为等效流容;α_v 为气相的体积分数;C_0 为无空化流场中的水的流容;C_c 为空化涡带的柔性。根据式(7-8)可以求出不同空化系数下尾水管内流体的等价流容,其中无空化流场中水的流容定义为

$$C_0 = \frac{gA\,dx}{a_0^2} \tag{7-9}$$

式中,dx 为管长;A 为管道截面面积,考虑壁面弹性,无空化条件下的波速计算公式为

$$a_0^2 = \frac{1}{\rho\left(\dfrac{1}{E_1} + \dfrac{D}{eE_{wall}}\right)} \tag{7-10}$$

式中,E_1 为水的体积模量;E_{wall} 为壁面的弹性模量;D 为管道直径;e 为管道厚度。

通过式(7-8)计算出等价流容后,按照流容与波速的关系式,可得波速的计算公式为

$$a = \sqrt{\frac{gA\,dx}{C_{equ}}} = \sqrt{\frac{gA\,dx}{C_0\alpha_v + C_c}}$$

图 7-5 为 Alligné 计算的等价流容和波速与空化体积的关系。

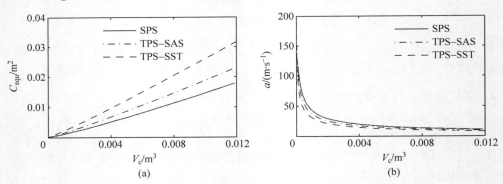

图 7-5　尾水管的等效流容和波速与空化体积的关系[2]

(a) 等效流容;(b) 波速

(2) 由含气流体的波速经验公式换算

综合考虑气相及水体弹性以及壁面弹性,参照 Rath 提出的波速计算公式[4]

$$a = \left\{ \left[\alpha_v\rho_v\frac{p}{p_0} + (1-\alpha_v)\rho\left(1 + \frac{1}{E_1}\right)(p - p_0) \right] \cdot \left(\frac{\alpha_v}{p} + \frac{1-\alpha_v}{E_1} + \frac{D}{e \cdot E_{wall}} \right) \right\}^{-\frac{1}{2}} \tag{7-11}$$

可计算出不同含气量条件下的管道中的波速,式中,a 为波速;α_v 为气相的体积分数,可以根据计算结果获得;ρ_v 为气相的密度;E_1 为水的体积模量;E_{wall} 为壁面的弹性模量;D 为管道直径;e 为管道厚度。压力 p 的设置可以采用计算域出口的定常压力值。

然后,利用式(7-12)计算等效流容。

$$C_{\text{equ}} = \frac{gA\,dx}{a^2} \tag{7-12}$$

3. 空化系数(声速)对水力系统固有频率的影响

空化系数会影响空泡区体积组分,从而影响尾水管内的空化柔性及等效流容,因而空化系数不同时,水力系统的频率也会有变化,根据 3.4.5 节介绍的方法,将以上尾水管的等效电路接入包含引水管路、水轮机、上下游水库、调压设备等的等效电路中,即可计算整个水力系统在不同空化系数下的固有频率及模态。图 7-6 是计算获得的尾水管内声速以及第一阶固有频率随空化系数的变化曲线。

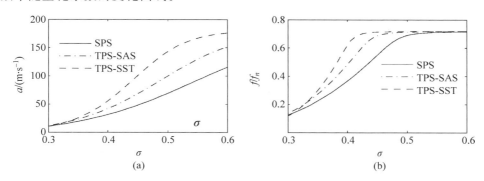

图 7-6 不同计算方法获得的尾水管内声速和系统第一阶固有频率与空化系数的关系[2]

(a) 声速;(b) 一阶固有频率

4. 空化参数计算方法、质量源项及热力学耗散对计算结果的影响

图 7-7 对比了三种不同空化计算方法所得的响应,由于激励频率主频大约为 $0.3f_n$,因此采用三种方法都预测到了在 $\sigma = 0.38$ 附近系统的响应幅值增加、且在尾水管节点(DT)处有较高幅值的情形,由于图 7-6 中三种计算方法计算的系统一阶固有频率为 $f = 0.3f_n$ 时对应的空化系数有差别,三种计算方法预测的共振点的空化系数也有差别。但是采用单相流方法预测的相对压力脉动幅值 $\Delta H/H$ 比两个采用空化模型的值更接近试验值,最大相对幅值约为 6.8%。另外,计算还发现采用空化模型计算的空化参数激励出了更多高阶频率,这也与实际情况不符,因为空化模型计算出的激励源包含更丰富的频率成分(图 7-8),可能激励出了系统的高阶频率。

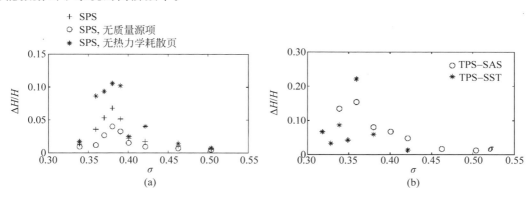

图 7-7 不同计算方法获得的尾水管节点振动幅值随空化系数的变化规律[2]

(a) 单相流计算结果;(b) 两种空化流计算结果

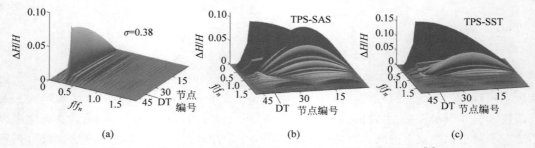

图 7-8　不同计算方法获得的共振工况下水力系统的响应特性[2]

(a) 单相流；(b) TPS-SAS；(c) TPS-SST

在图 7-7(a)中还可以看到，质量源项和热力学耗散对振动幅值有很大影响。在不加质量源项的时候，所预测的幅值偏小，而在不考虑热力学耗散的时候，所预测的幅值偏高。

5．非线性声速及空化柔性的影响

以上计算中仅将三维流动计算的结果传递给了一维流动计算，声速 a 和热力学耗散系数 μ'' 等参数都是空化体积的函数，而空化体积的变化仅考虑了水动力学特性的影响，没有考虑尾水管内的空化涡带对系统声学响应所致的压力及流量变化的反馈，是一种单向计算。实际上，在共振工况下，系统响应导致剧烈的压力波动等也会引起尾水管空化体积的变化，从而导致空化柔性及热力学耗散等项的剧烈变化。为了考虑这种声学反馈的非线性影响，在每一步的计算中，通过对图 7-4 和图 7-5 插值，可以获得不同压力（空化系数）下的空化体积以及该体积下所对应的波速及热力学耗散系数。图 7-9 显示了共振工况下这两个参数的变化情况，可以看到，与不考虑非线性影响的单向数据传递算法的结果差别很大。图 7-10 比较了共振工况下单向计算与非线性计算结果，其中 T_n 表示转轮旋转周期，可见是否在计算中考虑这种非线性因素，对压力脉动幅值及波形有很大影响，考虑非线性因素后，计算的波形图与实测波形图形状更加接近，都表现出比较尖的峰值。

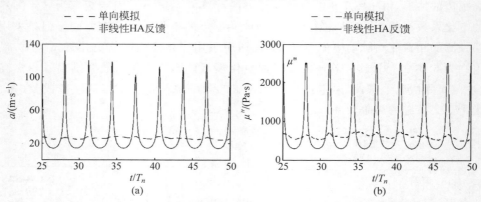

图 7-9　考虑和不考虑非线性声学反馈时声速及热力学耗散系数的区别[2]

(a) 声速；(b) 热力学耗散

6．上游流量波动对尾水管内压力脉动的影响

为了考察上游流量波动对声学参数如等效流容及声速等的响应，Alligné 尝试了两种双向耦合方案，①在一维和三维的交界面上进行数据交换，采用直接耦合，一维计算和三维计

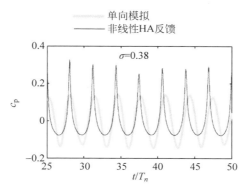

图 7-10　考虑和不考虑非线性声学反馈时共振工况时域波形的区别[2]

算传递流量数据和压力,计算发散;②将由三维流动计算导出的声学参数如波速、空化柔性等参数实时交换给一维计算模型,将一维声学模拟的流量脉动结果实时传递给三维计算,避开交界面上的流量数据交换,即所谓混合双向方法(参见 7.2 节)。对系统模态在转轮前存在压力节点和流量腹点的情形,将所得双向计算结果与单向计算结果比较,发现管道内腹点的压力脉动及声学参数(声速)等结果虽然有一定差别,但差别不大(见图 7-11),螺旋形涡带共振工况的进口流量脉动对系统的响应及声学参数影响不大。

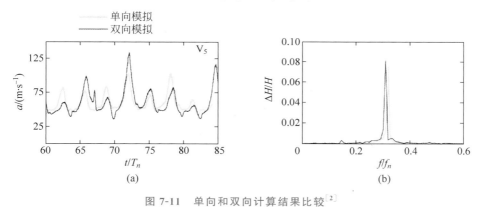

图 7-11　单向和双向计算结果比较[2]

(a) 声速;(b) 压力脉动频谱

7.1.2　高部分负荷尾水管共振工况的一维水声模拟

对高部分负荷时尾水管内的 $1\sim3f_n$ 压力脉动产生的原因存在争议,一种观点认为与螺旋形涡带的椭圆形表面的自转有关,另一种观点认为其来源于涡带与肘部的相互作用[5]。还有一种观点认为其来源于空化体积的波动[6,7]。在试验中可以观察到在特殊空化系数下这种特殊的激励可能与系统的固有频率接近导致共振。Nicolet[8]对这种共振工况下系统的固有频率进行了计算,他分析了这个工况下在尾水管壁面不同路径上试验测得的压力脉动,发现 $2.5f_n$ 的压力脉动来源于肘管内侧,同时用压力脉动在不同路径上的传播速度计算了该工况下尾水管内的波速如图 7-12。

利用这个波速,采用等效电路法对试验系统建立了一维水声计算模型并预测了系统的

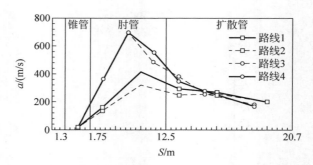

图 7-12　螺旋空化涡带工况下尾水管内的实测波速[8]

固有频率和模态,发现系统在这个工况下确实存在 $2.5f_n$ 的固有频率(图 7-13),在该频率下对应的模态在蜗壳进口为压力脉动腹点,而在尾水管处为流量波动腹点。同时利用狄拉克函数模拟脉冲激励、涡带旋转频率及其倍频旋转成分模拟涡带旋转同步分量激励,合成了激励源,计算了系统的响应,发现 $2.5f_n$ 的固有频率所对应的响应幅值非常明显,与试验结果比较一致。但是,在模拟结果中,系统对涡带旋转频率的其他谐频成分也有不同程度的响应(图 7-14)。

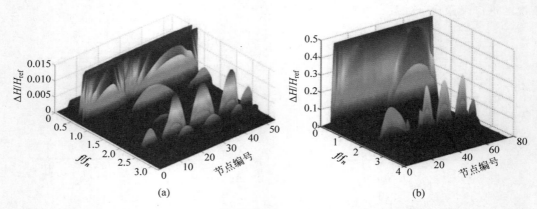

图 7-13　采用平均流容(a)和分段流容(b)获得的系统固有频率及模态[8]

(a) 平均流容法;(b) 分段流容法

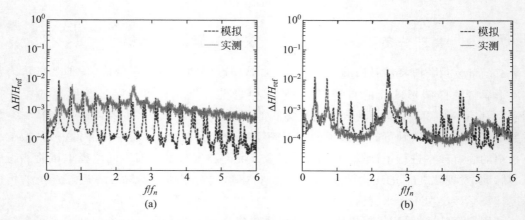

图 7-14　高部分负荷共振工况下计算结果与实测结果的比较[8]

(a) 激励;(b) 尾水管的压力脉动

对同样的系统,Alligné 对三维空化流动计算结果进行了分析[2],在较高的空化系数下在尾水管内发现了幅值很小的 $2.6f_n$ 的同步分量,且该分量在尾水管的涡带区域(锥管段)较大,同时流量波动中也出现了该频率,因此,认为振动源来源于空化体积波动。但是,尝试利用该空化流动结果获得的声速、空化柔性以及热力学耗散系数等声学参数输入到一维水力响应计算时却不能获得收敛的结果,最后利用单相流的结果导出的声学参数模拟了系统在 $2.6f_n$ 的响应,但同时也指出,计算结果与试验结果之间仍然有一些差别,比如在计算结果中出现了明显的低阶固有频率 $0.52f_n$ 的响应,但试验结果中 $2.6f_n$ 的响应占主要地位。

以上研究说明,对高部分负荷下的这种特殊压力脉动的产生原因还存在争议,同时,对这种特殊压力脉动的共振预测也与试验数据存在一定差别。一个非常主要的原因在于目前的空化流计算方法虽然能大致预测涡带的形态,但在预测尾水管空化涡带体积变化方面精度还不够。

7.1.3　柱状涡带自激振动的模拟

在一些特殊的情形可能发生柱状涡带工况的自激振荡。通过 5.4 节的分析可以发现,流量增益系数对柱状涡带的自激振荡有重要影响。理论上,流量增益系数与空化柔性等参数一样,都可以通过尾水管的三维数值计算获得,在此基础上,通过一维声学方程进行水力系统的频域分析,可以确定系统自激振荡的频率。但是频域分析无法获得自激振荡的幅值大小。自激振荡本身属于系统不稳定现象,但实际工程中其幅值总是有限的,这通常是因为系统阻尼是非线性的。为了预测自激振荡的幅值,非线性的阻尼非常重要。下面对等效电路法分析柱状涡带自激振荡的例子进行介绍。

1. 流量增益系数的计算

从 5.4 节的分析可以看到,在大流量工况下,由于尾水管进口流量波动远小于出口流量波动,理论上流量增益系数应该采用 χ_2 进行计算,但是在实际水轮机运行中,很难仅改变出口流量而不改变其他条件(空化系数、转轮出口液流角),因此在保证水头、空化系数等不变的条件下,可通过改变转轮开度,改变流量获得空化涡带体积的变化规律

$$V_c \mid_{\sigma = \text{const}} = V_c(Q) \tag{7-13}$$

之后通过空化涡带体积对流量求导的方法获得质量流量增益的值

$$\chi = -\frac{\partial V_c(Q)}{\partial Q} \tag{7-14}$$

严格地说,以上方法求得的流量增益系数综合体现了流量及转轮出口环量的影响,简单地采用上述方法计算 χ_2,在一定程度上也能反应流量对空化体积的影响,这是在目前已有文献中普遍采用的方法。

图 7-15 是某水轮机柱状涡带工况计算的不同单位转速下的流量增益系数[9],图中流量增益的值与文献[10]对相近负荷的混流式水轮机流场的模拟中得到的结果量级是一致的。可以看到,在大部分情况下流量增益系数为负,这也是柱状涡带容易形成自激振荡系统的根本原因。图中还可以看出空化发生后,该值是与空化系数呈指数关系,从两种工况的对比来看,产生空化后单位转速高的工况流量增益的值更高,这表明在单位转速较高时流量波动对空化涡带体积的影响更大。

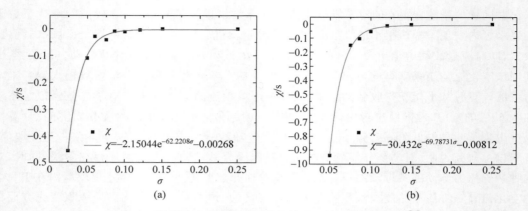

图 7-15　某混流式水轮机不同单位转速下的流量增益系数[9]

(a) $n_{11}=67\mathrm{r/min}$；(b) $n_{11}=58.7\mathrm{r/min}$

2. 系统频域特性的分析

在获得流量增益系数、空化柔性及热力学耗散系数等声学参数后,可以采用集总分析方法(3.3.5 节的阻抗法或者 3.3.6 节矩阵法),或者离散方法(3.4.5 节)对系统建立频域分析模型,求得系统的复频特性。Alligné[2]针对某混流式水轮机,在三维流动计算基础上确定了出现柱状涡的两个工况下声学参数如表 7-1 所示,图 7-16 是针对两个工况计算所得的前几阶模态复频率,其中横坐标为振幅增长指数 σ_k,纵坐标代表频率 $f_k=2\pi\omega_k$,可以看到,在右侧的第一阶频率对应的 σ_k 为正,表明振幅随着时间的增加而增加,这意味着在这两个工况系统一阶模态是不稳定的。

表 7-1　柱状涡带工况声学参数[2]

OP	χ_2/s	OP	$C_{\mathrm{equ}}/\mathrm{m}^2$	$a/(\mathrm{m\cdot s^{-1}})$	OP	$\mu''/(\mathrm{Pa\cdot s})$
#1	−0.039	#1	4.1×10^{-3}	20.8	#1	2744
#2	−0.033	#2	2.4×10^{-3}	27.4	#2	1555

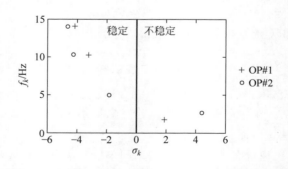

图 7-16　典型柱状涡带工况下的系统的前四阶复频特性[2]

3. 自激振荡时域特性的分析

实际工程中自激振荡幅值是有限的,这通常是因为系统阻尼是非线性的。从 5.4 节和 7.1.1 节的分析可以看到,空化柔性 C、流量增益系数 χ、热耗散系数 μ'' 等都影响系统阻尼的大小。为了评价前两个参数的影响,Niclolet[8]在一个尾水管算例中对采用四种不同的参数设置(表 7-2)进行了模拟。

表 7-2　图 7-17 中四种计算结果对应的声学参数设置[8]

Cases	A	B	C	D
C/m^2	10^{-2}	$C=C(\sigma,H)$	$C=C(\sigma,H)$	$C=C(\sigma,H)$
χ/s	-0.005	-0.005	-0.004	-0.003

表 7-2 中,A 对流量增益系数及空化柔性都采用了常数,显然,在时域内振荡方程的解是发散的。B、C、D 都采用了非线性的空化柔性,$C=f(\sigma)$,即考虑了振荡过程中由于压力波动导致的空化体积及空化柔性的非线性变化,但是分别采用不同的流量增益系数。在三种情况中,只有 C 的尾水管节点上的压力 p_d 具有稳定的振幅(图 7-17)。这三个计算结果也反应了流量增益系数对系统稳定性的影响。

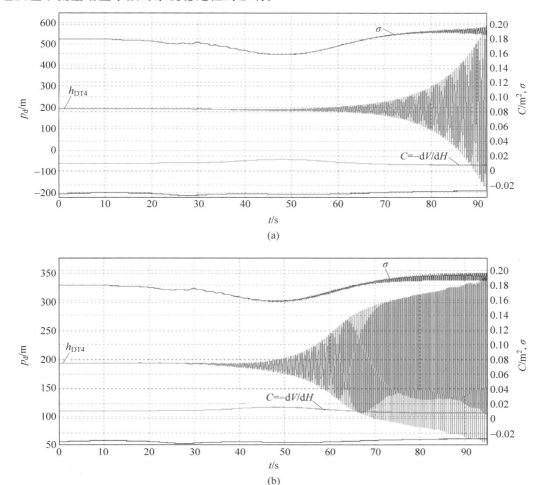

图 7-17　不同计算方法获得的质量激励源和其频率[8]

(a) Case A;(b) Case B;(c) Case C;(d) Case D

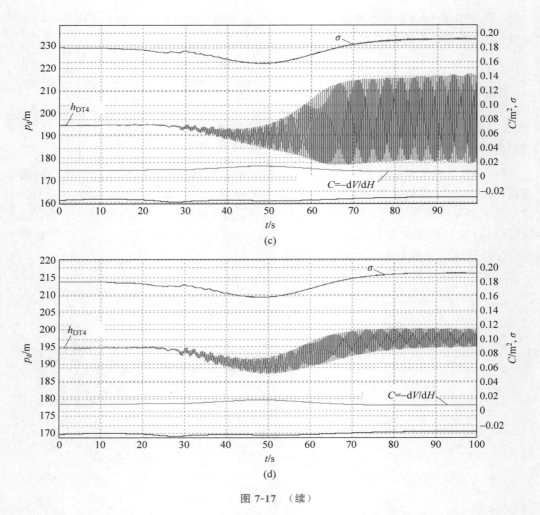

图 7-17 （续）

Alligné[2] 采用图 7-3 所示的等效电路模型，在代表空化区的流容支路上串联了一个流阻，以模拟空化的热力学耗散效应，同时考虑空化柔性和热力学耗散系数的非线性变化。即使对空化柔性采用常数，仅采用合理的非线性热力学耗散系数也能获得幅值稳定周期性的时域波形，但热力学耗散系数对计算结果的稳定性和幅值都有很大影响，为了保证热力学耗散系数在较高的压力时具有较陡的斜率，而在压力较低（接近于饱和蒸汽压）时为 0，对通过式（7-5）计算的热力学耗散系数进行了修正。进一步的结果表明，如果仅考虑非线性热力学耗散系数而将空化柔性取为常数，所得的波形接近正弦波，只有考虑空化柔性的非线性特征后，所得波形在最高压力处表现出尖峰值，频谱上出现更多谐频成分，与自激振荡的试验波形更加吻合，见图 7-18。

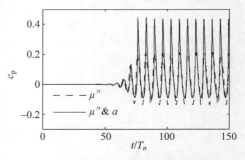

图 7-18 采用和不采用非线性空化柔性的计算结果比较[2]

以上计算说明,在考虑空化的系统稳定性分析中,如何合理确定空化参数(空化柔性、流量增益系数等)很关键。三维 CFD 计算虽然为此提供了可能的方法,但这些空化参数计算精度还有待进一步提高。

7.1.4 空化对泵启动过程的影响

1. 计算方法及计算工况

本节介绍采用 MATLAB/SIMULINK 数值模拟软件,基于等效电路法计算泵启动过程的算例。首先创建了包含水轮机、水泵、各种管道、阀门及调压元件的水力元件模型库,用于一维水力系统的稳定性分析及瞬变过程计算[11]。本算例计算了高速离心泵空化条件下的开阀快速启动过程。算例参考 Duplaa 等[12]的模型试验,试验中泵进口通过长 4.95m 的管道与大罐相连,然后回流到大罐,进水管与回水管高差 1.2m。将系统中的管道考虑为弹性管。波速设为定值 1000m/s。参考试验台管道长度及 CFL 条件,对管道不进行分段计算。泵前及泵后管路等价为图 3-27 的电路。由于水泵启动受电机控制,故阀门保持在打开状态,在等效电路中等价为一个损失系数一定的可变电阻 $R(Q)$。

水泵特性依赖于其自身的特性曲线,在电路中等价为代表流道内水流惯性的电感、代表小流量区的水力损失的电阻及以水泵特性曲线表示的受控电压源。其中电感的大小与流道长度有关,电阻只存在于小流量工作点,受控电压源 $wh(\theta(Q,n))$ 与流量、转速有关,采用 Suter 曲线输入。无空化工况中的特性曲线如图 7-19 所示。当空化严重时,泵的能量性能会受到影响,在装置空化系数小于临界值后,泵的扬程和效率会急剧降低。同时在泵的快速启动过程中,泵的转速是变化的,因此,可将泵的扬程表示为流量系数和空化系数的函数 $\psi = F(\delta, \sigma)$,其中 ψ 为扬程系数,δ 为流量系数,σ 为空化系数。

考虑不同空化系数下水泵特性曲线的差异,参考图 7-19 中 CFD 计算所得扬程系数随着空化系数、流量系数变化曲线,对 wh 特性曲线进行修正,得到不同空化系数下的 Suter 曲线。因只涉及启动工况计算,故仅对水泵区($\theta \in [\pi, 1.5\pi]$)进行修正。

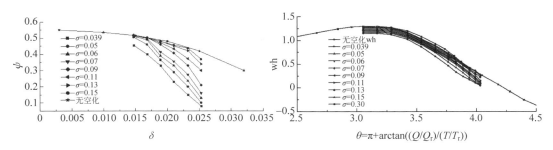

图 7-19 泵在不同空化系数下的流量扬程曲线及转化后的 Suter 曲线[11]

如 3.4.2 节对水力机械内部空化的等效方法,由于启动过程由转速变化带来的流量很大,而空化对流量造成的波动很小,流量增益的影响可忽略,故暂不考虑流量增益。将空化柔性用电容模拟,流体的容性综合考虑空化柔性与水体的压缩性,用式(7-8)计算等价流容。

选择了四个离心泵开阀启动过程,包括一个无空化的启动工况和三个不同流量下的典型带空化启动工况（$1.1Q_d$，$0.9Q_d$，$0.7Q_d$），泵在开阀状态下快速启动，在 0.5s 时间内，转速由 0 直线上升到额定转速。各工况参数如表 7-3 所示。

表 7-3　开阀启动工况参数

工况	流量 Q/Q_d	压力罐压力 H/m
工况 1	1	28.6
工况 2	1.1	14.5
工况 3	0.9	9.5
工况 4	0.7	9

2. 无空化启动

水泵无空化开阀启动计算结果如图 7-20 所示，图 7-20(a) 为启动过程中进口压力历程线，图 7-20(b) 为流量特性历程线。计算值与试验值符合良好。水泵在 0.45s 内的启动过程中，随着转速的增大流量增大，扬程增大，管路损失也增大。水泵启动初期由于损失突然增大，进口压力降低，当 0.4s 左右扬程上升最大扬程时，进口压力降低到最小值，之后逐渐升高。

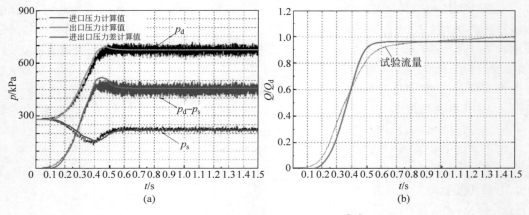

图 7-20　水泵启动无空化计算结果[11]
(a) 进出口压力历程线；(b) 流量历程线

3. 不同空化条件下的离心泵启动

水泵带空化启动的三个工况如图 7-21、图 7-22、图 7-23 所示。三个工况流量从大到小，空化状态由强到弱。

图 7-21 所示为大流量工况下的启动过程中进口压力 p_s，出口压力 p_d、压差 p_d-p_s 以及泵内空化体积的变化过程，实测结果仅有空化相对长度 e/c 的变化曲线，因此将空化体积 V_c 变化曲线与之做相对比较。在启动结束后可以明显看到出口压力及扬程的低频波动与启动后的短时间空泡的体积变化引起的流量波动有关。由于所预测的空泡体积比实际空泡体积偏小，因此预测的空化体积振荡频率偏高，但计算结果也反映出空泡体积的振荡及由此引起的出口压力的振荡过程，与试验结果比较吻合。

图 7-22 所示为中等流量工况下的计算结果，也出现了压力两次降低的现象，但振荡幅度较小。由于预测的泵进口压力降低比实测结果延迟，因此出现空化延迟，尽管空化系数较

低,但空泡体积最大值比较大流量时略低。

图 7-23 所示为小流量工况下的空化特性,虽然计算结果预测的进口压力降低也有所延迟,但也预测到在启动快结束时出现的弥合水锤。由于该工况下的空化体积较小,随着进口压力的上升,空泡体积在较短时间内变为接近于 0,因此出现了弥合水锤。

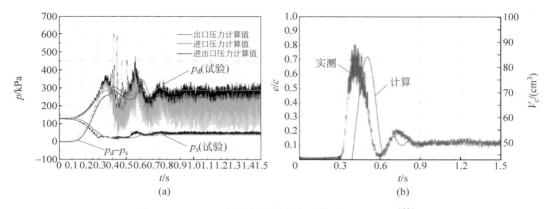

图 7-21　工况 2 水泵启动带空化计算结果($1.1Q_d$)[11]

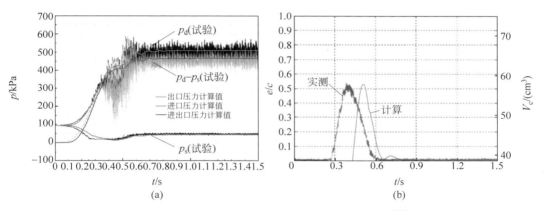

图 7-22　工况 3 水泵启动带空化计算结果($0.9Q_d$)[11]

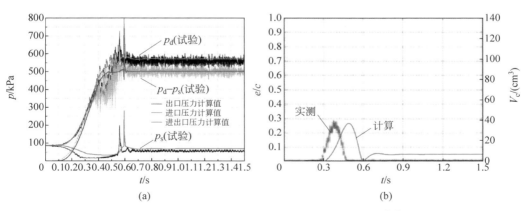

图 7-23　工况 4 水泵启动带空化计算结果($0.7Q_d$)[11]

总的来说,计算结果基本反映了试验中所观察到的现象,但是,由于空化流场计算的精度仍有待提高,一维与三维流动联合计算的结果与试验结果仍有不同程度的偏差。但一维和三维联合计算仍不失为解决与系统相关的不稳定流动问题的新途径。

7.2　一维和三维 CFD 的耦合计算及其应用

在 7.1 节中,一维水力稳定性分析或水动力学计算是在三维流动计算完成后进行的,是一种单向计算。李中杰[13]尝试了管道内的一维水动力学方程与水轮机内的三维 N-S 方程的耦合求解。其三维 N-S 方程的求解采用了商用软件 STAR-CCM＋,在其基础上进行了二次开发,采用 Macro 脚本编译了耦合交界面上的数据提取和传递方式,基于耦合算法对水泵水轮机开机和停机过程分别进行了数值模拟,分析了暂态过程中机组的外特性、转轮力特性、压力脉动特性以及内部瞬态流动演化过程,同时在对水泵水轮机甩负荷过程的数值模拟中,考虑了空化模型以及考虑空化对波速的影响,分析了机组在突甩负荷后历经水轮机工况区、制动区和反水泵区的瞬时流动特性以及空化发展与演变过程。下面对其进行简单介绍。

7.2.1　耦合计算边界信息传递方法

1. 耦合交界面

如图 7-24 所示建立计算域与耦合交界面,其中 3D CFD 计算部分为从蜗壳入口到尾水管出口的水泵水轮机全流道,1D HA 计算部分为上游水库与上游管路、下游水库与下游管路。

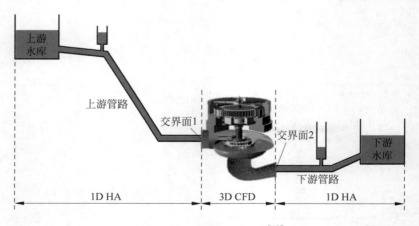

图 7-24　耦合交界面示意[13]

将蜗壳入口断面设置为水泵水轮机与上游管路的耦合交界面 1,将尾水管出口断面设置为水泵水轮机与下游管路的耦合交界面 2。在交界面上,3D CFD 提取界面流量 Q 和流

量变化率 dQ/dt，并传递给 1D HA，之后 1D HA 计算出交界面压力 $h(m)$ 后转换成 $p(Pa)$ 传递给 3D CFD。耦合界面的位置及参数传递方向总结如表 7-4 所示。

表 7-4 耦合交界面位置及参数传递方向

交界面编号	位　置	传递方向	传递参量
交界面 1	蜗壳入口断面	3D→1D	$Q, dQ/dt$
		1D→3D	p
交界面 2	尾水管出口断面	3D→1D	$Q, dQ/dt$
		1D→3D	p

2. 耦合交界面数据传递机制

由于水泵水轮机和管路系统的特征时间尺度不一致，3D CFD 的计算时间步长 Δt_{CFD} 通常比 1D HA 的时间步长 Δt_{HA} 小，因此采取异时间步长耦合的方式进行数据的传递，即选取合适的正整数 n，使得 $\Delta t_{HA} = n\Delta t_{CFD}(n \geqslant 1)$，CFD 每计算 n 步与 HA 模型进行一次数据传递。当需要进行空化流场数值模拟时，需要相应增大 n 值，即减小 CFD 计算的时间步长，以保证空化流场计算收敛。图 7-25 给出了耦合交界面的数据传递机制。

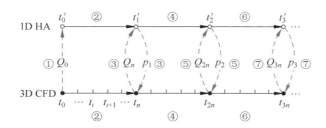

图 7-25 耦合交界面数据传递机制[13]

7.2.2 基于嵌套网格的动网格技术

水泵水轮机的暂态过程数值模拟涉及活动导叶开启和关闭的动态过程，需要采用动网格技术对导叶的动作引起的计算边界变化进行准确模拟，生成动网格的方法比较多，这里采用了嵌套网格（overset mesh）方法，嵌套网格技术需要为计算域划分两套网格，一套是背景网格（background mesh），用于静止域；另外一套是嵌套网格，用于运动域，见图 7-26。背景网格和嵌套网格各自分别生成，当背景网格所在的流场计算出收敛解后，通过插值求出重叠区外边界（图 7-26 中深色网格）节点上的值，并以此作为嵌套网格流域的边界条件，求解活动导叶附近的流场，再用活动导叶附近流场插值求解嵌套区内边界的值，以此作为背景网格流域的附加边界。两套网格生成后形状不会发生变化，因此可以在动态模拟中一直保持优质的网格质量。

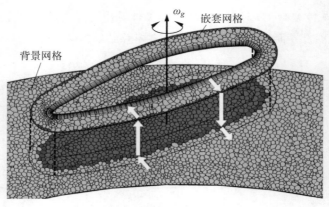

图 7-26 嵌套网格结构

7.2.3 水泵水轮机开机过程计算结果

在开机过程中,活动导叶从全关状态开启至空载开度,为后续并网作准备。此过程中活动导叶开度 γ 变化规律如图 7-27 所示。由于数值求解器需要一定的初始流量来初始化计算,无法选择零开度作为计算初始开度。因此选择 $t=1.85\mathrm{s}$ 为计算的初始时刻。该时刻的导叶相对开度为 5.36 %。

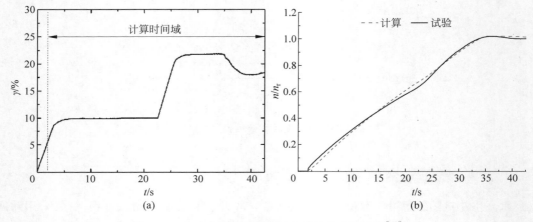

图 7-27 启动工况导叶开启过程及转速变化过程[13]

(a) 开启时相对开度 γ 的变化过程;(b) 转速变化过程

计算过程中记录了转轮的转速上升、蜗壳进口及尾水管出口的压力脉动并与试验数据进行了比较(见图 7-28),可见计算结果与试验结果吻合良好。计算结果完整描述了开机过程中流量、水头、力矩以及转轮内流态的变化,包括从 $t=1.85\sim5\mathrm{s}$ 间的负水锤效应、从 $t=5\sim22.5\mathrm{s}$,活动导叶保持不动期间进出口压力的变化,以及从 $t=22.5\sim27.5\mathrm{s}$ 导叶开度第二次快速增加带来了负水锤效应。

将开机过程的历程线画在水泵水轮机的特性曲线图上,见图 7-29,由于机组在高水头下启动,空载开度较小,小开度区域的"S"形特性较弱,因此机组历程线只在水轮机工况区和制动区范围内游移,而并未进入反水泵工况,机组能够较快地稳定至额定转速 n_{r}。

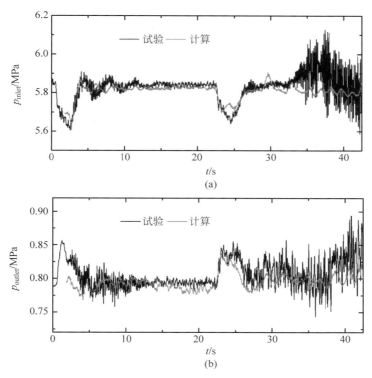

图 7-28　启动工况下蜗壳进口和尾水管出口计算和实测数据比较[13]

（a）蜗壳入口压力脉动时域图；（b）尾水管出口压力脉动时域图

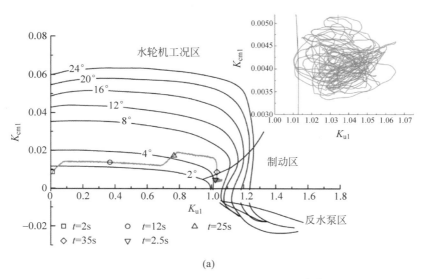

图 7-29　启动历程线及各参数变化过程[13]

（a）历程线；（b）各参数变化过程

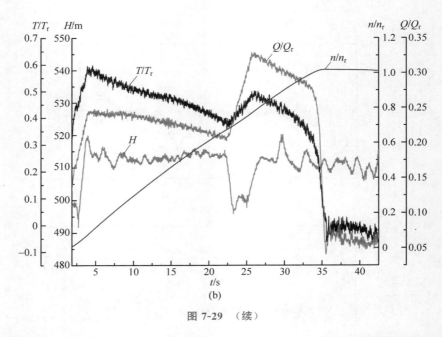

图 7-29 （续）

由于对机组采用了全三维数值计算，计算中不需要机组的 Suter 曲线，同时还可获得开机过程中水轮机内的流态，图 7-30 显示整个转轮流道内都充斥着流动分离、回流和复杂的漩涡结构。随着转速的上升，水流在迅速增长的离心力的作用下甩出转轮，最终形成水环，在额定转速附近，转轮外圆周被高速环流包裹，阻隔了上游来流，转轮内流动十分紊乱，在水环的阻水效应与转轮内漩涡的堵塞效应的共同作用下，流量下降，转矩 T 也下降至零附近。

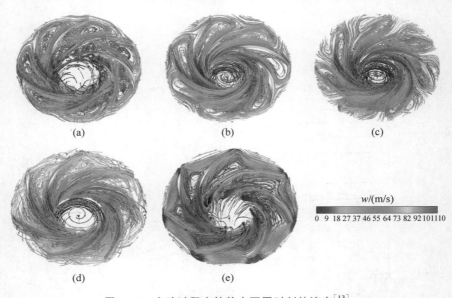

图 7-30　启动过程中转轮内不同时刻的流态[13]

(a) $t=2\text{s}$；(b) $t=12\text{s}$；(c) $t=25\text{s}$；(d) $t=34\text{s}$；(e) $t=42.5\text{s}$

7.2.4 水泵水轮机甩负荷过程计算结果

在甩负荷过程中,导叶按照图 7-31 所示的开度 γ 变化规律关闭。由于所计算的电站不设调压井,为了防止甩负荷过程中管道压力大幅度振荡,活动导叶采取延迟 10s 先快后慢两折线方式关闭。计算的最大转速值约为额定转速的 1.42 倍,转速的预测值与试验值吻合良好,见图 7-31(b)。

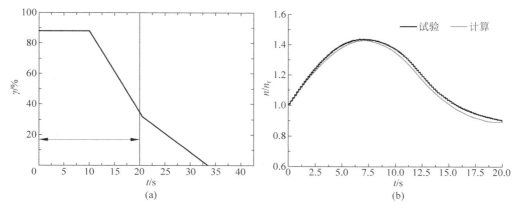

图 7-31 甩负荷过程中导叶关闭规律及转速变化曲线[13]
(a) 导叶关闭规律;(b) 转速变化曲线

蜗壳入口压力变化和尾水管出口压力变化与试验值的趋势吻合较好(图 7-32)。尾水管壁面处压力脉动预测值与试验值的趋势也基本吻合。由于水锤效应,蜗壳进口压力先增大后减小,而尾水管出口压力以及尾水管壁面测点压力则先减小后增大。可以看到,实测数据中在尾水管壁面处的压力已经接近甚至瞬时低于空化压力,这说明尾水管内可能已经发生空化。后面的空化流动计算结果也证实尾水管内已经发生空化。

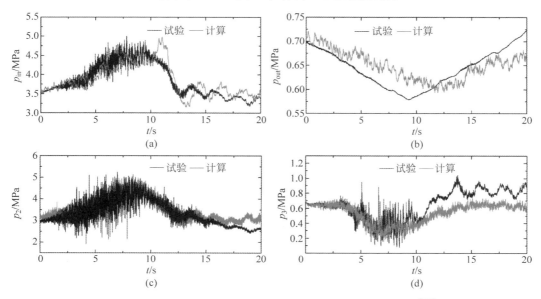

图 7-32 甩负荷过程中压力脉动的计算结果与实测结果比较[13]
(a) 蜗壳入口压力 p_{in};(b) 尾水管出口压力 p_{out};
(c) 导叶和转轮间无叶区压力 p_2;(d) 尾水管锥管壁面压力 p_3

甩负荷的历程线见图 7-33，机组依次经历水轮机工况区、制动区和反水泵区。从 $t=0\mathrm{s}$ 到 $t=7\mathrm{s}$，机组运行于水轮机工况区，此阶段导叶开度保持不变，机组从额定转速 n_r 迅速增大到该开度下的飞逸转速（$1.42n_\mathrm{r}$）。在快速增大的离心力的作用下，流量从额定值降低至 $0.6Q_\mathrm{r}$，转轮内部的流动从顺畅到充满漩涡，转矩从额定值降为 0。转轮上游压力增加而下游压力降低，使得水头增大。从 $t=7\mathrm{s}$ 到 $t=10.8\mathrm{s}$，机组进入制动工况区，水头持续波动，流量从 0.6 继续下降至 0，转轮力矩转变为负力矩，转速随即下降。机组在 $t=10.8\mathrm{s}$ 后进入反水泵工况区，受"S"特性的影响，机组进入反水泵区较深，负向转矩值达到额定转矩值的 0.94 倍。

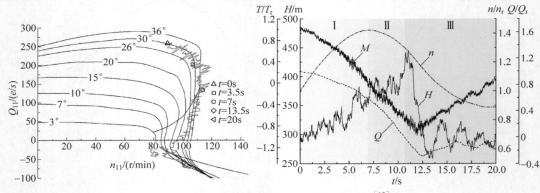

图 7-33　甩负荷历程线和主要参数历程线[13]

Ⅰ. 水轮机工况区；Ⅱ. 制动区；Ⅲ. 反水泵区

甩负荷过程中转轮内部流态和水泵水轮机内部空化演变情况如图 7-34 和图 7-35 所示。在甩负荷初始阶段，转轮内流动顺畅，到水轮机制动工况之后，转轮内充满漩涡，随后进

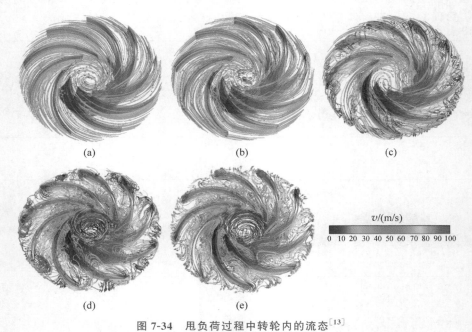

图 7-34　甩负荷过程中转轮内的流态[13]

（a）$t=0\mathrm{s}$；（b）$t=3.5\mathrm{s}$；（c）$t=7\mathrm{s}$；（d）$t=13.5\mathrm{s}$；（e）$t=20\mathrm{s}$

入反水泵工况,转轮仍然充满漩涡,此时水流从转轮内流出。空化区域由水蒸气体积分数 $\alpha_v=0.1$ 的等值面表示。甩负荷初始阶段,机组内无空化现象。随着转速的上升,流动冲角逐渐偏离设计值,转轮叶片头部的水流撞击加剧,叶片头部压力面出现局部脱流,形成均匀分布的附着型空化($t=3.5s$)。当机组达到最大转速时($t=13.5s$),尾水管内的压力接近最低,而叶片出水边开始出现空化,同时,尾水管内出现螺旋状空化涡带,涡带的旋进方向与转轮旋转的方向相同。螺旋状空化涡带的出现使得尾水管壁面测点压力脉动幅度有所增大。$t=13.5s$ 时,叶片头部空化和尾水管内空化均消失,由于转轮出口回流的影响,叶片出水边及接近转轮上冠处出现附着型空化。随着转速进一步降低,叶片尾缘的附着型空化变得十分不稳定,出现从上冠附近向出水边中部转移的趋势。

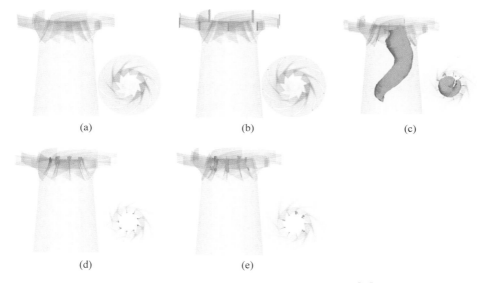

图 7-35　甩负荷过程中转轮及尾水管内的空化[13]

(a) $t=0s$;(b) $t=3.5s$;(c) $t=7s$;(d) $t=13.5s$;(e) $t=20.5s$

本章算例表明一维和三维耦合计算是可行的,但是总的来说,耦合计算耗时长,对计算机资源要求高,同时,在交界面上的数据传递过程也会带来额外的误差,所以在数据交换时往往需要采用一定的"平滑"措施,比如引入适当的松弛因子等。耦合计算结果对了解瞬变过程中机组的内部流动及受力状态非常有用,相关算例参见 8.5.2 节。

参考文献

[1]　WYLIE E B,STREETER V L,WIGGERT D C. Fluid transients[J]. Journal of Fluids Engineering,1980,102(3):384-385.

[2]　ALLIGNÉ S. Forced and self oscillations of hydraulic systems induced by cavitation vortex rope of Francis turbines[D]. EPFL,2011.

[3]　PEZZINGA G. Second viscosity in transient cavitating pipe flows[J]. Journal of Hydraulic Research,2003,41(6):656-665.

[4]　RATH H J. Unsteady pressure waves and shock waves in elastic tubes containing bubbly air-water

mixtures[J]. Acta Mechanica,1981,38(1-2):1-17.

[5] RUDOLF P,HABÁN V,POCHYLÝ F,et al. Collapse of cylindrical cavitating region and conditions for existence of elliptical form of cavitating vortex rope[C]//Proc. IAHR Int. Meeting of WG on Cavitation and Dynamic Problems in Hydraulic Machinery and Systems,Timisoara,2007.

[6] ARPE J,AVELLAN F. Pressure wall measurements in the whole draft tube:steady and unsteady analysis[C]//Proceedings of the 21st IAHR symposium on hydraulic machinery and systems, Lausanne,Switzerland. International Association For Hydraulic Research,2002,1(CONF):593-602.

[7] ILIESCU M S,CIOCAN G D,AVELLAN F. Analysis of the cavitating draft tube vortex in a Francis turbine using particle image velocimetry measurements in two-phase flow[J]. Journal of Fluids Engineering,2008,130(2):021105:1-10.

[8] NICOLET C. Hydroacoustic modelling and numerical simulation of unsteady operation of hydroelectric systems[D]. Epfl. ,2007.

[9] 杨静. 混流式水轮机尾水管空化流场研究[D].北京:中国农业大学,2013.

[10] FLEMMING F,FOUST J,KOUTNIK J,et al. Overload surge investigation using CFD data[J]. International Journal of Fluid Machinery and Systems,2009,2(4):315-323.

[11] 马艳梅.基于等效电路法的水力系统瞬变及振荡分析[D].北京:中国农业大学,2018.

[12] DUPLAA S,COUTIER-DELGOSHA O,DAZIN A,et al. Experimental study of a cavitating centrifugal pump during fast startups[J]. Journal of Fluids Engineering,2010,132(2):021301.

[13] 李中杰. 水泵水轮机暂态过程非定常流动特性及空化影响研究[D].北京:清华大学,2017.

第8章

流致振动中的结构动力学分析

前几章所讨论的系统不稳定或者局部不稳定流动引起的压力脉动作用于水力机械结构或者管道结构时,就会出现程度不同的结构振动。一方面,结构部件受到交变动应力的作用,严重时可能导致结构破坏;另一方面,结构的振动有时可能反过来影响流场。因此流致振动是复杂的流固耦合现象。

在水力机械中,涉及的流固耦合问题主要包含两类:第一类是主要关注流体在管道中流动时,流体声压传播与管道弹性变形间的耦合过程对管道内瞬变流动特性及振荡特性的影响;第二类则主要关心在流体机械的各种不稳定流流场中,结构与流体的相互作用对结构振动模态及动力响应特性的影响。对于第一类问题,通常将管道弹性变形的影响计入到声学模型的容性参数中,主要考虑结构弹性变形对声速的影响,相关计算理论及方法在第3章中已经详细介绍。本章重点关注第二类流体耦合问题。这类问题又主要包含结构湿模态的计算和分析以及结构动力响应分析。前者为频域内的计算及分析,后者涉及时域响应分析。由于水力机械浸没部件的结构与流体的质量比相对较大,因此,水力机械结构的位移和变形都相对较小。在早期结构模态频率计算中,通过经验系数考虑流体附加质量的影响,对干模态频率进行修正后获得结构湿模态;在早期结构动力响应计算中,通常采用单向传递数据的解耦方式,不考虑结构场与流场的耦合,独立求解流场获得结构表面的压力场后传递给结构场,再单独求解结构场,获得结构场的静应力或动应力特性。随着技术发展,已经发现流体与结构间的相互作用对浸没部件的结构模态特性、阻尼特性及动力响应特性都有很大影响[1-5],同时,通过数值计算等手段可以对其中一些影响进行较为可靠的预测。

本章主要内容涉及水力机械结构湿模态的计算与分析,以及结构动力响应分析。同时,已有的研究结果表明,结构间的间隙(壁面距离)以及空化等因素对结构的动力学特性有重要影响[1,2],因此本章还介绍了国内外在这方面的最新研究成果。

8.1 流固耦合基本方程

从数值计算方法来看,结构湿模态的计算采用声固耦合的紧耦合方法更加快捷简单,而对结构动力学响应分析工程上一般采用松耦合的方式,按是否考虑结构位移对流场的影响分为单向算法及双向算法。其中单向算法中结构场计算和流场计算已经解耦,严格意义上已经不属于流固耦合计算,但因为在工程上尤其是在非共振工况下仍不失为一种快速获得结构动应力的方法,所以本章也对这类方法做简单介绍;最近几年双向流固耦合计算的应用发展很快,基本采用了顺序耦合的松耦合的方式,即在一个时间步内先计算流场,然后将流场受力传递给结构场,结构场计算完成后将位移传递给流场,进行下一个时步的计算。除此之外,在一些结构动力学分析中,需要考虑周围流体声学特性对结构场的影响,在小扰动假设下的声压方程是声固耦合计算的基础。下面对这些基本方程进行简单介绍。

8.1.1 结构动力学基本方程

为了建立结构动力学响应有限元控制方程,利用达朗贝尔原理,在连续介质点上加上惯性力 $\rho_s \ddot{u}$ 和阻尼力 $\mu_s \dot{u}$,对系统应用虚功原理,可得

$$\int \delta\varepsilon^{\mathrm{T}} \sigma_s \mathrm{d}V = \int_V \delta\boldsymbol{u}^{\mathrm{T}} (f_s - \rho_s \ddot{u} - \mu_s \dot{u}) \mathrm{d}V \tag{8-1}$$

式中,ρ_s 为固体结构密度;u,$\dot{u}$ 和 $\ddot{u}$ 为固体域当地位移、速度和加速度矢量;σ_s 为柯西应力张量,通过本构关系和应变 ε 建立联系。f_s 为结构体积力。

将以上方程采用有限元离散后,离散的结构动力学方程可表示为

$$\boldsymbol{M}_s \ddot{u} + \boldsymbol{C}_s \dot{u} + \boldsymbol{K}_s \boldsymbol{u} = \boldsymbol{F}_s \tag{8-2}$$

式中,$\boldsymbol{M}_s$、$\boldsymbol{C}_s$ 和 $\boldsymbol{K}_s$ 分别为结构的质量矩阵、阻尼矩阵和刚度矩阵;$\boldsymbol{u}$、$\dot{u}$ 和 $\ddot{u}$ 分别为节点的位移、速度和加速度;$\boldsymbol{F}_s$ 为外力。

8.1.2 采用动网格的流体控制方程

在单向算法中,流体的控制方程及离散过程与第 2 章相同,在此不再赘述。但是在双向流固耦合算法中,结构受到流场内各种非定常激励力的作用会发生变形,计算中需要考虑流场的壁面边界的位移对流场的影响,在 CFD 计算中,通常通过动网格技术来考虑壁面位移的影响。如果对流动控制方程采用有限体方法离散,可将具有动网格的流体控制方程写成如下积分形式

$$\frac{\mathrm{d}}{\mathrm{d}t} \int_V (\rho v_i) \mathrm{d}V + \oint_A \rho((v_j - v_{gj})n_j)v_i \mathrm{d}s = \oint_A (\tau_{ij}n_j) \mathrm{d}s + \int_V \rho f_i \mathrm{d}V \tag{8-3}$$

式中,v_{gj} 为网格的移动速度。值得注意的是,由于网格的动态变化,式中控制体体积 V 也是随时间变化的,因此在离散时要考虑控制体体积的变化。对以上方程离散后,也可以得到关于离散点场量的代数方程。

8.1.3 声压方程及其有限元离散

采用小扰动假设,并假设流动无旋以及没有平均流动,通过 N-S 方程,利用关系式 $\partial p = a^2 \partial \rho_0$,可推导出在没有质量源项的条件下声压方程(参见附录 A)

$$\frac{1}{\rho_0 a^2} \frac{\partial^2 p}{\partial t^2} + \frac{\partial}{\partial x_i} \left(-\frac{1}{\rho_0} \frac{\partial p}{\partial x_i} \right) - \frac{\partial}{\partial x_i} \left[\frac{4}{3}\mu \frac{\partial}{\partial x_i} \left(\frac{1}{\rho_0 a^2} \frac{\partial p}{\partial t} \right) \right] = 0 \tag{8-4}$$

或写成散度的形式

$$\nabla \cdot \left(\frac{1}{\rho_0} \nabla p \right) - \frac{1}{\rho_0 a^2} \frac{\partial^2 p}{\partial t^2} + \nabla \cdot \left[\frac{4\mu}{3\rho_0} \nabla \left(\frac{1}{\rho_0 a^2} \frac{\partial p}{\partial t} \right) \right] = 0 \tag{8-5}$$

若考虑质量源项 Q，声压方程可写为

$$\nabla \cdot \left(\frac{1}{\rho_0} \nabla p \right) - \frac{1}{\rho_0 a^2} \frac{\partial^2 p}{\partial t^2} + \nabla \cdot \left[\frac{4\mu}{3\rho_0} \nabla \left(\frac{1}{\rho_0 a^2} \frac{\partial p}{\partial t} \right) \right] = -\frac{\partial}{\partial t} \left(\frac{Q}{\rho_0} \right) + \nabla \cdot \left[\frac{4\mu}{3\rho_0} \nabla \left(\frac{Q}{\rho_0} \right) \right]$$

$$(8\text{-}6)$$

式中，$a = \sqrt{K / \rho_0}$ 为流体介质中的声速；ρ_0 为流体密度；K 为流体的体积弹性模量；μ 为动力黏度；p 为声压；Q 为质量源项。根据 Stokes 假设，黏性耗散项已经被考虑进去，所以方程（8-6）中声波在介质中的传播是有黏性损耗的。

根据动量守恒方程，流固耦合边界上的方向速度 $\boldsymbol{v}_{\mathrm{n,F}}$ 可表示为

$$\frac{\partial \boldsymbol{v}_{\mathrm{n,f}}}{\partial t} = \boldsymbol{n} \cdot \frac{\partial \boldsymbol{v}}{\partial t} = -\left(\frac{1}{\rho_0} + \frac{4\mu}{3\rho_0^2 a^2} \frac{\partial}{\partial t} \right) \boldsymbol{n} \cdot \nabla p + \frac{4\mu}{3\rho_0^2} \boldsymbol{n} \cdot \nabla Q \tag{8-7}$$

根据耦合界面边界条件

$$\frac{\partial \boldsymbol{v}_{\mathrm{n,F}}}{\partial t} = \boldsymbol{n} \cdot \frac{\partial^2 \boldsymbol{u}_{\mathrm{F}}}{\partial t^2} \tag{8-8}$$

对方程（8-6）采用有限元离散，并利用边界条件（8-7）及（8-8），可以得到声波方程（8-6）的有限元方程形式

$$\boldsymbol{M}_{\mathrm{f}} \ddot{\boldsymbol{p}} + \boldsymbol{C}_{\mathrm{f}} \dot{\boldsymbol{p}} + \boldsymbol{K}_{\mathrm{f}} \boldsymbol{p} + \bar{\rho}_0 \boldsymbol{R}^{\mathrm{T}} \ddot{\boldsymbol{u}}_{\mathrm{f}} = \boldsymbol{F}_{\mathrm{f}} \tag{8-9}$$

式中 $\boldsymbol{M}_{\mathrm{f}} = \bar{\rho}_0 \oiiint_{\Omega_{\mathrm{F}}} \frac{1}{\rho_0 a^2} \boldsymbol{N} \boldsymbol{N}^{\mathrm{T}} \mathrm{d}V$ 为声流体质量矩阵；$\boldsymbol{C}_{\mathrm{f}} = \bar{\rho}_0 \oiiint_{\Omega_{\mathrm{F}}} \frac{4\mu}{3\rho_0^2 a^2} \nabla \boldsymbol{N} \nabla \boldsymbol{N}^{\mathrm{T}} \mathrm{d}V$ 为声流体阻尼矩阵；$\boldsymbol{K}_{\mathrm{f}} = \bar{\rho}_0 \oiiint_{\Omega_{\mathrm{F}}} \frac{1}{\rho_0} \nabla \boldsymbol{N} \nabla \boldsymbol{N}^{\mathrm{T}} \mathrm{d}V$ 为声流体刚度矩阵；$\boldsymbol{R}^{\mathrm{T}} = \oiint_{\Gamma_{\mathrm{F}}} \boldsymbol{N} \boldsymbol{n}^{\mathrm{T}} \boldsymbol{N}'^{\mathrm{T}} \mathrm{d}s$ 为流固边界耦合矩阵；$\boldsymbol{F}_{\mathrm{f}} = \bar{\rho}_0 \oiiint_{\Omega_{\mathrm{F}}} \frac{1}{\rho_0} \boldsymbol{N} \boldsymbol{N}^{\mathrm{T}} \mathrm{d}V \dot{Q} + \bar{\rho}_0 \oiiint_{\Omega_{\mathrm{F}}} \frac{4\mu}{3\rho_0^2} \nabla \boldsymbol{N} \nabla \boldsymbol{N}^{\mathrm{T}} \mathrm{d}V Q$ 为由于质量源引起的声压力，在没有质量源输入时为 0；$\boldsymbol{N}$ 代表插值函数；Ω_{F} 和 Γ_{F} 代表流体域及其边界。$\bar{\rho}_0$ 为声流体密度常量；$\boldsymbol{p}$ 为节点声压；$\boldsymbol{u}_{\mathrm{F}}$ 为耦合边界上节点的位移。

8.1.4　声固耦合方程

由于一般水力机械结构在水体中的变形很小，如果仅关心结构在流体中的模态特性而不是流场特征，可仅考虑流体中的压力波（声波）与结构的相互作用，即流体内结构的振动会产生压力波，压力波反过来也会产生作用在结构上的压力。为了考虑声压传播对结构场的影响，将来自流体的声压力加入结构方程（8-2）中，此时离散的结构动力学方程为

$$\boldsymbol{M}_{\mathrm{s}} \ddot{\boldsymbol{u}} + \boldsymbol{C}_{\mathrm{s}} \dot{\boldsymbol{u}} + \boldsymbol{K}_{\mathrm{s}} \boldsymbol{u} = \boldsymbol{F}_{\mathrm{s}} + \boldsymbol{F}_{\mathrm{fs}} \tag{8-10}$$

根据耦合边界上的边界条件，流体对结构的作用力

$$\boldsymbol{F}_{\mathrm{fs}} = \boldsymbol{R} \boldsymbol{p} \tag{8-11}$$

联立声压方程（8-9）得到声固耦合方程为

$$\begin{bmatrix} \boldsymbol{M}_{\mathrm{s}} & 0 \\ \bar{\rho}_0 \boldsymbol{R}^{\mathrm{T}} & \boldsymbol{M}_{\mathrm{f}} \end{bmatrix} \begin{Bmatrix} \ddot{\boldsymbol{u}} \\ \ddot{\boldsymbol{p}} \end{Bmatrix} + \begin{bmatrix} \boldsymbol{C}_{\mathrm{s}} & 0 \\ 0 & \boldsymbol{C}_{\mathrm{f}} \end{bmatrix} \begin{Bmatrix} \dot{\boldsymbol{u}} \\ \dot{\boldsymbol{p}} \end{Bmatrix} + \begin{bmatrix} \boldsymbol{K}_{\mathrm{s}} & -\boldsymbol{R} \\ 0 & \boldsymbol{K}_{\mathrm{f}} \end{bmatrix} \begin{Bmatrix} \boldsymbol{u} \\ \boldsymbol{p} \end{Bmatrix} = \begin{bmatrix} \boldsymbol{F}_{\mathrm{s}} \\ \boldsymbol{F}_{\mathrm{f}} \end{bmatrix} \tag{8-12}$$

对结构湿模态问题,仅关心结构在水中的自由振荡模态,式中的外力项不予考虑,同时,阻尼项也不考虑。由于流固耦合影响,上述方程的质量矩阵和刚度矩阵为非对称矩阵,为了考虑流固耦合,模态提取方法采用非对称矩阵的迭代算法。

在频域内求解以上方程时,只关心方程的周期解,令

$$u = \bar{u} e^{j\omega t} \tag{8-13}$$

于是有

$$\dot{u} = j\omega u \tag{8-14}$$

$$\ddot{u} = (j\omega)^2 u \tag{8-15}$$

对声压也可以作类似的处理,但是方程(8-12)中的质量矩阵和刚度矩阵为非对称矩阵,计算会比较复杂耗时,因此可以对声压做如下转换,将整体矩阵转化为对称矩阵。令

$$p = \dot{\phi} = j\omega\phi \tag{8-16}$$

于是有

$$\dot{p} = (j\omega)^2 \phi \tag{8-17}$$

$$\ddot{p} = (j\omega)^3 \phi \tag{8-18}$$

将式(8-14)、式(8-15)、式(8-17)、式(8-18)代入声固耦合方程(8-12)并将声压方程的等式两边同时除以 $-j\omega\bar{\rho}_0$,可得以下具有对称矩阵的方程,可在频域内求解

$$\left\{ -\omega^2 \begin{bmatrix} M_s & 0 \\ 0 & -M_f/\bar{\rho}_0 \end{bmatrix} + j\omega \begin{bmatrix} C_s & -R \\ -R^T & -C_f/\bar{\rho}_0 \end{bmatrix} + \right.$$

$$\left. \begin{bmatrix} K_s & 0 \\ 0 & -K_f/\bar{\rho}_0 \end{bmatrix} \right\} \begin{Bmatrix} u \\ \phi \end{Bmatrix} = \begin{Bmatrix} F_s + F_{fs} \\ jF_f/(\omega\bar{\rho}_0) \end{Bmatrix} \tag{8-19}$$

以上方程在声固耦合的谐响应计算中非常有用。

8.1.5 附加质量和附加阻尼

对式(8-12)如果不考虑结构阻尼和声压阻尼以及外力,将式(8-14)、式(8-15)代入,并对声压方程作类似处理,在频域内声固耦合方程方程可表示为

$$[-M_s\omega^2 + K_s]u = Rp \tag{8-20}$$

$$[-M_f\omega^2 + K_f]p = \rho_0 R^T \omega^2 u \tag{8-21}$$

在上述方程中,消去压力 p,可得

$$[(-M_s - \rho_0 R[-M_f\omega^2 + K_f]^{-1}R^T)\omega^2 + K_s]u = 0 \tag{8-22}$$

与原结构方程(8-2)相比,流场中的结构方程(8-22)的质量矩阵中多了一项。在空气中,由于空气的密度很小,该项对结构的频率影响很小,但是结构在水中的自由振荡频率会低于空气中的值。工程上通过附加质量系数来评价这一影响。可以看到,不同振动模态下的附加质量不同。

实际结构在水中振动时,周围水体除带来有附加质量外,还带来附加阻尼及附加刚度等,在物理空间考虑这些因素会非常复杂,为了工程上便于评价,可在模态空间考虑周围水

体的影响。

对结构振动有限元方程,任意点的位移 u 可表示为系统各阶模态的线性组合,即

$$u = \boldsymbol{\vartheta} q \tag{8-23}$$

其中, $\boldsymbol{\vartheta}$ 为模态矩阵, q 为模态位移,将方程(8-23)代入式(8-2)并在等式两边乘以模态矩阵 $\boldsymbol{\vartheta}$ 的转置矩阵 $\boldsymbol{\vartheta}^{\mathrm{T}}$,利用各阶模态的正交性,可在模态空间将方程(8-2)解耦,

$$\underbrace{\boldsymbol{\vartheta}^{\mathrm{T}} \boldsymbol{M}_{\mathrm{s}} \boldsymbol{\vartheta}}_{\boldsymbol{M}_{\mathrm{M}}} \ddot{q} + \underbrace{\boldsymbol{\vartheta}^{\mathrm{T}} \boldsymbol{C}_{\mathrm{s}} \boldsymbol{\vartheta}}_{\boldsymbol{C}_{\mathrm{M}}} \dot{q} + \underbrace{\boldsymbol{\vartheta}^{\mathrm{T}} \boldsymbol{K}_{\mathrm{s}} \boldsymbol{\vartheta}}_{\boldsymbol{K}_{\mathrm{M}}} q = \underbrace{\boldsymbol{\vartheta}^{\mathrm{T}} \boldsymbol{F}}_{\boldsymbol{F}_{\mathrm{M}}} \tag{8-24}$$

其中 $\boldsymbol{M}_{\mathrm{M}}$ 、 $\boldsymbol{C}_{\mathrm{M}}$ 、 $\boldsymbol{K}_{\mathrm{M}}$ 分别为模态质量矩阵,阻尼矩阵和刚度矩阵分别为对角矩阵。

即对 r 阶模态的模态位移 q_r 满足

$$M_{\mathrm{M}r} \ddot{q}_r + C_{\mathrm{M}r} \dot{q}_r + K_{\mathrm{M}r} q_r = F_{\mathrm{M}r} \tag{8-25}$$

也就是说在模态空间,方程是 N 个独立的单自由度方程,参照这个方程,将模态空间内水中的结构方程写为

$$(M_{\mathrm{M}r} + M_{\mathrm{A}r}) \ddot{q} + (C_{\mathrm{M}r} + C_{\mathrm{A}r}) \dot{q} + (K_{\mathrm{M}r} + K_{\mathrm{A}r}) q = F_{\mathrm{M}r} \tag{8-26}^{*}$$

$M_{\mathrm{M}r}$ 、 $M_{\mathrm{A}r}$ 分别为结构 r 阶模态质量和水体附加质量, $C_{\mathrm{M}r}$ 、 $C_{\mathrm{A}r}$ 为结构模态阻尼和水体附加阻尼, $K_{\mathrm{M}r}$ 、 $K_{\mathrm{A}r}$ 为结构模态刚度和水体附加刚度,一般对于水力机械结构,水体附加刚度相比于结构刚度很小,可以忽略不计。

参考单自由度振动的相关定义,由方程(8-25)和方程(8-26)分别可得到结构在真空中(空气中)和水中的 r 阶模态下的固有频率($f_{\mathrm{a}r}$ 、 $f_{\mathrm{w}r}$)和阻尼率($\zeta_{\mathrm{a}r}$ 、 $\zeta_{\mathrm{w}r}$)

$$f_{\mathrm{a}r} = \frac{1}{2\pi} \sqrt{\frac{K_{\mathrm{M}r}}{M_{\mathrm{M}r}}} \tag{8-27}$$

$$\zeta_{\mathrm{a}r} = \frac{C_{\mathrm{M}r}}{2\sqrt{K_{\mathrm{M}r} M_{\mathrm{M}r}}} \tag{8-28}$$

$$f_{\mathrm{w}r} = \frac{1}{2\pi} \sqrt{\frac{K_{\mathrm{M}r}}{M_{\mathrm{M}r} + M_{\mathrm{A}r}}} \tag{8-29}$$

$$\zeta_{\mathrm{w}r} = \frac{C_{\mathrm{M}r} + C_{\mathrm{A}r}}{2\sqrt{K_{\mathrm{M}r}(M_{\mathrm{M}r} + M_{\mathrm{A}r})}} \tag{8-30}$$

对比式(8-27)和式(8-29)可知,由于水体的附加质量,结构在水中的固有频率要低于空气中的相应值。而结构在水中的阻尼率,不仅与水体附加阻尼有关,水体附加质量对其也有重要影响。常用两个无量纲量——附加质量系数(λ)和附加阻尼系数(ε)来描述水体的附加质量和附加阻尼效应,对 r 阶模态

$$\lambda_r = \frac{M_{\mathrm{A}r}}{M_{\mathrm{M}r}} = \left(\frac{f_{\mathrm{a}r}}{f_{\mathrm{w}r}}\right)^2 - 1 \tag{8-31}$$

$$\varepsilon_r = \frac{C_{\mathrm{A}r}}{C_{\mathrm{M}r}} = \left(\frac{\xi_{\mathrm{w}r}}{\xi_{\mathrm{a}r}}\right)\left(\frac{f_{\mathrm{a}r}}{f_{\mathrm{w}r}}\right) - 1 \tag{8-32}$$

对于水体附加质量评估,目前可以得到比较准确的结果;而水体的附加阻尼的预测,针对简单模型已有一些研究成果,但对于复杂水力机械,附加阻尼的预测精度有待进一步验证。

---

* 需要说明的是,式(8-26)仅是用于工程分析的简化方程,理论上并不严谨。特别在多自由度流固耦合振动中,还会出现流体作用下不同固有模态间的耦合新模态,简化的式(8-26)不能用于解释这类问题。

8.2　基于声固耦合的结构模态分析

独立的结构动力学方程是在拉格朗日框架下以节点位移为变量的方程,而常用流动控制方程是在欧拉框架下以压强及速度等场量为变量的方程。因此严格意义上对流固耦合问题应采用任意拉格朗日-欧拉坐标系建立流场方程,但这会增加新的变量,即流场节点位移,同时由于流动方程的非线性特性,完全求解这类耦合方程非常困难。由于一般结构在水体中的变形很小,如果仅关心结构在流体中的模态特性而不是流场特征,可仅考虑流体中的压力波(声波)与结构的相互作用。因此在实际工程中,可通过声压方程与结构动力学方程的耦合方程求解流体中的结构湿模态,这样可以大大减轻计算量。由于周围水体的影响,转轮与固定部件间的间隙,流道内的气相成分等都可能对结构模态产生影响。下面通过一些算例对此进行介绍。

8.2.1　空腔间隙对转轮结构湿模态频率的影响

边界条件如壁面距离、边界反射条件等会影响水中声压的传播特性。对混流式水轮机以及离心泵转轮,除了转轮流道内的流体外,转轮被间隙内的流体包围,间隙内流体的声学传播特性可能会对转轮的湿模态有很大影响。Valentín 等[1,2]通过水池中的圆盘试验发现圆盘平面距离水池壁面的距离对其在水中固有频率的影响较大,离壁面的距离越近,湿模态频率越低,即水体的附加质量越大。何玲艳[6]通过声固耦合方法,验证了以上试验结果,图 8-1 为计算结果与试验结果的比较。因此在水力机械中,间隙等对结构模态的影响应该给予充分的考虑。

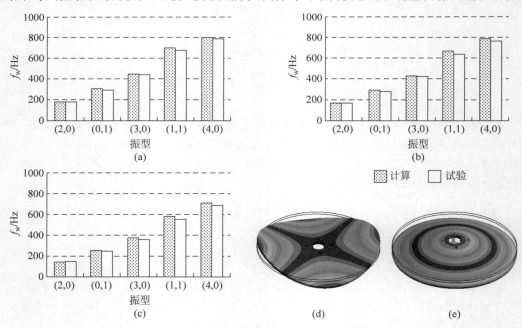

图 8-1　壁面距离对水中圆盘固有频率 f_w 的影响[6]

(a) 无限水体;(b) 28mm;(c) 11mm;(d) 节径模态(2,0);(e) 节圆模态(0,1)

其中振型(2,0)表示 2 节径、无节圆的模态;(1,1)表示 1 节径、1 节圆的模态,其他类推何玲艳等[6]采用声固耦合数值模拟分析了某抽水蓄能水泵水轮机间隙对转轮湿模态频率的影响,将转轮分别置于开放水槽、包含不同间隙的流道中,以及不包含间隙的情况进行了数值计算。图 8-2 为计算域,对计算域的描述在表 8-1 中。

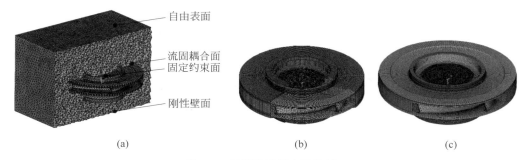

图 8-2 不同流固耦合计算域

(a) 开放水槽;(b) 含间隙流道;(c) 不含间隙流道

表 8-1 计算域描述

	计 算 域	轴向间隙	径向间隙	$2^{\text{ND}} + 4^{\text{ND}}$ 模态频率/Hz
SD-3	转轮结构域+开放水池	—	—	1713.2
SD-4	转轮结构域+含间隙流道	2δ	$2g$	1547.6
SD-5	转轮结构域+含间隙流道	δ	g	1380.0
SD-6	转轮结构域+含间隙流道	$\delta/2$	$g/2$	1291.9

注:径向间隙 g 包括密封处的间隙 c 和转轮进口靠近导叶部分的间隙 r。

图 8-3 为转轮的典型低阶模态振型。用模态节径(ND)的数目详细描述转轮振型,根据上冠和下环的模态相位,还可将转轮振型分为同相位 IP(In-phase)振型和反相位 CP(Counter-phase)振型。同相位振型中转轮上冠和下环振动方向一致,而反相位振型中转轮的上冠和下环的振动方向相反。此外,还有一些振型,如上冠占优 CD(Crown-dominant)振型和下环占优 BD(Band-dominant)振型,即变形主要出现在上冠或者下环。

是否包含间隙对振型的预测影响很小,但对模态频率影响较大。结果表明(图 8-4),转轮在实际流道中的固有频率显著降低,频率下降率(相比真空中)达 27.7%~54.1%,与模态振型有关。另外,间隙尺寸越小,结构湿模态频率下降越多,水体的附加质量系数越大。

其中,轴向间隙对 IP 振型(同相位振型)影响更大,而 CP 和 CD 振型相对影响较小。原因是 IP 振型中,转轮的上冠和下环主要是轴向方向振动,流体的运动也是轴向方向,故 IP 振型的附加质量效应对于轴向间隙的变化更为敏感。径向间隙对 CP 和 CD 振型影响比 IP 振型大,原因是 CP 反相位振型中转轮上冠和下环振动方向相反,加强了流体径向方向的运动;同样,CD 振型中以上冠振动为主,下环位移很小,流体径向运动也非常显著。故径向间隙变化时,CP 和 CD 振型的附加质量系数变化更明显。

以上算例是对直径为 0.4m 的抽水蓄能机组模型转轮的计算结果。一般对于周围水体域较宽阔的结构(比如轴流式水轮机叶片),水中湿模态固有频率相对干模态频率约下降20%,但是在像抽水蓄能机组转轮这样的结构,顶盖间隙对转轮湿模态频率影响很大。表 8-2 中列出了另一个抽水蓄能转轮真机和模型频率下降率计算结果,可以看到,真机模型频率下降率比较接近,都达到了 50% 左右,因此在实际工程中,必须考虑结构周围小间隙对结构湿模态的影响。

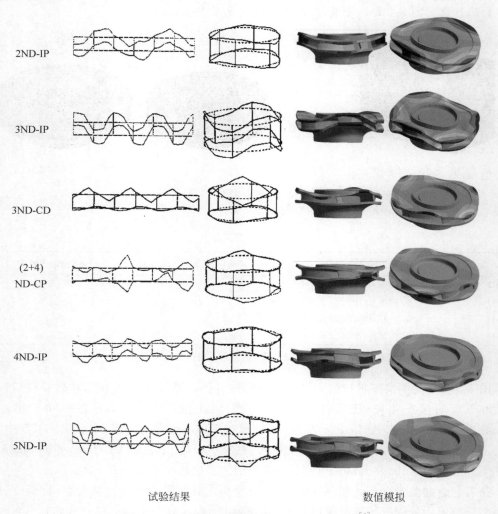

试验结果   数值模拟

图 8-3 抽水蓄能机组转轮典型低阶模态振型[6]

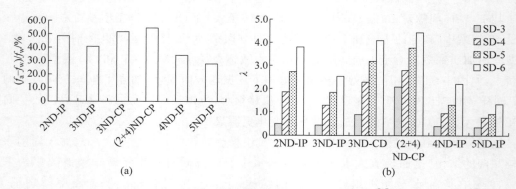

(a)   (b)

图 8-4 顶盖与上冠间隙对转轮固有频率的影响[6]

（a）在含实际间隙的真实流道中各阶模态频率下降率；（b）含不同间隙转轮的附加质量系数

表 8-2 真机和模型水中固有频率下降率比较

振型	频率					
	原型机($D=5.1\text{m}$)			模型机($D=0.35\text{m}$)		
	干频率 f_a/Hz	湿频率 f_w/Hz	频率下降率 $(f_a-f_w)/f_w$	干频率 f_a/Hz	湿频率 f_w/Hz	频率下降率 $(f_a-f_w)/f_w$
1ND	54.57	24.84	54.49%	872.38	359.50	58.79%
2ND	109.47	57.76	47.23%	1748.5	839.59	51.98%
0NC	95.82	34.25	64.25%	1582.6	495.32	68.70%

8.2.2 流体声速对结构湿模态影响

在方程(8-22)中声流体质量矩阵为

$$\boldsymbol{M}_\text{f} = \frac{1}{a^2} \oiiint_{\Omega_\text{F}} \boldsymbol{N}_\text{p} \boldsymbol{N}_\text{p}^\text{T} \text{d}v = \frac{1}{a^2} \overline{\boldsymbol{M}}_\text{f} \tag{8-33}$$

可见,不仅流体的密度对结构附加质量有很大影响,声速也对附加质量有较大影响。虽然大多数情况下水力机械工作介质为水,声速基本不变,但在气液混输、发生空化等条件下,流体内的声速与单相水体中的声速也不一样,因此需要考虑声速对结构湿模态的影响。

王薇等[3]通过声固耦合数值模拟研究了声速对结构湿模态的影响。以水中翼形为算例,首先计算了不同长度试验段水体的声压模态。计算中,将结构壁面考虑为刚性壁面,仅在频域内求解声压方程,结果见图 8-5,其中 f^* 为用翼型弦长 l 及波速 a_f 计算的约化频率,$f^* = fl/a_\text{f}$,$a_0 = 1200\text{m/s}$,a_f 为流体声速。可以看到,声压模态的频率随着声速的降低而线性降低,这是因为式(8-21)中,质量矩阵与声速的平方成反比。同时计算域长度越长,其纯声学频率越低。

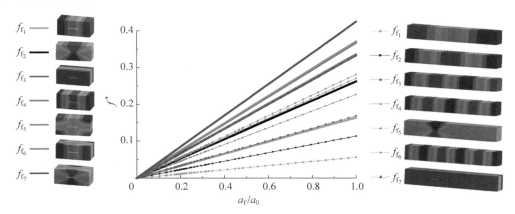

图 8-5 翼形试验段声学模态频率随声速和计算域的变化规律[3]

左侧为较短计算域低阶声学模态,右侧为较长计算域低阶声学模态

联立求解方程(8-20)、方程(8-21),可获得水洞中翼形的湿模态频率如图 8-6 所示,其中下标 f 表示声学模态,下标 s 表示水中结构湿模态,可以看到,如果按频率高低排序来绘制耦合系统的模态随声速的变化,耦合系统的模态在与声学模态交点处出现了很多转折,在水平线段,耦合模态表现出结构固有模态的振型,在斜线段,耦合模态表现出声学模态的振型。进一步按结构模态分类来研究模态随声速的变化规律发现,声固耦合系统中,有两种主要的耦合方式。

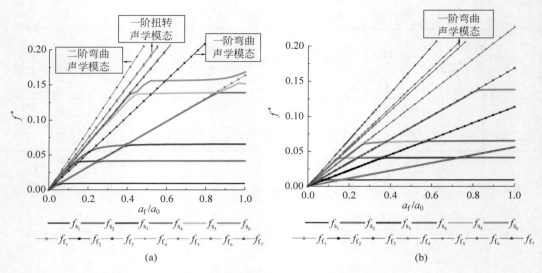

图 8-6　流固耦合低阶模态随声速的变化[3]

（a）短计算域；（b）长计算域

1. 强耦合方式

强耦合方式指的是当声压模态在结构表面的压力分布与结构模态的位移形态一致时水体与结构的耦合模态。比如图 8-7（a）中，二阶声压模态显示翼形背面压力与正面压力反相，这种压力的作用方式会加强结构一阶弯曲位移的变化，而图 8-7（b）中五阶声压模态显示翼形头部与尾部的声压模态反相，这种力的作用方式会加强结构的一阶扭转。图 8-7 表示了结构的一阶弯曲湿模态、一阶扭转湿模态以及二阶弯曲湿模态以及与各阶位移形态一致的声学模态随声速的变化关系。可以看到，当结构湿模态频率小于声学模态频率时，系统耦合模态不受声速变化的影响，位于水平线段，但由于附加质量的影响，其值低于结构干模态频率；但是当声学模态频率低于该水平值时，结构湿模态会随着声速的变化而线性变化，出现强耦合模态，在耦合系统的模态中，这一模态具有相对较大的模态位移幅值。在图 8-7 中，当流体声速小于 $0.1a_0$ 时，结构湿模态会随声速线性变化。

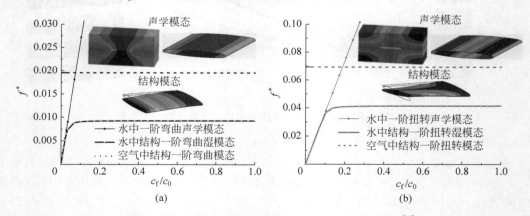

图 8-7　翼形结构的前三阶模态频率随流体声速的变化[3]

（a）f_{f_2} 与 f_{s_1} 一阶弯曲模态；（b）f_{f_6} 与 f_{s_2} 一阶扭转模态；（c）f_{f_7} 与 f_{s_3} 二阶弯曲模态

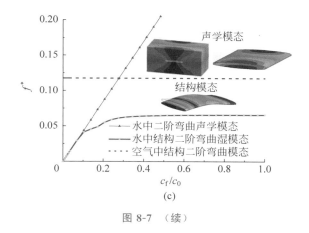

图 8-7　（续）

2. 弱耦合方式

当水体的声压模态与结构模态不一致时,声压模态会以弱耦合的方式影响耦合系统的频率,在结构湿模态中会出现与声压模态压力作用方式一致、频率相同的模态形式,但是其相对位移比强耦合湿模态低 1～2 个数量级。图 8-8 显示了一阶声学模态对系统耦合模态的影响。黑色、红色、蓝色和粉色实线依次为系统的前 4 阶耦合模态随声速的变化,绿色带点的直线为一阶声学模态。随着声速的减小,所有模态在与一阶声学模态线相交前都保持原有频率和模态振型不变,在与一阶声学模态线相交后,耦合模态变为声学模态,其频率随声速的降低而降低,结果,当声速较低的时候,在两个结构固有模态之间会出现一个新的来自声学方程的模态。以图中 $a_f/a_0 = 1$ 和 $a_f/a_0 = 0.2$ 为例。在 $a_f/a_0 = 1$ 时,系统的前三阶耦合模态依次为结构的一阶弯曲、一阶扭转模态以及二阶弯曲模态,但当 $a_f/a_0 = 0.2$,系统的前三阶耦合模态依次为结构的一阶弯曲、流向模态(来自声学模态)以及一阶扭转模态,二阶弯曲模态变为第四阶模态。虽然弱耦合模态相对幅值较小,但在声学模态被激励的情况下,对结构的影响也需要引起关注。

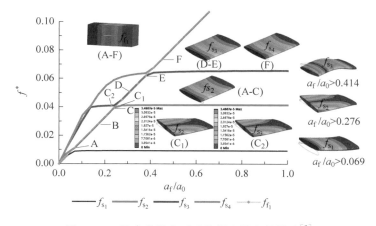

图 8-8　一阶声学模态对系统耦合模态的影响[3]

需要说明的是,本节所计算的声学模态是将流体域仅取为试验段,同时进出口边反射系数为 0.3 的条件下获得的。在实际工程中,流体域的声学模态取决于整个水力系统,因此声学模态频率的数值会有一些变化,但是这不影响以上结论,即在流固耦合问题中,当流体域声速发生变化的时候,会导致结构湿模态的模态转移现象。特别是对声学模态压力分布与结构模态位移形态一致的强耦合情况,在该声学模态频率低于结构原湿模态频率的时候,结构固有模态频率(湿模态频率)会随着声速的变化而变化。虽然大多数实际工程中,结构周围的水体声速可以认为是一定的,但是在气液两相流等情况下,可能出现结构湿模态与单相水中结构湿模态不同的情形。

8.2.3　附着空化对翼形结构湿模态影响

在 8.2.2 节的讨论中,假设了水体为均质流体,但在水力机械出现空化的情况下,空泡在水中的分布经常是不均匀的,比如在尾水管空化涡带、翼形空化、叶道涡等空化工况时,空泡仅集中在部分流体域。空泡的存在也改变流体中的声压传播特性从而对结构的湿模态产生影响,同时,试验表明,空化空腔内并不是纯净的水蒸气,而是汽、水混合流体,其内声速会因含气量的不同而不同,且与纯水或纯气条件下差别很大。

为了研究这一现象,刘鑫[5] 和王薇[4]对空化流中的翼形湿模态进行了研究,计算了图 8-9 所示的包含空化的水翼在水体中的结构湿模态,其中下标 sc 表示空化条件下的结构湿模态。发现在空化条件下,翼形的湿模态频率比纯水中高,比在空气中低。同时保持水中声速不变 $a_f = a_0$,当空腔内的声速 a_c 发生变化的时候,翼形的前三阶模态频率出现了如图 8-9 所示的转移现象。当空腔内声速较大时,翼形湿模态振型及频率不随声速变化,如图 8-9 中声速较大的直线区域,对应结构模态形状见图 8-9(b)右侧;但在较小声速时,翼形湿模态振型及频率都会随声速而变化,见图 8-9 中声速较小的斜线区域,对应结构频率列在图 8-10 中,且在声速很小(如 $a_c/a_0 < 0.2$ 时),翼形的第三阶模态是位于扭转模态和二阶弯曲模态之间的模态。而在更小声速时(如 $a_c/a_0 < 0.13$ 时)翼形的扭转模态(原二阶模态)变为三阶模态。

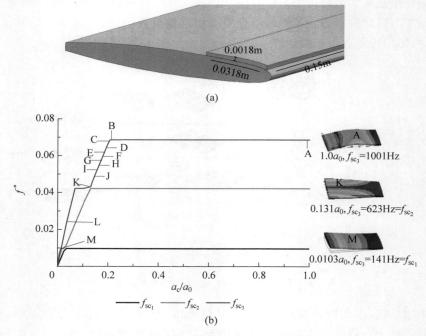

图 8-9　带空化的翼形前三阶模态转移线[4]

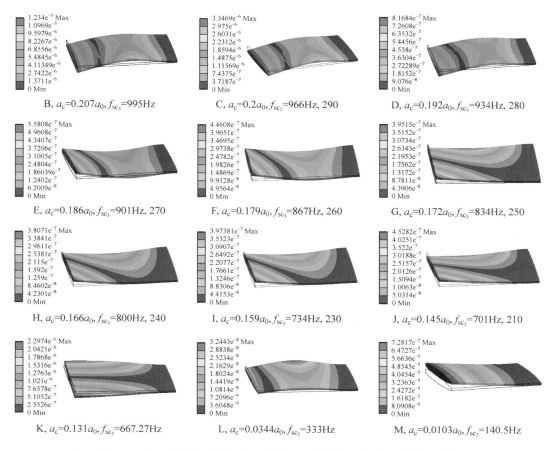

图 8-10　模态转移线上的结构模态（B、C，～M 代表图 8-9（b）中斜线上的各点）

王薇[4]进一步对此现象的发生原因进行了分析。图 8-11 中带点的细实线是含有空腔的两相水域的声学频率 f_{fc} 随空腔内声速 a_{c} 的变化（空腔外水体的声速保持 $a_0=1200\text{m/s}$ 不变），可以看到，含有空腔的水域的声学频率也出现了频率转移的现象，在一些声速区内，含空腔的水域声学频率随空腔内声速直线变化。为此，将空泡与水体及固体交界面假设为刚性壁面，计算了独立空泡的声学模态，图中不带点的虚线为独立空泡的声学模态随空腔内声速的变化曲线（用下标 cc 表示），可以看到，含空腔水体的声学模态转移是因为在水体中出现了空腔的声学模态，而空腔的这个声学模态会导致结构在水体中的模态振型及频率的变化。

将空化水流中结构湿模态频率随在空腔内声速的变化与含空腔（声速变化）的水体的声学频率放在一起（图 8-12）中就可以发现，结构湿模态的模态转移线都位于含空腔（声速变化）水体的声学模态转移线上。

但是，单相水体中结构湿模态的模态转移线上的模态振型基本与压力振型的作用方式一致，而在含空化水体中，转移线上的结构湿模态振型却同时受到结构振型与声学模态压力作用方式的影响，在转移线上出现了既非结构模态，也不完全与声学模态压力作用方式一致的中间模态，振型见表 8-3。也就是说，在有空化的条件下，一些情况下翼形湿模态结构振型可能发生变化。

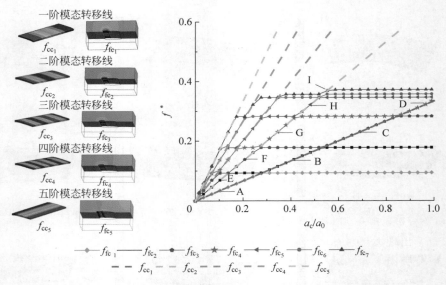

图 8-11 空腔的低阶声学模态(f_{cc})和含空腔水体的低阶声学模态(f_{fc})[4]

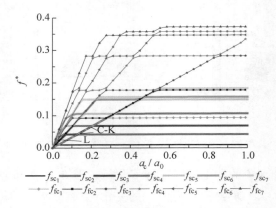

图 8-12 空化流中翼形的低阶湿模态(f_{sc})及
含空腔水体的低阶声学模态(f_{fc})[4]

表 8-3 模态转移线上翼形结构湿模态振型、声压振型(E,I,L 为图 8-12 中斜线上的点)[4]

	E,$0.186a_0$	I,$0.159a_0$	L,$0.034a_0$
结构湿模态 (FSI 耦合计算)			
声学模态 (FSI 耦合计算)			
声学模态 (非耦合计算)			

8.2.4　转轮内空化对转轮结构湿模态影响

当水轮机转轮内发生空化时,也可能出现类似翼形在空化流场中的模态转移现象。为此,对转轮内发生叶道涡空化时的情况进行了分析,根据 6.4 节中叶道涡的试验及计算结果,建立包含空化叶道涡的转轮模型如图 8-13(a)所示。

由于实际空化区的流体为气体与水的混合流体,其内部声速取决于混合流体的密度,在计算中,假设水体的声速为 1450m/s,空化区域内的声速在 5～1450m/s 变化。图 8-13(b)是含水体和空化区的流体域声学模态随空化区声速变化关系,可以看到,前 13 阶声学模态随着空化区声速的变化呈现线变化,而且每条直线上的声学模态振型保持不变,并未出现模态转移现象。其中前 10 阶声学模态的振型为 1ND、2ND、3ND、4ND、5ND 模态,$f_{sc_{11}}$、$f_{sc_{12}}$ 和 $f_{sc_{13}}$ 为不对称的振型,这几阶声学模态为水体域的声学模态;从 14 阶声学模态开始,声学模态的频率出现大幅度的增长,并出现模态转移现象,这些声学模态受到了空泡的影响,其中斜线部分为由空化区引起的新声学模态。

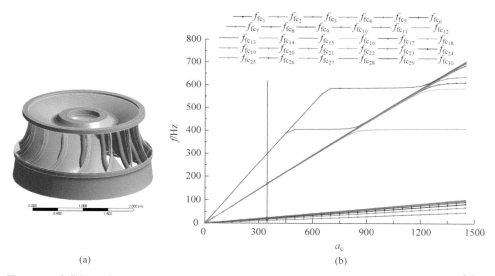

(a)　　　　　　　　　　　　　　　(b)

图 8-13　叶道涡区域以及叶道涡工况下转轮内流体声学模态频率随空泡声速的变化关系[4]
(a) 叶道涡区域;(b) 声学模态频率随声速的变化

图 8-14 是流固耦合计算的结构湿模态频率变化情况。可以看到当空化区域内声速位于 250～900m/s 区间时,系统的耦合振动模态包含水平线段和斜线部分,其中水平段上的各阶模态(第 14 阶及以上)分别为结构自身的 1NC(节圆,node-circle)、1ND(节径,node-diameter)、2ND、3ND、4ND、5ND 等模态,对应的湿频率不随声速的变化发生变化;而斜线上的模态(第 1～13 阶)为与水体的声学模态弱耦合形成的模态,其频率随着声速的变化呈直线变化,但其振幅相对位移比结构固有模态小一个数量级。

同时在低声速和高声速区还存在两种模态转移现象,当空化区域内声速大于 900m/s时,模态转移现象是由流体域的声学模态引起的,接近声速为 1450m/s(无空化)条件下的转轮的模态转移,其引起的效果是使结构的各阶结构湿模态的频率降低,但是模态的振型基本不变。

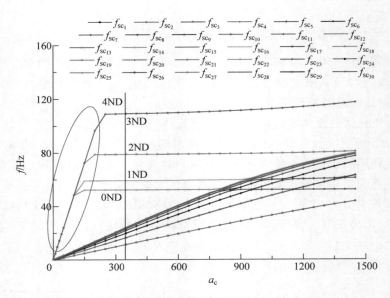

图 8-14　转轮结构湿模态频率随叶道涡内声速的变化规律

当空化区域内声速较小,小于 250m/s 时,结构的模态转移是由空化空腔的声学模态引起的弱耦合现象。在模态转移阶段,其频率随着声速的变化呈直线变化,这些模态是与第 14～28 阶模态相关的模态转移。但其振幅相对位移比结构固有模态小一个数量级。

上面的分析表明,在实际工程中,由水体部分的声学模态引起的低阶弱耦合模态为 1ND、2ND、3ND、4ND、5ND 等模态,虽然这些模态可能与转轮动静干涉激励模态一致,但其频率普遍较低(小于 30Hz),与动静干涉激励频率的差别较大,所以一般不易被激励。而由空化区域部分的声学模态引起的弱耦合模态为非对称模态,可能与尾水管涡带等激励模态一致,但是其频率一般高于尾水管涡带的频率,因此,一般也不易被激励。总之,以上计算表明由声学模态引起的弱耦合湿模态(图 8-14 中斜线部分的模态)一般不易被激励。

计算结果还表明在无空化的水中,叶轮的湿模态频率比干模态频率降低较多,在叶道涡条件下的湿模态虽然略高于无空化条件的值,模态阶次越高,差别越明显,但总体而言,二者差别较小。

转轮内的另一类常见的空化是叶片出水边空化,见图 8-15,由于空化集中在出口边附近,发生空化后,转轮叶片为半湿状态,以空泡内声速为 343m/s 为例,计算结果表明转轮低阶模态形状变化不大,但是湿模态频率却比水中明显提高,几乎接近空气中的模态频率,而且在 4ND 模态附近出现了新的不对称的结构模态。相比较叶道涡空化,叶片表面空化对结构的湿频率影响比较大,增加了新的模态。因此,在实际工程中,出水边空化对结构模态的影响要特别注意。

图 8-15　叶片出水边空化示意

总之,在流道中间的空化对转轮结构频率及模态影响不大,但在叶片表面的空化可能会使结构湿模态频率比单相水体中的高,同时有可能出现与空化相关的新的结构模态。

8.3　双向流固耦合和单向声固耦合方法的比较

流固耦合计算的第一类问题是预测结构湿模态,第二类问题是预测流体中结构的响应。对水体中的结构响应问题,目前主要有采用松耦合的双向流固耦合(TW-FSI)和单向声固耦合(ASOW-FSI)计算方法,在双向流固耦合计算中,流场和结构场交互迭代,流场计算所得表面力传递给结构场,而结构的位移传递给流场,因而在计算中需要采用动网格技术处理结构的变形,计算工作量大,且动网格处理中容易出现网格畸变而导致计算失败;而单向声固耦合是在获得非定常流场的解后将其激励力施加在耦合面上对结构场进行计算,对计算资源的要求相对较小,但是却没有考虑结构位移对流场的影响。为了比较两种计算方法的适用性,分别使用 TW-FSI 法与 ASOW-FSI 法进行水流中弹性支撑的刚性圆柱流激振动现象数值模拟,并与试验结果进行比较,下面简单介绍计算结果及结论。

8.3.1　算例简介

算例采用 Khalak 等[7]试验中的低质量阻尼比圆柱绕流,定义质量比 m^*,约化速度 U_r,无因次频率 f^* 分别为

$$m^* = \frac{m_s}{m_d} \tag{8-34}$$

$$U_r = \frac{U_\infty}{f_n D} \tag{8-35}$$

$$f^* = \frac{f_v}{f_n} \tag{8-36}$$

式中,U_∞ 是来流速度;D 是圆柱直径;f_v 是圆柱绕流的涡脱落频率;m_s 是圆柱体的质量;m_d 是圆柱体排开水的质量;f_n 是圆柱在静水中的固有频率。试验所用圆柱的质量比为 2.4,阻尼比为 0.0045,约化速度取值范围大致为 2~16。在试验中约束了圆柱的流向位移,主要的振动为横向振动,通过改变来流速度改变约化速度,图 8-16 星号(*)点是不同约化速度下的试验结果。在约化速度为 6 附近发生了共振现象,振动幅值非常大,在约化速度为 7~12 的范围内发生了锁频,锁频范围内,振动幅值也较高。

在计算中直径取 0.01m,圆柱体不发生弹性变形,只有横向振荡。由于速度改变时,雷诺数改变,对黏性底层网格的要求也不同,为了简化计算,将来流速度固定在 0.1m/s,即雷诺数固定为 1000,通过改变弹簧的刚度调整系统的固有频率来改变约化速度的大小,这样不需要在每一个约化速度下重新确定流场计算的网格和时间步长。在单向流固耦合计算中,通过声固耦合方法考虑附加质量的影响,计算域包含了结构场和周围流体。

8.3.2　两种方法所得计算结果的比较

通过两种方法计算得到的无因次振幅 A^* 和无因次频率 f^*,分别在图 8-16(a)和(b)中与试验结果进行了比较。其中双向流固耦合方法可以相对准确地预测锁定现象,约化速度 U_r 为 2~4 时,自然漩涡脱落频率与固有频率的比值 $f_v/f_n < 1$,涡脱落频率及结构响应

频率随约化速度的增加而增加；$U_r \geqslant 5$ 时，$f_v/f_n > 1$，涡脱落频率及结构响应频率都被限制在 f_n 附近。在锁定范围内，振幅随约化速度的变化规律与试验基本吻合。但是双向流固耦合在共振点附近预测的幅值却远小于试验值。同时，在非锁频的区域，单向耦合计算结果比双向耦合计算结果更接近试验结果。特别是共振工况，单向耦合计算的幅值比双向耦合结果更接近试验值。

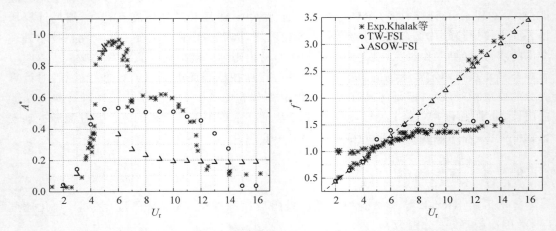

图 8-16　双向流固耦合和单向流固耦合计算方法对圆柱涡激振动预测结果的比较

　　单向耦合中采用紧耦合的方式考虑了周围流体声学模态的影响，同时共振工况下流体激励力的频率与作用方式与结构固有频率及振动模态一致，因此可以较好预测共振工况的幅值。

　　在双向流固耦合中，考虑了结构场的振动对对流场的影响。流场结果显示，不同工况对应的漩涡形态不同。图 8-17 表明，在小于共振工况的约化速度工况，漩涡呈 2S（2 single vortex）模式（如 $U_r = 2.18$）。在锁频区，漩涡呈双对涡（2P，2 vortex Pair）模式，每半个周期在圆柱一侧释放两个漩涡（如 $U_r = 5.46$ 和 $U_r = 8.73$）。在试验中出现共振的工况附近也确实观察到了特殊的双排 2P 漩涡。在锁定区域右侧，漩涡的形态接近 2S 模式，但其漩涡释放位置向后移动了一段距离（如 $U_r = 14.18$）。可见，在锁频区，结构场位移对流场影响较大，流场完全被结构运动所主导。然而单向耦合计算时忽略了结构运动对流场的影响，与锁

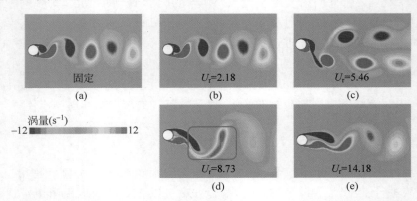

图 8-17　不同约化速度时双向流固耦合计算的尾涡结构与固定圆柱后尾涡结构

定现象的真实物理过程不符。固定结构的非定常流场结果不能反映锁频工况下流场的激励频率及振型,因此计算结果与实测数据差别较大。

在本算例中,质量比和阻尼比都比较小,结构对流动不稳定的响应较大,结构场位移对流场扰动较大,出现了较宽的锁频区。以上计算结果表明,在结构场位移对流场影响较大的情形下,比如在水力机械的卡门涡引起的涡激振动工况,采用双向流固耦合计算是必要的,但在非锁频工况,采用单向流固耦合不仅可以节省计算资源,其结果也能合理反映响应的幅值水平。

8.4　流固耦合问题中的水力阻尼分析

8.3 节中的算例表明在结构场位移对流场影响较小、不致反过来对结构受力产生影响的情况下,单向流固耦合计算在工程上有很大的优势。但是单向流固耦合计算中,水力阻尼对结构振动幅值的预测和动应力幅值的预测非常重要。下面介绍有关分析方法及相关结果。

8.4.1　水力阻尼分析方法简介

随着计算流体力学的发展,通过数值模拟获取水力阻尼参数的研究方法得到广泛应用。目前水力阻尼的数值模拟方法主要有双向流固耦合法和能量法两种方法。

双向流固耦合法是通过流固耦合交界面进行流场和结构场的数据传输。激励结构后,结构产生振动响应并以"总网格变形"的形式传递给流场。流场迭代计算后,计算结果以"合力"的形式传递给结构。最后通过监测点记录流场网格变形来记录振动响应,并采用对数衰减法处理响应数据,得到水力阻尼参数[8,9]。基于双向流固耦合的模拟方法计算精度较高,但需要大量的计算资源,适用于简单结构。

相比双向流固耦合法计算水力阻尼,能量法[10-12]能够节省资源,较短的时间内得到较为准确的阻尼系数,计算精度也相对较高。下面对能量法的基本思想介绍如下。

物理坐标系下的多自由度方程可在模态空间解耦为各模态坐标下的单自由度方程(8-25)。

在流固耦合问题中,考虑各模态下流体引起的附加质量、附加阻尼以及附加刚度,可简单将结构在流体中的振动有限元方程写成方程(8-26)。

大量试验表明,对动水中的结构振动,流动引起的附加阻尼比结构内阻尼大一个数量级。因此,结构阻尼可忽略。同时注意模态空间上的方程组已经解耦,则对任意 n 阶模态,解耦后的振动方程为

$$(M_{\mathrm{M}n} + M_{\mathrm{A}n})\ddot{q}(t) + C_{\mathrm{A}n}\dot{q}(t) + (K_{\mathrm{M}n} + K_{\mathrm{A}n})q(t) = F_{\mathrm{M}n} \tag{8-37}$$

对任意 n 阶模态,模态频率及阻尼系数可分别写为

$$\omega_n^2 = \frac{K_{\mathrm{M}n} + K_{\mathrm{A}n}}{M_{\mathrm{M}n} + M_{\mathrm{A}n}} \tag{8-38}$$

$$\zeta_n = \frac{1}{2\omega_n} \frac{C_{\mathrm{A}n}}{M_{\mathrm{M}n} + M_{\mathrm{A}n}} \tag{8-39}$$

对流体中的结构而言,如果结构的某阶模态被激励,假设为正弦振动,$q(t) = q_n \sin(\omega_n t)$,在整周期内流体对结构的模态力在模态位移上所做的功为

$$W = \int_0^T F_{Mn} \mathrm{d}q = \int_0^T F_{Mn} \dot{q} \mathrm{d}t$$
$$= \int_0^T [(M_{Mn} + M_{An})\ddot{q}(t) + C_{An}\dot{q}(t) + (K_{Mn} + K_{An})q(t)]\dot{q}(t)\mathrm{d}t \qquad (8\text{-}40)$$

由于三角函数的性质,等式右边的第一项和第三项积分为 0,因此

$$W = \int_0^T C_{An}\dot{q}^2(t)\mathrm{d}q = C_{An}\pi q_n^2 \omega_n \qquad (8\text{-}41)$$

从能量平衡的角度而言,水力阻尼消耗的功要由模态力在模态位移上所做的功来平衡,才能维持结构在这个模态下的周期性振动,这个功可以通过结构表面的压力积分获得

$$W = \int_0^T F_{Mn}\dot{q}\mathrm{d}t = -\int_0^T \int_A p \, \mathrm{d}A \dot{u}_n \mathrm{d}t \qquad (8\text{-}42)$$

式中,p 为结构表面的压力,$\dot{u}_n$ 为结构在法向方向的位移速度。由式(8-42)和式(8-39)可得

$$\zeta_n = -\frac{\int_0^T \int_A p \, \mathrm{d}A \dot{u}_n \mathrm{d}t}{2\pi q_n^2 \omega_n^2 (M_{Mn} + M_{An})} \qquad (8\text{-}43)$$

因此,在数值计算中使结构在流场中以某个所关心的模态进行周期性正弦振动,那么理论上可以通过式(8-43)获得对水力阻尼系数的估算。下面列举几个针对典型结构的算例,对影响水力阻尼的主要因素进行分析。

8.4.2　流速对水力阻尼的影响

已有很多试验通过水洞翼形试验发现结构水力阻尼随着流速的增加线性增加。以 NACA0009 翼形为研究对象,采用能量法计算了翼形在不同流速下的水力阻尼[4]。翼形弦长为 0.1m,展向长度为 0.15m,厚度为 0.00322m,计算域几何尺寸与姚志峰等[13]的试验测试段一致。测试段为 0.15m×0.15m×0.75m 的矩形通道,水翼在通道中攻角为 0°,放置位置距测试段底部有 0.079m。计算域进口到水翼中心距离为 0.3m(图 8-18)。

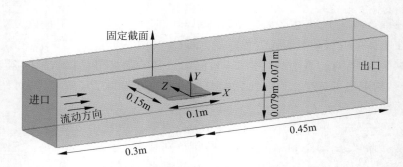

图 8-18　用于水翼水力阻尼计算的计算域

翼形 NACA0009 的一阶弯曲模态(f_1)、一阶扭转模态(f_2)和二阶弯曲模态(f_3)的固有频率与试验频率吻合得较好。采用能量法进行不同流速下翼形一阶弯曲模态的水力阻尼

的计算。图 8-19 为计算结果与试验结果的比较,其中横坐标为约化速度 U_r

$$U_r = \frac{C}{fL} \tag{8-44}$$

式中,C 为翼形进口速度;f 为翼形的响应频率;L 为翼形弦长。图 8-19 显示计算的水力阻尼系数的结果与实测结果吻合得很好。

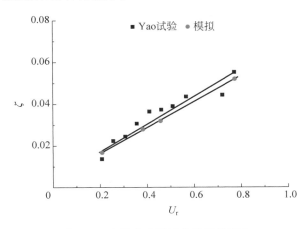

图 8-19　水翼水力阻尼随流速的变化

8.4.3　壁面距离对水力阻尼的影响

Valentín 等[2]在水池中的圆盘试验结果表明,圆盘的水力阻尼随壁面距离 b 的减小而增大。为此,采用能量法计算了水池中圆盘离壁面不同距离时的水力阻尼,计算结果见表 8-4,计算也表明圆盘的水力阻尼随着离壁面距离的增加而增加,但是在 2 节径模态下,计算的水力阻尼系数普遍比试验值高,且偏差较大,主要是因为试验在静水中进行,由于圆盘的模态位移非常小,所引起的流动扰动很小,按式(8-43)计算水力阻尼时,分子和分母的值都非常小,导致计算误差很大。所以采用能量法计算静水中的水力阻尼误差较大。

表 8-4　试验和数值模拟的水力阻尼系数比较

模态	$b=300\text{mm}$			$b=28\text{mm}$			$b=11\text{mm}$		
	试验值	计算值	偏差/%	试验值	计算值	偏差/%	试验值	计算值	偏差/%
(2,0)	0.00112	0.0041	266	0.00223	0.0073	227	0.00657	0.046	600
(0,1)	0.0011	0.00345	214	0.00241	0.00487	102	0.00527	0.0096	82.1

8.4.4　负水力阻尼现象及水力阻尼非线性特性

在一些特殊的情况下,在流固耦合现象中可能出现负阻尼现象,这可以利用式(8-42)简单解释如下:在式(8-42)中,当 $q(t)=q_n \sin(\omega_n t)$ 时,可以认为结构表面的力也是周期性的,且与结构位移间存在相位差,$F_{Mn}=F_{Mn0}\sin(\omega_n t + \Delta\varphi)$,则

$$W = \int_0^T F_{Mn}\dot{q}\,dt = \int_0^{2\pi/\omega} q_n\omega\cos(\omega t)F_{Mn0}\sin(\omega t + \Delta\varphi)\,dt = q_n\omega F_{Mn0}\sin(\Delta\varphi) \tag{8-45}$$

所以相位差 $\Delta\varphi$ 为正（0～180°）的时候,流场对结构场的影响表现为正阻尼,但是当相位差 $\Delta\varphi$ 为负的时候（-180°～0）,流场对结构场的影响为负阻尼,如果系统中没有其他阻尼,则系统是不稳定的。由于结构及流场的非线性效应,阻尼也是非线性的,结构振动幅值虽然不会无限增加,但是会稳定在某个很高的幅值,这对结构的破坏是非常大的。

水翼或其他钝体绕流中的锁频现象也与负阻尼有关。下面以 8.3 节中的简单圆柱流激振动的算例说明锁频区域的负阻尼现象。采用能量法计算了不同约化速度时的阻尼系数,计算时同样将来流速度固定在 0.1m/s,此时圆柱绕流漩涡脱落频率为 $f_{v0}=2.17$Hz。为了考察锁频范围及附近的水力阻尼特性,在此质量-弹簧-阻尼构成的系统中,通过改变弹簧的刚度来改变结构固有频率,以此调整约化速度的大小。由于来流速度固定,约化速度为 2～16 时对于结构固有频率的范围是 5～0.625Hz。图 8-20(a)是模态位移 $q=0.006$m 时的计算结果。可以看到,在共振及部分锁频范围内（$U_r=4.6$～8）,所计算的水力阻尼为负,且共振工况,负阻尼系数的绝对值最大。当约化速度再增加时,水力阻尼为正,且阻尼系数随着约化速度的增加而增加。

表 8-5 中列出了几个典型固有频率下的水力阻尼计算结果,表中同样给出了圆柱受力与振动速度的波形图及尾涡形态及振荡频谱图,也可以看到,不同约化速度时,尾涡的形态差别很大,由此导致流体做正功与负功的区域大小不同,在共振工况,正功区大于负功区,对应负阻尼工况,而当负功区大于正功区时,则表现为正阻尼。

计算结果还表明,阻尼系数有很强的非线性特性,其符号和大小与所给定的初始位移大小有关,图 8-20 是在共振工况附近约化速度为 4.6Hz 时,采用不同模态幅值的计算结果。即使对于共振工况,当给定模态位移特别大的时候,也会表现出正阻尼,这说明,在共振工况下,在一个振动周期内位移较小的时段内,流体对结构表现为负阻尼,这是系统共振及锁频的原因,而在位移较大的时段内,流体对结构的作用为正阻尼,这也是实际共振工况下,系统的振动幅值不会增加到无穷大的主要原因。

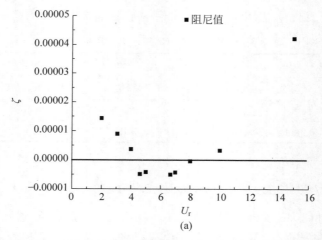

图 8-20　约化速度及模态幅值对圆柱水力阻尼系数的影响

(a) 模态位移一定时的计算结果;(b) 共振工况下模态位移变化时的结果

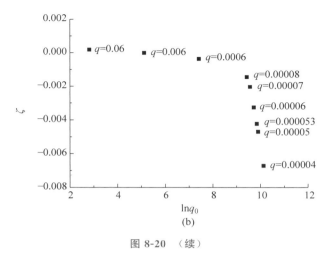

图 8-20　（续）

　　由于水力阻尼的非线性特性,在实际工程中附加水力阻尼的选取在很大程度上依赖于经验。对水力阻尼的上述试验和计算结果,可为水力阻尼的选取提供一定参考。

　　需要说明的是,本节中的能量法分析水力阻尼时采用了方程(8-37),来源于方程(8-26),理论上并不严谨,一些流固耦合问题,不能通过该方程简化,使用能量法时需要注意。

表 8-5　圆柱在不同振动频率时卡门涡脱落频率及结构受力与振动速度波形图

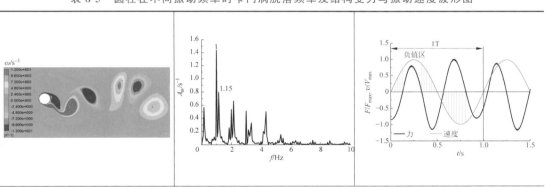

$f_n = 1\text{Hz} < f_{v0}$,$U_r = 10$,阻尼值为 $\zeta = 3.27 \times 10^{-6}$,$f_v = 1\text{Hz}$,非共振和锁频工况

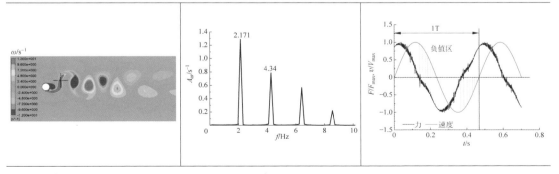

$f_n = 2.17\text{Hz} = f_{v0}$;$U_r = 4.6$;$\zeta = -5.085 \times 10^{-6}$;$f_v = 2.17\text{Hz}$ 及其倍频,共振工况

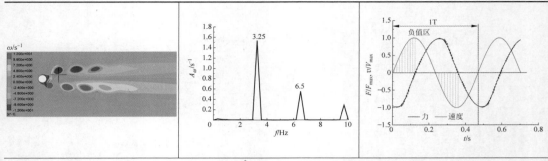

$f_n = 3.25\,\text{Hz} > f_{v0}$；$U_r = 3.0$；$\zeta = 8.89 \times 10^{-6}$；$f_v = 3.25\,\text{Hz}$，非共振及锁频工况

8.5 水力机械动应力分析实例

对水力机械流激振动问题，除了少数特殊的自激振动问题（如翼形出口卡门涡锁频工况），大多数情况下结构位移对流场影响较小，因此，单向流固耦合在水力机械的结构动应力分析中得到广泛的应用。本节实例在计算转轮及其他结构动应力时，采用了基于声固耦合的单向流固耦合方法。其具体流程如图 8-21 所示。下面介绍两个典型水力机械动应力分析实例。

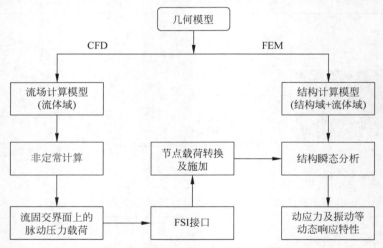

图 8-21 水力机械中单向流固耦合计算流程

8.5.1 水泵水轮机动静干涉共振工况下转轮动应力预测

本算例选取的模型水泵水轮机如图 8-22 所示。该机组包含 10 个固定导叶，20 个活动导叶，转轮叶片数为 6，转轮直径 404mm，额定转速 n_r 为 4929r/min，额定水头 492m。计算模型考虑了上冠、下环外及密封处的间隙[6]。

水泵水轮机转轮弱耦合动应力分析是以非定常流场计算得到转轮表面的脉动水压力为载荷边界条件。为了准确获取水力激励力，CFD 流场计算域为整个流道，包括蜗壳、固定导

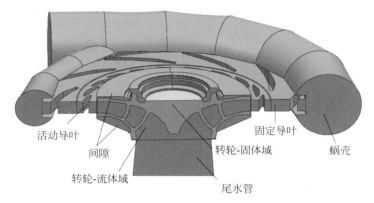

图 8-22 水泵水轮机模型机组

叶、活动导叶、转轮、尾水管,并且考虑了上冠、下环外及密封处的间隙。

由于实际电站在启动过程中出现了共振,因此对同一开度不同转速下的工况进行了非定常流场计算,并将计算结果通过界面传输程序传递给包含在实际流道中的结构场,获得转轮的位移场及应力场。图 8-23 是不同转速 n 下在叶片进口上冠根部(CP)及下环根部(BP)最大应力集中点上应力幅值 A_σ 的计算结果和实测结果,可以看到二者吻合较好。在启动过程中,随着转速增加,计算动应力幅值逐渐增大,在 91.3% 额定转速附近出现峰值,随后动应力幅值急剧降低,这是因为转轮 2ND+4ND 的模态对应固有频率约为 1380Hz,20 个活动导叶与 6 转轮叶片组合时动静干涉的 2ND+4ND 激振模态频率为 $20f_n$,当转轮在 80%~100% 额定转速范围运行时,激振频率与模态固有频率接近,会引起转轮共振,所以出现了动应力激增的情形。

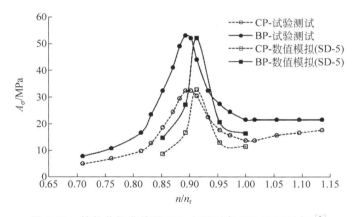

图 8-23 转轮共振曲线图(CP-上冠测点,BP-下环测点)[6]

这个算例还表明,在对转轮这类淹没部件在共振工况的动应力预测中,是否考虑周围流体的声学影响导致的附加质量非常重要。通过比较发现,不考虑水体附加质量的计算域模型 SD-1 和不考虑间隙的计算域模型 SD-2 的预测结果与实测结果相差非常大,无法预测转轮的共振现象,共振点附近响应幅值远小于包含真实间隙的 SD-5 计算模型的动应力幅值。三种计算结果的比较见图 8-24。

图 8-23 给出的另一个启示是,对于非共振工况点,即当结构湿模态没有被激励的时候,

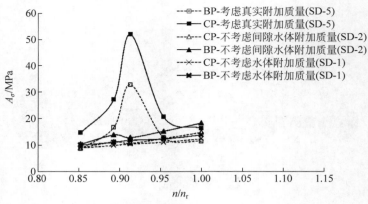

图 8-24   附加质量对转轮共振特性的影响[6]

CP—上冠测点；BP—下环测点

水体的附加质量对动应力水平的影响似乎并不大，这也是在工程上采用单相顺序流固耦合计算在很多情况下也能一定程度预测结构动应力的原因。

下面的算例针对另一个抽水蓄能机组真机，水泵水轮机转轮直径 $D_r = 5.1\mathrm{m}$，叶片数 $Z_b = 9$，额定转速 $n_r = 300\mathrm{r/min}$，固定导叶及活动导叶数 $Z_s = Z_g = 20$。由 4.1 节理论可知，在这各叶片数组合下，主要的低阶动静干涉模态为 2ND 模态，对旋转坐标系下结构的激励频率为 $20f_n$，对静止坐标系下的激励频率为 $2 \times 9f_n = 18f_n$。通过 8.1.4 节介绍的方程，可计算得到转轮在水中的各阶湿模态频率，其中 2ND 模态对应的湿频率为 $f_w = 57.8\mathrm{Hz}$。这意味着当转速上升到 $f_n = 0.578f_{n_r}$ 时，2ND 模态的动静干涉激励频率为 $20f_n = 20 \times 0.578 \times 5 = 57.8\mathrm{Hz}$，与转轮的 2ND 模态固有频率相同，可能引发共振。为此，在启动曲线上，选取了该非常接近此频率的情况（$f_n = 0.576f_{n_r}$）和另 3 个转速对应的工况计算了转轮的动应力。计算工况点见表 8-6。

表 8-6   机组启动过程中的工况点

工 况	Op1	Op2	Op3	Op4
转速 f_n/f_{n_r}	0.576	0.640	0.760	0.900
开度 a/a_r	0.303	0.333	0.376	0.427

计算采用了 8.3.2 节所述单向声固耦合方法，其中 CFD 流场计算域为整个流道，包括蜗壳、固定导叶、活动导叶、转轮、尾水管，并且考虑了上冠、下环外及密封处的间隙以及均压管；结构场计算中考虑了转轮内及转轮上下间隙的流体，以考虑流体附加质量的影响。图 8-25 是计算结果，因为在 $f_n = 0.576f_{n_r}$ 的工况下发生了共振，叶片上冠根部应力集中点的动应力远高于其他工况时的动应力。在时域图上其峰峰值达近 48MPa，而在转速较大的 Op2、Op3 和 Op4 工况，叶片上冠根部的动应力幅值分别为 7.5MPa、6.2MPa 和 6.6MPa。

选取 Op2 工况是因为其转频 f_n 为 3.2Hz，该工况下动静干涉激励频率在静止坐标系下为 $18f_n = 57.6\mathrm{Hz}$，也接近转轮的 2ND 动静干涉模态频率。从图 8-25（b）中可以看到，转轮的固有频率（$57.6\mathrm{Hz} = 18f_n$）在结构动应力响应中也有明显峰值，动应力峰峰值比 Op3 和 Op4 略大，但没有引发共振，这是因为，在旋转坐标系下，2ND 的水力激振型频率为 $20f_n$，旋转频率为 $10f_n$，反向旋转，每隔时间 $\Delta t = 1/(20f_n)$ 激励一次，并且在此过程中激振型旋转了半个周期,而转轮结构在旋转坐标系中可以看作是静止的,因此恰好可以激发出结构的 2ND 振型;$18f_n$ 为 2ND 的水力激振型在静止坐标系下的激振力频率,旋转频率为 $9f_n$,反向旋转,每经过时间 $\Delta t = 1/(18f_n)$,激振型旋转半个周期,但是由于转轮本身的转动,每一次激励都会产生 20° 的偏差,因此虽然转轮固有频率在动应力频谱中也有体现,但幅值并不大。以上分析说明,对水力激励力引起的共振问题,激励型的分析也非常重要。

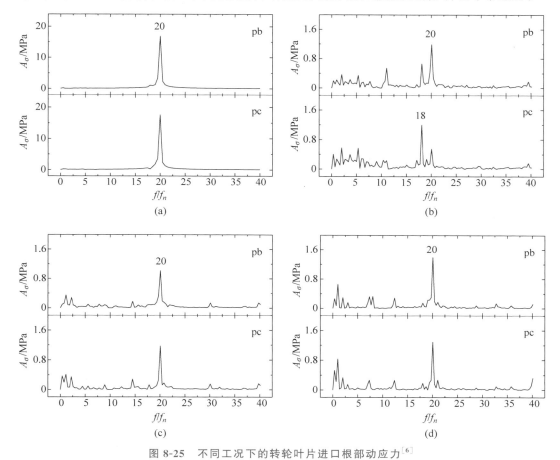

图 8-25　不同工况下的转轮叶片进口根部动应力[6]

(a) Op1;(b) Op2;(c) Op3;(d) Op4

以上分析虽然是针对启动过程中的具体工况,但是为了节省计算时间,在流动计算中对特定转速采用的定转速非定常计算。然而在实际启动过程中,转速和开度都随时间发生变化,动应力的变化有一定的时间积累效应,为了更真实反应启动工况中转速经历共振工况时转轮动应力的变化,取启动过程中经历共振转速附近 1s 的时间段进行计算,因为共振工况转频为 $f_n = 0.578 f_{n_r}$,对应转速为 173.4r/min,因此按照启动工况转速和开度变化曲线,计算工况的设置如下:转速在 1s 内从 161r/min 直线上升到 183.5r/min,流量和出口压力也按过渡过程计算的启动曲线上相应点的流量及出口压力给定,由此计算的转轮叶片进口边上冠根部的动应力曲线如图 8-26 所示,可以看到,在瞬变过程中,动应力并不是在预计的 $f_n = 0.578 f_{n_r}$ 的转频时出现最高,而是在稍后的 $f_n = (0.59 \sim 0.60) f_{n_r}$ 附近出现了幅值较大的动应力,这是因为瞬变过程中动应力的变化有一定时间积累效应。此外,考虑瞬态过程的动应力峰峰值也比定转速工况计算的值小,约为 24MPa,但仍然远大于其他非共振工况的动应力峰峰值水平。

以上瞬态计算也表明,虽然最大动应力在预测的共振转速之后出现,但是偏差并不是特别大,所以在实际工程中,通过转轮的湿模态分析快速判断可能发生共振的转速范围是可行的。

8.5.2 节的分析将会看到,启动工况的应力水平随着开度、转速和负荷的增加而增加,如果在较大转速或接近额定转速的工况如果发生共振,平均应力水平和动应力水平都比较高,对机组极具破坏性,如果启动工况中可能发生共振的转速和开度值较低,其平均应力水平和动应力水平相对较低,需要根据具体情况对动应力水平进行预估。

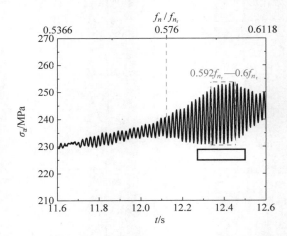

图 8-26 机组启动时转速从 153.4r/min 升到 176.1r/min 过程中叶片进口上冠根部动应力

8.5.2 瞬变过程中的结构响应

在 7.2 节中,采用一维和三维耦合计算可以获得水力机械结构部件在瞬变过程中所受到的水力激励力,将其加载在结构部件采用单向顺序耦合进行结构场计算,可以对结构在瞬变工况下的动应力水平进行评估,在没有自激振动等特殊情况时,单向顺序耦合计算的结果可以为工程设计提供比较可靠的参考。

下面是针对某电站的启动和甩负荷过渡过程进行的动应力分析算例的结果[15]。图 8-27 和图 8-28 分别是两种瞬变工况导叶与转轮间无叶区处的压力脉动计算值与实测值的比较,总体而言,计算值与实测值吻合较好,这说明流场计算的力特性在工程上是可靠的。

从图 8-29 可以看到,在启动工况,在 5~10s 区间,导叶开度 γ 不变,转轮已经达到了该开度下的最大转速,然后流量开始下降,转速降低;这个过程中,转轮内流动极其复杂,压力脉动较大,因此该时间段内的转轮应力的幅值也相对较大。当导叶迅速开大到空载开度的过程中,转轮的瞬时转速都低于该开度的名义飞逸转速,流动比较顺畅,整体压力脉动较小,转轮的应力幅值也较小。32s 之后,转轮的转速又达到该空载开度的最大转速,因此压力脉动幅值增加,动应力幅值也变大。

图 8-30 的计算结果表明,甩负荷过程中,当转轮转速上升到第一次进入飞逸工况时,转轮的压力脉动及应力幅值变化剧烈,最大应力趋近 800MPa(线弹性解)。然后随着转速的

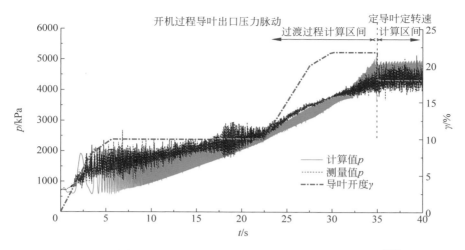

图 8-27　水轮机工况开机过程导叶出口压力脉动(水头 500m)[15]

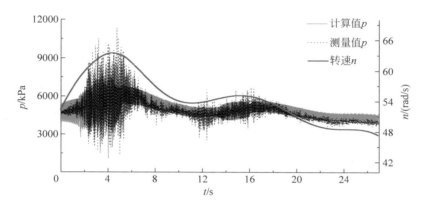

图 8-28　甩负荷过程活动导叶出口压力脉动计算值与实测值对比[15]

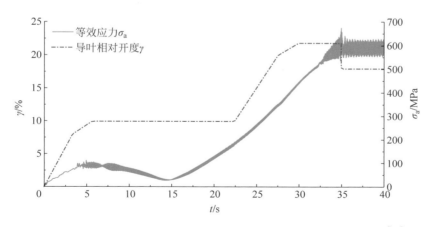

图 8-29　叶片进水边与下环连接处的应力 σ_a 随开机时间的变化曲线[15]

下降,动应力的均值随之下降,幅值也基本保持稳定。当转轮第二次进入飞逸工况时,动应力均值也再次上升,之后随着转速的下降而持续减小。

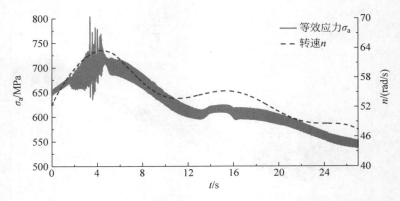

图 8-30　叶片进水边与下环连接处的应力 σ_a 随甩负荷暂态过程的变化曲线[15]

8.5.3　轴流转桨机组活塞杆动应力分析[16]

本算例的轴流转桨机组与 6.7 节中的相同,机组出现了活塞杆断裂事故,因此重点对不同运行工况时水压力作用下的活塞杆动应力进行分析。轴流转桨机构结构复杂,如图 8-31 所示。为了研究活塞杆受力,对不同桨叶转角 φ 下桨叶调节机构的力传递关系进行分析,如图 8-32 所示。得出了不同的桨叶角度下单个桨叶绕枢轴扭矩与通过转臂、耳柄传递到操作架上的作用力的传递系数,如图 8-33 所示。由此可通过桨叶绕枢轴的水力矩 T 换算出连板对操作架的作用力 F。

图 8-31　轴流转桨机构

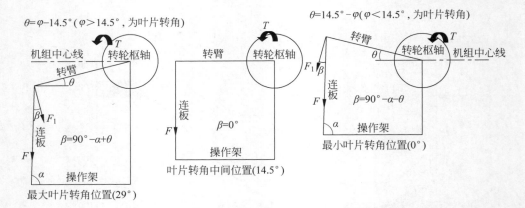

图 8-32　桨叶调节机构力传递关系示意

由于转轮的旋转及转轮内三维非定常流动,特别是由于偏离最优工况下无叶区漩涡的周向旋转(参见 6.7 节),桨叶上会受到的周期性脉动压力,桨叶枢轴上的扭矩也会周期性变化,图 8-34 显示在高水头小功率的工况(GK3)以及最优工况附近的工况(GK4)时每个桨叶上扭矩的时域图,可以看到,在工况 3 扭矩脉动峰峰值达 33.5Tm,远远大于工况 4 时的2.2Tm。且每个桨叶上的扭矩脉动并不同步,而是存在相位差,因此同一时刻,操作架上的每个耳孔上的受力并不相同。

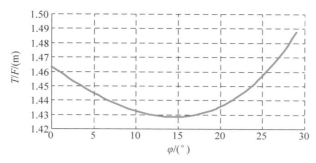

图 8-33 桨叶绕枢轴扭矩-操作架作用力传递 T/F 与桨叶转角 φ 的关系曲线

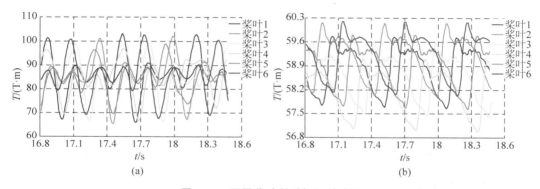

图 8-34 不同桨叶所受扭矩时域图

(a) GK3；(b) GK4

为了更准确地描述活塞杆的受力状态，在计算的过程中，将活塞杆、卡环、操作架用接触单元联结为一个系统，对系统进行有限元分析，其整体系统的有限元模型如图 8-35(a)所示。活塞与转轮体缸体的接触环面径向固结，由于活塞处于压力油中，考虑了油的弹性模量，将其简化为弹簧单元。通过以上计算，可以获得不同工况下活塞杆的动应力。

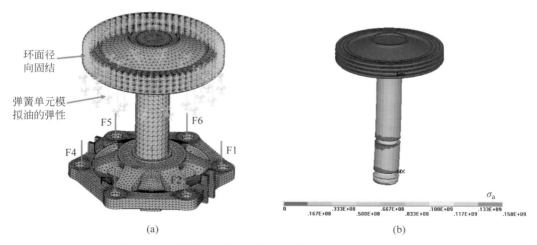

图 8-35 活塞杆及操作架有限元模型及活塞杆应力云图

(a) 有限元模型；(b) 活塞杆应力云图

图 8-36 显示了不同工况下活塞杆卡环卡口处最大应力集中点上的平均应力及应力脉动水平,可以看到,在高水头小功率的工况,活塞杆动应力水平很高。尽管应力水平低于材料的屈服极限,但是在实际工程中,加工过程中的应力残留以及安装造成的不对称性等各种因素都可能影响实际应力水平,因此建议建议避开高水头较低功率运行工况,以避免由此引发的机组破坏。

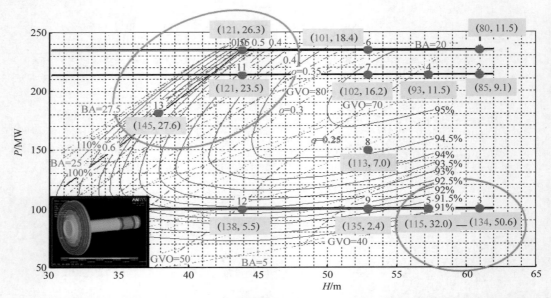

图 8-36　不同工况下活塞杆上的等效应力(括号内第一个数为平均应力,第二个数为动应力峰峰值)

参考文献

[1] VALENTÍN D,PRESAS A,EGUSQUIZA E,et al. On the capability of structural-acoustical fluid-structure interaction simulations to predict natural frequencies of rotating disklike structures submerged in a heavy fluid[J]. Journal of Vibration and Acoustics,2016,138(3): 034502.

[2] VALENTÍN D, PRESAS A, EGUSQUIZA E,et al. Experimental study on the added mass and damping of a disk submerged in a partially fluid-filled tank with small radial confinement[J]. Journal of Fluids and Structures,2014,50: 1-17.

[3] WANG W,ZHOU L J,WANG Z W,et al. Numerical investigation into the influence on hydrofoil vibrations of water tunnel test section acoustic modes[J]. Journal of Vibration and Acoustics-Transactions of The ASME,2019,141(5): 051015.

[4] 王薇. 空化对水力机械结构动力学特性的影响[D]. 北京:中国农业大学,2020.

[5] LIU X,ZHOU L J,ESCALER X,et al. Numerical simulation of added mass effects on a hydrofoil in cavitating flow using acoustic FSI[J]. Journal of Fluids Engineering,2017,139(4): 041301.

[6] 何玲艳. 水泵水轮机转轮动应力特性研究与共振预测[D]. 北京:中国农业大学,2018.

[7] KHALAK A,WILLIAMSON C H K. Fluid forces and dynamics of a hydroelastic structure with very low mass and damping[J]. Journal of Fluids and Structures,1997,11(8): 973-982.

[8] ZENG Y S,YAO Z F,ZHOU P J,et al. Numerical investigation into the effect of the trailing edge shape on added mass and hydrodynamic damping for a hydrofoil[J]. Journal of Fluids and Structures,

2019,88:167-184.

[9]　ZENG Y S,YAO Z F,GAO J Y,et al. Numerical investigation of added mass and hydrodynamic damping on a Blunt Trailing Edge Hydrofoil[J]. Journal of Fluids Engineering,2019,141(8):081108.

[10]　MONETTE C,NENNEMANN B,SEELEY C,et al. Hydrodynamic damping theory in flowing water [C]// IOP Conference Series:Earth and Environmental Science,2014,22(3):032044.

[11]　GAUTHIER J P,GIROUX A M,ETIENNE S,et al. A numerical method for the determination of flow-induced damping in hydroelectric Turbines[J]. Journal of Fluids and Structures,2017,69:341-354.

[12]　TENGS E O,BERGAN C W,JAKOBSEN K R,et al. Numerical simulation of the hydrodynamic damping of a vibrating hydrofoil[C]//IOP Conference Series:Earth and Environmental Science. IOP Publishing,2019,240(6):062002.

[13]　YAO ZF,WANG F J,DREYER M,et al. Effect of trailing edge shape on hydrodynamic damping for a hydrofoil[J]. Journal of Fluids and Structures,2014,51,189-198.

[14]　李中杰. 水泵水轮机暂态过程非定常流动特性及空化影响研究[D]. 北京:清华大学,2017.

[15]　刘鑫. 水轮机转轮流固耦合裂纹萌生扩展与空化湿模态研究[D]. 北京:清华大学,2016.

[16]　罗永要. 轴流转桨式水轮机水力诱导的结构动力特性分析研究[D]. 北京:清华大学,2010.

现场实测和试验室试验是分析水力机械流激振动的重要手段之一。就测量系统而言，水力机械振动测量与其他机械的振动测量类似，一般包含三大部分，各种传感器、数据采集系统和数据分析系统，如图 9-1 所示。但为了分析振动产生的原因，单纯的机械振动测量数据往往不够，对水力机械而言，往往需要对关键部位的水压脉动、流量波动、噪声、振动模态及结构动应力等进行测量，以获得全面的分析数据。因此，本章针对水力机械的振动测量，主要介绍典型数据采集系统和典型传感器的类型、用途及安装方法，以及与流激振动相关的常用信号分析技术。

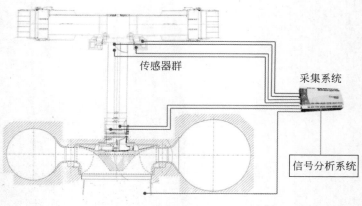

图 9-1　水力机械测试系统示意[1]

9.1　数据采集系统

9.1.1　数据采集系统概述

水力机械测量数据采集系统（acquisition system）主要分为三种类型：即时测量系统（punctual measurement）、工况监测系统（condition monitoring）和车载系统（on board system），下面分别对三种系统进行介绍。

1. 即时测量系统

大多数即时测量系统主要有定制系统和自研系统两种类型,下面以表 9-1 中的三个小型即时测量和"一日"测量系统为例进行介绍。比如 B&K 公司和 CONIV 公司的系统属于特定公司定制开发的测试系统,板卡除了可以 A/D 转换外,还在内部配有针对信号的特定功能(如滤波、存储器、无线传输等),数据文件为加密类型,因此板卡需要与专用软件配套使用。配套软件有成熟的处理功能,大部分时域、频域和时频分析都可以在软件内部直接实现。对于常见的测试,不必再通过编程处理数据。第三种是自研系统,成本较低,按"电源箱-板卡-计算机"顺序连接,电源箱为传感器供电并将信号传给板卡。板卡只提供 A/D 转换和传输功能,因此信号接入计算机后,需要用其他软件(如 LabVIEW 等)开发针对测量信号的计算逻辑和图形界面。需要试验室人员对测试逻辑有较强的理解,使用、修改和维护的门槛较高,这类系统的传感器、采集卡及分析系统都可专门定制,因此是故障诊断的重要依据。

表 9-1 典型的采集系统举例

品　　牌	设备图片	测试软件界面
B&K(丹麦) 配专用软件		
CONIV(中国) 配专用软件		
板卡＋基于 LabVIEW 的自研软件系统		

2. 监测系统

和即时测量不同,监测系统记录机组数月、数年的运行参数,往往是隔几十分钟测一次数据,其他时间都在休眠。因此采样频率要求不高,数据的分析也是月际、年际的演变规律。这样的测量系统主要用于机组的状态监测。通常这样的监测系统都由专业的公司设计、安装并提供服务。但这样的系统所测数据由于采样频率不高,在具体故障分析中往往有一定局限性。

3. 车载系统

前面两类系统都属于常规振动测量,但是对旋转机械而言,有时需要测量旋转坐标下的信号,这样的数据采集和传输都是在离核心转动部件很近的地方完成的,比如转轮上的应变或应力测量。对这类测量信号,一般有两种方式存储数据:第一种是在转轴上放存储器,比如将加速度信号和应变片信号输入存储器,并在测量结束之后将存储器拆下,最后通过计算机读出存储器中的数据。另一种是为所有的传感器提供统一的发射天线将信号发射出去,在固定部件上接收并存储。条件允许的话,也可以通过滑环传递信号。现场系统可以最大程度保证应变片测量的准确性。对这类系统除了常规参数以外,电池的容量也是一个关键因素,它决定了现场系统可以使用多长时间。

9.1.2　基本采集参数

无论何种测量系统,一般都需了解如下参数:

(1) 通道数;

(2) 最大采集频率,即每秒最多采样多少次;

(3) 板卡可接收哪种传感器输出信号(传感器输出信号类型);

(4) 与计算机的连接方式,一般网线最佳,可以拉长超过50m;

(5) 动态范围(DR)和信噪比(SNR)。

定制系统的说明书一般都会说明采集参数。下面以图9-2中B&K的3053型板卡为例对其中较为关键的内容逐一说明。

Uses
- General sound and vibration measurements up to 12 channels
- Measurement front-end for PULSE measurement and analysis software
- Front-end for PC-based Data Recorder Type 7708
- Stand-alone recording (no PC) to memory card with LAN-XI Notar

Features
- 12 simultaneously sampled analogue inputs
- 130 dB dynamic range, 24-bit
- 65.5 ksample/s sampling rate
- 25.6 kHz bandwidth for noise and vibration measurements
- Built-in Constant Current Line Drive (CCLD) conditioning to power accelerometers, microphones and tacho probes

- CCLD conditioning is compatible with DeltaTron, ICP® and IEPE instrumentation
- LAN interface allows the front-end to be close to the test object and reduces the number of signal cables and transducer cable length
- Clear indication of incorrect/defective conditioning on each channel connector
- Flexible power options when used as a single module: mains, DC, battery and PoE (IEEE 802.3af)
- Fanless for silent operation when used as a single module
- Automatic configuration with TEDS (IEEE 1451.4) transducers
- Robust casing for industrial and hard everyday use
- Extremely low noise floor
- Extremely long battery life, >7 hours, and ability to swap battery in the field for even longer measurement sessions

图 9-2　采集卡(B&K 的 3053 型板卡)主要参数举例

1. 可以接收的传感器输出信号类型

数据采集器的说明书中会指出各通道可以接收的信号类型。传感器的输出信号主要分为电流、电压、应变信号,水力机械测量中常见类型如表9-2所示。IEPE是压电集成电路的缩写(integral electronic piezoelectric),IEPE传感器指一种自带电量放大器或电压放大器的传感器,IEPE、ICP、CCLD均是此类传感器的名称。这类传感器常采用24V、4mA恒流源供电,通过内置放大电路,直接输出电压信号,避免了传统接线造成的噪声干扰。所谓支持ICP或者IEPE,是指板卡内部自带这个恒流源。

表 9-2　常见信号类型

信　号　类　型	说　　　明	支　持　情　况	
直流电压信号	大多数传感器（多为 10V 以内信号）	B&K 支持	CONIV 支持
4～20mA 电流信号	可用电阻转为电压信号		
ICP/IEPE 传感器	常见于加速度计、力锤、水听器		
应变片	特殊的电压信号		

2. 动态范围

传感器测量的信号是模拟量，但传入计算机要以数字量储存，这里就涉及模数转换的问题。一个字节（byte）包含 8 个位（bit），对于二进制数，4bit 共可表达 16 个值，如果电压信号范围为 ±10V，则通过 AD 转换器将 20V 电压 15 等分，每次采样的电压表达为最接近第几个等分的一个数字。如图 9-3 中红色粗曲线为模拟信号，蓝色点为最终存储在计算机中的数据。显然，存储位数越多，蓝色点的纵向分辨率越高，越能逼近模拟量的真实值，同时信噪比也会提高。动态范围（dyanmic range，DR）就是衡量这种分辨率的参数，计算公式为

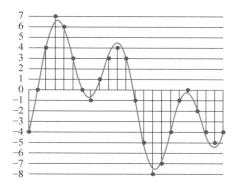

图 9-3　模数转换示意

$$DR = 20\log(2^{bit}) \qquad (9\text{-}1)$$

单位 dB。以 B&K 的 3053 型板卡为例，其动态范围为 130dB，因此可以估计模拟信号上下限之间被等分了几兆份。表 9-3 中对常见动态范围和分辨率进行了汇总。

表 9-3　位数、动态范围和模数转换的划分情况

#bits	DR/dB	范围划分数（单次采样）	带符号的十进制范围（单次采样）
4	24.08	16	−8～+7
8	48.16	256	−128～+127
11	66.22	2,048	−1024～+1023
12	72.24	4,096	−2048～+2047
16	96.33	65,536	−32,768～+32767
20	120.41	1,048,576	−524,288～+524,287
24	144.49	16,777,216	−8,388,608～+8,388,607
32	192.66	4,294,967,296	−2,147,483,648～+2,147,483,647
48	288.99	281,474,976,710,656	−140,737,488,355,328 ～+140,737,488,355,327
64	385.32	18,446,744,073,709,551,616	−9,223,372,036,854,775,808 ～+9,223,372,036,854,775,807

3. 信噪比

信噪比（signal to noise ratio，SNR）是信号幅值和噪声幅值之比，计算公式为

$$\text{SNR} = 10\log\left(\frac{p_{\text{signal}}}{p_{\text{noise}}}\right) \tag{9-2}$$

单位 dB。值得注意的是，对采集系统而言，噪声指的是采集系统本身产生的（而非测量环境中存在的）噪声，衡量采集系统干扰信号的水平。如果信号幅值低于或接近噪声幅值，真实的信号就会被淹没或者失真。比如图 9-4 中，图（a）的数字信号包含的噪声量级已经接近原模拟信号的量级，测量中不希望这种情况发生，因此最好是图（b）中的情况。

当然，综合噪声的来源十分丰富：采集板卡、传感器、环境噪声、电缆噪声等。最终录入计算机的噪声到底能达到什么量级，取决于现场测量的实际情况。

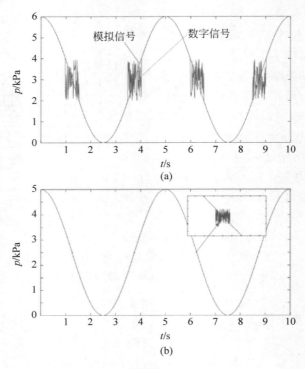

图 9-4 信号与噪声的关系示意

（a）信噪比不佳；（b）信噪比良好

值得一提的是在音响领域，常常混用动态范围和信噪比。但实际上两者有些差异，简而言之，动态范围衡量信噪频谱最高峰的电平差，信噪比衡量信噪 RMS 的电平差。

9.2 传感器概述

数据采集系统采集的信号来源于传感器，对所有传感器的选择，都涉及灵敏度和动态范围等参数的概念。下面对传感器的通用参数概述如下。

9.2.1 常见传感器输出信号的类型

在水力机械振动测量中常用的传感器输出信号见表 9-4。传感器信号一般都需要经过调理(放大器、转换器)之后才可以进入数据板卡。

表 9-4　水力机械振动测量常用传感器及输出信号

传　感　器	输出量及单位	传　感　器	输出量及单位
应变片	微应变(μm/m)	水听器	水下声压(Pa)
加速度传感器	加速度(m/s^2)	力锤	力(N)
位移传感器	位移(m)	键相传感器	位移(m)
光学传感器	位移(m)或速度(m/s)	温度计	温度(K)
压阻式压力传感器	压力(Pa)	流量计	流量(m^3/s)
压电式压力传感器	压力(Pa)	超声波传感器	压力(Pa)
麦克风	声压(Pa)	PZT 片激励器	电压(V)
声发射传感器	电压(V)		

9.2.2　传感器主要参数及传感器选取基本原则

1. 灵敏度及量程

常用传感器一般采取功放电路,将被测量上下限(量程)和输出信号上下限线性对应,如对量程为$-0.1\sim1.5$MPa,输出信号为 $4\sim20$mA 的压力表,输出 4mA 对应压强-0.1MPa,输出 20mA 对应压强 1.5MPa。也就是说,传感器应在线性区使用,此时灵敏度 CV(sensitivity)定义为直线区的斜率。

以一个输出量为电压的振动加速度传感器为例,所测量的物理量为加速度,工程单位 EU(engineering unit)为 m/s^2,图 9-5 中所示传感器灵敏度 CV=10V/1000EU=10mV/(m/s^2)。

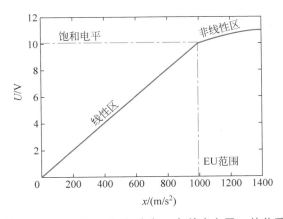

图 9-5　传感器被测量(加速度 x)与输出电压 U 的关系

在线性区使用意味着两点:①被测量不可超过传感器量程,即横坐标满足要求,如具有图 9-5 所示特性的传感器所测物体的振动加速度不可超过 1000m/s^2;②输出电压不可超过饱和电平,即纵坐标满足要求。这是由于有些采集系统的数据板卡对饱和电平有上限限制,传感器输出电压不能超过该上限。如采集系统的限制饱和电平为 10V,而传感器输出信号经过调理达到 11V,板卡存储的数字信号将依然是 10V,就会造成测量错误。当然,如果饱和电平余量足够,将可以看到传感器过载时的灵敏度特性。大多数采集板卡会将可用电平区间设置为±10V,对于输出量具有往复特性的被测量,工程单位的量程也可以相应地拓展到20V的区间内,如振动加速度、速度、位移、应变等。

2. 直流偏量或者零点漂移

直流偏量为被测量为0时输出信号的值。在数据采集中,需要向采集系统的数据板卡输入该值,才能换算出正确的被测量。在图9-6中,可以看出传感器灵敏度为10mV/EU,直流偏量为1000mV,因此,实际采集的物理量 x 与输出信号 y 之间的关系为

$$y = 10x + 1000 \text{(mV)} \tag{9-3}$$

在水力机械振动测量中,需要考虑直流偏量的传感器主要包括压力传感器、位移传感器、光学传感器等。

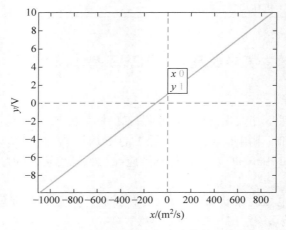

图9-6　负数区拓展与直流偏量示意

3. 根据灵敏度和量程选取传感器的原则

下面以三个不同灵敏度的加速度传感器来说明传感器的选取原则。在图9-7(a)中,S1的灵敏度为0.02,S2为0.01,S3为0.005。显然S1灵敏度最高。然而由于饱和电平(10V)的限制,S3可以测到的最大量程为2000EU,S2可以测到1000EU,而S1只能测量500EU。再看图9-7(b),假定噪声幅值为1V,那么不应测量1V以下的信号,这也就意味着,S3不应测小于200EU的物理信号,S2不应测小于100EU的物理信号,S1不应测小于50EU的物理信号。显然S1的量程小,但对被测量保留的信息更多,因为灵敏度越高,就更容易测到被测量的微小变化。从图9-7(c)中可以看出,输出电压同样增加ΔV,S1就可以探测出更小的ΔEU,说明灵敏度和精确度直接相关。

所以,选择最佳传感器的核心原则是,保证不过载的前提下(留有安全余量),选择灵敏度最高的传感器。换句话说,是在不进入噪声淹没区和过载区的前提下,选择可以尽可能用满量程的传感器。

了解以上内容后,对这三个加速度传感器,假设结构振动加速度 x 在800m/s²(1±10%),应选择S2;若振动加速度在80m/s²(1±20%),选择S1;若振动加速度在一段时间内180m/s²,然后激增到1500m/s²,那么可以在测量中同时放置S1、S3两个传感器,这在实际测量中非常必要,因为噪声环境决定了S3无法测量到180m/s²以内的信号。

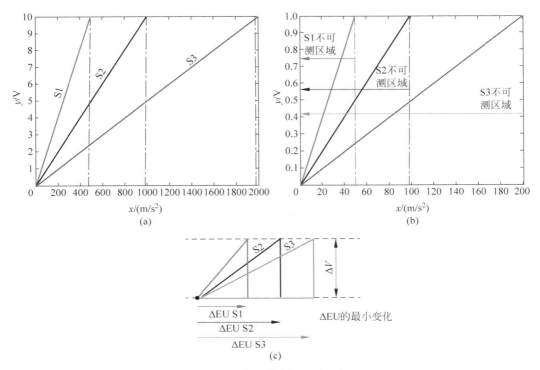

图 9-7　传感器选择原则示意

（a）三个传感器的灵敏度特性；（b）噪声幅值 1V 时三个传感器阈值；（c）灵敏度与精确度的关系

4. 动态响应简介

传感器有自己的形状、质量、材质，也就意味着有自己的动态特性。这个特性是独立于被测件的动态响应的。由于自身动态特性的限制，所有传感器都有一个测量频率上限，说明书也会附带动态特性曲线。一般测量应避免被测件和传感器共振，测量件的频率需低于传感器共振频率，此时灵敏度为常数，因此被测量和输出信号也是线性关系。图 9-8 中给出一个动态特性曲线示例，最理想的测量应在共振频率之前。当然，有些传感器也在共振区测量，可以通过共振放大测量的频率信号，但只能保证频率的准确，却无法保证幅值的准确，因为非线性太强，放大倍数无法估计。当测量值的频率超过共振频率后，传感器响应变得极弱，而且灵敏度是非线性的。

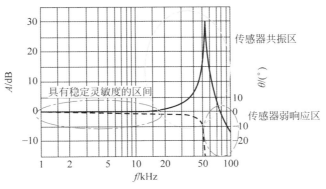

图 9-8　某传感器动态特性曲线

5. 按动态响应特性选择传感器的原则

在选择传感器的时候，特别是测量高频振动时，要注意传感器的动态响应对信号可信度的影响。传感器的共振频率决定了其能测量的频率范围。在图9-9中的两个加速度传感器传感器(S1,S2)中，如果测量的振动频率在5kHz，可选S1、S2。当然S1灵敏度略高些。如果振动频率在20kHz，则只能选择S2。

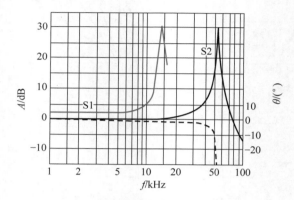

图9-9 根据传感器动态响应选型示例

9.2.3 电流输出传感器(4～20mA)的接法

输出信号为4～20mA电流的传感器，多见于压力表、位移传感器、运行信号等，通过运算电路，将被测量和电流线性对应，输出为4～20mA。这类传感器多采用约24V的直流电源供电。但是很多商业采集系统的数据板卡不支持电流信号(如B&K、CONIV均不支持电流信号)。此时可以选择在输出电路中串入一个500Ω的电阻，取该电阻两端电压作为板卡输入信号，恰好4～20mA对应2～10V，满足CONIV等采集系统的饱和电平要求。

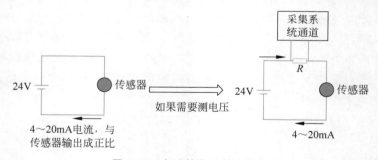

图9-10 电流转电压基本接法

需要注意的是，该电阻分摊了电源电压，比如传感器在满量程输出20mA时，分摊10V，那么传感器供电只能分到14V，有时可能使传感器无法正常工作。一旦这种情况发生，就需要使用更小阻值的电阻。在测量现场一般不会准备很多种类的电阻，因此一旦出现传感器无法工作的情况，最方便的办法是采取两个500Ω并联，作为250Ω串入电路。下面举一个例子，来说明对输出电流的处理，表9-5中传感器的量程0～10bar，要求供电电压16～24V，输出4～20mA。

在表 9-5 中，R_1 和 R_2 是两种方案。如果串入 500Ω 电阻，那么测量系统会有更高的灵敏度，在被测压强为 10bar 时，传感器上能分到的电压却只有 14V，低于最低供电电压 16V。反之，如果按所需最低压力 16V 计算，传感器却无法测量高于 7.5bar 的压力。但如果串入 250Ω，虽然灵敏度会下降，却可以用到满量程。图 9-11 给出了电流输出及接入两种电阻后电压输出情况。

表 9-5　两种电阻接法的效果对比

$R_1 = 500\Omega$	$R_2 = 250\Omega$
$U(0\text{bar}) \Rightarrow 4\text{mA} \times 500\Omega = 2\text{V}$	$U(0\text{bar}) \Rightarrow 4\text{mA} \times 250\Omega = 1\text{V}$
$U(10\text{bar}) \Rightarrow 20\text{mA} \times 500\Omega = 10\text{V}$	$U(10\text{bar}) \Rightarrow 20\text{mA} \times 250\Omega = 5\text{V}$
灵敏度 $=(10-2)/10=0.8\text{V/bar}$	灵敏度 $=(5-1)/10=0.4\text{V/bar}$
直流偏量 $=2\text{V}$	直流偏量 $=1\text{V}$
$U_{\text{sensor}}(5\text{bar}) \Rightarrow 24\text{V}-6\text{V}=18\text{V}$	$U_{\text{sensor}}(5\text{bar}) \Rightarrow 24\text{V}-3\text{V}=21\text{V}$
$U_{\text{sensor}}(10\text{bar}) \Rightarrow 24\text{V}-10\text{V}=14\text{V}$	$U_{\text{sensor}}(10\text{bar}) \Rightarrow 24\text{V}-5\text{V}=19\text{V}$

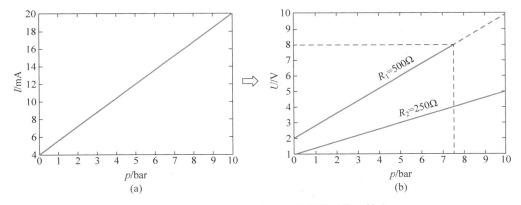

图 9-11　两种串联电阻获得的传感器测量灵敏度
（a）电流输出；（b）串入电阻后的电压输出

9.3　水力机械常用传感器的用途与安装

基于对传感器通用常识的了解，现在针对具体类型的传感器略作深入的介绍。其中各类传感器原理在很多测量技术手册以及传感器使用说明书中可以查到，本节仅介绍在水力机械振动测量中的实用安装方法及注意事项等。

需要说明的是，对水力机械的振动测量方案及测量内容的规划常常需要对水力机械振动问题有基本的预判，因此，在测量前先进行相关的流动分析及结构动力学分析常常很有帮助，比如通过流动分析预估可能发生的流激振动的来源和可能的频率范围，以便在必要的位置布置压力脉动测点选取合适的传感器；或者通过结构动力学计算预测节点（位移为 0 的点）或腹点（最大位移点）或最大应力的位置，以便合理布置振动传感器或应变片等。通过预先的计算分析可以优化传感器测点布置，也可指导传感器的类型和量程的选择，大大提高测量效率。

在水力机械振动测量中,测点的布置取决于测量的目的和测量所关心的振动源。用于振动测量的常规传感器包含加速度传感器、速度传感器及位移传感器等,同时应变片也常用于测量结构在动载荷下的动应力等,图 9-12 以水轮机为例,给出了振动测量的典型测点。在径向轴承、推力轴承、顶盖、蜗壳、压力管道和尾水管等处常布置加速度传感器,以首字母为 A 的蓝色测点表示。在以字母 D 开头的绿色测点布置位移传感器,用于测量轴的摆动、轴心轨迹等,在以字母 S 开头的黄色测点(轴上和转轮叶片上)还可以布置应变片,可用于测量轴的平均扭矩、扭矩波动以及转轮叶片上的动应力等。

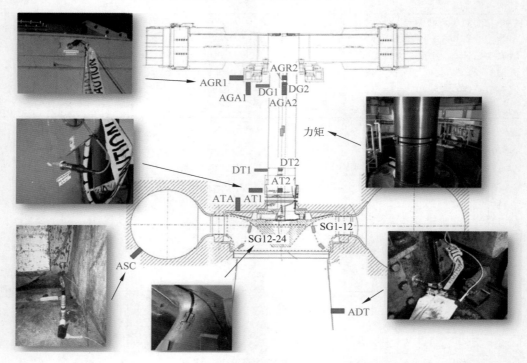

图 9-12 水轮机振动测量中常见振动传感器测点[2]

对水力机械,除以上常规振动测量外,为了分析水力激振的来源,常常需要测量流道不同位置的压力脉动,水轮机压力脉动传感器常常布置进水管、蜗壳内、导叶和转轮间的无叶区、尾水管管壁等处,详见 9.3.10 节。

除了振动传感器和压力脉动传感器外,对水力机械的流激振动测量还经常会用到声发射传感器、超声波换能器、麦克风、水听器、冲击锤等,最新的测量技术还用到了激光传感器以及光纤传感器。下面对上述传感器的使用及安装技术进行详细的说明。

9.3.1 应变片

1. 应变片简介

一般应变片为栅状电阻,粘贴于变形试件表面。电阻栅随试件表面发生的应变而产生长度变化,造成阻值变化。电阻丝阻值与长度成正比,因此试件表面发生拉伸,会带动电阻上升,反之下降,见图 9-13。阻值的变化率正比于应变率(单位: μm/m)。

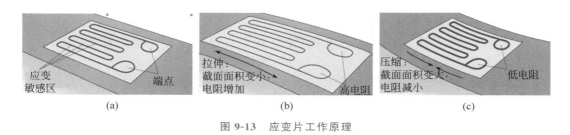

（a）　　　　　　　　　　（b）　　　　　　　　　　（c）

图 9-13　应变片工作原理

应变片有一个重要参数，就是其灵敏度 GF（gain factor，有的厂家表示为 K），为电阻变化率和应变率的比值

$$GF = \frac{\Delta R / R_G}{\varepsilon} \tag{9-4}$$

GF 由厂家给定，通常约为 2（实际会有浮动，务必确认该值），R_G 为应变片名义电阻（nominal resistance），国产应变片一般为 120Ω，国外常用 350Ω，推荐采用 350Ω。ε 为应变值。

2. 惠斯通电桥简介

通常情况下，应变比较小，所产生的阻值变化较小，比如应变为 $500\mu m$，假如应变片名义电阻为 120Ω，灵敏度为 2.0，则电阻变化只有 0.12Ω，对这么小的电阻变化的测量，一般采用惠斯通电桥提高测量灵敏度。对图 9-14 所示的电桥，输出电压和输入电压之比为

$$\frac{V_0}{V_s} = \frac{1}{4}\left(\frac{\Delta R_1}{R_1} - \frac{\Delta R_2}{R_2} + \frac{\Delta R_3}{R_3} - \frac{\Delta R_4}{R_4}\right) \tag{9-5}$$

大多数实际测量都选用全桥或半桥，稳定性和精确度较高。将应变片灵敏度等式（9-4）代入式（9-5），不难得出

$$\frac{V_0}{V_s} = \frac{GF}{4}(\varepsilon_1 - \varepsilon_2 + \varepsilon_3 - \varepsilon_4) \tag{9-6}$$

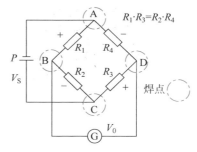

图 9-14　惠斯通电桥全桥示意图及焊点位置

通过合理的布片，可以将括号内所有带符号的项都为正数（半桥为让 ε_1 和 $-\varepsilon_2$ 为正，可让一侧的应变片受拉，而另一侧受压），可成倍提高输出电压范围，进而提高灵敏度。当然，提高输入电压也可以提高灵敏度，但输入电压太高会烧坏应变片，需要特别注意。

3. 惠斯通电桥的安装

采用惠斯通电桥连接应变片时需准备电烙铁以及细锡焊丝、接线端子、碎导线等材料。焊接过程中应注意以下几点：应变片对温度比较敏感，测量现场的温度变化会影响电阻丝的阻值。可以用补偿片来解决这个问题；应注意零点漂移，安装应变片的过程本身就会对应变片产生应力，因此初始测量时输出电压一般不是零；此外要尽量避免电磁干扰；另外如果一根导线特别长，这根线的电阻也是本臂电阻，影响输出电压准确性，建议采取全桥，使用六根线连接全桥，并使用采集系统针对应变测量的特殊功能，有利于弥补以上不利因素。

4. 应变测量点及用途

应变片仅测量应变,而应变和应力的关系是由材料的本构关系决定,如果材料属性确定,则可换算出材料的应力。因此应变片在水力机械测量中有广泛的应用。

(1) 效率测试中转轴扭矩的测量

大多数水电站测量电机功率比较容易。但如果要从电机功率算到水力效率,会经过电机效率。而电机效率比较复杂、难以准确计算。如果能通过应变测量得到轴的扭矩,就可通过机械效率和理论水能直接算得水力效率,而无需计算电机效率;甚至可以通过机械功率的测量反算电机效率。扭矩只需通过测量轴身应变和轴断面的形状即可求得。

测量扭矩常用半桥或全桥,大多数厂家都生产半桥一体片,发生扭转时,一片电阻拉伸,一片电阻压缩。全桥可以用两片一体片,分别布置在轴上相位差 180° 的位置,需要接 6 根导线并焊 4 个焊点(图 9-14 和图 9-15),可以补偿重力对测量的影响。注意,应变片须布置在发电机和转轮之间,现场电机尾端可能会有轴段露出,但不应贴在那里。

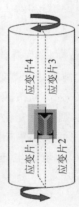

图 9-15　扭矩用半桥应变片及现场贴片示意

(2) 扭矩测量用于振动和水力共振测量

在机组运行受到强烈水力共振的问题时可能出现功率的波动,通过对扭矩波动频率和幅值的分析,可以对机组的振动情况进行评判,图 9-16 是典型的应变片测振动的例子,在 252MW 的工况,应变片应变率 ε 幅值及功率波动幅值都突然增加了。

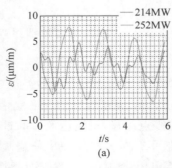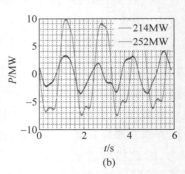

图 9-16　应变片测机组振动实例

(a) 应变率振荡;(b) 功率振荡

（3）转轮应力和故障诊断

转轮或其他过流部件的应力测量多见于试验室测量。现场转轮应力的测量安装流程复杂，往往耗时一个月以上。由于机器停机时间长，测量代价昂贵，配套的现场系统也非常昂贵。在关键点进行应变测量，可用于诊断故障、预测疲劳寿命。

图 9-12 是水轮发电机组振动测量中典型的测点布置，其中，以字母 S 开头的黄色测点（轴上和转轮叶片上）上置的是应变片，可用于测量轴的平均扭矩、扭矩波动以及转轮叶片上的动应力等。

5. 应变片的安装

（1）材料准备：胶带、砂纸、瞬干胶（多用 502 胶）。

（2）应变片安装示意见图 9-17，其流程如下：①用丙酮清洁表面；②划线标记贴片位置；③砂纸磨光贴片表面；④第二次丙酮清洁打磨灰尘；⑤用 502 胶粘贴应变片；⑥涂覆保护层（可选）。请注意避免应变片的导线与试件金属表面接通，使用万用表测量导线与金属表面之间的绝缘电阻，要求不低于 50MΩ。湿冷的环境会降低这个电阻，如果低于 50MΩ，需用红外线烤灯（试验室用热电吹风亦可）烤至 50MΩ，否则应重新贴片。

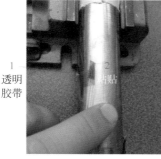

图 9-17　粘贴应变片操作示意

（3）一些建议：现场工作环境一般比试验室恶劣得多，粘贴应变片需要精细操作，因此需反复练习，才可保证现场应变片正常工作的成功率。另外需要常备万用表。除了应变片，连接任何传感器都需常备万用表，其作用包括：检查电阻（应变片阻值不一定正好等于 350Ω）；检查 24V 电源是否正常工作；检查信号输出电压是否在正常范围内；检查通路短路和接地情况。

9.3.2　加速度传感器

1. 加速度传感器的用途及测点布置

加速度传感器常见灵敏度 100mV/g。在水力机械中主要用于以下振动测量：

（1）运行中的轴系或其他部位振动测量

不同部位安装的加速度传感器有不同的用途。水轮机常见测点如径向轴承、推力轴承、顶盖、蜗壳、压力管道和尾水管，见图 9-12 首字母为 A 的蓝色测点。对水泵，常见测点在泵盖、蜗壳以及大型泵的轴承等位置。对于一日测量，一般更关注频率及幅值的相对大小。在一些标准振动测试中，一般会关注加速度的 RMS 值。如果用于状态监测，则一般观察频谱及幅值的演变。

（2）轴和转轮等部件的模态测试

通过锤击法等方法测量各部件不同位置的振动频率、幅值及相位等信息，可以获得部件的固有频率和模态。图 9-18 是利用振动传感器测量空气中转轮模态的例子。具体模态识别方法在 9.4.4 节中介绍。

图 9-18　加速度传感器用于转轮模态测量[3]

（3）空化状态测量

空化往往伴随高频压力脉动，虽然发生空化的部位在水力机械流道内，但空化引起的高频压力脉动会通过不同的途径传到机组管道的管壁、轴承、顶盖或机壳等固定部件，在机组振动信号中出现高频信号，因此可通过加速度传感器获得不同于无空化时的振动特征，从而判断是否发生空化或发生空化的程度，但是这种分析和判断需要有大量的试验观察与数据统计的支撑。图 9-19 是水轮机空化振动传播路径及测点示意图。

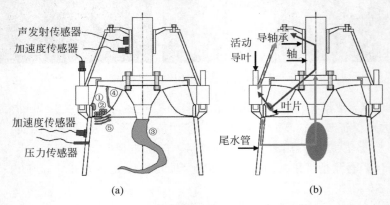

图 9-19　空化振动传播路径与测点示意图[4]

（a）测点布置；（b）空化诱发振动的传播路径

2. 加速度传感器的安装

加速度传感器有三种常见安装方式：螺纹安装、环氧树脂胶粘、磁座吸附，见图 9-20。

需要注意的是，如果采取磁座吸附，磁座会影响传感器的动态特性。截止频率会因磁座的附加质量而降低，因此测量高频振动时需谨慎；加速度传感器如果刚好被布置在节点位置，所测的振动量将远远小于实际振动量，应避免将其安装在节点附近。

现代加速度传感器多为 ICP/IEPE 传感器（压电材料的调理器）。采集系统需要能为这类传感器提供专用通道，即可以提供一个很小的恒流源（一般为 4mA），一般在软件中也需对该通道进行专用设置。

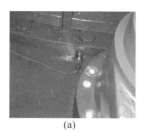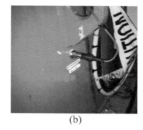

图 9-20　加速度传感器的安装方式

(a) 螺纹安装；(b) 环氧树脂胶粘；(c) 磁座吸附

9.3.3　速度传感器

振动速度传感器是利用磁电感应原理把振动的速度信号变换成电信号的传感器，又称速度式振动传感器。它主要由磁路系统、惯性质量、弹簧等部分组成。在传感器壳体中刚性地固定有磁铁，惯性质量（线圈组件）用弹簧元件悬挂于壳上。工作时，将传感器安装在机器上，在机器振动时，在传感器工作频率范围内，线圈与磁铁相对运动、切割磁力线，在线圈内产生感应电压，该电压值正比于振动速度值。传感器输出信号为电压，测量的频响范围一般在 $10\sim1000\,\mathrm{Hz}$，灵敏度为 $20\,\mathrm{mV/mm/s}\pm5$，在水力机械振动测量中主要用于中低频率范围的振动测量，测点位置及安装方式与加速度传感器相同。在此不再赘述。

9.3.4　位移传感器

1. 位移传感器简介及典型测点

位移传感器有很多种，包括应变式、电感式、差动变压器式、涡流式、霍尔传感器等。这里主要介绍电磁涡流传感器。电磁涡流传感器的探头，在空间中产生磁场，测件表面和探头的距离改变时，磁场受到影响，从而反推位移量。因此电磁涡流传感器要求被测件的表面为铁磁性金属。

位移传感器的灵敏度约为 $-8\,\mathrm{V/mm}$，典型输出特性见图 9-21。在接线时可以刻意将输出电压正负极对调，以用于匹配数据板卡。其直流偏量难以确定，但一般只关心探头与轴表面距离的相对变化量。

对大型水轮机位移传感器的布置见图 9-12 中以字母 D 开头的绿色测点，比如用于测量轴的摆动、轴心轨迹等。

2. 位移传感器的安装

位移传感器一般用于测量轴的摆动等信号，一般需安装两个互相垂直的探头。安装位置距轴 $0.5\sim10\,\mathrm{mm}$，取决于探头的具体要求。可以用磁座固定，也可焊接金属支架，在支架上安装传感器，如图 9-22 所示白色传感器。

位移传感器的线制主要是两线制电流输出和三线制电压输出。这里重点说明三线制电压输出。三根线一般是电源线、地线和输出信号，需要在电源线和地线之间接 24V 直流电

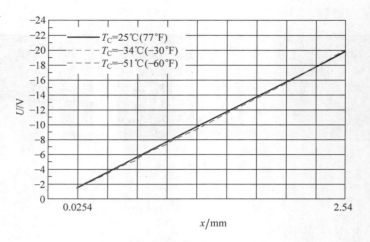

图 9-21　位移传感器的输出特性

(a)　　　　　　　　　　　　　　(b)

图 9-22　位移传感器的安装方式

（a）焊接金属支架；（b）磁座

源。将输出信号和地线之间的电压接入采集板卡，如图 9-23 所示。应格外注意，在安装阶段，最好用万用表实时测量输出电压（－1～－17V 范围），保证探头和壁面的间距在量程的中间位置。

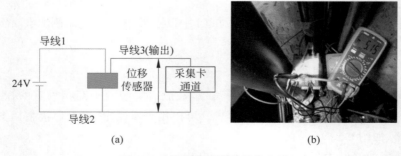

(a)　　　　　　　　　　　　　　(b)

图 9-23　位移传感器的接线方式

（a）三线制位移传感器接线；（b）现场悬空接线

另外,输出电压的位移传感器通常配有前置器,即探头首先连接到前置器,供电和输出都通过前置器转接完成。前置器配有专用信号导线,这是由于电压信号易受导线电阻影响,专用信号导线已经进行了阻值标定和信号校准,一般情况下都应使用原装导线。

3. 位移、速度和加速度传感器的区别

振动可以用位移、速度或加速度表示,在振动实测中也可以分别用位移传感器、速度传感器和加速度传感器测量这三个量来评判振动的大小。但是要注意到这三个量之间有相位差。图 9-24 为分别以位移、速度和加速度表示的带有弹簧单质点系统的简谐振动。可以看到,当质点运动到底部时,具有最大负位移,速度为零但向上的加速度最大。如果位移表示为 $x = \mathrm{e}^{\mathrm{i}\omega t}$,则 $v = \dot{x} = \mathrm{i}\omega \mathrm{e}^{\mathrm{i}\omega t}$, $a = \ddot{x} = -\omega^2 \mathrm{e}^{\mathrm{i}\omega t}$,速度与位移之间有 90° 的相位差,加速与位移之间有 180° 的相位差。

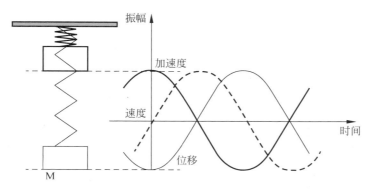

图 9-24　位移、速度、加速度信号的相位差

在测量响应时,由于位移、速度、加速度有以上关系,可以看到,如果速度的振动幅值为 1,则位移的幅值为 $1/\omega$ 、加速度的幅值为 ω ,即位移的幅值与频率成反比,而加速度的幅值与频率成正比。因此对低频振动采用位移传感器测量时,幅值较大;而对高频振动采用加速度传感器测量时幅值会较大,在测量中应该考虑这些差别以合理选择传感器。从图 9-25 中可以看到,当被测频率较低时,采用位移传感器可以获得较高的灵敏度,而在被测频率较高时,用加速度传感器可以获得较高的灵敏度。

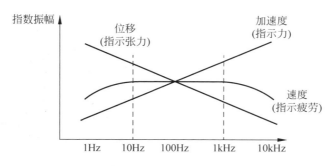

图 9-25　位移、振动速度和加速度的振动响应与频率的关系

9.3.5 声发射传感器

1. 声发射传感器的用途

（1）测量空化空蚀：空化过程自身的非定常特性以及由空化引起的压力波传播特性的改变使结构受到一种复合的冲击。因此，同时使用声发射传感器和振动传感器测量此类振动，并利用解调技术，比较幅值谱的谱带特征，可以探测到空化和空蚀。图 9-26 是分别用加速度传感器和声发射传感器测量尾水管涡带空化的例子。

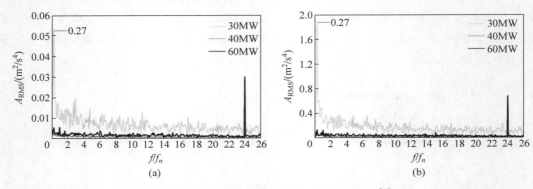

图 9-26　解调后的频谱探测尾水管空化现象[4]

（a）加速度传感器；（b）声发射传感器

（2）测量内部缺陷：由于声发射传感器感知在固体材料中传播的压力波，当结构内部有微小裂纹时，它可以接收内部损伤、折断产生的振动，裂纹也可以产生丰富的振动（图 9-27）。因此在有足够基础数据支撑时，可以用此类传感器监测裂纹初生。

2. 声发射传感器的安装

声发射传感器看起来和加速度传感器非常类似，一般采取环氧树脂胶粘或专用耦合剂，适合在高频范围工作。安装位置也和加速度传感器基本一致，但不是 ICP/IEPE 接口，因此可直接接入采集系统。

声发射传感器和加速度传感器可以同时安装，如测量空化时可以两种传感器同时使用（图 9-28）。

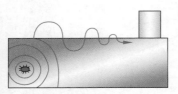

图 9-27　声发射传感器用于
探测内部损伤

图 9-28　声发射传感器和加速度
传感器同时安装

3．声发射传感器和加速度传感器的对比

（1）加速度传感器的工作频率范围比声发射传感器低，但声发射传感器既能高频工作，也可在 1～100kHz 内工作。

（2）在加速度传感器工作频率范围内，其灵敏度是常数，响应也是线性的；但声发射传感器的灵敏度不是常数（图 9-29），因此只能用作"探测"，仅可比较频谱的相对变化。

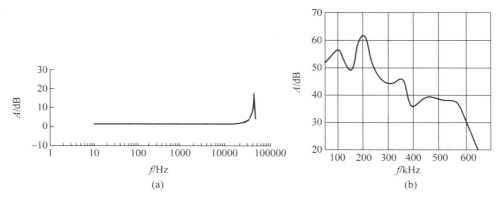

图 9-29　加速度传感器和声发射传感器响应函数的区别
（a）加速度传感器；（b）声发射传感器

（3）当结构受到外部激励时（比如压力载荷的变化），加速度传感器感受的是由于振动产生的局部微小位移能量，而声发射传感器感受的是通过应力波的形式传播到被测表面的波。图 9-30 展示了两种传感器的工作原理。

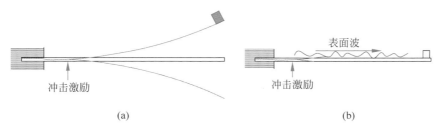

图 9-30　加速度传感器和声发射传感器测量低频振动对比
（a）用加速度传感器测量；（b）用声发射传感器测量

9.3.6　超声波换能器

除了声发射传感器，超声波换能器也能测量结构内部缺陷，但二者的原理不同：超声波换能器采用驱动器（actuator）发射 500kHz～15MHz 的超声波，经过内部缺陷干扰，到达接收器（或用换能器代替接收器），从而达到测量结构缺陷的目的。而声发射传感器则直接测量由内部缺陷主动发射的表面波，二者原理对比图见 9-31。

超声波换能器工作时，对接收器接收的信号进行频谱分析，如果除去初始脉冲，还存在两个波峰，那么可以确认试件内部存在裂缝，因为反射路径不同，频率更低的为裂缝峰见图 9-32。

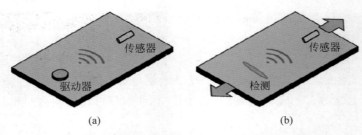

图 9-31　超声波换能器和声发射传感器测量原理对比

（a）超声波换能器；（b）声发射传感器

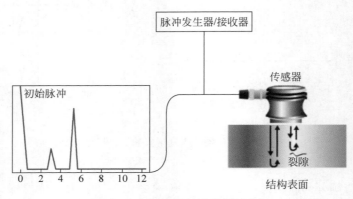

图 9-32　包含内部缺陷的测试结果

超声波换能器有很多种，其形态和用法与声发射传感器和 PZT 激振片用法类似，此处不再赘述。

9.3.7　麦克风

1. 麦克风简介

声波是在气液固介质中传播的可听压力波。人耳一般只能听见 20～20kHz 的声音，高于 20kHz 为超声波，低于 20Hz 为次声波，人耳均无法感知。这里所述的麦克风，限于测量空气中可听范围内的声波。常用声压级（SPL）表示声音大小，其定义为

$$L_{\mathrm{p}} = 10\lg_{10}\left(\frac{p^2}{p_{\mathrm{ref}}^2}\right) = 20\lg\left(\frac{p}{p_{\mathrm{ref}}}\right)\,\mathrm{dB} \tag{9-7}$$

式中，p_{ref} 是参考声压，可以参照标准 ANSI S1.1—1994，为人耳对 1kHz 声音刚刚可以听见的阈值声压，在空气中为 $20\mu\mathrm{Pa}$，在水中为 $1\mu\mathrm{Pa}$。

一般麦克风都是 ICP/IEPE 型传感器，采集系统需要专用通道。

2. 麦克风的应用及安装

麦克风也可用于空化监测，比如尾水管不同形态的涡带所产生的声压频谱特征不同，通过在尾水管管壁附近安装麦克风可用于判断尾水管内空化特性。另外麦克风也常用于监测环境噪声。麦克风的安装十分简便，只需将话筒对准声源方向，悬挂在空气中即可，见图 9-33。

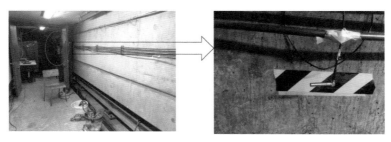

图 9-33 麦克风的安装

9.3.8 水听器

1. 水听器简介

水听器相当于水下麦克风,测量水下的声压及其波动。部分水听器是 ICP 型传感器,但也有一部分不是 ICP 型,需要 24V 电源供电,在使用之前要注意。

2. 水听器的用途

水听器可以直接测量水下声速,水下声速是一个非常重要且研究不够深入的参数。声速测量是较难的课题,可以采取在不同的位置布置 2 个水听器的方式简单测量。另外,流体域的声学自然频率正比于声速,因此可以通过测量某阶模态频率的变化来确定声速的变化。

在 4.2 节所述的相振问题以及一些与系统相关的振动以及流固耦合问题中,往往涉及流体的声学模态。通过试验手段测量声模态并不是容易的事情,最好的方法就是采用水听器。

3. 水听器的安装

水听器必须沉浸在水体内。在开放水体中(如海面下)安装比较简单,可直接沉入水中见图 9-34(a),但如果在水力机械中安装则困难得多,因为很多部件埋在地下,一般需要从预留的孔口接入水中见图 9-34(b)。

(a)

图 9-34 水听器的安装

(a) 有自由表面的水体;(b) 水力机械内部(BK8103)

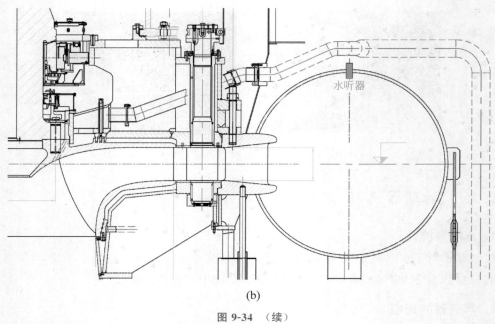

(b)

图 9-34 （续）

9.3.9 压阻式压力传感器

1. 压阻式压力传感器用途及测点

压力传感器主要用途有：

（1）测量静压，比如用压力传感器测得水头值。进出口压力一般是波动的，计算时应取算术平均值。对于中高水头，动能项可以忽略，但对于贯流式机组，动能项会超过 1%，有必要将其计入考虑。

（2）测量低频压力波动，这里的压力脉动主要指中低频的压力脉动，比如由于尾水管涡带引起的压力脉动、泵进口压力脉动、动静干涉引起的压力脉动等。

（3）测量相对流量，比如蜗壳压差法（又称 Winter-Kennedy 法）测相对流量。其中蜗壳压差法基于流体力学基本知识，在于同等条件下两个固定点的压差的 n 次幂（一般是 2 次幂）与流量呈线性关系。IEC 60041 国际标准对这种测量方法有相关标准。在测量中，将两压力传感器（或一个压差传感器）测点分别布置在蜗壳进口水流旋转 45°～90°的任一半径两端，其流量与压差的关系为 $Q = k\sqrt{\Delta p}$。其中 K 是需要标定的，但在现场，这个系数很难标定。如果只做相对效率试验（指数试验），由于相对效率＝真实效率/参考效率，所以只测量相对流量，因此只测压差就足够了。

（4）测量绝对流量，如水锤法（又称 Gibson 法、压力-时间法），其原理在于导叶关闭后压力管道中压力波的传播情况可以反映水流速度，利用暂态过程可以算得导叶关闭前的流量绝对值。计算公式为

$$Q = Av_0 = \frac{A}{\rho L}\int_0^t (\Delta p + \xi)\mathrm{d}t + Av_t \tag{9-8}$$

不同测量需求时测点的布置不同，测量时探头需要接触水体，在试验室可根据要求布置

测点,但水电站现场测点布置取决于混凝土浇筑时预留的测量空间,对水轮机一般安装在转轮进口侧(含引水管、蜗壳)、转轮出口侧(尾水管)和顶盖处(图 9-35),对泵一般安装在进口及蜗壳出口或者其他需要关注压力脉动的可测位置。市面大多数压力传感器配有 1/2 英寸接口,电站或泵站的压力测点一般也都配备这种接口。但接口螺距有粗牙和细牙,电站一般都配粗牙接口,五金商店也主卖粗牙配件,因此应注意定制传感器时尽量绞粗螺纹。压阻式压力传感器十分耐用,也很便宜。

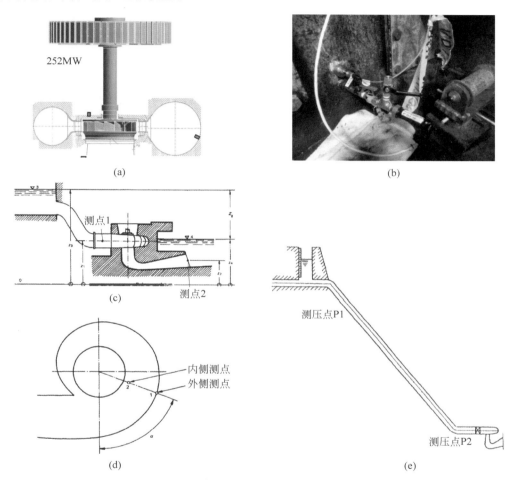

图 9-35　压阻式压力传感器测点及安装现场

(a) 水轮机压力脉动测量时的典型测点;(b) 压阻式压力传感器安装现场[2];

(c) 水头测量时的测点;(d) 蜗壳压差法典型测点;(e) 水锤法的典型测点

其工作原理和应变片类似,即压力变化造成压感电阻阻值的线性变化,变化量由惠斯通电桥测得。选用和使用时请仔细阅读说明书,重点关注输出方式、量程、灵敏度、动态响应范围参数,比如动态压力至 2kHz 的压力传感器对一般电站的动静干涉引起的压力脉动的测量都是足够的。另外还应特别注意确认传感器测量的是绝对压力还是相对压力,还需留意传感器的温度稳定性。

试验前要根据测量情景选择量程。以电站的压力测量为例,一般毛水头和净水头的差异在 1%~2%,可认为近似相等,进口压力表的量程估计公式如下

$$\text{Range(inlet)} \approx (H + S)/10\text{bar 表压} = (H + S)/10 + 1\text{bar 绝对压强} \qquad (9\text{-}9)$$

式中,H 为上游水位到转轮高度;S 为下游水位到转轮高度。

例:某混流式水轮机转轮最高水头为 100m,淹没高度为 5m,如果采用绝对压力传感器,那么在入口的估计压强为 $105/10\text{bar} + 1\text{bar} = 11.5\text{bar}$,估计出口压力约为 $5/10\text{bar} + 1\text{bar} = 1.5\text{bar}$,所以应在厂家提供的量程规格中选择高于估计压力的最近规格,如进口传感器量程 14bar;出口传感器选择 2bar。

前面提到的水听器也可测量压力脉动,但水听器"聆听"全部方向上的总声压的变化量,灵敏度比压力传感器高很多,压力传感器则只测量某一点的正压力,见图 9-36。

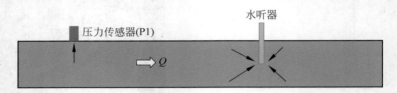

图 9-36　压力传感器和水听器的比较

2. 压阻式压力传感器的安装

如果测量管壁某处的压力,理想的压力传感器安装方式如图 9-37 传感器 P1 所示,应采用嵌入式安装,但是在现场测量中,经常会遇到在加长测压管上测压的情况,如果测量的是静压,除了需要考虑由于测点高度引起的差别外,加长测压管对静压的测量影响不大。

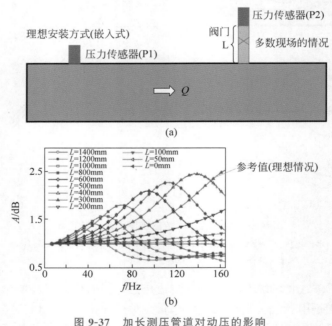

图 9-37　加长测压管道对动压的影响
(a) 两种安装方式示意;(b) 管长对频响函数的影响

但是如果测量的是压力脉动,由于加长测压管道的长度、材料都会影响压力传递的频响函数(FRF),图 9-37 以一个实例表示了这种影响,不同管长时频响函数差别很大,在测量中需要修正此影响。

对压力传感器可以采用两种接线方式,如图 9-38 所示。

(1)两线制电流输出:常在测量回路中串联 500Ω 电阻,将 4~20mA 转换为 2~10V 电压输出。此时灵敏度＝8V/量程,直流偏量＝2V。满量程时传感器两端供电电压只有 14V,需确认电压充足。一个 24V 直流电源模块理论上可以并联数个传感器供电。但相互并联的传感器间信号可能相互干扰,建议必要时每个传感器单独使用一个电源模块。

(2)三/四线制电压输出:灵敏度比两线制高一点,输出为 0~10V,即灵敏度为 10V/量程。电压输出有诸多益处。除了灵敏度高外,当合理接地时,信号间的独立性较好,无需人工外接电阻,且传感器能始终保持 24V 供电。不足的地方在于,导线电阻会附带电压降,接线太长会造成测量值偏低;而对于电流输出,无论回路多长都不影响电流,没有导线损失。

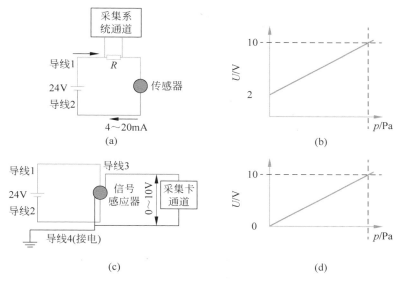

图 9-38　压力传感器的接线方式

(a)两线制接线方式;(b)两线制(串 500Ω)电压输出范围;
(c)三/四线制接线方式;(d)三/四线制电压输出范围

9.3.10　压电式压力传感器

1. 压电式压力传感器简介

压电式压力传感器昂贵而娇气,安装时需要非常谨慎。由于移除了直流分量而只输出波动分量,压电式压力传感器最适合用作测量动态压力脉动。可以通过图 9-39 了解其和压阻式压力传感器的区别:一个包含小波动的均值 10bar 的压力信号,如果用压阻式压力传感器,必须选量程大于 10bar 的传感器,而压电式传感器就可以根据波动幅值选择 0.2bar,灵敏度比压阻式高出 50 倍。

压电式压力传感器核心部件为压电陶瓷,当存在机械强迫力时,压电陶瓷的两极电荷聚集,产生感应电势。经由放大电路放大后,可作为压力信号测量。可以说传感器本身就是电源,并不像压阻式传感器那样需要外接供电。但一般都需辅以信号放大电路,放大电路需要外接供电。压电式压力传感器都具有极高的共振频率,动态范围更广。可以将其配置为 ICP 传感器。但一定注意其无法测量压力的静态量。

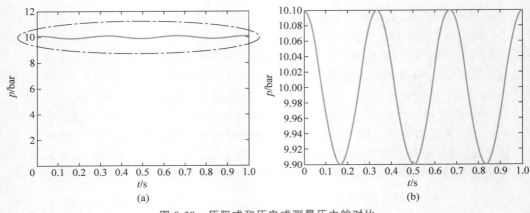

图 9-39　压阻式和压电式测量压力的对比

（a）压阻式的测量；（b）压电式的测量

2. 压电式压力传感器的安装

压电式压力传感器体积小，形状可扁平，适合测量机组各个部位的压力脉动。安装时应尽可能减轻传感器对流场的影响，填平传感器与壁面之间的台阶。图 9-40 显示了在水电站现场测试中常采用的压电式压力传感器的测点位置。主要在进水管、蜗壳内、尾水管管壁等处。

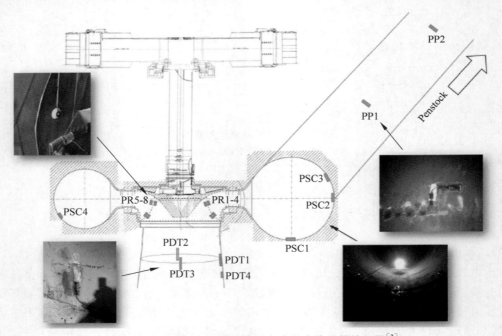

图 9-40　原型机组中可使用压电式压力传感器的位置[2]

9.3.11　光学传感器

1. 激光测振仪简介

光学传感器（optical sensors）通过不同的信号处理可以有很多用途，如光电开关、激光传感器、光纤传感器、图像传感器、位移/速度/加速度传感器等。这里重点介绍激光测振仪。

基于多普勒原理的激光非接触式振动测量技术(LDV)具有灵敏度高,动态范围大,实时响应和对测试环境要求低等特点,在动态特性测量中得到了广泛应用。

以单点式激光测振仪为例,测量的是目标表面上某点的振动特性,具体说是测量物体表面沿入射激光束方向振动向量的投影分量,例如,当入射光垂直照射到被测表面某个点,其测量的是该点的面外振动特性(测振仪也被称为面外振动测量仪)。LDV 在模型机中还可用作测量流速,但在原型机中一般难以实现。

LDV 具有以下特点:

(1) 可以测量非接触面。

(2) 每个工况都需激光单独聚焦,一次只能测量表面上的一个点。

(3) 灵敏度受振动介质影响,在水中和在空气中的灵敏度不一样。

(4) 安装时需格外注意,光线需垂直于目标面。

(5) 测量存在最优距离,该距离决定于激光波长。

2. 激光测振仪的应用

激光测振仪用于测量振动,可以用在很多场合使用,比如利用其非接触式的特点,在顶盖处通过透明的观察孔测量转轮上冠的振动,从而获得转轮在工作状态下的湿模态。一般采用锤击法进行试验。图 9-41 是 Presas[5] 等所做的转轮模态试验的测点及装置图。由于频率响应函数矩阵的对称性,模态测量可采用旋转测点法,即在固定点激励,在 16 个点测量振动;也可采用旋转激励法,即在 16 点分别锤击,在固定点测量。在现场试验中通常采用第二种方法,具体模态测量及分析过程见 9.4.4 节。

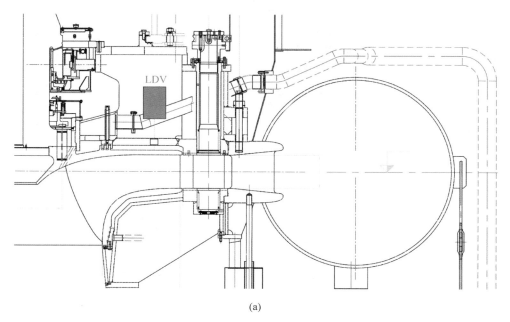

(a)

图 9-41　LDV 测转轮模态[5]

(a) 转轮模态测量现场 LDV 测点位置；(b) 模型机模态测量；(c) 原型机模态测量

图 9-41　（续）

9.3.12　冲击锤

1. 冲击锤(又称力锤)简介

力锤,是在模态测试中用于产生激励力的设备,图 9-42(a)是转轮模态测量现场,其中就用到了力锤。现代力锤多为 ICP/IEPE 型。力锤大小各异,因此最大激励力和动态范围也各不相同,见图 9-42(b)。和其他传感器一样,最大激励力越大,灵敏度越低。最大激励力主要取决于力锤的尺寸和质量。需要根据被测结构来选择合适的力锤,比如试验室可以用 2000N 的小力锤,原型机测量就需要用到 20000N 的大力锤。

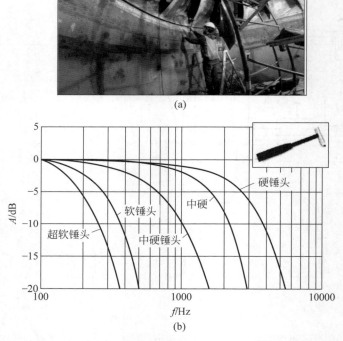

图 9-42　模态试验时锤头的应用及不同软硬锤头的适用频率范围

（a）现场锤头应用场景;（b）不同锤头的频率响应特性

2.锤头的影响

锤子锤头的选择需要考虑以下因素,锤头越硬,激励的频率范围越高,用于被测件的高频响应,因为硬锤头的敲击瞬间时间较短,进行快速傅里叶变换后自然频率区间更宽。但是硬锤头很容易敲出很高幅值的高频组分,加速度传感器极易超量程;而软锤头敲出的幅值较小,不易超出量程,但其响应频率范围较小。因此对于同一被测件,越硬的锤头,敲击应越轻。超量程后的加速度波形不再是振荡衰减波形,而是一个直流衰减波形,可以以此判断锤力是否合适。

最后,锤击测量时,务必减少连击现象发生。连击的频谱图,在宽频范围内会出现凹陷,一旦和关键频率重合,则无法分析到该频率。

9.3.13　水力机械中的其他传感器应用

1.温度计

温度计用在效率测试中,一般有两种用途。

(1)发电机效率测量

发电机的损失,主要考虑散热。根据 IEC 60034-2A 部分或《量热法测定电机的损耗和效率》(GB/T 5321—2005)标准,散热分为基准面内损耗和基准面外损耗。基准面内损耗分为经由冷却介质和不经由冷却介质的损耗。温度计可以测量冷却介质(水冷、油冷、空冷,空冷配合热线风速仪)的温度,配合流量可以计算散热。机壳对流也是通过温度计测量的。

(2)基于热力学法进行水力效率试验

IEC 60041 或 GB/T 20043—2005 水轮机蓄能泵和水泵水轮机水力性能现场验收试验规程规定,可以通过热力学法测量机组效率,该方法需要很高精度的温度传感器,价格也非常昂贵。限于测量条件,此法仅限于 100m 以上水头机组,测量环境极佳时可以低一些。

热力学法允许测量单位机械能(即 $1m^3$ 水)所做机械功,加上水力比能、合同修正项,可以在不测流量的情况下测效率。用于此种场景的温度计的精度达 1mK,分辨率 0.25mK。因此测量前对传感器率定的要求也较高。

2. PZT 激振器

PZT 片是利用压电效应,通过给定电压产生激励力的一种激振器。PZT 片必须使用环氧树脂胶粘贴在被测件上(24 小时充分固化),并且在水下测量时,需要覆盖环氧树脂防水层(焊接接头电压较高)。使用时,信号发生器产生的信号经过放大电路成为激励电压,加在 PZT 片两端。可以按照测试需求,激励给定的振动。PZT 片由于由供电线控制,可以提前布置在其他激励难以接触的位置,比如图 9-43 中转轮上。

PZT 片的缺点也很明显,它激励的只是频率,而激励力和电压的关系不是线性的,因此激励力的幅值是无从得知、也无法计算。不过对于结构模态测量,往往更关心的也主要是频率。

9.3.14　光纤传感器

光纤已经用在测量结构应力和应变中,但是其空间分辨率和动态特性一直不太理想,主要用于大型结构如大坝的应力测量等。图 9-44 中光纤可以测量出整个圆盘的应变或应力云图,相比之下,应变片只能测量固定测点的数据。可能随着光纤测量精度的提高,今后有望用于测量转轮叶片的应力分布。

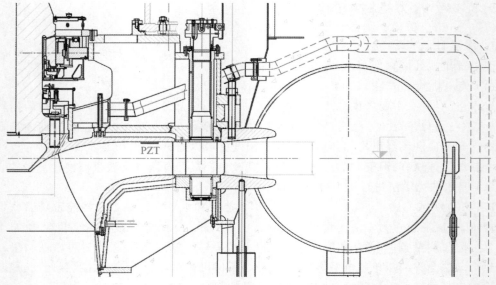

图 9-43　PZT 在模型转轮以及真机中的可能应用

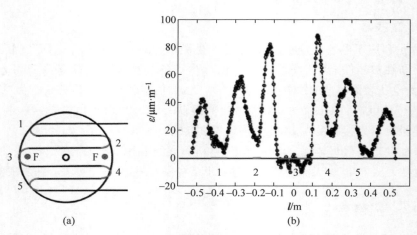

图 9-44　光纤测量圆盘表面应力分布示意[9]

（a）光纤布置；（b）光纤上的应变

9.4　信号分析技术

通过传感器由数据采集系统采集的信号需要经过适当的信号分析技术从中提取有用的信息,对非定常流动的计算结果也需要进行类似的信号分析。信号分析技术主要包含时域分析和频域分析以及时频分析。鉴于所涉及信号分析的理论非常成熟,本章仅对应用技术及注意事项进行简要介绍,不涉及理论公式推导。

9.4.1　时域分析

1. 常用时域分析术语

(1) 平均值,指信号的平均水平,计算公式为

$$\bar{x} = \frac{1}{n}\sum_{i=1}^{n}x_i \tag{9-10}$$

这对静态参数的测量非常重要。因为所有测量的信号都会有不同程度的波动,即使测量的是静态参数,其测量信号也会有波动,比如在测量水轮机水头时,蜗壳进口点和尾水管出口点上的压力传感器输出信号可能是图 9-45 的情形,计算水头时,应取二者平均值之差。

对周期性的信号在求平均值时应注意尽量取整周期内的平均值,以免造成误差,特别是在对非定常流动计算结果进行后处理时,如果计算的周期数比较少,非整周期取平均带来的误差可能较大。

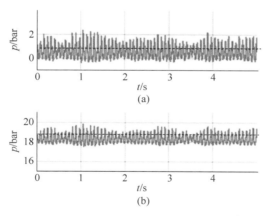

图 9-45　蜗壳进口和尾水管出口压力信号[2]

(a) 蜗壳进口; (b) 尾水管出口

(2) 均方根(RMS),指信号的均方根,计算公式为

$$x_{\mathrm{rms}} = \sqrt{\frac{1}{n}\sum_{i=1}^{n}x_i^2} \tag{9-11}$$

对周期性的振动信号,当信号的平均值为 0 的时候,在用均方根值表示信号平均水平就非常有用,如果信号是纯周期性的,则幅度均方根值等于峰值的 0.707。在进行频域分析时,也常用均方根来计算功率谱。

（3）峰峰值（peak to peak），指信号的最大值与最小值之差，计算公式为

$$x_{p-p} = x_{max} - x_{min} \tag{9-12}$$

对周期性明显的信号，其计算比较简单；对周期性并不明显、频率成分丰富的信号，常需采用 97% 置信度或 95% 置信度来计算峰峰值。

（4）峰峰值与均方根之比，指信号的峰峰值与均方根之比，常用来表示振动水平相对于平均水平的大小。

2. 窗函数

对水力机械中的压力脉动、振动等信号进行分析时，往往采取不同的截断函数对时域信号进行截断，该截断函数称为窗函数（window function），比如根据情况采用无交错的等长时间窗求取不同时段的平均值或进行快速傅里叶变换分析，然后对不同时段的平均值或频率信号进行分析；或者采用交错的等长时间窗进行时频分析；另外，对旋转机械，以旋转周期为时间窗长度，进行同步平均，可以使与旋转频率相关的信号更加清晰明显。此外，瞬时窗在处理冲击信号时也非常有用。以上窗函数一般都是在特定时间内的值为 1 的函数，是矩形窗（rectangle window），典型矩形窗函数的应用例子见图 9-46～图 9-48。

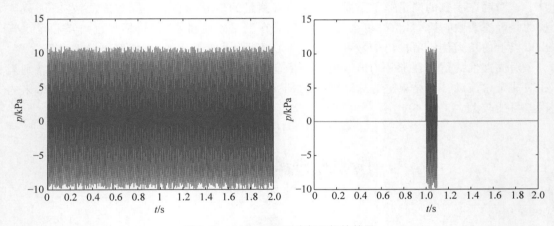

图 9-46　对信号加瞬时窗函数的效果

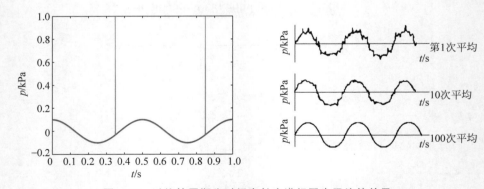

图 9-47　以旋转周期为时间窗长度进行同步平均的效果

在快速傅里叶变换分析中一般需要从信号中截取一定长度的时间片段，将其周期延拓为无限长信号进行后续分析。为减少或消除信号截断引起的频谱能量泄漏及栅栏效应，还

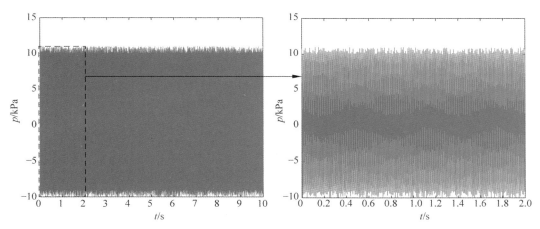

图 9-48　信号通过矩形窗

经常用到指数窗（exponential window）、汉宁窗（Hanning window）等，见图 9-49、图 9-50，各自的特点与适用情况简述如表 9-6。

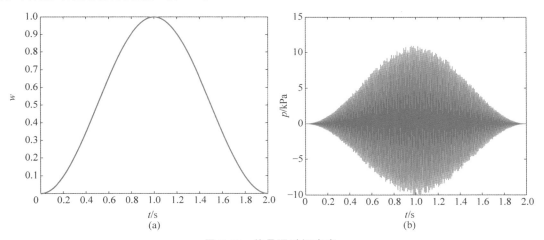

图 9-49　信号通过汉宁窗

（a）汉宁窗；（b）加窗后的信号

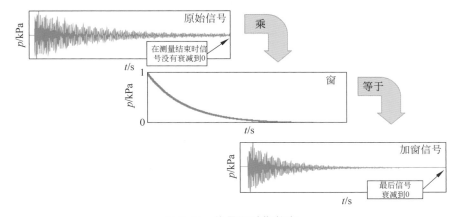

图 9-50　信号通过指数窗

表 9-6　水力机械及系统信号分析常用窗函数特点及应用

窗函数	特　点	应　用
矩形窗	主瓣比较集中,旁瓣较高,并有负旁瓣,带入了高频干扰和泄漏;频率识别精度高,幅值识别精度低	一般不加窗就使信号通过了矩形窗,适用于只关系主瓣频率而不考虑幅值的情况
指数窗	主瓣较宽,无负旁瓣,无旁瓣波动,不会引起计算谱中假的极大或极小值;频率识别精度较低	适用于非周期信号如指数衰减信号,因而常用于结构冲击试验
汉宁窗	相比于矩形窗,主瓣加宽并降低,旁瓣显著减小,有利于减小频谱泄漏;幅值识别精度大为提高	适用于具有多个频率分量,频谱表现十分复杂,且多关注不同频段各频率成分的相对贡献而不关心频率识别精度的情况,在水力机械中应用较为广泛
汉明窗	与汉宁窗同属余弦窗函数,二者加权系数不同;该窗旁瓣更小,衰减较慢,主瓣稍宽	与汉宁窗的适用情况相似

3. 滤波

在对水力机械及系统中多种复杂信号进行采集时,往往会混入干扰信号(如环境噪声、电磁信号等),因而需要通过滤波(filtering)的方式将信号中特定频段的信号滤除,达到抑制或消除干扰信号、提高信噪比的目的。

常用的滤波方式有低通滤波(lowpass)、高通滤波(highpass)和带通滤波(bandpass)。低通滤波即为允许低频信号正常通过,而超过设定临界值的高频信号则被阻隔、减弱,但是阻隔、减弱的幅度会依据不同的频率以及不同的滤波程序而改变。其中所设定的频率临界值称为截止频率(cut-off frequency)。高通滤波为允许高频信号正常通过,而对低于所设定截止频率的信号进行阻隔、减弱。带通滤波允许通过某一频率范围内的频率分量,而将其他范围的频率分量衰减到极低水平。

下面以信号 $y=\cos(2\pi \cdot 10 \cdot t)+\cos(2\pi \cdot 50 \cdot t)+\cos(2\pi \cdot 200 \cdot t)$ 为例(如图 9-51 所示),分别进行低通、高通和带通滤波,其中低通滤波截止频率为 30Hz,高通滤波截止频率为 150Hz,带通滤波的允许频率范围为 30～150Hz。三种滤波后的图形分别见图 9-52、图 9-53 和图 9-54,图中 $f_0=200$Hz,三种滤波基本将原始信号中感兴趣的三个分频信号保留而滤除了其他信号。

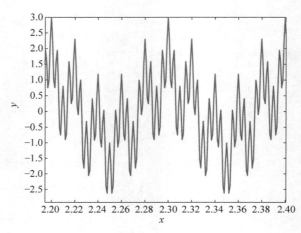

图 9-51　原始信号

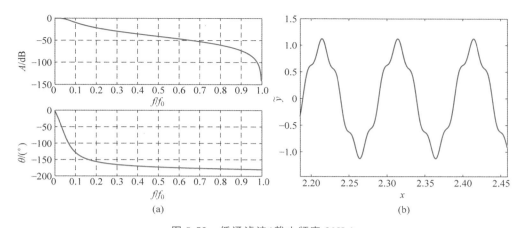

图 9-52　低通滤波（截止频率 30Hz）

（a）滤波函数幅值及相位；（b）滤波后的信号

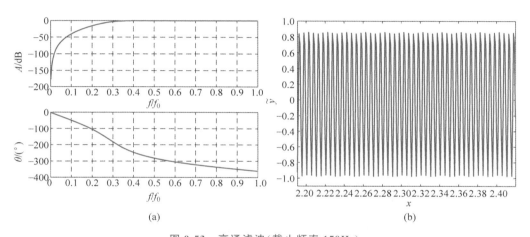

图 9-53　高通滤波（截止频率 150Hz）

（a）滤波函数幅值及相位；（b）滤波后的信号

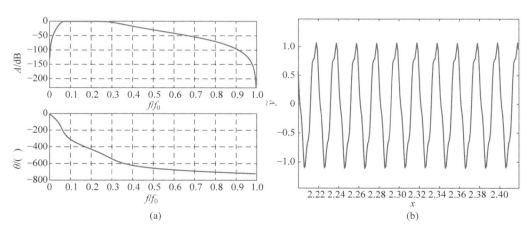

图 9-54　带通滤波（允许通过频率 30 ～150Hz）

（a）滤波函数幅值及相位；（b）滤波后的信号

4. Hilbert 变换（包络分析）

一些机械故障如滚动轴承的疲劳脱落、汽蚀破坏、轴弯曲、齿轮点蚀、断齿等都会引发周期性的脉动冲击力，产生振动信号的调制现象，在频谱上表现为特定频率两侧出现间隔均匀的调制边带频宽。机械故障诊断中常常利用包络分析法对信号进行解调，分析其强度和频次进而判断损伤的部位和程度。常用的解调方法为基于 Hilbert 变换的包络解调方法。

一般地，求实信号 $x(t)$ 的包络 $A(t)$ 的步骤为：

（1）求信号 $x(t)$ 的傅里叶变换 $X(\omega)$；

（2）求解析信号 $x_\sigma(t)$ 的傅里叶变换 $X_\sigma(\omega)$

$$X_\sigma(\omega) = \begin{cases} 2X^+(\omega), & \omega \geqslant 0 \\ 0, & \omega < 0 \end{cases} \tag{9-13}$$

（3）求 $X_\sigma(\omega)$ 的逆傅里叶变换，可得解析信号

$$\begin{aligned} x_\sigma(t) &= \frac{1}{2\pi} \int_{-\infty}^{+\infty} X_\sigma(\omega) \mathrm{e}^{\mathrm{j}\omega t} \mathrm{d}\omega \\ &= \frac{1}{2\pi} \int_0^{+\infty} 2X^+(\omega) \mathrm{e}^{\mathrm{j}\omega t} \mathrm{d}\omega \end{aligned} \tag{9-14}$$

则实信号 $x(t)$ 的包络 $A(t) = |x_\sigma(t)|$。

图 9-55 基于 Hilbert 包络对信号进行了分析，通过包络分析的方法可以将与故障有关的信号从高频复杂信号中解调出来，从而避免与其他低频干扰信号相混淆，有利于提高故障诊断的可靠性和灵敏性。

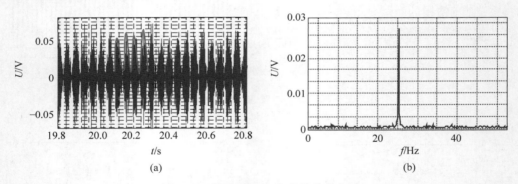

图 9-55　基于 Hilbert 包络的信号分析

(a) 原始信号时域图及包络线；(b) 包络线的频谱

5. 轴心轨迹分析

轴心轨迹分析作为旋转机械中的常用分析方法，对判断水力机械中的故障具有很重要的意义。以某混流式水轮机为例，图 9-22(b) 为对其主轴进行轴心轨迹测量的装置，其中白色元件为两个相隔 90°的位移传感器。对位移传感器测得的信号滤波以去除直通分量和高频信号的影响，可以得到水力机械主轴的轴心轨迹，如图 9-56 所示。

通过对轴心轨迹进行分析，可以一定程度上判断转子的对中情况。正常的轴心轨迹为较为稳定、长短轴相差不大的椭圆；不对中时，轴心轨迹为月牙或香蕉状，严重时为 8 字状；发生摩擦时，呈现多处锯齿状尖角或小环；轴承间隙或刚度差异过大时，为长短轴差距很大

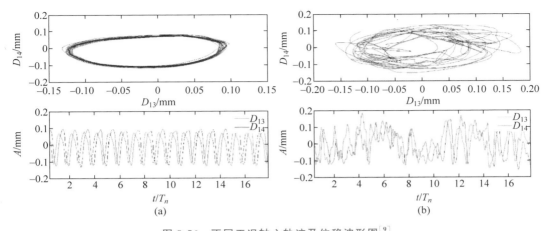

图 9-56　不同工况轴心轨迹及位移波形图[9]

(a) 最优效率工况的轴心轨迹；(b) 部分负载工况的轴心轨迹

的扁形椭圆；可倾瓦瓦块安装间隙相互偏差较大时，呈现明显的凹凸状；尾水涡带会引起花瓣形的轴心轨迹。轨迹的形状及大小重复性好，表明转子的转动较为稳定，否则为不稳定；转子发生亚异步自激振动时，其轴心轨迹往往很不稳定，不仅形状及大小时刻在发生较大的变化，而且还会出现大圈套小圈的情况。

6. 结构（轴身）变形姿态

该技术能够直观再现结构（比如轴）的振动运动，一般会针对不同的频率显示特性定频率下不同时刻结构的振动变形。因此虽然显示的是时域结果，但是该分析要在频域分析的基础上提取不同频率下结构的变形情况。以轴身姿态为例，通过频域分析获得轴的不同位置振动的相位和幅度后，通过分析程序，可以针对给定频率对结构的运动进行三维动画演示。图 9-57 显示了轴在某个特定频率下 8 个不同的时刻轴的扭转运动。通过这种处理，可以确定振动节点（位移为 0）和最大位移点，这对指导结构设计及避免共振现象的发生非常有用。

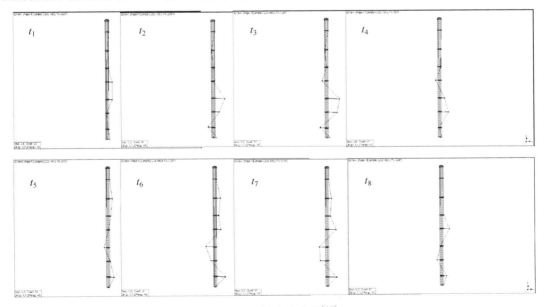

图 9-57　轴身姿态图[10]

9.4.2 频域分析——FFT 分析

1. 基本介绍

水力机械及系统中所采集到的复杂的压力脉动和振动等信号,通常需要通过快速傅里叶变换将其由时域信号转换为频域信号以进行分析。FFT 为一种离散傅里叶变换(discrete Fourier transformation,DFT)的高效算法,是利用 DFT 的奇、偶、虚、实等特性的改进算法。

一般地,非周期性连续时间信号 $x(t)$ 的傅里叶变换表示如式(9-15)所示,$x(\omega)$ 为信号 $x(t)$ 的连续频谱。实际工程中得到的是连续信号 $x(t)$ 的离散采样值,因而需要利用离散信号 $x(n)$ 来计算频谱。对于有限长的离散信号 $x(n)(n=0,1,2,\cdots,N-1)$,其 DFT 定义如式(9-16)所示。可以看到,DFT 计算需要 N^2 次复数乘法和 $N(N-1)$ 次复数加法。利用 W_N 对称性和周期性,将 N 个点的 DFT 分解为 $N/2$ 个点的 DFT,将 $N/2$ 个点的 DFT 分解为 $N/4$ 个点的 DFT,依次类推,如此,对于偶数 N 个点的 DFT,其运算量减少为 $(N/2)*\log_2^N$ 次复数乘法和 $N*\log_2^N$ 次复数加法,对于较大 N 值的数据处理,其计算量显著减少。

$$x(\omega) = \int_{-\infty}^{\infty} x(t)e^{-j\omega t}\, dt \tag{9-15}$$

$$x(k) = \sum_{n=0}^{N-1} x(n)W_N^{kn}, \quad k=0,1,\cdots,N-1, \quad W_N^{kn} = e^{-j\frac{2\pi}{N}} \tag{9-16}$$

快速傅里叶变换中主要的参数包括为采样时间 T、采样点个数 N、采样频率 f_s、最高频率 f_{max} 和频率分辨率 $f_{resolution}$。其中主要的关系如下

$$f_s = \frac{N-1}{T} \tag{9-17}$$

$$f_{max} = \frac{f_s}{2} \tag{9-18}$$

$$f_{resolution} = \frac{1}{T} \tag{9-19}$$

2. 泄漏

在对时域信号进行快速傅里叶变换分析时,一般需要从信号中截取一定长度的时间片段,之后对所截取的信号进行周期延拓。一般地,对周期性时域信号进行整周期截断后,周期延拓后的信号与原信号相同,而对非周期性时域信号进行信号截断或者对周期性时域信号进行非整周期截断时,周期延拓之后的信号与原信号不完全相同,对其进行快速傅里叶变换分析得到的频谱中除原本该有的主瓣外,还可能出现旁瓣,即发生频谱泄漏。如图 9-58 与图 9-59 所示,当对频率为 5 Hz 的余弦信号截取整周期片段时,该频率被准确识别,两侧频率的幅值很小;当截取非整周期片段时,该频率对应幅值降低,两侧频率的幅值较大,即发生频谱泄漏。

实测信号中可能包含多个频率成分,往往很难确定信号的周期,为避免或减弱时域信号快速傅里叶变换分析中的频谱泄漏,通常针对所截取的时域信号使用特殊的窗函数(如汉宁窗)。如图 9-60 所示,对图 9-58 中所示的时间长度为 2.1 s 的时域信号片段(蓝色曲线)使用长度为 2.1 s 汉宁窗函数(红色曲线),对加窗后的时域信号(黑色曲线)进行快速傅里叶变换

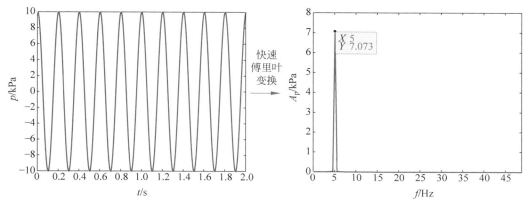

图 9-58 时域信号整周期截断后的快速傅里叶变换结果

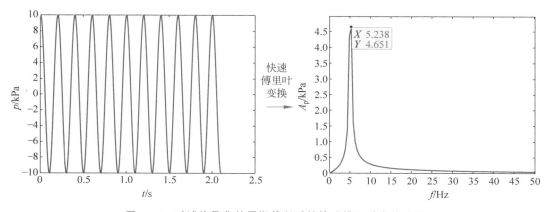

图 9-59 时域信号非整周期截断后的快速傅里叶变换结果

分析,得到频域信息如图 9-60(b)所示,主频附近频率的幅值明显降低,频谱泄漏现象明显减弱。

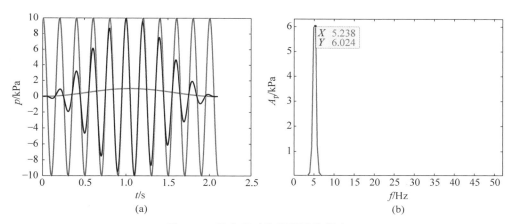

图 9-60 汉宁窗对信号频谱的影响

(a) 对时域信号使用汉宁窗;(b) 加窗信号的频谱

3. 奈奎斯特准则与混叠

奈奎斯特准则是指对连续信号进行等时间间隔采样时，采样频率 f_s 必须满足

$$f_s > 2f_{\text{signal}} \tag{9-20}$$

式中，f_{signal} 指信号包含的最高频率或感兴趣的最高频率。

这是因为若信号的采样频率设置不合理，会导致原本的高频信号被采样为低频信号，如图 9-61 所示。其中红色高频信号（细线）为原始信号，采样时间间隔过大导致实际采样点如黑色实心点所示，该信号实际表现为蓝色低频曲线（粗曲线）所示。也就是说如果采样频率 f_s 不满足采样定理，采样后的信号频率中高于奈奎斯特频率（Nyquist frequency，其值为 $f_s/2$）的频率成分将被重构成低于该频率的信号，这种频谱的重叠导致的失真称为混叠（高频信号混叠为低频信号）。

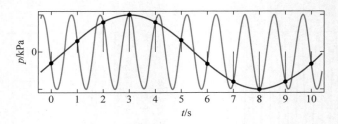

图 9-61　频率混叠示意

如图 9-62 所示，对某一包含 400Hz 与 600Hz 两种频率成分的连续信号在不同采样频率下进行快速傅里叶变换，可以发现，采样频率为 2000Hz 时，能识别的最高频率为 1000Hz，频谱中 400Hz 与 600Hz 两种频率成分均被准确识别；当采样频率为 1000Hz 时，能识别的最高频率为 500Hz，信号频率被混叠为 390Hz 与 410Hz。

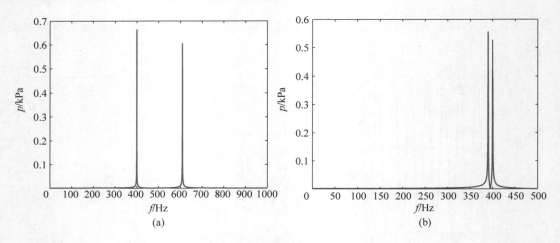

图 9-62　不同采样频率下连续时域信号的频谱

(a) $f_s = 2000\text{Hz}$；(b) $f_s = 1000\text{Hz}$

为避免采样时出现频率混叠，通常需要把高于奈奎斯特频率的频率成分滤掉，即在信号采样前首先使信号通过抗混叠滤波器（anti-aliasing filter）。理想的抗混叠滤波器可以使得

低于奈奎斯特频率的成分通过而滤除高于该频率的成分,实际情况中滤波器存在滤波陡度,如图 9-63 所示,因而在滤波后奈奎斯特频率以上的一些频率区域还存在混叠的可能性,对应于带宽的 $80\%\sim100\%$ 区域,而带宽 80% 以内的区域是无混叠的。因此,考虑到滤波陡度的影响,实际中通常要保证采样频率 f_s 是信号频率 f 的 2.56 倍以上,即 $f_s \geqslant 2.56f$。

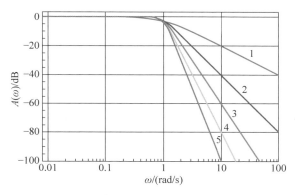

图 9-63　不同滤波陡度的抗混叠滤波函数曲线

4. 频率分辨率

在进行快速傅里叶变换时,采样数据的时长决定了频率的分辨率即快速傅里叶变换分析的精度,比如对图 9-64 的数据,如果采用 8s 的整周期时长,快速傅里叶变换得到的频率及幅值都比较准确;但是如果采用 0.5s 的数据,快速傅里叶变换获得的频谱图的频率分辨率不足,在 5Hz 附近有个平台,同时由于截取了非整周期,频谱也出现了泄露,幅值较低,在 200Hz 左右有一个不真实的频率。在水力机械内部流动非定常数值计算中,一些计算非常费时,有时可能会出现计算时长不足的问题,这时应特别注意截取整周期并尽可能增加计算时长,以提高快速傅里叶变换分析精度。

5. 功率谱

对于水力机械及系统中的压力脉动、振动等信号,常需要对其进行频谱分析以研究其内在规律。对单独一个信号进行傅里叶变换,得到的结果即为频谱,具有幅值和相位信息。将该复数频谱与其共轭相乘,即得到其自谱。平方形式的自谱称为自功率谱,对其求平方根,对应为线性形式,称为线性自功率谱。功率谱表示了信号功率随着频率的变化情况,即信号功率在频域的分布状况。

求信号自功率谱常用方法一般有直接法、间接法和 Welch 法等。直接法又称周期图法,它是把随机序列 $x(t)$ 的 N 个观测数据视为一能量有限的序列,直接计算 $x(t)$ 的离散傅里叶变换,得 $X(\omega)$,然后再取其幅值的平方,并除以 N,作为序列 $x(n)$ 真实功率谱的估计。间接法先由序列 $x(n)$ 估计出自相关函数 $R(n)$,然后对 $R(n)$ 进行傅里叶变换,便得到 $x(n)$ 的功率谱估计。Welch 法是对直接法的改进,是将 N 点的有限长序列 $x(n)$ 分段通过适当的窗函数 $w(n)$,且再分段时可使各段之间有重叠以减小方差,之后再进行周期图法计算。以含有噪声的 40Hz 与 100Hz 两类余弦信号的混合序列为例,图 9-65(b)、(c)、(d)分别为利用不同方法求得的功率谱。

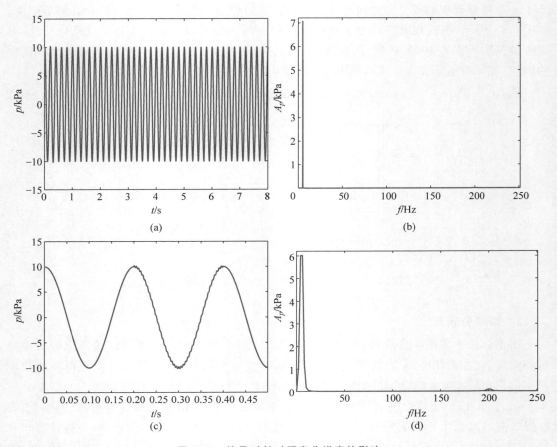

图 9-64　信号时长对频率分辨率的影响

(a) 时长 8s 的时域信号；(b) 时长 8s 信号的频域结果；(c) 时长 0.5s 的时域信号；(d) 时长 0.5s 信号的频域结果

6. 交叉功率谱

（1）频率响应函数（frequency response function）

　　工程上为了减少噪声的影响，常用相同的激励进行多次测量后，用输入信号 X_2 和输出信号 X_1 的互功率谱函数的平均值除以输入信号 X_2 自功率谱函数的平均值得到的商来计算频率响应函数，如式（9-21）所示，其中 * 表示共轭符号，它表征被测系统对输入信号在频域的传递特性，即系统在简谐信号激励下，其稳态输出与输入的幅值比、相位差随激励频率变化的特性（幅频、相频特性）。尽管频率响应函数是对简谐激励而言的，但如果任何信号都可分解成简谐信号的叠加，在任何复杂信号输入下，对线性系统频率特性也是适用的。此时，幅频、相频特性分别表征系统对输入信号中各个频率分量幅值的缩放能力和相位角偏移程度。

$$H(\mathrm{j}\omega) = \frac{\Sigma_1^{\mathrm{Na}}\{X_1(\mathrm{j}\omega)\} \cdot \{X_2^*(\mathrm{j}\omega)\}}{\Sigma_1^{\mathrm{Na}}\{X_2(\mathrm{j}\omega)\} \cdot \{X_2^*(\mathrm{j}\omega)\}} \tag{9-21}$$

频率响应函数也可以用来分析水力机械不同测点信号间的联系。以图 9-66 所示的水轮机组为例，该机组此时存在频率为 0.7Hz 的水力共振，在其尾水管入口某截面相隔 90°处布置有两个压力脉动测点。对其进行频率响应分析，得到图 9-66 所示的幅频特性曲线和相频特

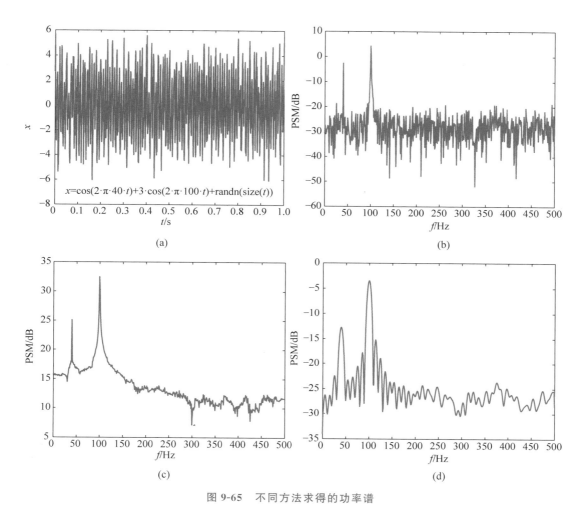

图 9-65　不同方法求得的功率谱

（a）含有噪声的混合序列；（b）直接法求得的功率谱；（c）自相关法求得的功率谱；（d）Welch 法求得的功率谱

性曲线。图中 0.7Hz 频率对应的相位差为 0，幅值比为 1，表明两个测点处存在频率为 0.7Hz 的同步压力脉动。泵的喘振或空化喘振导致的压力脉动也是类似的情况，在圆周上不同相位角位置信号的相位相同，幅值接近。

（2）相干函数（coherency function）

相干函数是指两个信号在各频率上分量间的线性相关程度，工程上可用式（9-22）计算，其中上横线"—"表示求均值。它表征了输出信号与输入信号的相干关系。相干函数可用于评定频响函数估计的可信度，表示在频域内总输出中真正输入信号产生的输出所占的比例。如果相干函数为零或很小，表示输出信号与输入信号不相干；当相干函数为 1 时，表示输出信号与输入信号完全相干。若相干函数在 0~1 之间，则表明有如下三种可能：①测试中有外界噪声干扰；②输出信号是该输入信号和其他输入的综合输出；③联系输入和输出的系统是非线性的。

$$\mathrm{coh} = \frac{\mid \{\overline{X}_1^{\,*}(\mathrm{j}\omega)\} \cdot \{\overline{X}_2(\mathrm{j}\omega)\} \mid^2}{(\{\overline{X}_2(\mathrm{j}\omega)\} \cdot \{\overline{X}_2^{\,*}(\mathrm{j}\omega)\})(\{\overline{X}_1(\mathrm{j}\omega)\} \cdot \{\overline{X}_1^{\,*}(\mathrm{j}\omega)\})} \tag{9-22}$$

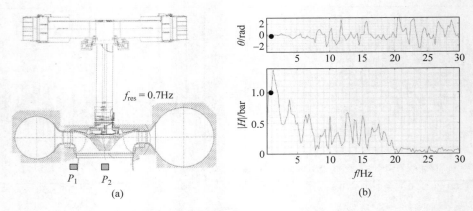

图 9-66　水轮机尾水管内两点的频率响应分析[5]

(a) 尾水管压力脉动测点；(b) 两个测点上的频率响应分析

图 9-67 显示了图 9-66 所示水轮机组尾水管两测点压力脉动信号的相干性。频率为 0.7Hz
处的相干函数为 1，两信号之间存在显著的线性关系，实际上二者均是由系统的共同激励
（尾水涡带）引起的。

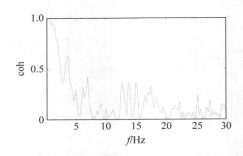

图 9-67　尾水管压力脉动（图 9-66(a) 的两个测点）的相干分析[5]

通过相干函数还可以在一定程度上呈现激励影响的传递过程。以图 9-68 为例，由于动
静干涉的影响，水轮机蜗壳壁面 PSC10 处存在明显的 34Hz 压力脉动成分，将蜗壳上壁面
PSC top、转轮叶片出口 PBD 和尾水管壁面 PDT 处测得的压力脉动信号分别于 PSC10 处
的信号进行相干分析，如图 9-68(b)、(c) 和(d)所示。PSC top 与 PSC10 处信号相干函数为
1，其他两处信号与 PSC10 处的相干程度较低，表明导叶处产生动静干涉主要向蜗壳区域传
递并产生影响，而对转轮出口和尾水管区域的影响很小。

9.4.3　时频分析

傅里叶分析是信号的分析中常用的方法。傅里叶变换建立了信号时域与频域之间的变
换关系，但在变换之后信号失去了时间信息，因而频域分析没有良好的时间分辨能力。对如
图 9-69(a) 所示时长为 10s 的信号，其在 5～5.2s 内是频率为 64Hz 与 200Hz 的混合信号，
其余时间内均是频率为 64Hz 的余弦信号，FFT 分析之后，可以识别出 64Hz 与 200Hz 两个
频率，但却无法反映混合信号在何时出现；同时由于频域分析时任一频率分量都是对信号

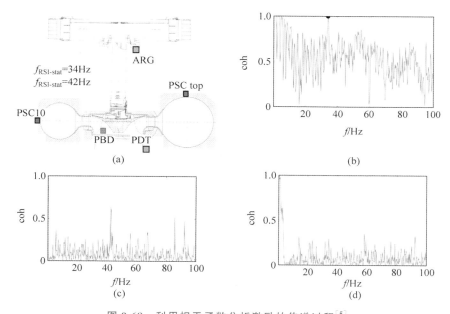

图 9-68　利用相干函数分析激励的传递过程[5]

（a）水轮机压力脉动测点；（b）PSC top-PSC10 的相干分析；

（c）PBD-PSC10 相干分析；（d）PDT-PSC10 相干分析

在整个定义区间上进行积分，无法有效地反映信号在窄区间上的突变，因而在图 9-69（b）中，5～5.2s 内混合信号所包含的 200Hz 频率成分的幅值被大大低估了。

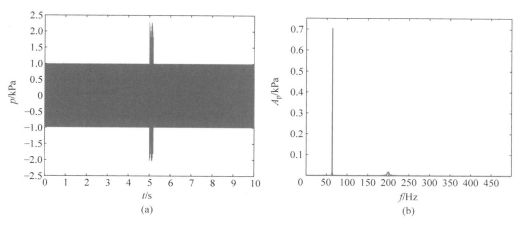

图 9-69　非平稳信号的快速傅里叶变换分析

（a）信号时域图；（b）信号频域图

1. 短时傅里叶变换

对于图 9-69 所示的非平稳信号，传统的傅里叶变换无法反映时间变化特征。为同时研究信号在时域与频域上的局部性质，一般对信号进行加窗傅里叶变换，或称短时傅里叶变换（short time Fourier transform，STFT）。

短时傅里叶变换的基本原理如图 9-70 所示，用很窄的窗函数取出信号，假定信号在该时窗内是平稳的,对其进行傅里叶变换,得到该时窗内的频率,并过滤掉窗函数以外的信号频谱,确定频率在特定时间内是存在的,之后沿时间移动窗函数,得到信号频率随时间的变化关系,即可得到信号的时频分布,一般表示为频谱图或瀑布图。如图 9-71 中上方的频谱图中,横坐标为时间,纵坐标为频率,图中颜色表示幅值。

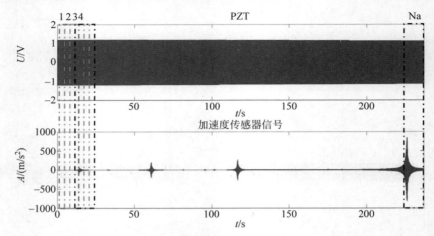

图 9-70　非平稳信号短时傅里叶变换(STFT)示意

连续信号 $x(t)$ 的短时傅里叶变换为积分运算,实际工程中要通过离散傅里叶变换(DFT)实现,如果 $x[k]$($k=1,2,\cdots,M$)为信号 $x(t)$ 的采样,时窗信号 $w[l]$ 的宽度为 N(数据点数),若采样频率为 f_{sam},采样时间间隔为 T,则有 $T=1/f_{sam}$。

在信号时频分析中,通常希望能够同时以较高的时间分辨率和频率分辨率来分析信号的时频特性。时间分辨率由时窗宽度 T_p($T_p=NT=N/f_{sam}$)决定,T_p 越小,时间分辨率越高。频率分辨率 Δf_c($\Delta f_c=f_{sam}/N=1/NT=1/T_p$)为 DFT 分析中相邻谱线的间隔,$\Delta f_c$ 越小,频率分辨率越高。可以看到,时间分辨率与频率分辨率互为倒数,因而短时傅里叶变换中,无法同时获得较高的时间分辨率和频率分辨率,时间分辨率与频率分辨率存在矛盾和相互制约的特性。如图 9-71 所示,采用不同的时间分辨率对同一段非平稳信号进行短时傅里叶分析,从频谱图中可以看到,采用较宽的时窗时,频率分辨率较高,时间分辨率较低,反之,采用较窄的时窗时,频率分辨率较低,时间分辨率较高。

信号的短时傅里叶变换虽然能够在一定程度上改善傅里叶变换的不足,实现信号的时频分析,但其时间分辨率固定不变,因而不能有效地反映信号的突变程度,这导致其应用受到局限。

2. 小波分析

从信号分析的角度,可以根据信号的时域变化特性相应调整时间分辨率和频率分辨率,即采用长度变化的时窗,在信号变化较快的区域采用较高的时间分辨率,在信号变换较慢的区域采用较高的频率分辨率,从而更有效地获得信号的时频特性。信号时频分析中常用的小波分析(wavelet analysis)方法,其频率分辨率可以随着频率的增加而增高,有效地解决了短时傅里叶变换的缺陷。

与傅里叶变换相比,小波变换将无限长的三角函数基换成了有限长的会衰减的小波函

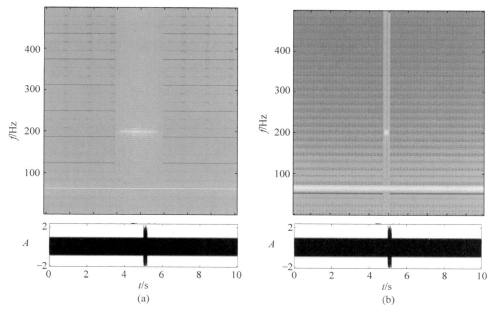

图 9-71　采用不同时间(频率)分辨率分析信号时频特性的比较

(a) $T_p = 2s, \Delta f_c = 0.5Hz$；(b) $T_p = 0.2s, \Delta f_c = 5Hz$

数基。如式(9-23)所示,其中 $\psi_{s\tau}(t)$ 为小波函数,τ 称为平移量(translation),控制小波函数在时间轴上的平移,如图 9-72 所示；s 称为尺度(scale),控制小波函数的伸缩,如图 9-73 所示,控制小波函数在频域上的大小。以 Morlet 小波为例,不同尺度的小波频率不同,每个小波对应单个频段,因而当对信号进行小波分解(或投影在小波基的线性空间)后,就可以知道信号中包含什么频率成分。将每个尺度下的小波均与整个信号平移相乘之后,即可得到信号在不同时间包含的频率成分。

$$\psi_{s\tau}(t) = \frac{1}{\sqrt{s}}\psi\left(\frac{t-\tau}{s}\right) \qquad (9-23)$$

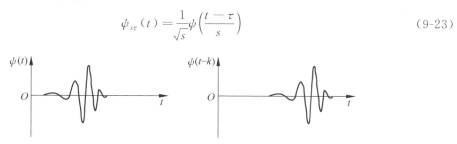

图 9-72　小波基函数及其平移

小波函数必须满足两个条件：①小波必须是振荡的；②小波的振幅只能在一个很短的区间上非零,即是局部化的。常用的小波函数如图 9-74 所示。

对图 9-69(a)所示的非平稳信号进行小波分析,得到的时频谱图如图 9-75(a)所示,其在不同频率下的分辨率如图 9-75(b)。可以发现,小波分析对信号频率分辨率随着频率值的增大而增加,在频率为 64Hz 时分辨率为 0.4Hz,频率为 200Hz 时分辨率为 1.3Hz,从而使得两种信号成分在时域上与频域上均具有较好的分辨率。

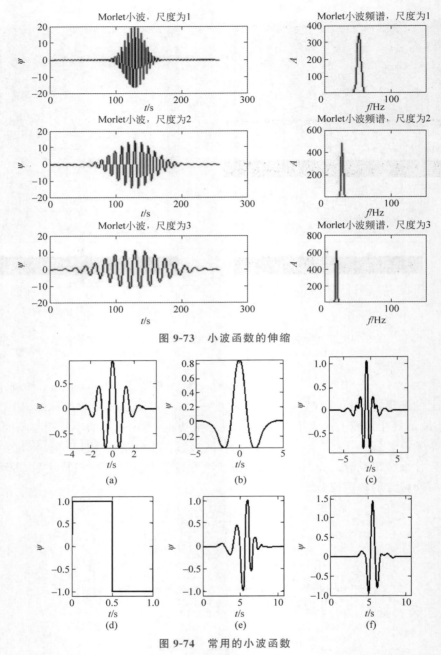

图 9-73　小波函数的伸缩

图 9-74　常用的小波函数

（a）Morlet 小波函数；（b）Mexican Hat 小波函数；（c）Meyer 小波函数；

（d）Haar 小波函数；（e）db6 小波函数；（f）sym6 小波函数

3．经验模态分解

经验模态分解（empirical mode decomposition，EMD）方法基于信号本身的局部时间特征尺度，把原始信号进行平稳化处理，将复杂信号的分解成有限个具有不同特征尺度的数据序列，每一个序列即为一个本征模态函数（intrinsic mode function，IMF）分量，IMF 反映了原始信号的本质和真实信息。

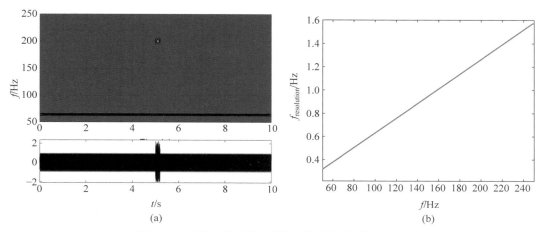

图 9-75　非平稳信号小波分析时频谱图及其分辨率

（a）非平稳信号小波分析时频谱图；（b）小波分析频率分辨率

一般认为,一个本征模函数 IMF 必须满足以下两个条件:①整个信号上极值点的个数和过零点的个数相等或至多相差一个;②任意时刻,由局部极大值点和局部极小值点分别形成的上、下包络线的均值为零,即是关于时间轴局部对称的。

如图 9-76 所示,EMD 算法的基本过程为:①找出原数据序列 $X(t)$ 的所有局部极大值点与极小值点,用三次样条函数连接所有局部极大值点作为上包络线,连接所有局部极小值点作为下包络线;②求得上下包络线的均值即为 m_1,将原数据序列 $X(t)$ 减去均值 m_1,得到新的数据 $h_1=X(t)-m_1$;③若 h_1 满足 IMF 的条件,则为第一个分量 c_1,若不满足,则

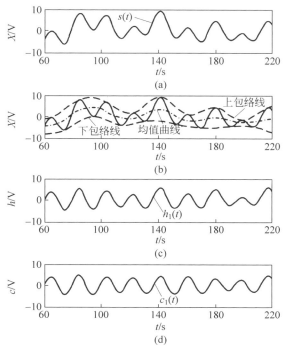

图 9-76　EMD 算法的基本过程

继续进行上述步骤,直到得到满足 IMF 条件的 h_{1k},将其作为第一个分量 c_1;④从 $X(t)$ 中分离出 c_1,得到 $r_1 = X(t) - c_1$,将 r_1 作为原信号重复上述过程,得到第二个 IMF 成分 c_2,重复上述过程,得到第 n 个 IMF 分量 c_n,当原始信号 $r_n = r_n - 1 - c_n$ 为单调或一个极小的常量而无法提取 IMF 时,即停止分解过程重复,r_n 称为残差。$c_1, \cdots, c_n$ 分别包含了信号不同时间特征尺度大小的成分,因而各 IMF 分量包含了从高到低的不同频率段成分。

经验模态分解方法更适合用于非线性系统信号的分析。

以上信号处理方法是单自由度信号处理方法,即一次只处理单个通道的信号。在机械故障诊断中,常需要进行多自由度的信号分析,如模态分析。下面对此进行介绍。

9.4.4 模态分析

1. 模态分析基础

模态分析指的是以振动理论为基础获取结构模态参数为目标的分析方法。对任意结构,可建立系统的多自由度振动模型(比如通过有限元法),获得以质量、阻尼、刚度为参数的关于位移的振动微分方程,如式(9-24)所示。其中,$\boldsymbol{M}$、$\boldsymbol{C}$、$\boldsymbol{K}$ 分别为系统的质量、刚度和阻尼矩阵,$\boldsymbol{F}(t)$ 为外界对系统的激励,$\boldsymbol{x}(t)$ 为系统的各自由度上的位移。在 8.2 节的流固耦合分析中,我们知道对方程(9-24),令阻尼及外力为 0,可得结构自由振动的模态。在实际工程中,还可以通过试验获得机组的模态振型及频率。

$$\boldsymbol{M}\ddot{\boldsymbol{x}}(t) + \boldsymbol{C}\dot{\boldsymbol{x}}(t) + \boldsymbol{K}\boldsymbol{x}(t) = \boldsymbol{F}(t) \tag{9-24}$$

对方程(9-24),任意位移 x 可表示为系统各阶模态的线性组合,即

$$\boldsymbol{x}(t) = \sum_{r=1}^{N} q_r(t) \boldsymbol{\vartheta}_r \tag{9-25}$$

将方程(9-25)代入方程(9-24)并利用各阶模态的正交性,可在模态空间将方程(9-24)解耦(参见 8.1.5 节),即对 r 阶模态的模态位移 q_r 满足

$$M_r \ddot{q}_r(t) + C_r \dot{q}_r(t) + K_r q_r(t) = \sum_{i=1}^{N} \vartheta_{ir} f_i(t) \tag{9-26}$$

利用傅里叶变换将上述方程(9-26)转化为频域上的方程,经过简单代换可得对单点激励的情况,p 点激励到 1 点的位移响应函数 $H_{pl}(j\omega)$ 为

$$H_{pl}(j\omega) = \sum_{r=1}^{N} \frac{\vartheta_{lr} \vartheta_{pr}}{M_r(\omega_r^2 - \omega^2 + 2j\zeta_r \omega \omega_r)} \tag{9-27}$$

式中,ω_r、ζ_r、$\boldsymbol{\vartheta}_r$ 分别为相应 r 阶模态的固有频率、阻尼率和振型。当 $\omega = \omega_r$ 时,频率响应函数出现极值

$$
\boldsymbol{H}(j\omega_r) = \sum_{r=1}^{N} \frac{\vartheta_{lr}\vartheta_{pr}}{2jM_r\zeta_r\omega_r^2} = \begin{bmatrix} h_{11} & h_{21} & \cdots & h_{n1} \\ h_{12} & h_{22} & \cdots & h_{n2} \\ \vdots & \vdots & \ddots & \vdots \\ h_{1n} & h_{2n} & \cdots & h_{nn} \end{bmatrix}
$$

$$
= \sum_{r=1}^{N} K_r' \begin{bmatrix} \vartheta_{1,r}\vartheta_{1,r} & \vartheta_{2,r}\vartheta_{1,r} & \cdots & \vartheta_{n,r}\vartheta_{1,r} \\ \vartheta_{1,r}\vartheta_{2,r} & \vartheta_{2,r}\vartheta_{2,r} & \cdots & \vartheta_{n,r}\vartheta_{2,r} \\ \vdots & \vdots & \ddots & \vdots \\ \vartheta_{1,r}\vartheta_{n,r} & \vartheta_{2,r}\vartheta_{n,r} & \cdots & \vartheta_{n,r}\vartheta_{n,r} \end{bmatrix} \tag{9-28}
$$

对模态的振型,只需要知道幅值的相对大小,同时由于频率响应函数矩阵的对称性,在试验中只需要测得式(9-28)矩阵中的一列或者一行就可获得各阶模态的振型。实测中常通过脉冲激励或扫频激励的响应曲线的极值点来估计结构固有频率。

2. 模态分析与频率响应函数

这里的模态分析一般指试验模态分析,是人为地对结构施加一定动态激励,通过试验采集系统的输入(激励)与输出(振动)信号并经过参数识别获得系统的模态参数。在水力机械模态测量中,通常采用单点激励的方法来进行模态分析。

对一个结构系统,如果在 p 点施加激励 F_p,在 l 点测量其响应 X_l,多次测量后,可以利用式(9-29)获得结构振动信号对激励力的频率响应函数,获得其幅频与相频特性

$$H_{pl}(j\omega) = \frac{\sum_1^{Na}\{X_l(j\omega)\} \cdot \{F_p^*(j\omega)\}}{\sum_1^{Na}\{F_p(j\omega)\} \cdot \{F_p^*(j\omega)\}} \tag{9-29}$$

以图 9-77 所示的圆盘结构为例,如果需要测量其具有节径的振动模态,可将其离散为16 个自由度,此时 $H(j\omega)$ 为 16×16 的矩阵。如前所述,由于矩阵的对称性及各元素的组成,在试验中,只需要求得矩阵的一行或者一列即可获得所有 16 阶模态振型。锤击法进行试验时,可采用旋转测点法,即在固定点激励,在 16 个点测量振动;也可采用旋转激励法,即在 16 点分别锤击,在固定点测量。试验中通常采用第二种方法,如图 9-77 所示,以获得式(9-28)中矩阵 $H(j\omega)$ 的第一列元素相对大小,进而得到各阶振型。

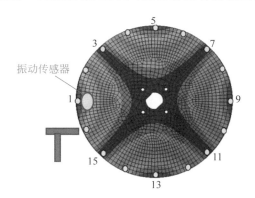

图 9-77　锤击法示意

在测量中,可采用位移信号、速度信号或加速度信号获得频率响应函数,它们之间的关系如下

$$H(j\omega) = \frac{H(j\omega)'}{j\omega} = \frac{H(j\omega)''}{-\omega^2} \tag{9-30}$$

（上式中 $\ddot{x}/F$、$\dot{x}/F$、x/F 分别对应 $H(j\omega)$、$H(j\omega)'$、$H(j\omega)''$）

3. 模态阻尼率

定义阻尼率为阻尼系数与临界阻尼系数之比 $\zeta = C/C_c$。根据单自由度振动理论,阻尼率可以用对数递减法和功率谱带法通过试验或数值计算的方法确定。在对数法中,对结构

施加某阶固有频率激励后撤销激励,使结构自由振动,由于阻尼的作用,结构振幅将会衰减。对数减少率 δ 定义为

$$\delta = \log(A_1/A_2) = \frac{2\pi\zeta}{\sqrt{1-\zeta^2}} \tag{9-31}$$

式中,A_1 和 A_2 是相邻振荡波形的振幅(图 9-78,$\zeta < 1$ 的自由振动,幅值衰减)。通过试验或计算获得结构自由振动波形(如图 9-78),由式(9-31)可反算阻尼率。

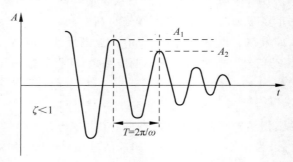

图 9-78 $\zeta < 1$ 的自由振动,幅值衰减

确定阻尼系数的第二种方法(图 9-79)是测量共振期间振幅为 $(1/\sqrt{2})$ 最大振幅的点之间的共振曲线宽度。计算的参数是 Q 因子,即

$$Q = \frac{f_n}{f_2 - f_1} = \frac{1}{2\zeta} \tag{9-32}$$

式中,f_n 是共振频率;f_1、f_2 是共振幅度 0.707 倍位置的两个频率点,f_2 是高于 f_n 的频率,f_1 低于 f_n;Q 与对数递减量 δ 之间的关系约为 $Q = \pi/\delta$。

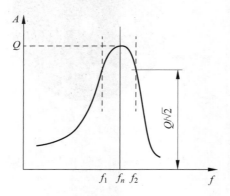

图 9-79 因数 Q 的定义

4. 响应信号处理技巧

锤击法试验中,通常需进行 3～5 次重复试验以取得平均值,因此提取信号后需要对其加窗处理。考虑所需的频率分辨率以及锤击之后噪声的影响,一般选择长度较短的矩形窗或瞬时窗。重复试验中,若每次所截取的时间片段内信号均已衰减为 0,则可用矩形窗或瞬时窗;若未衰减为 0,则还需使该段信号通过指数窗,如图 9-80 所示,以减小能量泄漏的影响。锤击试验中应避免连续锤击的出现,若出现后,加窗时应将连续锤击包含在内。

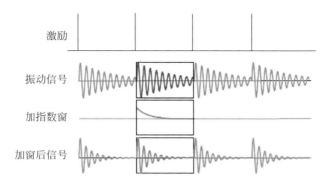

图 9-80 重复锤击试验时信号通过指数窗

图 9-81 为圆盘结构锤击试验的激励与得到的响应的频域图。红色曲线为锤击(脉冲激励)对应的宽带频谱,黑色曲线为加速度传感器信号(振动响应)的频谱,可以看到,锤击法可以较好地获得结构对激励的响应。

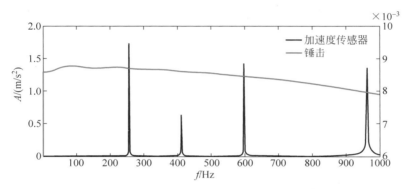

图 9-81 圆盘结构锤击试验激励与响应频域图

5. 模态辨识技术简介

如果频率响应函数峰值比较分散,可采用单自由度(SDOF)模态识别法确定模态参数。以图 9-82 为例来说明,因峰值频率为 291.4Hz,对应相位为 90°,通过单自由度模态识别法可确定对应频率为 291.4Hz。通过量出频响曲线的半峰宽度,用半峰值法可以大致确定该模态对应的阻尼系数 $\zeta = (\omega_2 - \omega_1)/(2\omega_r)$。

但是当峰值距离很近,模态之间的影响很大,或阻尼较大,各模态间有重叠的时候,单自由度模态识别法不再适用,这时候需要采用多自由度(MDOF)模态识别法,在试验时,不只要获得频率响应函数矩阵一列函数,还需要获得矩阵的所有函数,其基本原理是以实测数据(式(9-29))与参数模型(式(9-28))之间的总方差最小为目标,通过最小二乘法或其他优化算法来识别模态振型。如图 9-83 所示,在 MDOF 区间内是实测函数与 MDOF 识别法获得拟合函数,由拟合函数可获得各阶模态的频率、幅值、阻尼系数等参数。

实际测量中单自由度方法简单,只需要测量频率响应函数矩阵中的一列,但可能出现模态间重叠的情况;而多自由度测量试验工作量较大,一些现场条件下甚至非常困难,比如,转轮在工作流道中的湿模态测量,需要多点测量时,测点位置的布置就有很大难度。

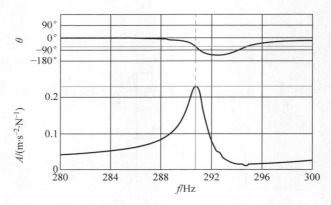

图 9-82　某转轮第一阶模态的频率及相位[8]

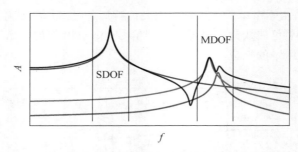

图 9-83　单自由度模态识别法与多自由度模态
识别法的适用情形示意

模态参数识别技术是信号分析的一个重要分支,其基础理论比较成熟,相关应用方法还有很多,感兴趣的读者可参考模态参数识别的专业书籍。

6. 转轮模态识别实例

下面以某水轮机转轮模态测量为例简单介绍数据处理中的模态辨识。采用旋转激励法,即在 16 点分别锤击,在固定点测量,分别在转轮流道内的上冠和下环的相同周向位置布置加速度传感器,如图 9-84 所示。

图 9-84　转轮模态测量时加速度传感器的布置[8]

其中上冠和下环两个测点对第一个锤击点的频率响应函数（FRF）见图 9-85，对其他锤击点同样可画出类似的 Bode 图。当测量所关心的是 620Hz 之前的振型时，每个峰值都比较独立，可以采用单自由度模态识别法。但如果测量所关心的是 670Hz 左右的振型时，采用单自由度模态识别法就有困难，特别是无法确定阻尼系数，这时候需要采用多自由度方法。

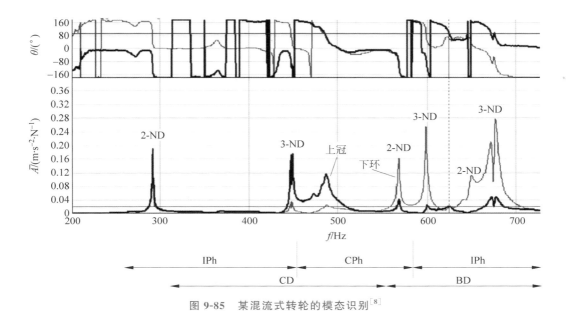

图 9-85　某混流式转轮的模态识别[8]

利用各锤击点的响应函数第一个峰值对应幅值画出转轮的振型图，可以判断这是一个上冠振幅占优的 2ND、CD 振型（crown domniant），上冠处幅值远大于下环处幅值，同时，通过频率响应函数的相位可以看到这个振型上冠和下环的相位差为 180°，由于图 9-84 中传感器的安装方向相反，因此，180°的相差意味着上冠和下环的振动同相位，称为 IP 振型（in phase），所以，第一个峰值对应的模态是同相位、上冠振幅占优的 2ND 模态。类似地，可以看到更高阶的同相位、上冠振幅占优的 3ND 模态，以及同相位下环振幅占优（band dominant，BD）的 2ND 和 3ND 模态。同时在第三个和第四个峰值处上冠、下环的相位相同，表明这两个模态是个反相振型，称 CP 振型（coutrary phase）。

由于工程上实测点往往很有限，特别是在电站或泵站实测时，受现场条件的限制，往往只能在有限的位置安装传感器，因此通过结构动力学计算获得结构的模态信息，并与实测结果综合分析，可以很大程度上弥补现场实测条件的限制。

参考文献

[1]　VALERO C，EGUSQUIZA E，PRESAS A，et al. Condition monitoring of a prototype turbine. description of the system and main results［C］//Journal of Physics：Conference Series. IOP Publishing，2017，813（1）：012041.

[2]　VALENTÍN D，PRESAS A，EGUSQUIZA E，et al. Power swing generated in Francis turbines by

part load and overload instabilities[J]. Energies,2017,10(12): 2124.

[3] PRESAS A,VALERO C,HUANG X,et al. Analysis of the dynamic response of pump-turbine runners-part I: Experiment[C]//IOP Conference Series: Earth and Environmental Science. IOP Publishing,2012,15(5): 052015.

[4] ESCALER X,EGUSQUIZA E,FARHAT M,et al. Detection of cavitation in hydraulic turbines[J]. Mechanical Systems and Signal Processing,2006,20(4): 983-1007.

[5] PRESAS A,VALENTIN D,EGUSQUIZA E,et al. On the detection of natural frequencies and mode shapes of submerged rotating disk-like structures from the casing[J]. Mechanical Systems and Signal Processing,2015,60: 547-570.

[6] PRESAS A, LUO Y, WANG Z, et al. Fatigue life estimation of Francis turbines based on experimental strain measurements: review of the actual data and future trends[J]. Renewable and Sustainable Energy Reviews,2019,102: 96-110.

[7] PRESAS A,VALENTIN D,EGUSQUIZA E,et al. Detection and analysis of part load and full load instabilities in a real Francis turbine prototype[C]//Journal of Physics: Conference Series. IOP Publishing,2017,813(1): 012038.

[8] EGUSQUIZA E,VALERO C,PRESAS A,et al. Analysis of the dynamic response of pump-turbine impellers influence of the rotor[J]. Mechanical systems and signal processing,2016,68: 330-341.

[9] YAO C,HUANG X,ZHU P,et al. Preliminary study of distributed fiber optic sensing technologies in hydraulic machinery[J]. Symposium on Optics and Photonics for Enegy and the Environment, Singapore,2018-10-31: 5-8.

A.1　从 N-S 方程到一维瞬变流方程

将 N-S 方程连续性简化到一维

$$\frac{\partial \rho}{\partial t} + \frac{\partial}{\partial x}(\rho u) = 0 \tag{A-1}$$

考虑流体压缩性,利用 $\partial \rho / \partial p = 1/a^2$,但密度变化很小,连续性方程可写为

$$\frac{1}{a^2}\frac{\partial p}{\partial t} + \rho\frac{\partial u}{\partial x} + \frac{u}{a^2}\frac{\partial p}{\partial x} = 0 \tag{A-2}$$

即

$$\rho a^2 \frac{\partial u}{\partial x} + \frac{\partial p}{\partial t} + u\frac{\partial p}{\partial x} = 0 \tag{A-3}$$

将动量方程也简化到一维,

$$\frac{\partial u}{\partial t} + u\frac{\partial u}{\partial x} = -\frac{1}{\rho}\frac{\partial p}{\partial x} + f_x + \tau_x \tag{A-4}$$

若管道坡度为 α,重力在 x 方向的分量为

$$f_x = g\sin\alpha$$

壁面切应力 $\tau_x = -\dfrac{\lambda u |u|}{2D}$

综上,一维水力系统水力瞬变流控制方程为

$$\rho a^2\frac{\partial u}{\partial x} + \frac{\partial p}{\partial t} + u\frac{\partial p}{\partial x} = 0$$

$$\frac{\partial u}{\partial t} + u\frac{\partial u}{\partial x} = -\frac{1}{\rho}\frac{\partial p}{\partial x} - g\sin\alpha - \frac{\lambda u |u|}{2D} \tag{A-5}$$

A.2　从 N-S 方程到声压方程

在没有质量力及质量源项且不考虑对流速度(速度为 0 或很小)的条件下,非守恒型 N-S 微分方程为

$$\frac{\partial \rho}{\partial t} + \rho \frac{\partial}{\partial x_i}(u_i) = 0 \tag{A-6}$$

$$\frac{\partial u_i}{\partial t} = \frac{\partial \tau_{ij}}{\rho \partial x_j} \tag{A-7}$$

连续性方程式对 t 求导

$$\frac{\partial^2 \rho}{\partial t^2} + \frac{\mathrm{d}\rho}{\mathrm{d}t}\frac{\partial u_i}{\partial x_i} + \rho \frac{\partial}{\partial t}\left(\frac{\partial u_i}{\partial x_i}\right) = 0 \tag{A-8}$$

利用状态方程

$$\partial p = a^2 \partial \rho \tag{A-9}$$

方程（A-8）可写为

$$\frac{1}{a}\frac{\partial^2 p}{\partial t^2} - \frac{1}{\rho a^4}\left(\frac{\partial p}{\partial t}\right)^2 + \rho \frac{\partial}{\partial x_i}\left(\frac{\partial u_i}{\partial t}\right) = 0 \tag{A-10}$$

将连续性方程和动量方程代入式（A-10）

$$\frac{1}{a^2}\frac{\partial^2 p}{\partial t^2} - \frac{1}{\rho a^4}\left(\frac{\partial p}{\partial t}\right)^2 + \rho \frac{\partial_i}{\partial x_i}\left(\frac{1}{\rho}\frac{\partial \tau_{ij}}{\partial x_i} + f_i\right) = 0 \tag{A-11}$$

应力张量可写为

$$\tau_{ij} = -\left(p + \frac{2}{3}\mu \frac{\partial u_j}{\partial x_j}\right)\delta_{ij} + \mu\left(\frac{\partial u_i}{\partial x_j} + \frac{\partial u_j}{\partial x_i}\right), \quad \delta_{ij} = \begin{cases} 1, & i=j \\ 0, & i \neq j \end{cases} \tag{A-12}$$

将应力公式代入式（A-11），不考虑外力，整理并略去小量项，得

$$\frac{1}{\rho a^2}\frac{\partial^2 p}{\partial t^2} + \frac{\partial}{\partial x_i}\left(-\frac{1}{\rho}\frac{\partial p}{\partial x_i}\right) - \frac{\partial}{\partial x_i}\left[\frac{4}{3}\mu \frac{\partial}{\partial x_i}\left(\frac{1}{\rho a^2}\frac{\partial p}{\partial t}\right)\right] = 0 \tag{A-13}$$

或写成散度的形式

$$\nabla \cdot \left(\frac{1}{\rho_0}\nabla p\right) - \frac{1}{\rho_0 a^2}\frac{\partial^2 p}{\partial t^2} + \nabla \cdot \left[\frac{4\mu}{3\rho_0}\nabla\left(\frac{1}{\rho_0 a^2}\frac{\partial p}{\partial t}\right)\right] = 0 \tag{A-14}$$